U0664288

南京林木
种质资源

（乔木）

主　编◎孙立峰　　副主编◎沈永宝　史锋厚　董丽娜　严　俊

中国林业出版社
CFPH China Forestry Publishing House

图书在版编目（CIP）数据

南京林木种质资源．乔木 / 孙立峰主编 ; 沈永宝等副主编．-- 北京 : 中国林业出版社, 2024. 12.
ISBN 978-7-5219-2987-4

Ⅰ. S722

中国国家版本馆 CIP 数据核字第 20247F7J75 号

责任编辑　于界芬　于晓文

出版发行　中国林业出版社
（100009，北京市西城区刘海胡同 7 号，电话 010-83143549）
电子邮箱　cfphzbs@163.com
网　　址　https://www.cfph.net
印　　刷　北京博海升彩色印刷有限公司
版　　次　2024 年 12 月第 1 版
印　　次　2024 年 12 月第 1 次印刷
开　　本　889mm×1194mm　1/16
印　　张　25.5
字　　数　600 千字
定　　价　180.00 元

《南京林木种质资源》（乔木）编委会

主　　编：孙立峰

副 主 编：沈永宝　史锋厚　董丽娜　严　俊

参编人员：杨晓栋　孙戴妍　任　莺　奚月明　胥森野
胡新苗　刘　杉　邓福海　刘贺佳　戴　伟
游琳琳　韩也逸　李亦然　郑爱春　蒋栖梧
窦　浩　罗　敏　谢智翔　胡海燕　梁玉全
刘建水　孙玉伦　蒲昌慧　杜　佳　赵晓旭
庄卫忠　胡伦燕　梅万彬　刘　嘉　尹贤贵
丁艳芬　戴晓港　葛　昊　汪文革　吴　玉
高亚军　冯　景　郭聪聪　罗　帅　张武兆
林　丹　徐嘉宝　周绪来　曹　婕　潘雅楠
赵　瑞　李　鑫　张倩丽　王明珠　孙华蔓
徐谨娅　谢敏譞　何　雨　邓知昀　邵　俊
朱晴雯　王慧芳　刘琳玥　王志远　潘　华
裴星硕　康宏兴　李　丹　龙宇文　陈　剑

前　言

自然赋予人类许多宝贵财富，人类的生存和发展与大自然的馈赠息息相关，与自然的关系总是既相互影响，又相互制约。人类尽管从未停止探索自然的步伐，但面对神秘的自然界，人类的认知仍非常有限。人类在向自然索取的过程中，偶尔存在过度现象，对自然界造成或多或少的伤害。树木是大自然赋予人类的重要财富，是陆地生态系统的重要组成部分，其生态、社会、经济、景观价值一直深受人们重视。树木可分为乔木、灌木、藤本等，乔木树种的生态功能和利用价值最为突出。每当我们走向乡村、踏进城市、步入森林，最早映入眼帘的总是高大的乔木，他们是自然生态系统的主力军，他们是林产品的中坚力量，他们是塑造绿色景观的主体框架。人类的生存和生活离不开这些顶天立地的高大树种。森林是水库、钱库、粮库、碳库，森林之中最重要的组成部分便是乔木。人类早期生活对于乔木具有很高的依赖性，为了防御野兽甚至直接在树木之上搭建树屋用于居住；优质木材大多来自乔木树种，建造房屋、打造家具均需要先砍伐高大树木生产木材；随着建筑材料的多样化和化工制品的出现，人类生活似乎对于木材的依赖性有所下降，但环视周遭，人们的生活却依然离不开乔木树种。高档家具家居需要乔木树种，防护林网、城乡行道树均是以乔木树种为主，农村四旁和园景绿化也少不了乔木树种的英姿。与此同时，随着全球对于生态环境的重视，树木的生态功能价值逐渐显现，乔木作为森林生态系统的骨干，在固氮增汇方面的重要性毋庸置疑。

我国高度重视国土绿化，长期持续推动开展植树造林工作，已经成为全球人工林保存面积最大和森林资源增长最快最多的国家。植树造林的基本准则是适地适树，树种选择离不开种质资源的话题。树种分布具有区域性的特点，不同地域生长的个体所携带的遗传基因存在差异，因而具有丰富的遗传多样；这些个体构成一个种群，且共享同一个基因库，这便是种群的种质资源。围绕林木种质资源的首要工作就是资源普查，掌握林木种质资源的数量和分布情况，有利于保护好、开发好、利用好这些重要的林业基础性、战略性物质，推动林业高质量发展。

南京地处长江中下游地区，属于北亚热带过渡区，丘陵岗地众多，植物资源丰富。“十三五”期间，南京市实施林木种质资源首次普查工作，并取得丰硕成果。为了全方位介绍乔木树种的形态特征、生态习性、利用价值和种质资源情况，我们集力编写出版《南京林木种质资源（乔木）》一书。本书重点介绍自然分布于南京市域内乔木树种的野生种质资源。根据江苏省林木种质资源调查技术要求和实施方案，南京市首次林木种质资源普查以行政区为单元开展，主城四区作为一个调查单元（包含玄武区、秦淮区、建邺区、鼓楼区），调查以丘陵山区林地为重点；野生种群类型的种质资源普查以标准地调查为主要形式，标准样地面积为20 米 ×20 米，各区根据林地大小和类型设置样地数量。全市共布设调查样地 807 块，其中六合区 81 块、浦口区 198 块、栖霞区 44 块、雨花台区 24 块、江宁区 223 块、溧水区 115 块、高淳区 53 块、主城区 69 块；调查信息包括样地经纬度、树种名称、株数、树木大小（植株高度小于 1.3 米的单株只统计数量，植株高度大于 1.3 米的单株统计数量并测量胸径）；在此基础上对林地进行全面勘查，发现样地遗漏的树种就地增设样地并开展调查。通过调查基本掌握了各树种分布情况、种群大小、种群结构等，本书将全面展现这些重要内容，为后续种质资源保护和开发利用提供基础信息。种群具有一定的遗传组成，不同的地理种群存在着基因差异。不同种群的基因库不同，种群的基因世代传递，在进化过程中通过改变基因频率以适应环境的不断改变。然而植物种群的划分极其困难。值得注意的是，本书野生种质资源的归属以行政区为单位，一个种对于一个行政区而言即为一份种质资源。其实，有些树种的种质资源在行政区间存在交叉现象，一个山林可能分属于几个行政区，种质资源也各自调查、统计；此外，即使同一个行政区，由于林地的立地条件等存在多样性，一个种在一个区可能存在若干个种群，不止一份种质资源，但本书仍作为一份种质资源处理，后人可通过遗传分析进一步探究和归并。本书根据调查结果对种群的特征（大小、分布等）也只是简单的描述，更精准的种群特征描述还需后人持续不断地研究、完善。除此之外，由于对自然认知的局限性，过去几十年的人工造林没有考虑用种的种质资源，导致南京一些乡土树种的种质资源受到污染，如马尾松、麻栎（老山林场）、檫木（东善桥林场、牛首山）、枫香树（东善桥林场、老山林场）等，南京这些地方自然更新起来的这些树种已含有外来种群的基因，因此本书并未将这些树种纳入野生种质资源统计与分析。历史的教训是深刻的。如何防止这些种的种质资源污染不断蔓延，如何杜绝种的外来种群引入，甚至杜绝外来种的引入，是林业管理者、生产者、使用者和研究者不得不重视的问题。

著书之事更多缘于公益，但本书编著受到许多同行的关注，也获得了众多帮助，在此一并致谢。感谢“绿色南京”专项经费对于本书的资助，感谢南京市绿化园林局、南京市林业站、南京林业大学、中国林业出版社对本书出版的鼎力支持，感谢参与南京市林木种质资源调查、资料整理、影像采集、书稿撰写等诸位同仁，大家的付出为本书编撰出版均作出了重要贡献。他山之石可以攻玉。本书编撰过程也吸收借鉴了他人的力作，在此深表谢意！世界万物始终处于动态变化之中，林木种质资源同样如此，或为自然竞争，或为人类影响。

本书所使用的数据信息来源于南京市首次林木种质资源清查资料，虽对一些重点区域和树种进行了复查，但纰漏之处仍可能存在。编撰团队也想竭力展现南京乔木树种种质资源的完美风采，以便回馈读者，激发社会各界保护和开发利用林木种质资源的热情，但若诸君发现不当之处，请不吝赐教！

编 者

2024 年 9 月

目　录

第一章 种质资源概述

生物多样性是人类赖以生存和发展的基础，是地球生命共同体的血脉和根基。植物是全球生物多样性的核心组分，是地球生态系统服务功能和人类及其他生物赖以生存的基础，也是社会经济可持续发展重要的基础资源。种类繁多、形态各异、功能多样的植物携带着极其丰富的种质资源，是科技创新和生物产业革命的基础材料，蕴藏着难以估量的生态、经济、文化和科学价值，在维持全球生态平衡和改善人类生活质量中发挥着不可替代的作用，对于保障人类社会的可持续发展具有非常重要的意义。

一个国家所拥有的种质资源的数量和质量，特别是对其特性和遗传规律了解的广度和深度，是衡量一个国家生物科学和育种水平高低的重要标志。然而受自然生境的丧失与破坏、自然资源过度利用、环境污染、外来物种入侵、气候变化等因素影响，全球物种灭绝及种群的灭绝速度不断加快，生态系统服务功能明显衰退，生态系统、物种和遗传多样性均呈现不同程度的退化或丧失。目前，全球物种种类正以空前速度消失，种质资源面临前所未有的威胁。2021 年《世界自然保护联盟濒危物种红色名录》中评估了全球 138374 个物种的生存现状，其中 38543 个物种面临不同程度的灭绝威胁，占比接近 28%。我国是生物多样性最丰富的国家之一，拥有高等植物种类约 3.5 万种，占全球高等植物总数的 10%，居世界第三位。同时，我国也是作物遗传和林木遗传资源大国，作物、林木、畜禽、水产、微生物等种质资源非常丰富。据不完全统计，我国有栽培作物 455 类 1339 种，野生近缘植物 1930 种；有中药资源种类 12807 种，其中 3500 多种药用植物为中国特有种；经济树种 1000 种以上，原产观赏植物种类达 7000 种。然而近年来，受环境变化和新技术新品种的推广等因素影响，大量种或种质资源濒临灭绝。《中国生物多样性红色名录》评估结果显示，高等植物受威胁物种（包括极度濒危、濒危和易危物种）达 4088 种，占被评估物种总数的 10.39%。面对许多植物濒临灭绝的严峻现实，加强植物种及其种质资源保护具有重要意义。

一、种质资源相关概念

（一）物种

物种是互交繁殖的相同生物形成的自然群体，与其他相似群体在生殖上相互隔离，并在自然界占据一定的生态位。物种强调个体间能交配并产生可育的后代，且在形态上相似。物种是由共同的祖先演变发展而来的，也是生物继续进化的基础。不同物种在生态和形态上具有不同特点。一般条件下，一个物种的个体不会与其他物种的个体进行交配，即使交配也不易产生具有生殖能力的后代。种是生物分类学的基本单位，由分布在不同区域内的同种生物的众多种群组成。

（二）种群

种群是指同一时间生活在一定自然区域内，同种生物的所有个体。种群中的个体并不是机械地集合在一起，而是彼此可以交配，并通过繁殖将各自的基因传给可育后代。一个物种可以有多个种群。种群是进化的基本单位，一个物种中的一个个体是不能长期生存的，物种长期生存的基本单位是种群。一个个体是不可能进化的，生物的进化是通过自然选择实现，自然选择的对象不是个体而是群体。同一种群的所有个体共用一个基因库。基因库是一个种群所含的全部基因，种群的每个个体所含有的基因只是种群基因库中的一个组成部分。每个种群都有它独特的基因库。种群中的个体一代一代地死亡，但基因库却代代相传，并在传递过程中得到保持和发展。种群越大，基因库也越大，反之，种群越小基因库也越小。当种群变得很小时，就有可能失去遗传多样性，从而失去进化上的优势而逐渐被淘汰。

（三）种质

“种质”一词最初由德国生物学家魏斯曼提出，在他的“种质连续学说”中，认为多细胞生物可分为种质和体质两部分。种质是独立的、连续的，种质能产生后代的种质和体质。在魏斯曼提出种质概念以后的 100 多年里，种质的定义被研究者们不断修改和补充，根据《作物育种学总论》（第四版），种质是亲代传给子代的遗传物质，是控制生物本身遗传和变异的内在因子。

（四）种质资源

种质资源也称遗传资源，是指具有实际或潜在利用价值的，携带生物信息的遗传物质及其载体。种质资源是选育新品种的基础材料，能用于育种的生物体都可以归入种质资源的范畴，包括地方品种、改良品种、新选育的品种、引进品种、突变体、野生种、近缘种以及人工创制的各种生物类型、无性繁殖器官、单个细胞、单个染色体、单个基因、DNA 片段等。

（五）种质资源类型与计量单位

种质资源的计量单位为“份”。一份种质资源就是一个遗传类型单元，应具有相同的遗传背景。对植物种质资源而言，在种下有多种类型，如种群、品种、古树、优株等；每个类型因固有的种质不同而存在许多份种质资源。以种群类为例，对于一个特定种而言，存在许多种群，每一个种群便是一份种质资源。

二、林木种质资源

林木种质资源是对树木有机体或群体的结构和功能、进化与适应等具有实际或潜在价值的有生活力的种子、花粉、器官、组织、细胞，以及 DNA 等形态存在的遗传材料统称（全国科学技术名词审定委员会，2016）。林木种质资源也称森林植物种质资源，即指以森林植物物种为单元的遗传多样性资源，含天然资源和为育种等工作而收集的原始材料，包括森林植物的栽培种、野生种的繁殖材料以及利用上述繁殖材料人工创造的遗传材料。林木种质资源的形态，包括植株、苗、果实、籽粒、根、茎、叶、芽、花、花粉、组织、细胞和 DNA、DNA 片段及基因等。

（一）林木种质资源保护的紧迫性

我国幅员辽阔，植物资源最为丰富，有 3 万多种植物，仅次于世界植物最丰富的马来西亚和巴西，居世界第三位。我国自然分布的木本植物达 8000 多种，其中乔木约 2000 种；针叶树的总种数占世界同类植物的 37.8%，被子植物占世界总科、属的 54% 和 24%，林木种质资源也更为丰富。

林木种质资源具有隐藏性、自然消亡性、不可再生性的特点。植物的遗传物质存在植物体内，只有极少数通过表型性状表现出来，更多的并不能“肉眼”辨识。虽然这些“隐藏”遗传物质暂未被人类挖掘和利用，但潜在价值可能不可估量。林木种质资源作为生命体，又具有自然消亡的特点，如果不被保护和利用，往往会消亡流失。据 2002 年国家林业局国有林场和林木种苗工作总站（现国家林业和草原局国有林场和种苗管理司）公布的数据显示，我国林木种质资源的流失速度每年达到 15%。导致林木种质资源流失的主要因素包括过度砍伐、生境破坏、市政建设（道路、房地产）、单一营林模式、不科学的林地抚育管理、外来物种入侵等。天然林依然是林木种质资源保护的核心区，天然林的异动成为影响林木种质资源保护的关键因素。新中国成立后，为支援国家经济建设，我国有计划地组织砍伐了大量森林以获得木材，各地靠近林区的百姓时有发生盗伐的现象，导致天然林面积有所下降，一大批优树被砍伐。虽然国家先后启动天然林保护修复工程和国家储备林建设工程，林地面积止跌回升甚至有所增加，但恢复的大多是次生林和人工林，原有承载林木种质资源的森林已经不复存在，导致林木种质资源流失。

为了探索以木材为代表的林产品供给新模式，减少对公益林的破坏，我国启动了以用材林、经济林为主体的商品林建设，但在营造商品林的过程中，采取了炼山和机械化全面整地方式，大多原有植被无选择性地被清除，导致一些种质流失。为了提高林地蓄积量，积极开展林地抚育管理，但在此环节中，过度重视个别目标树种尤其乔木树种的保护，对下层植被多采取砍伐清理的模式，使得一些处于自然更新状态的幼龄树木和低矮灌木树种被砍伐，这也造成了一部分尚未被认知的种质资源被迫流失。

外来树种或外来种质资源入侵是林木种质资源受到的另一严峻考验。大家对于外来树种的认知存在很大的误区，某种程度上仍将其停留于由国外引进的树种，这种错误的认识使得对于国内树木的引种放松了警惕。外来树种种子的传播我们无法控制，久而久之，不可避免的“逃逸”，进入森林生态系统，危及乡土树种生存，生态系统遭受破坏。根据发达国家经验，评估一个外来树种是否成为外来入侵种，大约需要 100 年的时间。如 1900 年前后，美国从我国引入了合欢、槐、豆梨、臭椿等树种，在 2000 年前后，这些树种大多被认定为外来入侵种。当前我国已引进的木本植物 1200 多种，未来几十年，因外来树种造成的生态安全问题将逐渐显现，必然危及乡土树种及种质资源的安全。此外，一个种的分布一般都比较广泛，从种质资源角度而言，一个种存在若干“份”种质资源，但在种的使用上却弱化了种质资源概念。栽植一个种的外来种质资源，本地种质资源必然被污染，因为花粉传播我们无法控制，无法做到生殖隔离，同一个种或近源种不同种质资源之间的相互杂交，导致种植地周边的原有种的种质资源被污染。种质资源污染问题目前在我国尤为突出，特别是种或种质资源迁地保护，因为在建立种质资源迁地保护时根本没有考虑这一问题。

（二）林木种质资源保护立法与成效

林木种质资源保护对国家的物种安全、生态安全、粮油安全、能源安全和生物经济发展具有至关重要的作用。欧美林业发达国家对于林木种质资源的研究较早，开始收集林木种质资源的历史可以追溯至 19 世纪末至 20 世纪初，包括收集其他国家的林木种质资源。新中国成立后，我国政府逐渐开始重视林木种质资源保护和开发利用工作；尤其在改革开放以后，国家已经逐渐意识到种质资源保护的重要性。早在 1984 年《中华人民共和国森林法》首次立法时，对于林木种质资源的相关内容有所涉及，第二十条“……对自然保护区以外的珍贵树木和林区内具有特殊价值的植物资源，应当认真保护；未经省、自治区、直辖市林业主管部门批准，不得采伐和采集”。我国最早立法明确保护林木种质资源则是在 2000 年 7 月 8 日，由中华人民共和国第九届全国人民代表大会常务委员会第十六次会议审议通过的《中华人民共和国种子法》（2000 年 12 月 1 日起施行）。在该法第一章总则第一条中明确提出“为了保护和合理利用种质资源，……制定本法。”第二章重点对种质资源保护进行论述，第八条“国家依法保护种质资源，任何单位和个人不得侵占和破坏种质资源。”第十一条“国家对种质资源享有主权，任何单位和个人向境外提供种质资源或者与境外机构、个人开展合作研究利用种质资源的，应当报国务院农业农村、林业草原主管部门批准……从境外引进种质资源的，依照国务院农业农村、林业草原主管部门的有关规定办理。”《中华人民共和国种子法》历经 2004 年、2013 年、2015 年和 2021 年四次修订，均强调国家对于种质资源享有主权，任何单位和个人不得侵占和破坏种质资源，同时严格限制向境外提供种质资源，引进种质资源也要履行严格的报批程序。在立法层面加强种质资源保护的同时，先后投入大量人力、物力和财力开展林木种质资源普查、收集、保护和保存工作。截至 2023 年 10 月，全国已有 12 个省（自治区、直辖市）完成了省级林木普查工作，另外有 16 个省（自治区、直辖市）正在开展普查工作，其中浙江省和江西省已开展第二轮普查；全国建成国家级和省级林木种质资源原地、异地保存库 505 处，各类种质资源库保存资源 10 万余份。

（三）林木种质资源类型

林木种质资源类型包括林木野生种、栽培种的繁殖材料以及利用上述繁殖材料人工创造的遗传材料。根据存在形式和来源可以将林木种质资源分为原生种质和人工种质。原生（野生）种质资源是指在本地天然分布，以原生群落或个体存在的。人工种质资源主要是指人们在生产中发现、创造的林木遗传育种材料，包括以往收集在各良种基地、种质资源库保存的遗传材料。为了更加方便和清晰地调查和区分林木种质资源，将林木种质资源划分为野生种群类、优良单株类、古树类和收集保存类［种子园、采穗圃、母树林、优良采种林分、遗传试验林、植物园、树木园、种质资源保存林（圃）、种子库等］四大类型。

野生种群类：指在自然状态下，一个树种在一定地理范围内享有共同基因库并能相互杂交的个体的总和，一个野生种群即为一份种质资源。

优良单株类：指在自然状态下或由人工栽植，某一实生单株在生长量、产量、品质、抗性、观赏性等方面具有区别于相同树种其他树木的典型特征，该优良单株即是一份种质资源。

古树类：指树龄超过 100 年的树木。每株实生古树是一份种质资源，但经嫁接或扦插繁殖的同一无性系化或品种化的古树为同一份种质资源，因为这些古树具有相同的遗传基因。

收集保存类：指人们已经收集保存的林木遗传育种材料，可以包括种子园、优良林分、家系、无性系、品种等，根据遗传背景确认种质资源份数，具有相同遗传特性的即是同一份种质资源。

（四）林木种质资源调查方法

林木种质资源调查不是种的调查，它是对种下的遗传资源的调查，包括优良单株类、古树类、野生种群类和收集保存类林木种质资源调查。

1. 优良单株类

优良单株种质资源均是针对个体而言，在计量单位上每一个体就是一份种质资源。调查时结合野生种群类调查进行。把特定树种在生长量或抗性等方面表现优良的个体确定为优树，调查以单株为调查对象，调查方法相对简单，调查内容包括树种名称、地理位置（GPS）、生长状况及生长环境等，尤其对该单株在生长量（树高、胸径、冠幅）、重要经济性状、特异性状等方面进行详细记录。

2. 古树类

古树调查前要查询登记古树群和古树的现有资料，掌握古树相关信息，并进行实地核查。调查内容主要针对树种名称、生长地点、树龄、树体大小、生存状况、开花结实特性、生长环境、保护形式等进行记录。在古树调查时首要的是古树的界定。古树的界定是以树龄为依据，树龄至少 100 年是界定古树的唯一条件，然而目前在树龄的计算上普遍存在误区，主要是树龄的起算点。1982 年，国家城建总局下发了《关于加强城市和风景名胜区古树名木保护管理的意见》的通知，这是我国首次提出对古树名木保护的文件，强调了古树是自然界和前人留下的宝贵遗产，具有重要的生态、历史、文化、科研和经济等价值。明确了古树的树龄至少百年以上，此后各地也相继开展了古树名木普查工作。因此，树龄应从 1982 年向前推算。然而现实中各地的古树调查对树龄的起算点基本上都是从调查的年份向前推算，导致古树越来越多，失去了古树保护的初衷。调查时对于不符合古树树龄要求的要予以剔除。

3. 收集保存类

收集保存类种质资源涉及具体的类型较多，包括种子园、优良林分、家系、无性系、品种等，但这些种质资源大多经人工发现、创造、收集，其种质本身的优良特性已经被人们所认知。调查时应查询已有的技术档案和文献资料，掌握区域内收集保存类林木种质资源基础信息，或者通过会议方式，召集基层林业技术人员和熟悉情况的村民代表进行座谈，了解其相关信息。在具体的调查过程中要详细记录树种名称、编号、类型、来源背景、收集保存地点、数量、生长适应性、优良特性、形态特征等。

4. 野生种群类

野生种质资源调查目的是获取每一个种种群的大小、分布特点、生长状况和种群的兴衰信息等，从而制定相应利用和保护策略。野生种质资源多分布在丘陵山区的原始林、天然林、次生林，往往受地形地貌和人为干扰等影响，相对于优良单株、古树和收集保存类种质资源调查，野生种群种质资源调查却十分复杂，难度也相当大。因此，调查时应组织有野外工作经验的专业调查队伍，主要包括树木分类专家、遗传学专家、土壤学专家、森林生态学专家等。野生种质资源调查主要采取标准地调查。线路调查只能是标准地调查的补充，因为单纯的线路调查无法覆盖整个林地，也无法获取种群的大小、分布特点和发育状况等相关信息。在开展调查之前，要对调查区域的技术资料进行消化，熟悉调查区域种的资源情况，了解林分起源背景；根据调查区域的地形地貌、森林植被分布、植物群落结构等，设置踏查线路；根据踏查线路，设置标准样地，开展树木识别和每木检尺，详细记录样地内各种信息。

（1）标准地调查

在资料搜集和线路踏查过程中设置标准地。标准地的设置原则应考虑树种分布的特点，如在林地的东南西北、不同海拔（上坡、中坡、下坡）、山谷、山脊以及特殊立地（土层薄、石砾含量高等）等设置样地。标准地的面积一般为 40~400 平方米，长方形或正方形均可。在样地中心点处设立标桩（钢）；采用罗盘仪确定样地北、东、南、西方向四个顶点位置，各顶点位置埋设临时或永久标桩。

标准地调查内容包括环境和植物两个方面。标准地环境因子调查内容包括标准地所在位置、中心点经纬度、海拔、标准地面积、地貌、坡向、坡位、坡度、土壤类型等。样地内植被调查采取每木检尺，即调查树种名称、胸径。多分枝的乔木树种应分别对各分枝测定胸径处粗度；树高不足 1.3 米的只登记数量；生长在斜坡上的树木，应在坡上测定距地面 1.3 米处的树木粗度；树木胸径处存在鼓起等不规整树木，应分别测量不规整处上下部的粗度，取其平均值；灌木及藤本植物调查应记录标准地内灌木名称、丛高、生长结实情况、病虫害情况，藤本植物名称、生长结实情况、病虫害情况。在标准地调查基础上，还要对林地进行全面勘查，如发现标准地调查没有涉及的树种，均需就地设置标准地进行调查。

（2）线路调查

对于人工林一般采取线路调查。线路确定的原则应充分考虑调查区域内的自然条件和林分特点，应先在地形图或卫星图片上初步设置，线路密度根据自然条件的复杂程度和植物群落的类型来确定。在山区坡面地段，踏查线路要与主山脊的分水岭走向垂直，即垂直等高线，从谷底向山脊沿海拔升高的方向设置；在河谷地段，踏查线路沿河岸由下游向上游设置；在丘陵和平原相对高差不超过 100 米的地区，应根据调查区域的面积和对调查总体的控制程度，按南北向或东西向平行、均匀布设 2~3 条踏查线路。踏查线路的长度按调查区域或林分面积确定，要求贯穿调查区域或调查林分。在调查线路上设长度 100 米的记录段，登记线路两侧各 2.5 米范围内所有乔灌木树种，调查线路长度超过 500 米的，则每超过 500 米再增加一记录段。线路踏查所要记录的主要内容包括：调查线路地点、调查段起点和终点的具体坐标及海拔，调查段内地形、林种、起源、土壤类型、小气候特征、天然更新情况、人为活动及自然灾害对林木的影响等，调查段内的树种名称及频度。

（五）林木种质资源保护

林木种质资源保护与生物多样性保护密切相关。生物多样性是雷蒙德在 1968 年提出的生态学术语，是生物（动物、植物、微生物）与环境形成的生态复合体以及与此相关的各种生态过程的总和，涉及生态系统多样性、物种多样性和遗传多样性三个层次。生物多样性三个层次相互联系、相互影响，任何一方发生变化必然影响其他两方面发生改变。物种的多样性依赖于遗传多样性，遗传多样性低可能导致物种灭绝，进而影响整个生态系统；反之，单一生态系统不利于种的生存。生物多样性使地球充满生机，也是人类生存和发展的基础，但因气候变化、过度采伐（集）、生境丧失、外来入侵、林业生产和错误用种等威胁，生态系统、物种和遗传（种质资源）都面临严峻考验，因此保护生物多样性已刻不容缓。人类可通过就地保护和迁地保护等方式来有效保护生物多样性。

1. 就地保护

就地保护是指在原有的自然条件下，对生态系统和自然栖息地进行保护，对有价值的自然生态系统和野生生物及其栖息地予以保护，以保持生态系统内生物的繁衍与进化，维持系统内的物质能量流动与生态过程。就地保护是通过建立自然保护区、国家公园、森林公园等来有效地保护生态系统和野生生物的栖息地，维持生态系统的完整性和生物多样性。就地保护是生物多样性保护中最为有效的一项措施，也是首选的保护措施。1956 年，中国科学院在广东省肇庆市的鼎湖山建立了第一个自然保护区——鼎湖山自然保护区。1991 年，在安徽岳西县大别山建立鹞落坪国家自然保护区。截至 1999 年年底，我国已建成自然保护区 1146 个，到 2000 年年初，我国已经有 16 个自然保护区加入到“世界生物圈保护区网”中。到 2003 年 3 月 23 日，我国已经有 26 个自然保护区加入到联合国的“人与生物圈保护区网”中。

2. 迁地保护

迁地保护是指将生物多样性的组成部分移到它们的自然环境之外进行保护，与就地保护不脱离原来的自然环境有根本的区别。它是物种保护的一种重要形式，也是就地保护的一种补充。通过建立动物园、植物园、树木园、野生动物园、种子库、基因库、水族馆等不同形式的保护设施，对那些比较珍贵的物种、具有观赏价值的物种或其基因实施人工辅助保护。迁地保护需要场地和设施，如何在有限的空间内创造濒危动、植物生存的必要条件是保护工作面临的新挑战。对于林木而言，迁地保护主要是种子库和以植物活体栽植的种质资源库。植物的迁地保护并不是简单地把一个植物拿到其原生环境之外，需要考虑的问题很多。如迁地保护如何解决病虫害的传播、外来入侵和种质资源污染的问题。对迁地保护（主要是植物活体栽植）而言，有三个问题摆在我们面前，无法回避。若不能妥善解决这些问题，就会违背保护的初衷，甚至起到破坏作用。其一，众所周知，以活体栽植的迁地保护，如植物园主要收集外来植物，现在国际上越来越多学者对比提出质疑，认为植物园是外来物种入侵、病虫害传播和种质资源污染的“窗口”。其二，活体栽植远达不到生物多样性保护的要求，因为一个种仅栽植几棵根本无遗传多样性可言。其三，导致乡土树种种群的基因库被污染。同种或近源种存在自然杂交现象，而花粉的传播我们无法控制，因此同种或近源种不同种群间极易相互杂交，导致本土种质资源被污染。

比较而言，种子设施保存库（种子库）是比较理想的迁地保护形式。例如，英国邱园皇家植物园的千年种子库，拥有世界上规模最大、种类最多的植物学和真菌学收藏之一，馆藏超过 850 万件，代表了世界上大约 95% 的维管植物属和 60% 的真菌属。目前，藏有约 4 万个物种的 20 多亿颗种子，是全世界种类最多样化的种子库。在距离北极点约 1000 千米的挪威斯瓦尔巴群岛的一处山洞中，有一座“世界末日种子库”，在 -18℃的地窖中保存约 1 亿粒世界各地的农作物种子。即使地球遭遇了核战争、自然灾害或气候变化等灾难时，劫后余生的人类还能重新播种，保证世界农作物的多样性。

我国从 1975 年起筹建种质资源库，广西农业科学院种质资源库和中国农业科学院作物品种资源研究所国家种质库分别于 1981 年和 1984 年相继建成，均已先后投入使用。国家种质库是全国作物种质资源长期保存与研究中心，于 1986 年 10 月在中国农业科学院落成，隶属于作物品种资源研究所。截至 2022 年，我国已建立 72 个国家农作物种质资源库（圃）和 19 个国家农业微生物种质资源库。2004 年，在著名植物学家、中国科学院院士吴征镒教授的提议下，开始建设中国西南野生生物种质资源库，2007 年开始运行。目前，种质资源库已保存野生植物种子 11602 种 94596 份。除了植物种子外，还保存我国重要野生植物的离体材料和 DNA 材料等。2014 年，经国家发展改革委、财政部和科技部同意，国家林业局印发《全国林木种质资源调查收集和保存利用规划（2014—2025 年）》，确定分两步走，以实现林木种质资源安全保存和可持续利用两大目标，使得种质资源保护利用步入快速发展轨道，布局建设山东、新疆、湖南、内蒙古、海南、青海等 6 个国家级设施保存分库。

种子设施保存库是保存种还是种的种质资源，是目前全球面临的又一挑战。对于野生种而言，从一棵树上采集的种子是一个家系，即使不同年份采集的也均属同一份种质资源。野生种有不同群落（种群），种群内的个体共享一个基因库，基因库是一个种群所含的全部基因，通过繁殖将基因传递给后代；每个种群都有它独特的基因库，种群中的个体一代一代地死亡，但基因库却代代相传，并在传递过程中得到保持和发展。由此可见，种子库保存的种子必须能反映或代表种群的基因库。仅从一棵或几棵树上采集的种子是不能代表一个种群的。因此，野生种质资源采集必须严格要求。要求采种母树至少 30 株以上。为避免采种母树亲缘关系较近，要求采种母树间距离至少在 100 米以上。对于分布集中的种，采种母树间距离可以缩短；种群数量不足 30 株的每株种子都要采集。即使这样，还要对采集的种子构成的群体进行遗传分析，检验其基因库与野生种群是否一致。

种子库的主要任务是保存物种及其种质资源，其主要的工作是研究，如如何采种，如何加工，如何贮藏（正统种子、顽拗种子），如何育苗（休眠解除、种子预处理及育苗技术等），遗传多样性分析和种群重建等。如果忽略这些研究内容，也就失去了建库的意义。

第二章 南京林木种质资源

檫木 *Sassafras tzumu* (Hemsl.) Hemsl.

【别名】半风樟、鹅脚板、刷木、黄楸树、梓木、犁火哄、桐梓树、青檫、山檫、南树、檫树、药树

【科属】樟科（Lauraceae）檫木属（*Sassafras*）

【树种简介】落叶乔木，高可达 35 米。顶芽大，椭圆形，芽鳞近圆形，外面密被黄色绢毛。叶互生，聚集于枝顶，卵形或倒卵形，先端渐尖，基部楔形；叶柄纤细，鲜时常带红色。花序顶生，先叶开放，多花，具梗；花黄色，雌雄异株。果近球形，成熟时蓝黑色而带有白蜡粉，着生于浅杯状的果托上，果梗无毛，果托呈红色。花期 3~4 月，果期 5~9 月。产浙江、江苏、安徽、江西、福建、广东、广西、湖南、湖北、四川、贵州及云南等省份。喜光、喜温暖湿润气候和肥沃排水性良好的酸性土壤。树皮及叶入药，具有祛风除湿、活血散瘀之效。木材浅黄色，材质良，可用于造船、制作上等家具；种子含油，可用于制造油漆。

【种质资源】南京市檫木野生种质资源共 1 份，归属于溧水区。江宁区东善桥林场和牛首山的檫木为人为栽培，但种质资源归属不清。具体檫木野生种质资源信息见表 1。

01：溧水区

分布在溧水区林场东庐分场、芳山分场和平山分场。在 115 个样地中，4 个样地有分布，总数量 22 株，其中胸径 1~10 厘米的 4 株，胸径 11~20 厘米的 6 株，胸径 21~30 厘米的 12 株，最大胸径为 30 厘米。种群较小，分布相对集中。

表 1 檫木野生种质资源信息

种质资源编号	种质资源归属	林地名称	小地名	样地中心 GPS 坐标		数量（株）
01	溧水区	溧水区林场东庐分场	山棚子	E119°06′60.00″	N31°39′30.00″	17
		溧水区林场芳山分场	芳山	E119°08′12.49″	N31°29′16.18″	3
		溧水区林场平山分场	小茅山东	E118°56′54.19″	N31°38′20.23″	1
		溧水区林场平山分场	尚书塘	E118°55′56.92″	N31°38′39.93″	1

江浙山胡椒 *Lindera chienii* W. C. Cheng

【别名】江浙钓樟、钱氏钓樟、琅琊山钓樟

【科属】樟科（Lauraceae）山胡椒属（*Lindera*）

【树种简介】落叶灌木或小乔木，高达5m。叶互生，倒披针形或倒卵形；先端短渐尖，基部楔形，纸质，上面深绿色，中脉上初时被疏柔毛，后毛被脱落，下面淡绿色，脉上被白柔毛，羽状脉，侧脉5~7条，网脉极明显；叶柄被白柔毛。伞形花序通常着生于腋芽两侧；总梗被白色微柔毛；总苞片4，内有花6~12朵；花梗密被白色柔毛；花被片椭圆形，等长，外面被柔毛，内面无毛。果大，近圆球形，直径10~11毫米，熟时红色，果托扩大，直径7毫米；果梗长6~12毫米。花期3~4月，果期9~10月。产江苏、浙江、安徽、河南等省份。生于路旁、山坡或丛林中。喜温暖湿润气候，耐寒性稍强，宜生长于湿润、土层深厚、肥沃的微酸性黏质土壤中，较耐水湿，不耐干旱和盐碱。树姿清秀，果实红艳，可孤植、丛植、群植或与其他观赏植物配植。

【种质资源】南京市江浙山胡椒野生种质资源共1份，归属于浦口区。具体种质资源信息见表2。

01：浦口区

仅分布在老山林场的七佛寺分场、狮子岭分场。在198个样地中，2个样地有分布，共22株，其中16株株高小于1.3米，胸径1~5厘米的6株。种群小，分布集中。

表2　江浙山胡椒野生种质资源信息

种质资源编号	种质资源归属	林地名称	小地名	样地中心GPS坐标	数量（株）
01	浦口区	老山林场七佛寺分场	黑桃洼	E118°35′33.90″　N32°06′34.80″	18
		老山林场狮子岭分场	响堂水库边	E118°35′11.19″　N32°04′31.61″	4

山胡椒 *Lindera glauca* (Siebold et Zucc.) Blume

【别名】油金条、香叶子、野胡椒、假死柴、雷公子、牛筋树、药树

【科属】樟科（Lauraceae）山胡椒属（*Lindera*）

【树种简介】落叶灌木或小乔木，高可达 8 米。树皮平滑，灰色或灰白色。冬芽（混合芽）长角锥形，长约 1.5 厘米，直径 4 毫米，芽鳞裸露部分红色；叶互生，宽椭圆形、椭圆形、倒卵形至狭倒卵形，上面深绿色，下面淡绿色，被白色柔毛，纸质，羽状脉。伞形花序腋生，总梗短或不明显。雄花花被片黄色，椭圆形，内、外轮几相等；雌花花被片黄色，椭圆形或倒卵形，内、外轮几相等；果熟时黑褐色，果梗长 1~1.5 厘米。花期 3~4 月，果期 7~8 月。分布于中国昆嵛山以南、河南嵩县以南、陕西郧县以南，以及甘肃、山西、江苏、安徽、浙江、江西、福建、台湾、广东、广西、湖北、湖南、四川等省份，印度、朝鲜、日本也有分布。耐干旱瘠薄，对土壤适应性广，以湿润肥沃的微酸性沙质土壤生长最为良好。叶、果皮可提取芳香油；根用于治疗风湿痹痛、劳伤失力、感冒、扁桃腺炎、咽炎及浮肿；树皮用于治疗烫伤；果实用于治疗胃痛、气喘。在园林中可作绿篱或林缘或墙垣装饰。

【种质资源】南京市山胡椒野生种质资源共 8 份，分别归属于六合区、浦口区、栖霞区、雨花区、江宁区、溧水区、高淳区和主城区。具体种质资源信息见表 3。

01：六合区

分布在平山林场、盘山、竹镇和冶山，其中以冶山分布居多。在 81 个样地中，15 个样地有分布，共 143 株，其中 102 株株高小于 1.3 米，占总数的 71%；胸径 1~10 厘米的 38 株，胸径 11~20 厘米的 3 株。种群大，分布广泛。

02：浦口区

85% 分布在老山林场的平坦分场、狮子岭分场、七佛寺分场、铁路林分场，星甸杜仲林场、龙王山林场、定山林场和大桥林场也有分布。在 198 个样地中，56 个样地有分布，共 761 株，其中株高小于 1.3 米的 524 株，占总数的 69%；胸径 1~10 厘米的 234 株，占总数的 31%。种群大，分布广。

03：栖霞区

分布在兴卫山、栖霞山、西岗街道、大普塘水库、灵山、南象山、北象山和何家山。在 44 个样地中，27 个样地有分布，共 328 株，其中 138 株株高小于 1.3 米，占总数的 42.1%；胸径 1~10 厘米的 190 株，占总数的 57.9%。种群大，分布广。

04：雨花区

分布在铁心桥街道、秣陵街道、龙泉古寺、牛首山、普觉寺和罐子山。在 24 个样地中，11 个样地有分布，共 37 株，其中 11 株株高小于 1.3 米，胸径 1~10 厘米的 24 株，平均胸径 5 厘米；胸径 11~20 厘米的 2 株，平均胸径 12 厘米。种群较大，分布广。

05：江宁区

分布于方山、汤山林场、东山街道林场、汤山地质公园、孟塘社区、青林社区、古泉社区、

东善桥林场、横溪街道、青山社区、汤山街道、牛首山、南山湖、洪幕社区、西宁社区、天台山、秣陵街道，其中以汤山街道分布最多。在 223 个样地中，110 个样地有分布，共 1372 株，其中 174 株株高度小于 1.3 米，胸径 1~10 厘米的 1191 株，平均胸径 5 厘米；胸径 11~20 厘米的 7 株，平均胸径 12 厘米。种群极大，分布广。

06：溧水区

分布在洪蓝街道、晶桥街道以及溧水区林场的东庐分场、芳山分场、平山分场、秋湖分场。在 115 个样地中，46 个样地有分布，共 240 株，其中 88 株株高小于 1.3 米，胸径 1~10 厘米的 146 株，胸径 11~20 厘米的 5 株，胸径 28 厘米的 1 株。种群大，分布广。

07：高淳区

分布在傅家坛林场、大荆山林场、游子山林场和青山林场。在 53 个样地中，7 个样地有分布，共 56 株，其中 45 株株高小于 1.3 米，占总数的 80%，胸径 1~10 厘米的 11 株，占总数的 20%，种群处于发育初期阶段。种群较大，分布相对集中。

08：主城区

分布在紫金山、九华山、幕府山。在主城区所调查的 69 个样地中，54 个样地有分布，共 1161 株，其中株高小于 1.3 米的 279 株，最大胸径 12 厘米。种群极大，分布广。

表 3　山胡椒野生种质资源信息

种质资源编号	种质资源归属	林地名称	小地名	样地中心 GPS 坐标	数量（株）
01	六合区	平山林场		E118°48′02.00″　N32°05′02.00″	1
		盘山		E118°35′33.52″　N32°29′14.16″	6
		竹镇		E118°34′22.88″　N32°34′08.57″	6
		竹镇		E118°34′26.51″　N32°33′26.51″	21
		竹镇		E118°34′26.51″　N32°33′26.61″	2
		竹镇		E118°34′02.43″　N32°33′44.10″	11
		竹镇	广佛寺	E118°35′11.00″　N32°35′49.00″	16
		竹镇	广佛寺	E118°33′39.00″　N32°34′19.00″	36

（续）

种质资源编号	种质资源归属	林地名称	小地名	样地中心 GPS 坐标		数量（株）
01	六合区	冶山		E118°56′52.25″	N32°30′42.76″	4
		冶山		E118°56′58.90″	N32°30′33.65″	2
		冶山		E118°56′54.00″	N32°30′30.00″	17
		冶山		E118°56′21.00″	N32°29′58.00″	1
		冶山		E118°56′49.13″	N32°29′55.03″	14
		冶山		E118°56′46.02″	N32°30′35.16″	3
		冶山		E118°56′45.75″	N32°30′25.42″	3
02	浦口区	老山林场平坦分场	横山沟旁	E118°31′14.43″	N32°04′19.78″	29
		老山林场平坦分场	横山半坡	E118°31′11.77″	N32°04′13.89″	60
		老山林场平坦分场	埋娃山	E118°30′11.78″	N32°03′34.64″	4
		老山林场平坦分场	大鸡山	E118°30′30.27″	N32°03′40.25″	11
		老山林场平坦分场	小马腰与大马腰间	E118°31′07.79″	N32°03′30.56″	2
		老山林场平坦分场	匪集场道旁	E118°31′58.93″	N32°04′11.24″	40
		老山林场平坦分场	匪集场山后	E118°31′58.93″	N32°04′11.24″	7
		老山林场平坦分场	匪集场道旁	E118°32′01.92″	N32°04′24.81″	5
		老山林场平坦分场	门坎里山	E118°32′23.84″	N32°03′54.86″	38
		老山林场平坦分场	麒麟洼	E118°32′33.20″	N32°03′55.80″	40
		老山林场平坦分场	短喷	E118°33′35.86″	N32°05′28.78″	31
		老山林场平坦分场	老山隧道	E118°34′08.04″	N32°05′02.84″	2
		老山林场平坦分场	大平山	E118°33′51.53″	N32°04′13.08″	3
		老山林场平坦分场	大平山	E118°33′46.67″	N32°04′20.17″	3
		老山林场平坦分场	大平山	E118°33′51.02″	N32°04′18.20″	22
		老山林场平坦分场	虎洼二号洞口	E118°33′32.28″	N32°04′55.29″	29
		老山林场平坦分场	虎洼九龙山	E118°32′58.06″	N32°04′31.75″	4
		老山林场平坦分场	门坎里—黄梨山	E118°32′28.45″	N32°04′39.38″	12
		老山林场平坦分场	门坎里—大小女儿山间	E118°32′19.61″	N32°04′25.97″	3
		老山林场平坦分场	虎洼山脊	E118°33′47.06″	N32°03′58.29″	20
		老山林场平坦分场	虎洼山脊	E118°33′25.82″	N32°03′46.15″	46
		老山林场平坦分场	虎洼山脊	E118°33′21.49″	N32°03′48.09″	5
		老山林场狮子岭分场	响铃庵	E118°34′29.00″	N32°03′28.41″	35
		老山林场狮子岭分场	响铃庵	E118°34′08.04″	N32°05′02.84″	10
		老山林场狮子岭分场	小洼口—平滩子	E118°33′49.37″	N32°03′19.50″	28
		老山林场狮子岭分场	小洼口—平滩子	E118°33′42.09″	N32°03′11.99″	1
		老山林场狮子岭分场	兜率寺后山	E118°33′03.83″	N32°03′48.20″	20
		老山林场狮子岭分场	石门	E118°34′48.44″	N32°04′05.02″	25
		老山林场七佛寺分场	猴子洞	E118°36′50.97″	N32°05′45.06″	10

（续）

种质资源编号	种质资源归属	林地名称	小地名	样地中心 GPS 坐标		数量（株）
		老山林场七佛寺分场	四道桥	E118°37′36.45″	N32°06′06.56″	10
		老山林场七佛寺分场	大椅子山	E118°38′08.81″	N32°06′32.85″	7
		老山林场七佛寺分场	黄山岭	E118°35′32.83″	N32°05′46.91″	15
		老山林场七佛寺分场	黑桃洼	E118°35′33.90″	N32°06′34.80″	6
		老山林场七佛寺分场	老山中学	E118°35′10.03″	N32°06′43.61″	1
		老山林场七佛寺分场	老鹰山	E118°36′40.25″	N32°06′24.70″	3
		老山林场七佛寺分场	老鹰山	E118°35′39.86″	N32°06′12.48″	5
		老山林场七佛寺分场	牛角洼	E118°36′28.61″	N32°06′16.76″	2
		老山林场七佛寺分场	七佛寺旁	E118°36′11.86″	N32°05′28.29″	10
		老山林场七佛寺分场	景观平台	E118°37′42.17″	N32°06′13.78″	10
		老山林场铁路林分场	铁路林实验林旁	E118°40′51.19″	N32°08′58.53″	20
		老山林场铁路林分场	铁路林羊鼻山脊	E118°40′49.98″	N32°08′52.39″	9
		老山林场铁路林分场	采石场旁	E118°39′22.55″	N32°08′19.15″	1
02	浦口区	星甸杜仲林场	宝塔洼子	E118°24′39.44″	N32°03′43.16″	9
		星甸杜仲林场	林业队	E118°24′45.57″	N32°03′52.90″	30
		星甸杜仲林场	东常山	E118°24′17.24″	N32°03′28.39″	4
		星甸杜仲林场	亭子山	E118°24′00.91″	N32°03′01.49″	3
		星甸杜仲林场	西山沟	E118°24′15.30″	N32°03′33.01″	1
		龙王山林场	龙王山	E118°42′43.66″	N32°11′52.70″	30
		龙王山林场	龙王山	E118°42′45.03″	N32°11′51.05″	5
		定山林场	定山林场	E118°39′06.02″	N32°07′38.00″	10
		定山林场	定山林场	E118°39′02.67″	N32°07′42.66″	1
		定山林场	定山林场	E118°39′34.97″	N32°07′51.60″	2
		定山林场	珍珠泉内	E118°39′11.18″	N32°07′58.04″	1
		定山林场	定山寺旁	E118°39′03.81″	N32°07′51.05″	1
		大桥林场	老虎洞	E118°41′13.35″	N32°09′24.49″	15
		大桥林场	石头山	E118°38′54.10″	N32°08′04.25″	5
		兴卫山		E118°50′40.74″	N32°05′57.12″	29
		兴卫山	兴卫山东南坡	E118°50′40.74″	N32°05′57.12″	8
		兴卫山		E118°50′40.74″	N32°05′57.13″	14
		兴卫山		E118°50′44.28″	N32°05′58.56″	11
03	栖霞区	兴卫山		E118°50′46.04″	N32°05′59.39″	5
		兴卫山		E118°50′50.99″	N32°05′58.33″	21
		兴卫山		E118°50′32.47″	N32°05′59.03″	11
		兴卫山	兴卫山北坡	E118°50′24.34″	N32°06′00.26″	17
		栖霞山		E118°57′30.72″	N32°09′18.94″	15

（续）

种质资源编号	种质资源归属	林地名称	小地名	样地中心 GPS 坐标		数量（株）
03	栖霞区	栖霞山		E118°57′29.02″	N32°09′17.68″	38
		栖霞山		E118°57′26.93″	N32°09′18.98″	20
		栖霞山		E118°57′29.21″	N32°09′14.10″	1
		栖霞山		E118°57′34.38″	N32°09′15.58″	45
		栖霞山	陆羽茶庄东坡	E118°57′34.27″	N32°09′06.65″	1
		栖霞山		E118°57′43.25″	N32°09′18.53″	2
		栖霞山	小硬盘娱乐场	E118°57′44.15″	N32°09′18.30″	6
		栖霞山	天开岩上方亭子附近	E118°57′35.04″	N32°09′28.42″	6
		栖霞山		E118°57′19.16″	N32°09′23.65″	5
		栖霞山		E118°57′16.98″	N32°09′29.50″	27
		西岗街道	西岗果牧场对面山头南坡	E118°58′45.05″	N32°05′46.39″	6
		大普塘水库		E118°55′24.02″	N32°05′03.29″	6
		灵山		E118°56′05.85″	N32°05′24.51″	1
		灵山		E118°55′42.67″	N32°05′24.80″	5
		南象山	南象山衡阳寺	E118°56′07.44″	N32°08′16.38″	9
		南象山	南象山衡阳寺	E118°55′50.16″	N32°08′08.70″	7
		北象山		E118°56′25.62″	N32°09′05.28″	3
		何家山	中眉心	E118°58′10.20″	N32°08′39.54″	9
04	雨花区	铁心桥街道韩府山		E118°45′30.33″	N31°56′48.60″	4
		铁心桥街道韩府山		E118°45′17.62″	N31°56′34.85″	7
		铁心桥街道韩府山		E118°45′17.62″	N31°56′34.85″	1
		秣陵街道将军山		E118°45′06.12″	N31°56′02.61″	1
		秣陵街道将军山		E118°45′50.09″	N31°55′23.41″	1
		龙泉古寺		E118°45′41.51″	N31°55′44.22″	8
		龙泉古寺		E118°45′39.80″	N31°55′43.36″	1
		牛首山		E118°44′03.88″	N31°55′10.89″	9
		普觉寺		E118°44′29.02″	N31°55′22.11″	1
		罐子山		E118°43′10.85″	N31°55′55.24″	3
		罐子山	西善桥	E118°43′22.49″	N31°56′29.65″	1
05	江宁区	方山		E118°33′58.37″	N31°54′10.02″	1
		方山		E118°52′18.57″	N31°53′50.53″	3
		方山		E118°52′25.66″	N31°53′33.98″	22
		汤山林场汤山一郎山		E119°03′20.34″	N32°04′16.29″	1
		汤山林场黄栗墅工区	土地山	E119°01′13.38″	N32°04′05.95″	1
		汤山林场长山工区	黄龙山	E118°54′16.82″	N31°58′29.38″	6

（续）

种质资源编号	种质资源归属	林地名称	小地名	样地中心 GPS 坐标	数量（株）
05	江宁区	汤山林场长山工区	黄龙山	E118°54′18.53″　N31°58′31.67″	4
		汤山林场长山工区	黄龙山	E118°54′20.80″　N31°58′33.81″	2
		汤山林场长山工区	青龙山	E118°54′07.26″　N31°58′51.63″	3
		汤山林场佘村工区	青龙山	E118°56′40.70″　N32°00′10.51″	4
		汤山林场佘村工区	青龙山	E118°56′46.14″　N32°00′53.25″	1
		汤山林场佘村工区	青龙山	E118°55′60.00″　N31°59′59.64″	1
		东山街道林场		E118°55′56.56″　N31°57′55.99″	35
		东山街道林场		E118°56′01.27″　N31°57′51.20″	17
		东山街道林场		E118°56′03.33″　N31°57′50.81″	24
		东山街道林场		E118°55′52.26″　N31°57′47.79″	69
		东山街道林场		E118°55′58.48″　N31°57′44.99″	59
		东山街道林场		E118°55′52.80″　N31°57′55.47″	23
		汤山林场龙泉工区		E118°57′43.17″　N31°59′01.10″	101
		汤山林场龙泉工区		E118°57′32.46″　N31°59′06.67″	47
		汤山林场龙泉工区		E118°57′54.02″　N31°59′53.54″	1
		汤山林场龙泉工区		E118°58′09.72″　N32°00′12.98″	12
		汤山林场龙泉工区		E118°58′14.15″　N32°00′12.64″	15
		汤山林场龙泉工区		E118°58′18.73″　N32°00′11.84″	9
		汤山地质公园		E119°02′40.10″　N32°03′07.10″	4
		汤山地质公园		E119°02′04.68″　N32°02′57.00″	1
		汤山地质公园		E119°01′57.91″　N32°02′52.42″	1
		孟塘社区	射乌山	E119°03′08.53″　N32°05′52.37″	3
		孟塘社区	培山	E119°03′00.94″　N32°04′50.44″	19
		孟塘社区	培山	E119°03′08.21″　N32°04′44.50″	2
		青林社区	白露头	E119°05′23.21″　N32°04′43.06″	9
		青林社区	白露头	E119°25′33.41″　N32°04′52.23″	2
		青林社区	白露头	E119°05′41.22″　N32°05′18.96″	1
		青林社区	白露头	E119°15′20.59″　N32°04′59.61″	1
		青林社区	文山	E119°04′10.68″　N32°05′12.67″	4
		青林社区	文山	E119°04′54.97″　N32°05′20.41″	4
		青林社区	文山	E119°04′47.28″　N32°05′16.77″	5
		古泉社区		E119°01′29.37″　N32°02′49.72″	40
		古泉社区		E119°01′27.51″　N32°02′48.14″	15
		古泉社区		E119°01′33.39″　N32°02′47.62″	5
		古泉社区		E119°01′33.68″　N32°22′44.31″	14
		古泉社区		E119°01′35.52″　N32°02′42.85″	5

（续）

种质资源编号	种质资源归属	林地名称	小地名	样地中心 GPS 坐标	数量（株）
		东善桥林场云台分场		E118°43′04.99″　N31°43′00.56″	1
		东善桥林场云台分场	大平山	E118°42′33.23″　N31°42′09.75″	2
		东善桥林场云台分场	大平山	E118°42′30.63″　N31°42′28.36″	4
		东善桥林场云台分场	大平山	E118°42′19.43″　N31°42′28.84″	1
		东善桥林场云台分场	太平山	E118°42′01.24″　N31°41′56.23″	11
		东善桥林场横山分场		E118°48′45.31″　N31°28′06.43″	12
		东善桥林场横山分场		E118°48′57.06″　N31°37′55.30″	4
		东善桥林场横山分场		E118°48′53.79″　N31°37′15.38″	7
		东善桥林场横山分场		E118°48′12.38″　N31°37′10.30″	1
		东善桥林场横山分场		E118°48′13.76″　N31°37′39.48″	3
		东善桥林场横山分场		E118°48′35.83″　N31°37′55.96″	3
		东善桥林场横山分场		E118°47′25.39″　N31°38′23.59″	2
		东善桥林场东善分场		E118°46′41.81″　N31°52′03.20″	1
		东善桥林场东善分场		E118°46′47.10″　N31°51′54.58″	13
		东善桥林场东善分场		E118°46′50.46″　N31°51′25.78″	10
		东善桥林场横山分场		E118°52′34.94″　N31°42′12.60″	4
		东善桥林场横山分场		E118°49′26.97″　N31°38′12.31″	1
05	江宁区	东善桥林场横山分场		E118°49′41.13″　N31°38′00.37″	7
		东善桥林场横山分场		E118°49′26.98″　N31°38′06.85″	1
		东善桥林场横山分场		E118°51′35.42″　N31°32′18.36″	11
		东善桥林场横山分场		E118°49′51.91″　N31°38′35.46″	4
		东善桥林场横山分场		E118°49′59.49″　N31°38′49.31″	3
		东善桥林场铜山分场		E118°50′45.52″　N31°39′10.50″	1
		东善桥林场铜山分场		E118°56′30.33″　N31°37′13.04″	1
		东善桥林场铜山分场		E118°50′36.88″　N31°39′17.79″	3
		东善桥林场铜山分场		E118°52′08.10″　N31°41′13.63″	1
		东善桥林场铜山分场		E118°52′27.84″　N31°39′18.32″	1
		东善桥林场铜山分场	铜山	E118°52′01.25″　N31°39′01.29″	1
		东善桥林场铜山分场		E118°51′05.98″　N31°39′01.58″	1
		横溪街道	横溪枣山	E118°42′32.57″　N31°46′41.87″	8
		横溪街道	横溪枣山	E118°42′18.24″　N31°46′38.03″	3
		横溪街道	横溪蒋门山	E118°40′26.15″　N31°47′16.76″	1
		青山社区		E118°56′59.76″　N31°57′50.98″	46
		汤山街道西猪咀凹		E118°57′02.58″　N31°58′12.96″	71
		汤山街道		E118°57′02.46″　N31°58′40.10″	77

（续）

种质资源编号	种质资源归属	林地名称	小地名	样地中心 GPS 坐标	数量（株）
05	江宁区	汤山街道		E118°57′00.07″　N31°58′30.90″	150
		汤山街道		E118°56′53.37″　N31°57′57.29″	9
		汤山街道		E118°56′56.89″　N31°58′24.51″	45
		汤山街道		E119°00′03.32″　N32°00′47.47″	4
		汤山街道天龙山		E118°58′25.06″　N32°00′23.31″	21
		牛首山		E118°44′43.64″　N31°53′23.64″	2
		牛首山		E118°44′18.37″　N31°54′47.96″	7
		牛首山		E118°44′24.22″　N31°54′50.01″	4
		牛首山		E118°44′35.69″　N31°53′54.66″	1
		南山湖		E118°32′58.89″　N31°46′08.24″	17
		洪幕社区		E118°33′10.13″　N31°45′49.22″	23
		洪幕社区洪幕山		E118°32′52.77″　N31°45′49.17″	4
		洪幕社区洪幕山		E118°32′49.64″　N31°45′38.28″	3
		洪幕社区		E118°34′48.09″　N31°44′56.03″	1
		洪幕社区		E118°34′42.50″　N31°44′52.00″	1
		洪幕社区		E118°34′19.10″　N31°45′59.13″	1
		洪幕社区		E118°34′48.96″　N31°46′19.86″	18
		洪幕社区		E118°34′55.84″　N31°46′14.18″	10
		洪幕社区		E118°35′05.75″　N31°46′08.53″	6
		洪幕社区		E118°35′13.43″　N31°45′41.43″	10
		西宁社区		E118°35′47.81″　N31°46′51.82″	11
		天台山	石塘	E118°41′43.03″　N31°43′08.60″	1
		天台山		E118°41′25.94″　N31°42′49.41″	1
		横溪街道	横溪	E118°40′58.66″　N31°44′04.32″	1
		横溪街道	横溪	E118°41′09.80″　N31°45′10.41″	2
		横溪街道	云台山	E118°40′48.91″　N31°42′13.90″	8
		横溪街道	横溪	E118°40′53.86″　N31°42′07.02″	14
		横溪街道	横溪	E118°41′08.44″　N31°41′26.92″	3
		横溪街道	横溪	E118°40′39.18″　N31°41′48.42″	5
		横溪街道	横溪	E118°40′39.18″　N31°41′48.42″	25
		横溪街道	横溪	E118°40′39.10″　N31°41′53.59″	21
		秣陵街道将军山		E118°46′40.87″　N31°55′47.16″	23
		秣陵街道将军山		E118°46′50.72″　N31°55′57.10″	3
06	溧水区	溧水区林场东庐分场	美人山	E119°07′25.00″　N31°38′05.00″	3
		溧水区林场东庐分场	美人山	E119°07′20.30″　N31°38′02.09″	3

（续）

种质资源编号	种质资源归属	林地名称	小地名	样地中心 GPS 坐标		数量（株）
		溧水区林场东庐分场	美人山	E119°07′57.00″	N31°38′23.00″	8
		溧水区林场东庐分场	东庐山中部	E119°07′35.00″	N31°38′33.00″	1
		溧水区林场东庐分场	东庐山中部	E119°07′34.00″	N31°38′41.00″	6
		溧水区林场东庐分场	东庐山中部	E119°07′26.00″	N31°38′50.00″	2
		溧水区林场东庐分场	杨树洼	E119°07′35.39″	N31°37′32.46″	1
		溧水区林场东庐分场	美人山	E119°07′10.37″	N31°38′08.17″	7
		溧水区林场东庐分场	美人山	E119°07′10.37″	N31°38′08.17″	1
		溧水区林场东庐分场	上山脚底	E119°07′20.30″	N31°38′02.09″	1
		溧水区林场东庐分场	山棚子	E119°06′60.00″	N31°39′30.00″	4
		溧水区林场东庐分场	陈山	E119°07′42.37″	N31°34′58.44″	4
		溧水区林场东庐分场	陈山	E119°07′21.13″	N31°35′00.45″	1
		溧水区林场东庐分场	郑巷大山	E119°07′28.01″	N31°35′31.92″	4
		溧水区林场芳山分场	芳山	E119°08′11.68″	N31°29′42.91″	1
		溧水区林场芳山分场	杨树山	E119°08′30.40″	N31°30′23.68″	4
		溧水区林场芳山分场	杨树山	E119°09′50.39″	N31°30′11.27″	10
		溧水区林场芳山分场	杨树山	E119°09′58.80″	N31°29′57.30″	1
		溧水区林场平山分场	龙冠子	E118°50′34.00″	N31°38′22.00″	3
06	溧水区	溧水区林场平山分场	龙冠子	E119°01′07.00″	N31°36′36.00″	8
		溧水区林场平山分场	雨山	E118°53′05.00″	N31°38′57.00″	6
		溧水区林场平山分场	丁公山	E118°52′08.00″	N31°38′33.00″	1
		溧水区林场平山分场	丁公山	E118°52′19.00″	N31°37′46.00″	13
		溧水区林场平山分场	老凹山	E118°50′18.32″	N31°38′02.01″	1
		溧水区林场平山分场	龙冠子	E118°50′36.98″	N31°38′16.00″	2
		洪蓝街道无想寺社区	顶公山	E118°59′51.85″	N31°35′16.63″	15
		洪蓝街道无想寺社区	顶公山	E119°00′27.23″	N31°35′10.51″	23
		洪蓝街道无想寺社区	顶公山	E119°01′31.80″	N31°35′48.46″	9
		晶桥街道枫香岭社区	枫香岭	E119°04′27.79″	N31°30′52.41″	7
		晶桥街道笪村社区	西瓜山	E119°02′47.38″	N31°32′45.18″	14
		溧水区林场平山分场	平安山	E119°00′28.34″	N31°36′42.34″	1
		溧水区林场平山分场	平安山	E119°00′18.14″	N31°36′32.70″	15
		溧水区林场平山分场	乌王山	E119°01′46.00″	N31°36′05.00″	3
		溧水区林场平山分场	乌王山	E119°01′36.00″	N31°36′13.00″	1
		溧水区林场秋湖分场	桃花凹	E119°02′09.74″	N31°34′05.73″	1
		溧水区林场秋湖分场	桃花凹	E119°02′21.00″	N31°34′04.00″	2
		溧水区林场秋湖分场	龙吟湾	E119°02′36.00″	N31°33′44.00″	4

（续）

种质资源编号	种质资源归属	林地名称	小地名	样地中心 GPS 坐标	数量（株）
06	溧水区	溧水区林场秋湖分场	官塘坝	E119°01′57.00″ N31°34′58.00″	2
		溧水区林场秋湖分场	双尖山	E119°02′38.00″ N31°34′41.40″	3
		溧水区林场秋湖分场	双尖山	E119°03′06.00″ N31°34′29.00″	1
		溧水区林场秋湖分场	双尖山	E119°02′55.00″ N31°34′22.00″	4
		溧水区林场秋湖分场	龙吟湾	E119°02′45.00″ N31°33′47.00″	2
		溧水区林场茅山分场	朱山岗	E118°56′18.76″ N31°39′07.42″	19
		溧水区林场茅山分场	尚书塘	E118°56′26.82″ N31°38′16.40″	10
		溧水区林场茅山分场	尚书塘	E118°55′58.59″ N31°38′18.15″	3
		溧水区林场茅山分场	小茅山东面	E118°57′13.12″ N31°38′27.07″	5
07	高淳区	傅家坛林场	窑冲	E119°04′45.78″ N31°14′09.37″	3
		大荆山林场	四凹	E118°08′37.20″ N32°26′15.03″	2
		大荆山林场	皇家塞	E118°08′32.27″ N32°26′14.77″	1
		游子山林场	青阳殿对面	E119°00′36.83″ N31°20′32.92″	25
		游子山林场	花山游山上段路旁	E118°57′47.58″ N31°16′10.28″	3
		游子山林场	花山游山中段路旁	E118°57′51.60″ N31°16′09.00″	21
		青山林场	林业队	E119°03′42.58″ N31°22′16.38″	1
08	主城区	紫金山	头陀岭处	E118°50′25.00″ N32°04′22.00″	9
		紫金山	茅一峰北防火卫下方	E118°50′27.00″ N32°04′25.00″	3
		紫金山	永慕庐两边	E118°05′02.00″ N32°04′05.00″	1
		紫金山		E118°50′33.00″ N32°04′08.00″	9
		紫金山		E118°51′07.00″ N32°04′09.00″	3
		紫金山		E118°51′13.00″ N32°04′04.00″	46
		紫金山		E118°52′12.00″ N32°03′52.00″	15
		紫金山		E118°52′12.00″ N32°03′48.00″	7
		紫金山		E118°52′05.00″ N32°03′45.00″	8
		紫金山		E118°52′05.00″ N32°03′46.00″	29
		紫金山		E118°52′00.00″ N32°03′43.00″	11
		紫金山		E118°52′01.00″ N32°03′46.00″	10
		紫金山		E118°52′02.00″ N32°03′47.00″	8
		紫金山		E118°51′21.00″ N32°04′03.00″	19
		紫金山		E118°51′22.00″ N32°04′02.00″	46
		紫金山		E118°51′35.00″ N32°03′58.00″	44
		紫金山	中马腰与猴子头之间	E118°50′35.00″ N32°04′11.00″	26
		紫金山		E118°50′24.00″ N32°04′09.84″	13
		紫金山		E118°50′25.00″ N32°04′12.00″	19

（续）

种质资源编号	种质资源归属	林地名称	小地名	样地中心 GPS 坐标	数量（株）
		紫金山		E118°50′39.00″　N32°48′18.00″	4
		紫金山		E118°50′24.00″　N32°03′56.00″	16
		紫金山		E118°50′38.00″　N32°03′25.00″	2
		紫金山	小水闸南	E118°50′35.00″　N32°04′26.00″	1
		紫金山		E118°50′35.00″　N32°04′29.00″	2
		紫金山		E118°50′33.00″　N32°04′42.00″	24
		紫金山	山北坡小卖铺处	E118°50′41.00″　N32°04′21.00″	4
		紫金山	山北坡小卖铺处	E118°14′42.00″　N32°04′22.00″	4
		紫金山	山北坡小卖铺处	E118°50′43.00″　N32°04′22.00″	19
		紫金山	山北坡中上段	E118°50′40.00″　N32°04′23.00″	14
		紫金山	山北坡中上段	E118°50′39.00″　N32°04′23.00″	2
		紫金山	山北坡中上段	E118°50′38.00″　N32°04′23.00″	6
		紫金山	山北坡中上段	E118°50′39.00″　N32°04′24.00″	7
		紫金山	山北坡中上段	E118°50′40.00″　N32°04′24.00″	11
		紫金山	山北坡中上段	E118°50′36.00″　N32°04′27.00″	2
		紫金山	山北坡中上段	E118°50′39.00″　N32°04′25.00″	7
		紫金山	山北坡中上段	E118°50′40.00″　N32°04′26.00″	11
08	主城区	九华山	弥勒佛坡上	E118°48′15.00″　N32°03′41.00″	3
		九华山	三藏塔下坡	E118°48′08.00″　N32°03′44.00″	22
		幕府山	窑上村入口处左上方	E118°47′43.00″　N32°07′38.00″	112
		幕府山		E118°47′25.00″　N32°07′45.00″	7
		幕府山		E118°47′25.00″　N32°07′43.00″	1
		幕府山		E118°47′25.00″　N32°07′46.00″	3
		幕府山		E118°47′23.00″　N32°07′45.00″	1
		幕府山	达摩洞景区上坡	E118°47′55.00″　N32°07′57.00″	25
		幕府山	达摩洞景区下坡	E118°47′54.00″　N32°07′58.00″	28
		幕府山	仙人对弈	E118°48′04.00″　N32°08′19.00″	80
		幕府山	半山禅院上中	E118°48′04.00″　N32°08′14.00″	21
		幕府山	半山禅院上	E118°47′58.00″　N32°08′01.00″	3
		幕府山	仙人对弈左坡	E118°48′05.00″　N32°08′10.00″	124
		幕府山	仙人对弈左中坡	E118°48′06.00″　N32°08′16.00″	46
		幕府山	仙人对弈下坡	E118°48′05.00″　N32°08′16.00″	77
		幕府山	三台洞	E118°01′00.00″　N31°21′00.02″	49
		幕府山	仙人台下坡	E118°48′00.04″　N32°08′00.28″	47
		幕府山	仙人台	E118°48′00.05″　N32°07′60.00″	50

狭叶山胡椒 *Lindera angustifolia* W. C. Cheng

【别名】见风消、小鸡条、鸡婆子

【科属】樟科（Lauraceae）山胡椒属（*Lindera*）

【树种简介】落叶小乔木或灌木，高 2~8 米。幼枝黄绿色，无毛。叶互生，椭圆状披针形，长 6~14 厘米，宽 1.5~3.5 厘米，先端渐尖，基部楔形，近革质，上面绿色无毛，下面苍白色，沿脉上被疏柔毛，羽状脉，侧脉每边 8~10 条。伞形花序 2~3 腋生。雄花序有花 3~4 朵，雌花序有花 2~7 朵。果球形，成熟时黑色。花期 3~4 月，果期 9~10 月。产山东、浙江、福建、安徽、江苏、江西、河南、陕西、湖北、广东、广西等省份，朝鲜也有分布。喜排水良好的沙质土壤。种子油可制肥皂及润滑油；叶可提取芳香油，用于配制化妆品及皂用香精。有祛风除湿、行气散寒、解毒消肿的功效；叶入秋后变成橘红色，入冬枯而不落，至翌年春方与嫩叶交替，颇具观赏价值。

【种质资源】南京市狭叶山胡椒野生种质资源共 7 份，分别归属于六合区、浦口区、栖霞区、雨花区、江宁区、高淳区和主城区。具体种质资源信息见表 4。

01：六合区

分布在平山林场、竹镇和冶山林场。在 81 个样地中，9 个样地有分布，共 66 株，其中 23 株株高小于 1.3 米，其余为中小乔木，最大胸径 16 厘米。种群较大，分布相对集中。

02：浦口区

分布在老山林场的平坦分场、西山分场、狮子岭分场、七佛寺分场、铁路林分场和星甸杜仲林场、大桥林场，其中老山林场分布量约占总量的 95%。在 198 个样地中，18 个样地有分布，共 148 株，其中 136 株株高小于 1.3 米；胸径 1~10 厘米的 11 株；最大 1 株胸径 14 厘米。种群较大，分布较广。

03：栖霞区

分布在兴卫山、灵山、南象山和北象山。在 44 个样地中，7 个样地有分布，共 40 株，其中 11 株株高小于 1.3 米，胸径 1~10 厘米的 29 株。种群较大，分布集中。

04：雨花区

分布在铁心桥街道和罐子山。在 24 个样地中，3 个样地有分布，共 14 株，其中 1 株株高小于 1.3 米，胸径 1~10 厘米的 13 株，平均胸径 4 厘米。种群小，分布集中。

05：江宁区

分布在方山、汤山林场、孟塘社区、东善桥林场、横溪街道、青山社区、汤山街道、牛首山、富贵山公墓、洪幕社区、秣陵街道，其中洪幕社区分布最多。在 223 个样地中，28 个样地有分布，共 57 株，其中 17 株株高小于 1.3 米，胸径 1~10 厘米的 40 株，平均胸径 4 厘米。种群较大，分布较广。

06：高淳区

分布在大山林场、大荆山林场、游子山林场及青山林场。在 53 个样地中，5 个样地有分布，共 9 株，其中 4 株株高小于 1.3 米，胸径 1~10 厘米的 5 株。种群极小，分布相对分散。

07：主城区

分布在紫金山。在 69 个样地中，6 个样地有分布，共 19 株，胸径全部在 1~10 厘米，最大胸径 5 厘米。种群极小，分布集中。

表 4　狭叶山胡椒野生种质资源信息

种质资源编号	种质资源归属	林地名称	小地名	样地中心 GPS 坐标	数量（株）
01	六合区	平山林场		E118°50′57.56″　N32°28′12.85″	6
		平山林场		E118°50′38.35″　N32°27′45.97″	31
		平山林场		E118°50′55.00″　N32°27′38.00″	1
		平山林场		E118°49′01.57″　N32°27′11.51″	1
		竹镇	广佛寺	E118°33′39.00″　N32°34′19.00″	1
		冶山林场		E118°56′52.25″　N32°30′42.76″	3
		冶山林场		E118°56′58.90″　N32°30′33.65″	10

（续）

种质资源编号	种质资源归属	林地名称	小地名	样地中心 GPS 坐标		数量（株）
01	六合区	冶山林场		E118°56′54.00″	N32°30′30.00″	5
		冶山林场		E118°56′21.80″	N32°30′35.68″	8
02	浦口区	老山林场平坦分场	横山沟旁	E118°31′14.43″	N32°04′19.78″	15
		老山林场平坦分场	横山半坡	E118°31′11.77″	N32°04′13.89″	5
		老山林场平坦分场	大姑山	E118°30′24.14″	N32°04′04.44″	2
		老山林场平坦分场	枣核山	E118°30′26.25″	N32°04′05.79″	5
		老山林场平坦分场	匪集场道旁	E118°31′58.93″	N32°04′11.24″	16
		老山林场平坦分场	匪集场山后	E118°31′58.93″	N32°04′11.24″	30
		老山林场平坦分场	短喷	E118°33′35.86″	N32°05′28.78″	15
		老山林场平坦分场	平阳山	E118°33′37.72″	N32°04′60.00″	30
		老山林场西山分场	西山—铁路桥下	E118°26′47.85″	N32°03′05.63″	1
		老山林场狮子岭分场	小洼口—平滩子	E118°33′42.09″	N32°03′11.99″	1
		老山林场狮子岭分场	厂部	E118°32′53.42″	N32°02′57.91″	10
		老山林场七佛寺分场	黄山岭	E118°35′32.83″	N32°05′46.91″	3
		老山林场七佛寺分场	黑桃洼	E118°35′33.90″	N32°06′34.80″	3
		老山林场七佛寺分场	老山中学	E118°35′10.03″	N32°06′43.61″	3
		老山林场铁路林分场	采石场旁	E118°39′22.55″	N32°08′19.15″	1
		星甸杜仲林场	宝塔洼子	E118°24′39.44″	N32°03′43.16″	3
		星甸杜仲林场	林场后面	E118°24′15.84″	N32°03′20.78″	2
		大桥林场	老虎洞	E118°41′13.35″	N32°09′24.49″	3
03	栖霞区	兴卫山	兴卫山东南坡	E118°50′40.74″	N32°05′57.12″	1
		兴卫山		E118°50′44.28″	N32°05′58.56″	9
		兴卫山		E118°50′50.99″	N32°05′58.33″	3
		兴卫山	兴卫山北坡	E118°50′24.34″	N32°06′00.26″	3
		灵山		E118°55′42.67″	N32°05′24.80″	1
		南象山	南象山衡阳寺	E118°56′07.44″	N32°08′16.38″	1
		北象山		E118°56′25.62″	N32°09′05.28″	22
04	雨花区	铁心桥街道韩府山		E118°45′29.12″	N31°56′56.46″	9
		铁心桥街道韩府山		E118°45′30.33″	N31°56′48.60″	4
		罐子山	西善桥	E118°43′22.49″	N31°56′29.65″	1
05	江宁区	方山	栎树林	E118°51′52.28″	N31°53′53.91″	2
		汤山林场黄栗墅工区	土地山	E119°01′13.38″	N32°04′05.95″	2
		汤山林场长山工区	黄龙山	E118°54′16.82″	N31°58′29.38″	1
		汤山林场佘村工区	青龙山	E118°56′19.79″	N32°00′05.54″	2
		孟塘社区	射乌山	E119°03′05.35″	N32°05′57.62″	1

种质资源编号	种质资源归属	林地名称	小地名	样地中心 GPS 坐标		数量（株）
05	江宁区	孟塘社区	射乌山	E119°02′56.77″	N32°05′44.84″	1
		东善桥林场云台分场	大平山	E118°42′19.43″	N31°42′28.84″	1
		东善桥林场横山分场		E118°48′45.31″	N31°28′06.43″	1
		东善桥林场横山工区		E118°47′25.39″	N31°38′23.59″	2
		东善桥林场横山工区		E118°47′31.34″	N31°38′33.17″	1
		东善桥林场东善分场	静龙山	E118°46′52.37″	N31°51′20.88″	1
		东善桥林场横山分场		E118°52′34.94″	N31°42′12.60″	1
		东善桥林场铜山分场		E118°52′18.33″	N31°39′18.52″	1
		东善桥林场铜山分场		E118°52′18.08″	N31°39′27.82″	1
		东善桥林场铜山分场	铜山分场管理区	E118°52′01.25″	N31°39′01.29″	1
		东善桥林场铜山分场		E118°51′47.70″	N31°39′00.59″	1
		横溪街道	横溪枣山	E118°42′32.57″	N31°46′41.87″	1
		横溪街道	横溪枣山	E118°42′19.89″	N31°46′38.04″	1
		青山社区		E118°56′59.76″	N31°57′50.98″	1
		汤山街道西猪咀凹		E118°57′02.58″	N31°58′12.96″	1
		牛首山		E118°44′24.22″	N31°54′50.01″	1
		牛首山		E118°45′12.86″	N31°53′45.91″	1
		富贵山公墓		E118°32′28.22″	N31°45′46.73″	1
		洪幕社区		E118°33′10.13″	N31°45′49.22″	4
		洪幕社区洪幕山		E118°32′49.64″	N31°45′38.28″	18
		横溪街道云台山		E118°40′48.91″	N31°42′13.90″	6
		横溪街道	横溪	E118°40′39.10″	N31°41′53.59″	1
		秣陵街道将军山		E118°46′13.43″	N31°56′12.86″	1
06	高淳区	大山林场	大山寺旁	E119°04′55.83″	N31°25′08.59″	3
		大荆山林场	四凹	E118°08′37.20″	N32°26′15.03″	1
		游子山林场	大凹	E119°00′28.21″	N31°20′46.36″	2
		游子山林场	汉白玉阶梯旁	E119°00′35.93″	N31°20′52.23″	1
		青山林场	林业队（青山林场）	E119°03′42.58″	N31°22′16.38″	2
07	主城区	紫金山		E118°50′33.00″	N32°04′08.00″	2
		紫金山		E118°51′13.00″	N32°04′04.00″	6
		紫金山		E118°51′21.00″	N32°04′03.00″	5
		紫金山		E118°51′35.00″	N32°03′58.00″	4
		紫金山		E118°50′24.00″	N32°04′09.84″	1
		紫金山	山北坡中上段	E118°50′37.00″	N32°04′26.00″	1

山橿 *Lindera reflexa* Hemsl.

【别名】野樟树、钓樟、木姜子

【科属】樟科（Lauraceae）山胡椒属（*Lindera*）

【树种简介】落叶灌木或小乔木。树皮棕褐色，有纵裂及斑点。幼枝条黄绿色，光滑、无皮孔，幼时有绢状柔毛，不久脱落。冬芽长角锥状，芽鳞红色。叶互生，通常卵形或倒卵状椭圆形，有时为狭倒卵形或狭椭圆形，长（5）9~12（16.5）厘米，宽（2.5）5.5~8（12.5) 厘米，先端渐尖，基部圆或宽楔形，有时稍心形，纸质，上面绿色，幼时在中脉上被微柔毛，不久脱落，下面带绿苍白色，被白色柔毛，后渐脱落成几无毛，羽状脉，侧脉每边 6~8（10）条；叶柄长 6~17（30）毫米，幼时被柔毛，后脱落。伞形花序着生于叶芽两侧，具总梗，长约 3 毫米，红色，密被红褐色微柔毛，果时脱落；花被片 6，黄色，椭圆形，近等长，长约 2 毫米，花丝无毛，第三轮的基部着生 2 个宽肾形具长柄腺体，柄基部与花丝合生；退化雌蕊细小，长约 1.5 毫米，狭角锥形；雌花花梗长 4~5 毫米，密被白柔毛；花被片黄色，宽矩圆形，长约 2 毫米，外轮略小，外面在背脊部被白柔毛，内面被稀疏柔毛。子房椭圆形，花柱与子房等长，柱头盘状。果球形，直径约 7 毫米，熟时红色。花期 4 月，果期 8 月。分布于河南、江苏、安徽、浙江、江西、湖南、湖北、贵州、云南、广西、广东、福建等省份。生于海拔约 1000 米以下的山谷、山坡林下或灌丛中。根药用，性温，味辛，具有止血、消肿、止痛等功效，可治胃气痛、疥癣、风疹、刀伤出血。

【种质资源】南京市山橿野生种质资源共 1 份，归属于江宁区。具体种质资源信息见表 5。

01：江宁区

分布在东善桥林场横山分场。在 223 个样地中仅 1 个样地有分布，共 5 株，胸径在 1~5 厘米。

表 5　山橿野生种质资源信息

种质资源编号	种质资源归属	林地名称	小地名	样地中心 GPS 坐标	数量（株）
01	江宁区	东善桥林场横山分场		E118°48′35.83″　N31°37′55.96″	5

红脉钓樟 *Lindera rubronervia* Gamble

【别名】庐山乌药

【科属】樟科（Lauraceae）山胡椒属（*Lindera*）

【树种简介】落叶灌木或小乔木，高可达 5 米。树皮黑灰色，有皮孔。叶互生，卵形，狭卵形，有时披针形，长（4）6~8（13）厘米，宽（2）3~4（5）厘米，先端渐尖，基部楔形；纸质，有时近革质。伞形花序腋生，通常 2 个花序着生于叶芽两侧；总梗长约 2 毫米；总苞片 8，宿存，内有花 5~8 朵。雄花花被筒被柔毛，花被片 6，黄绿色，椭圆形。雌花花被筒密被白柔毛，花被片椭圆形，内面被白色柔毛。果近球形，直径 1 厘米；果梗长 1~1.5 厘米，熟后弯曲，果托直径约 3 毫米。花期 3~4 月，果期 8~9 月。产河南、安徽、江苏、浙江、江西等省份。生于山坡林下、溪边或山谷中。叶及果皮可提取芳香油。

【种质资源】南京市红脉钓樟野生种质资源仅 1 份，归属于江宁区。具体种质资源信息见表 6。

01：江宁区

分布在横溪街道。在 223 个样地中，仅 1 个样地有分布，总数量 55 株，其中株高小于 1.3 米的 50 株，胸径 1~10 厘米的 5 株，平均胸径 5 厘米。种群较大，分布高度集中。

表 6　红脉钓樟野生种质资源信息

种质资源编号	种质资源归属	林地名称	小地名	样地中心 GPS 坐标	数量（株）
01	江宁区	横溪街道	横溪	E118°42′19.89″　N31°46′38.04″	55

山鸡椒 *Litsea cubeba* (Lour.)Pers.

【别名】山胡椒、臭油果树、赛梓树、臭樟子、山姜子、豆豉姜、澄茄子、毕澄茄、木姜子、山苍树、山苍子

【科属】樟科（Lauraceae）木姜子属（*Litsea*）

【树种简介】落叶灌木或小乔木，高达 8~10 米；幼树树皮黄绿色，光滑，老树树皮灰褐色。小枝细长，绿色，无毛，枝、叶具芳香味。顶芽圆锥形，外面具柔毛。叶互生，披针形或长圆形，长 4~11 厘米，宽 1.1~2.4 厘米，先端渐尖，基部楔形，纸质，上面深绿色，下面粉绿色，两面均无毛，羽状脉，侧脉每边 6~10 条，纤细，中脉、侧脉在两面均突起；叶柄长 6~20 毫米，纤细，无毛。伞形花序单生或簇生，总梗细长，长 6~10 毫米；苞片边缘有睫毛；每一花序有花 4~6 朵，先叶开放或与叶同时开放，花被裂片 6，宽卵形；能育雄蕊 9，花丝中下部有毛，第 3 轮基部的腺体具短柄；退化雌蕊无毛；雌花中退化雄蕊中下部具柔毛；子房卵形，花柱短，柱头头状。果近球形，直径约 5 毫米，无毛，幼时绿色，成熟时黑色，果梗长 2~4 毫米，先端稍增粗。花期 2~3 月，果期 7~8 月。产广东、广西、福建、台湾、浙江、江苏、安徽、湖南、湖北、江西、贵州、四川、云南、西藏。生于向阳的山地、灌丛、疏林或林中路旁、水边。东南亚各国也有分布。花、叶和果皮主要提制柠檬醛的原料，供医药制品和配制香精等用。核仁含油率 61.8%，油供工业上用。根、茎、叶和果实均可入药，有祛风散寒、消肿止痛的功效。

【种质资源】南京市山鸡椒野生种质资源共 1 份，归属于江宁区。具体种质资源信息见表 7。

01：江宁区

分布在东善桥林场横山分场和东善分场。在 223 个样地中 2 个样地有分布，共 7 株，其中胸径 1~3 厘米的 4 株，胸径 5~7 厘米的 3 株。种群小，分布集中。

表 7　山鸡椒野生种质资源信息

种质资源编号	种质资源归属	林地名称	小地名	样地中心 GPS 坐标	数量（株）
01	江宁区	东善桥林场横山分场		E118°49′26.98″　N32°38′6.85″	5
		东善桥林场东善分场		E118°46′50.46″　N32°51′25.78″	2

红柴枝 *Meliosma oldhamii* Miq. ex Maxim.

【别名】南京珂楠树

【科属】清风藤科（Sabiaceae）泡花树属（*Meliosma*）

【树种简介】落叶乔木，高可达 20 米。羽状复叶连柄长 15~30 厘米，有小叶 7~15 片；小叶薄纸质，下部的卵形，长 3~5 厘米，中部的长圆状卵形，狭卵形，顶端一片倒卵形或长圆状倒卵形，长 5.5~8（10）厘米，宽 2~3.5 厘米，先端急尖或锐渐尖，具中脉伸出尖头，基部圆形、阔楔形或狭楔形，边缘具疏离的锐尖锯齿。圆锥花序顶生，直立，具 3 次分枝，长、宽 15~30 厘米，被褐色短柔毛；花白色，3 片花瓣近圆形，直径约 2 毫米。核果球形，直径 4~5 毫米，核具明显凸起网纹，中肋明显隆起，从腹孔一边延至另一边，腹部稍突出。花期 5~6 月，果期 8~9 月。产贵州、广西东北部、广东北部、江西、浙江、江苏、安徽、湖北、河南、陕西南部。生于海拔 300~1300 米的湿润山坡、山谷林间，朝鲜和日本也有分布。木材坚硬，可作车辆用材。花茶可以清热解毒；种子油可制润滑油。

【种质资源】南京市红柴枝野生种质资源共 4 份，分别归属于浦口区、栖霞区、江宁区和主城区。具体种质资源信息见表 8。

01：浦口区

仅分布在老山林场的七佛寺分场和平坦分场。在 198 个样地中，5 个样地有分布，总数量 47 株，其中株高小于 1.3 米的 21 株，胸径 1~10 厘米的 16 株，胸径 11~20 厘米的 5 株，胸径 21~30 厘米的 3 株，胸径 31~35 厘米的 2 株，胸径平均为 33 厘米。种群较大，分布相对集中。

02：栖霞区

在 44 个样地中仅兴卫山的 1 个样地有 3 株，且株高均小于 1.3 米。种群极小，分布集中。

03：江宁区

分布在青林社区、东善桥林场、牛首山和横溪街道。在 223 个样地中，12 个样地有分布，总数量 51 株，其中株高小于 1.3 米的 1 株，胸径 1~10 厘米的 28 株，平均胸径 7 厘米；胸径 11~20 厘米的 20 株，平均胸径 15 厘米；胸径 21~25 厘米的 2 株，平均胸径 22 厘米。种群较大，分布较分散。

04：主城区

仅在紫金山有自然种群分布，主要集中在山北坡小卖铺处。在调查的 69 个样地中，12 个样地有分布，共 281 株，其中株高小于 1.3 米的 85 株，胸径 1~10 厘米的 96 株，胸径 11~20 厘米的 69 株，胸径 21~30 厘米的 24 株，胸径 31~40 厘米的 7 株。种群大，幼树较多，分布集中。

表 8　红柴枝野生种质资源信息

种质资源编号	种质资源归属	林地名称	小地名	样地中心 GPS 坐标		数量（株）
01	浦口区	老山林场七佛寺分场	猴子洞	E118°36′50.97″	N32°05′45.06″	1
		老山林场七佛寺分场	大椅子山	E118°38′08.81″	N32°06′32.85″	2
		老山林场七佛寺分场	牛角洼	E118°36′28.61″	N32°06′16.76″	1
		老山林场七佛寺分场	七佛寺分场对面	E118°36′51.02″	N32°05′45.75″	1
		老山林场平坦分场	大平山	E118°33′46.67″	N32°04′20.17″	42
02	栖霞区	兴卫山		E118°50′44.28″	N32°05′58.56″	3
		青林社区	白露头	E119°25′33.41″	N32°04′52.23″	15
03	江宁区	东善桥林场横山分场		E118°48′14.69″	N31°37′17.87″	1
		东善桥林场横山分场	山下坡溪水处	E118°52′34.94″	N31°42′12.60″	3
		东善桥林场横山分场		E118°49′41.13″	N31°38′00.37″	3
		东善桥林场横山分场		E118°49′59.49″	N31°38′49.31″	1
		东善桥林场横山分场		E118°49′19.78″	N31°38′14.00″	1
		东善桥林场铜山分场		E118°51′12.25″	N31°39′19.60″	2
		牛首山		E118°44′21.50″	N31°54′46.66″	8
		牛首山		E118°44′20.00″	N31°54′47.62″	2
		牛首山		E118°44′53.71″	N31°54′07.74″	2
		牛首山		E118°44′25.29″	N31°53′42.86″	3
		横溪街道	横溪枣山	E118°42′19.89″	N31°46′38.04″	10
04	主城区	紫金山	头陀岭处	E118°50'25"	N32°4'22"	1
		紫金山	永慕庐两边	E118°5'2"	N32°4'5"	3
		紫金山		E118°51'13"	N32°4'4"	2
		紫金山		E118°50'25"	N32°4'12"	1
		紫金山		E118°50'39"	N32°48'18"	41
		紫金山		E118°50'38"	N32°3'25"	27
		紫金山	小水闸南	E118°50'35"	N32°4'26"	3
		紫金山		E118°50'35"	N32°4'29"	8
		紫金山		E118°50'27"	N32°4'45"	1
		紫金山	山北坡小卖铺处	E118°50'41"	N32°4'21"	168
		紫金山	山北坡中上段	E118°50'39"	N32°4'25"	17
		紫金山	山北坡中上段	E118°50'40"	N32°4'26"	9

檵木 *Loropetalum chinense* (R. Br.) Oliv.

【别名】白花檵木、白彩木、继木、大叶檵木

【科属】金缕梅科（Hamamelidaceae）檵木属（*Loropetalum*）

【树种简介】灌木或小乔木，多分枝，小枝有星毛。叶革质，卵形，长 2~5 厘米，宽 1.5~2.5 厘米，先端锐尖，基部钝，不等侧，上面略有粗毛或秃净，干后暗绿色，无光泽；下面被星毛，稍带灰白色，侧脉约 5 对，在上面表现较为明显，在下面则凸起，全缘；叶柄长 2~5 毫米，有星毛；托叶膜质，三角状披针形，长 3~4 毫米，宽 1.5~2 毫米，早落。花 3~8 朵簇生，有短花梗，白色，比新叶先开放，或与嫩叶同时开放，花序柄长约 1 厘米，被毛；苞片线形，长 3 毫米；萼筒杯状，被星毛，萼齿卵形，长约 2 毫米，花后脱落；花瓣 4 片，带状，长 1~2 厘米，先端圆或钝；子房完全下位，被星毛；花柱极短，长约 1 毫米；胚珠 1 个，垂生于心皮内上角。蒴果卵圆形，长 7~8 毫米，宽 6~7 毫米，先端圆，被褐色星状茸毛，萼筒长为蒴果的 2/3。种子圆卵形，长 4~5 毫米，黑色，发亮。花期 3~4 月，果期 5~7 月。我国中部、南部及西南各省份均有分布，亦见于日本及印度。喜生于向阳的丘陵及山地，亦常出现在马尾松林及杉木林下。叶用于止血，根及叶用于治疗跌打损伤，有去瘀生新功效。树形优美，枝繁叶茂，耐修剪，适应性强，宜栽培观赏；可制作盆景，也可作红花檵木砧木。

【种质资源】南京市檵木野生种质资源仅 1 份，归属于江宁区。具体种质资源信息见表 9。

01：江宁区

分布在汤山林场、东善桥林场、牛首山、汤山街道和富贵山公墓。在 223 个样地中，10 个样地有分布，总数量 1440 株，其中株高小于 1.3 米的 1100 株，胸径 1~10 厘米的 308 株，平均胸径 5 厘米；胸径 11~20 厘米的 28 株，平均胸径 14 厘米；胸径 21~25 厘米的有 8 株，平均胸径 23 厘米，最大胸径 25 厘米。种群极大，分布相对集中。

表 9　檵木野生种质资源信息

种质资源编号	种质资源归属	林地名称	小地名	样地中心 GPS 坐标		数量（株）
01	江宁区	汤山林场黄栗墅工区	土地山	E119°01′02.54″	N32°03′44.17″	2
		东善桥林场云台分场		E118°43′12.78″	N31°42′57.15″	8
		东善桥林场云台分场		E118°43′04.99″	N31°43′00.56″	100
		东善桥林场横山分场		E118°48′45.31″	N31°28′06.43″	18
		牛首山		E118°44′47.99″	N31°53′30.49″	31
		东善桥林场铜山分场		E118°50′30.00″	N31°39′41.84″	450
		东善桥林场铜山分场		E118°52′44.03″	N31°39′26.42″	18
		汤山街道		E119°00′03.32″	N32°00′47.47″	800
		牛首山		E118°44′57.33″	N31°53′46.05″	8
		富贵山公墓		E118°32′28.22″	N31°45′46.73″	5

牛鼻栓 *Fortunearia sinensis* Rehd. et Wils.

【别名】千斤力

【科属】金缕梅科（Hamamelidaceae）牛鼻栓属（*Fortunearia*）

【树种简介】落叶灌木或小乔木，高 5 米；嫩枝有灰褐色柔毛；老枝无毛，有稀疏皮孔，干后褐色或灰褐色。叶膜质，倒卵形或倒卵状椭圆形，长 7~16 厘米，宽 4~10 厘米，先端锐尖，基部圆形或钝，稍偏斜；边缘有锯齿，齿尖稍向下弯。两性花的总状花序长 4~8 厘米，花序柄长 1~1.5 厘米，花序轴长 4~7 厘米，均有茸毛；花瓣狭披针形，比萼齿短。蒴果卵圆形，长 1.5 厘米，外面无毛，有白色皮孔，沿室间 2 片裂开，每片 2 浅裂，果瓣先端尖，果梗长 5~10 毫米。种子卵圆形，长约 1 厘米，宽 5~6 毫米，褐色，有光泽，种脐马鞍形，稍带白色。花期 4~5 月，果期 7~8 月。分布于陕西、河南、四川、湖北、安徽、江苏、江西及浙江等省份，常生于山坡杂木林中或岩隙中。花蕾药用，可治水肿和祛痰药，根可毒鱼，全株可作农药，煮汁可杀虫，灭天牛虫效果良好；茎皮纤维柔韧，可作造纸和人造棉原料。花先叶开放，可作春季观花树种。

【种质资源】南京市牛鼻栓野生种质资源共 5 份，分别归属于浦口区、栖霞区、雨花区、江宁区和主城区。具体种质资源信息见表 10。

01：浦口区

分布在老山林场的平坦分场、西山分场、狮子岭分场。在调查的 198 个样地中，11 个样地

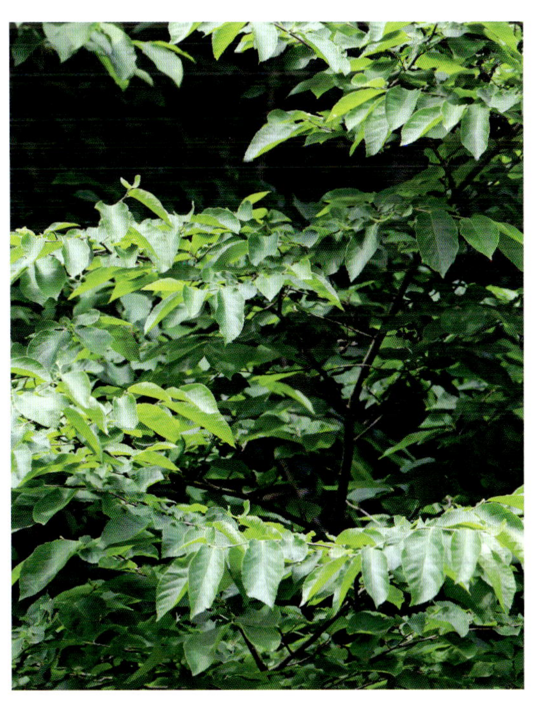

有分布，总株数 238 株，株高小于 1.3 米的 158 株，占总株数的 66%；胸径 1~10 厘米的 78 株，占总株数的 33%；胸径 11~20 厘米的 28 株，占总株数的 12%。种群大，分布广。

02：栖霞区

仅分布在栖霞山。在调查的 44 个样地中仅 1 个样地有分布，总数量 21 株，其中株高小于 1.3 米的 7 株，胸径 1~10 厘米的 14 株。种群小，分布集中。

03：雨花区

分布在将军山和罐子山。在 24 个样地中，2 个样地有分布，总数量 48 株，其中株高小于 1.3 米的 1 株，胸径 1~10 厘米的 47 株，平均胸径 4 厘米。种群较大，分布集中。

04：江宁区

分布在汤山林场、东山街道林场、孟塘社区、青林社区、古泉社区、东善桥林场、横溪街道、牛首山、洪幕社区。在调查的 223 个样地中，23 个样地有分布，总数量 143 株，其中株高小于 1.3 米的 4 株，胸径 1~10 厘米的 131 株（平均胸径 4 厘米），胸径 11~20 厘米的 7 株（平均胸径 14 厘米），胸径 31 厘米的 1 株。种群大，分布较广泛。

05：主城区

仅分布在紫金山。在 69 个样地中，8 个样地有分布，共 168 株，其中株高 1.3 米以下的 41 株，其余为中小乔木或大灌木，最大胸径 16 厘米。种群大，分布集中。

表 10　牛鼻栓野生种质资源信息

种质资源编号	种质资源归属	林地名称	小地名	样地中心 GPS 坐标		数量（株）
01	浦口区	老山林场平坦分场	横山半坡	E118°31′11.77″	N32°04′13.89″	19
		老山林场平坦分场	大姑山	E118°30′24.14″	N32°04′04.44″	28
		老山林场平坦分场	小鸡山	E118°30′31.70″	N32°03′42.03″	16
		老山林场平坦分场	匪集场道旁	E118°31′58.93″	N32°04′11.24″	31
		老山林场平坦分场	蛇地	E118°33′59.25″	N32°05′39.57″	66
		老山林场平坦分场	大平山	E118°33′46.67″	N32°04′20.17″	36
		老山林场平坦分场	门坎里—黄梨山	E118°32′28.45″	N32°04′39.38″	3
		老山林场平坦分场	门坎里—大小女儿山	E118°32′19.61″	N32°04′25.97″	20
		老山林场西山林场	西山—九峰寺旁	E118°25′41.49″	N32°03′45.74″	1
		老山林场狮子岭分场	兜率寺后山	E118°33′03.83″	N32°03′48.20″	12

（续）

种质资源编号	种质资源归属	林地名称	小地名	样地中心 GPS 坐标		数量（株）
01	浦口区	老山林场狮子岭分场	兴隆寺路旁	E118°31′38.16″	N32°02′50.59″	6
02	栖霞区	栖霞山	天开岩上方亭子附近	E118°57′35.04″	N32°09′28.42″	21
03	雨花区	将军山		E118°45′50.09″	N31°55′23.41″	47
		罐子山		E118°43′10.85″	N31°55′55.24″	1
04	江宁区	汤山林场长山工区	青龙山	E118°54′05.29″	N31°58′48.85″	5
		东山街道林场		E118°55′52.80″	N31°57′55.47″	6
		汤山林场龙泉工区		E118°58′09.72″	N32°00′12.98″	1
		汤山林场龙泉工区		E118°58′18.73″	N32°00′11.84″	15
		孟塘社区	射乌山	E119°03′08.53″	N32°05′52.37″	1
		青林社区	白露头	E119°05′23.21″	N32°04′43.06″	4
		青林社区	白露头	E119°25′33.41″	N32°04′52.23″	1
		古泉社区		E119°01′33.39″	N32°02′47.62″	1
		东善桥林场云台分场	鸡笼山	E118°41′59.67″	N31°41′55.00″	2
		东善桥林场横山工区		E118°48′53.79″	N31°37′15.38″	9
		东善桥林场横山工区		E118°48′14.69″	N31°37′17.87″	37
		东善桥林场横山分场	山下坡、溪水处	E118°52′34.94″	N31°42′12.60″	12
		东善桥林场横山分场		E118°49′41.13″	N31°38′00.37″	7
		东善桥林场横山分场		E118°49′26.98″	N31°38′06.85″	1
		东善桥林场横山分场		E118°51′32.14″	N31°38′16.78″	17
		东善桥林场横山分场		E118°49′51.91″	N31°38′35.46″	7
		东善桥林场横山分场		E118°49′59.49″	N31°38′49.31″	4
		东善桥林场铜山分场		E118°56′30.33″	N31°37′13.04″	2
		东善桥林场铜山分场		E118°50′36.88″	N31°39′17.79″	3
		横溪横溪街道		E118°42′19.89″	N31°46′38.04″	1
		牛首山		E118°44′25.29″	N31°53′42.86″	1
		牛首山		E118°44′33.93″	N31°53′41.36″	1
		洪幕社区		E118°35′05.75″	N31°46′08.53″	5
05	主城区	紫金山	永慕庐两边	E118°05′02.00″	N32°04′05.00″	1
		紫金山		E118°50′33.00″	N32°04′08.00″	116
		紫金山		E118°51′07.00″	N32°04′09.00″	3
		紫金山	小水闸南	E118°50′35.00″	N32°04′26.00″	1
		紫金山		E118°50′35.00″	N32°04′29.00″	19
		紫金山	山北坡小卖铺处	E118°14′42.00″	N32°04′22.00″	1
		紫金山	山北坡小卖铺处	E118°50′40.00″	N32°04′23.00″	2
		紫金山	山北坡中上段	E118°50′39.00″	N32°04′23.00″	25

枫香树 *Liquidambar formosana* Hance

【别名】路路通、枫香、香枫等

【科属】金缕梅科（Hamamelidaceae）枫香树属（*Liquidambar*）

【树种简介】落叶乔木，高达 30 米，胸径可达 1 米。树皮灰褐色，方块状剥落；小枝干后灰色，被柔毛，略有皮孔。叶薄革质，阔卵形，掌状 3 裂，中央裂片较长，先端尾状渐尖；两侧裂片平展；基部心形；边缘有锯齿，齿尖有腺状凸起。雄性短穗状花序常多个排成总状，雄蕊多数。雌性头状花序有花 24~43 朵。头状果序圆球形，木质，直径 3~4 厘米；蒴果下半部藏于花序轴内，有宿存花柱及针刺状萼齿。种子多数，褐色，多角形或有窄翅。华北、华中、华东、华南和西南各地均有分布。生于海拔 1500 米以下的沿溪涧河滩、阴湿山坡地的林中。喜光，多生于平地、村落附近，以及低山的次生林。在海南常组成次生林的优势种；性耐火烧，萌生力极强。树脂供药用，能解毒止痛、止血生肌。根、叶及果实亦可入药，有祛风除湿、通络活血功效。木材稍坚硬，可制家具及贵重商品的包装箱。秋叶色彩丰富，可作景观树。

【种质资源】南京市枫香树野生种质资源共 2 份，分别归属于栖霞区和溧水区。具体种质资源信息见表 11。

01：栖霞区

分布在兴卫山、栖霞山、西岗街道、仙鹤山、南象山、北象山、何家山和乌龙山。在 44 个样地中，25个样地有分布，共313株，其中株高小于1.3米的10株，胸径1~10厘米的158株，占总数的50.5%；胸径11~20厘米的77株，占总数的24.6%；胸径21~30厘米的37株，占总数的11.8%；胸径31~40厘米的2株，占总数的7%；胸径41~50厘米的6株；胸径大于50厘米的3株，最大胸径达58厘米。种群大，分布广。

02：溧水区

分布在溧水区林场东庐分场和横山分场。在115个样地中，2个样地有分布，总数量7株，其中胸径在10厘米以内的4株，11~20厘米的2株，最大1株胸径为22厘米。种群极小，分布较集中。

表11　枫香树野生种质资源信息

种质资源编号	种质资源归属	林地名称	小地名	样地中心 GPS 坐标	数量（株）
01	栖霞区	兴卫山		E118°50′44.28″　N32°05′58.56″	1
		兴卫山		E118°50′50.99″　N32°05′58.33″	54
		兴卫山		E118°50′32.47″　N32°05′59.03″	2
		兴卫山	兴卫山北坡	E118°50′24.34″　N32°06′00.26″	1
		栖霞山		E118°57′30.72″　N32°09′18.94″	7
		栖霞山		E118°57′29.02″　N32°09′17.68″	4
		栖霞山		E118°57′26.93″　N32°09′18.98″	28
		栖霞山		E118°57′29.21″　N32°09′14.10″	4
		栖霞山		E118°57′34.38″　N32°09′15.58″	4
		栖霞山	陆羽茶庄东坡	E118°57′34.27″　N32°09′06.65″	3
		栖霞山		E118°57′43.25″　N32°09′18.53″	26
		栖霞山	小硬盘娱乐场	E118°57′44.15″　N32°09′18.30″	13
		栖霞山	天开岩亭子附近	E118°57′35.04″　N32°09′28.42″	21
		栖霞山		E118°57′19.16″　N32°09′23.65″	3
		栖霞山		E118°57′16.98″　N32°09′29.50″	3

（续）

种质资源编号	种质资源归属	林地名称	小地名	样地中心 GPS 坐标	数量（株）
		栖霞山		E118°57′37.69″　N32°09′15.78″	9
		西岗街道	西岗果牧场对面山头南坡	E118°58′45.05″　N32°05′46.39″	2
		仙鹤山		E118°53′34.52″　N32°06′17.19″	22
		南象山	南象山衡阳寺	E118°56′07.44″　N32°08′16.38″	13
		南象山	南象山衡阳寺	E118°55′50.16″　N32°08′08.70″	14
		北象山		E118°56′31.92″　N32°09′16.62″	3
		北象山		E118°56′25.62″　N32°09′05.28″	14
		何家山	何家山	E118°57′20.22″　N32°08′41.82″	50
		何家山	中眉心	E118°58′10.20″　N32°08′39.54″	10
		乌龙山	乌龙山炮台西南	E118°52′01.02″　N32°09′42.48″	2
02	溧水区	东庐山东庐分场	陈山	E119°08′02.94″　N31°34′54.70″	1
		铜山横山分场	龙冠子	E119°01′07.00″　N31°36′36.00″	6

榔榆 *Ulmus parvifolia* Jacq.

【别名】小叶榆、秋榆、掉皮榆（河南），豺皮榆（山东），挠皮榆、构树榆（江苏），红鸡油（台湾）

【科属】榆科（Ulmaceae）榆属（*Ulmus*）

【树种简介】落叶乔木，或冬季叶变为黄色或红色，宿存至第二年新叶开放后脱落，高达 25 米，胸径可达 1 米；树冠广圆形，树干基部有时呈板状根，树皮灰色或灰褐色，裂成不规则鳞状薄片剥落，露出红褐色内皮，近平滑，微凹凸不平。叶质地厚，披针状卵形或窄椭圆形，稀卵形或倒卵形，先端尖或钝，基部偏斜，楔形或一边圆，叶面深绿色，有光泽，除中脉凹陷处有疏柔毛外，余处无毛，边缘从基部至先端有钝而整齐的单锯齿，稀重锯齿（如萌发枝的叶）。花秋季开放，3~6 数在叶腋簇生或排成簇状聚伞花序。翅果椭圆形或卵状椭圆形，长 10~13 毫米，宽 6~8 毫米，果翅稍厚，两侧的翅较果核部分为窄，果核部分位于翅果的中上部，上端接近缺口。花果期 8~10 月。分布于河北、山东、江苏、安徽、浙江、福建、台湾、江西、广东、广西、湖南、湖北、贵州、四川、陕西、河南等省份，日本、朝鲜也有分布。生于平原、丘陵、山坡及谷地。喜光，耐干旱，在酸性、中性及碱性土上均能生长，但以气候温暖、土壤肥沃、排水良好的中性土壤最适宜。材质坚韧，纹理直，耐水湿，可供家具、车辆、造船、器具、农具、油榨、船橹等用材。树皮纤维纯细，杂质少，可作蜡纸及人造棉原料，或织麻袋、编绳索，亦供药用。

【种质资源】南京市榔榆野生种质资源共 8 份，分别归属于六合区、浦口区、栖霞区、雨花区、江宁区、溧水区、高淳区、主城区。具体种质资源信息见表12。

01：六合区

分布在平山林场、盘山、竹镇、奶山、冶山、方山和灵岩山，其中平山林场分布最多。在81个样地中，34个样地有分布，共547株，其中株高小于1.3米的368株，占总数的67%；胸径1~10厘米的162株，占总数的30%；胸径11~20厘米的13株；胸径21~30厘米的4株（最大胸径为30厘米）。种群极大，分布广泛。

02：浦口区

分布在老山林场的平坦分场、西山分场、狮子岭分场、七佛寺分场、东山分场、铁路林分场和星甸杜仲林场、龙王山林场、定山林场，其中老山林场和星甸杜仲林场分布较多。在浦口区所调查的198个样地中，40个样地有分布，总株数666株，其中株高小于1.3米的495株，占总数的74%；胸径1~10厘米的125株，平均胸径4厘米；胸径11~20厘米的31株，平均胸径15厘米；胸径21~30厘米的10株，平均胸径24厘米；胸径31~40厘米的4株，平均胸径38厘米；最大1株胸径51厘米。种群极大，分布较广。

03：栖霞区

分布在兴卫山、栖霞山、大普塘水库、灵山、仙鹤山、太平山公园、南象山、北象山、何家山和乌龙山。在44个样地中，25个样地有分布，共119株，其中株高小于1.3米的89株，占总数的74.8%；胸径1~10厘米的18株，占总数的15.1%；胸径11~20厘米的11株，占总数的9.2%；最大1株胸径28厘米。种群大，分布广。

04：雨花区

仅分布在牛首山。在24个样地中，3个样地有分布，共8株，其中胸径1~10厘米的4株，平均胸径8厘米；胸径11~20厘米的3株，平均胸径13厘米；胸径43厘米的1株。种群小，零星分布。

05：江宁区

分布在方山、汤山林场、孟塘社区、青林社区、古泉社区、东善桥林场、牛首山、富贵山公墓、洪幕社区、西宁社区、横溪街道和秣陵街道。在223个样地中，38个样地有分布，共163

株，其中株高小于1.3米的8株，胸径1~10厘米的93株，平均胸径8厘米；胸径11~20厘米的53株，平均胸径13厘米；胸径21~30厘米的6株，平均胸径24厘米；胸径31~40厘米的1株，胸径32厘米；胸径43厘米的1株；胸径58厘米的1株。种群大，分布均匀、广泛。

06：溧水区

分布在溧水区林场的东庐分场、平山分场和秋湖分场。在调查的115个样地中，8个样地有分布，共16株，其中胸径1~10厘米的13株，胸径11~20厘米的2株，胸径22厘米的1株。种群小，分布较分散。

07：高淳区

分布在大山林场、大荆林场和游子山林场。在53个样地中，10个样地有分布，共68株，其中游子山林场的分布量居多。株高小于1.3米的52株，占总数的76%，胸径1~10厘米的仅1株，胸径11~20厘米的10株，胸径21~30厘米的3株，胸径31~40厘米的2株。种群较大，分布相对集中。

08：主城区

分布在紫金山、九华山、狮子山和幕府山。在调查的69个样地中，21个样地有分布，共85株，其中株高小于1.3米的49株，占总数的57.65%；胸径1~10厘米的19株，胸径11~20厘米的5株，胸径21~30厘米的9株，胸径31~40厘米的3株（最大胸径39厘米）。种群较大，分布较广。

表12 榔榆野生种质资源信息

种质资源编号	种质资源归属	林地名称	小地名	样地中心GPS坐标	数量（株）
01	六合区	平山林场		E118°50′55.00″ N32°27′38.00″	1
		平山林场		E118°49′48.00″ N32°27′08.00″	1
		平山林场		E118°48′02.00″ N32°05′02.00″	1
		平山林场		E118°49′53.50″ N32°47′09.18″	2
		平山林场		E118°49′41.80″ N32°27′39.75″	4
		平山林场	骡子山万寿庵	E118°49′07.00″ N32°30′28.00″	4
		平山林场	袁家洼	E118°49′48.00″ N32°30′08.00″	18
		平山林场	平山梅花鹿养殖场	E118°50′09.00″ N32°30′10.00″	88
		平山林场	骡子山	E118°49′44.00″ N32°29′10.00″	25
		平山林场	骡子山	E118°49′50.00″ N32°28′59.00″	26
		平山林场	骡子山	E118°50′14.00″ N32°28′52.00″	35
		盘山		E118°35′25.99″ N32°28′54.20″	40
		盘山		E118°36′13.94″ N32°28′44.47″	22
		盘山		E118°35′33.52″ N32°29′14.16″	9
		竹镇		E118°34′12.73″ N32°33′35.82″	5

（续）

种质资源编号	种质资源归属	林地名称	小地名	样地中心 GPS 坐标		数量（株）
01	六合区	竹镇		E118°34′26.51″	N32°33′26.51″	12
		竹镇		E118°34′02.43″	N32°33′44.10″	3
		奶山		E119°00′41.00″	N32°19′06.00″	30
		奶山		E119°00′42.00″	N32°18′06.00″	17
		奶山		E119°00′34.19″	N32°18′06.34″	22
		奶山		E119°00′33.00″	N32°17′53.00″	3
		冶山		E118°56′58.90″	N32°30′33.65″	6
		冶山		E118°56′54.00″	N32°30′30.00″	7
		冶山		E118°56′45.75″	N32°30′25.42″	9
		冶山		E118°56′40.57″	N32°30′20.79″	1
		冶山		E118°56′21.80″	N32°30′35.68″	19
		方山		E118°58′55.00″	N32°19′11.00″	18
		方山		E118°59′20.21″	N32°18′37.63″	18
		方山		E118°59′03.02″	N32°18′38.25″	15
		灵岩山		E118°52′56.00″	N32°18′15.00″	29
		灵岩山		E118°53′00.23″	N32°18′35.40″	32
		灵岩山		E118°53′20.85″	N32°18′52.36″	13
		灵岩山		E118°53′13.00″	N32°18′20.00″	12
02	浦口区	老山林场平坦分场	枣核山	E118°30′26.25″	N32°04′05.79″	16
		老山林场平坦分场	埋娃山	E118°30′11.78″	N32°03′34.64″	2
		老山林场平坦分场	小马腰	E118°30′32.68″	N32°03′27.68″	1
		老山林场平坦分场	小马腰与大马腰间	E118°30′06.71″	N32°03′30.01″	15
		老山林场平坦分场	麒麟洼	E118°32′33.20″	N32°03′55.80″	17
		老山林场平坦分场	平阳山	E118°33′37.72″	N32°04′60.00″	20
		老山林场平坦分场	蛇地	E118°33′59.25″	N32°05′39.57″	1
		老山林场平坦分场	大平山	E118°33′51.53″	N32°04′13.08″	1
		老山林场平坦分场	大平山	E118°33′51.02″	N32°04′18.20″	21
		老山林场平坦分场	小马腰	E118°30′32.71″	N32°03′27.67″	8
		老山林场西山分场	西山—杨喷后	E118°26′05.77″	N32°04′18.59″	12
		老山林场西山分场	西山—铁路桥下	E118°26′47.85″	N32°03′05.63″	1
		老山林场西山分场	万隆护林点后	E118°26′48.01″	N32°02′59.19″	152
		老山林场西山分场	万隆护林点后	E118°26′48.01″	N32°02′59.19″	122
		老山林场西山分场	罗汉寺—迎面山	E118°26′22.73″	N32°02′48.40″	36
		老山林场狮子岭分场	狮子岭分场背后山	E118°33′00.83″	N32°03′51.44″	11
		老山林场狮子岭分场	兴隆寺路旁	E118°31′38.16″	N32°02′50.59″	8

（续）

种质资源编号	种质资源归属	林地名称	小地名	样地中心 GPS 坐标		数量（株）
		老山林场狮子岭分场	厂部	E118°32′53.42″	N32°02′57.91″	2
		老山林场七佛寺分场	四道桥	E118°37′36.45″	N32°06′06.56″	35
		老山林场七佛寺分场	老鹰山	E118°36′40.25″	N32°06′24.70″	5
		老山林场东山分场	望火楼南坡	E118°48′25.25″	N32°04′47.65″	2
		老山林场东山分场	椅子山顶	E118°37′49.14″	N32°06′44.10″	3
		老山林场东山分场	岔虎路中断路旁	E118°37′06.63″	N32°07′34.91″	1
		老山林场铁路林分场	实验林	E118°40′51.19″	N32°08′58.53″	1
		星甸杜仲林场	大槽洼	E118°23′55.09″	N32°02′33.68″	2
		星甸杜仲林场	华济山	E118°23′47.84″	N32°03′13.33″	1
		星甸杜仲林场	观音洞下	E118°23′35.70″	N32°03′15.64″	15
		星甸杜仲林场	山喷码子	E118°24′30.16″	N32°03′09.77″	6
02	浦口区	星甸杜仲林场	山喷码字上	E118°24′32.34″	N32°03′09.20″	10
		星甸杜仲林场	亭子山	E118°24′01.49″	N32°03′00.46″	10
		星甸杜仲林场	宝塔洼子	E118°24′39.44″	N32°03′43.16″	2
		星甸杜仲林场	宝塔洼子	E118°24′40.22″	N32°03′48.26″	60
		星甸杜仲林场	宝塔洼子	E118°24′40.92″	N32°02′48.95″	5
		星甸杜仲林场	独山西	E118°24′38.81″	N32°03′48.84″	50
		星甸杜仲林场	林场后面	E118°24′15.84″	N32°03′20.78″	2
		星甸杜仲林场	蒋家坝堰	E118°24′35.87″	N32°02′30.14″	3
		龙王山林场	龙王山	E118°42′43.66″	N32°11′52.70″	2
		定山林场	定山林场	E118°39′06.02″	N32°07′38.00″	2
		定山林场	定山林场	E118°39′02.67″	N32°07′42.66″	2
		定山林场	定山林场	E118°39′34.97″	N32°07′51.60″	1
		兴卫山	兴卫山东南坡	E118°50′40.74″	N32°05′57.12″	6
		兴卫山		E118°50′40.74″	N32°05′57.13″	1
		兴卫山		E118°50′44.28″	N32°05′58.56″	1
		兴卫山		E118°50′50.99″	N32°05′58.33″	2
03	栖霞区	栖霞山		E118°57′30.72″	N32°09′18.94″	2
		栖霞山		E118°57′29.02″	N32°09′17.68″	1
		栖霞山		E118°57′29.21″	N32°09′14.10″	1
		栖霞山	陆羽茶庄东坡	E118°57′34.27″	N32°09′06.65″	5
		栖霞山		E118°57′19.63″	N32°09′23.78″	8

（续）

种质资源编号	种质资源归属	林地名称	小地名	样地中心 GPS 坐标	数量（株）
03	栖霞区	栖霞山		E118°57′19.16″　N32°09′23.65″	1
		栖霞山		E118°57′16.98″　N32°09′29.50″	3
		大普塘水库	对面山头	E118°55′07.60″　N32°04′59.58″	2
		大普塘水库		E118°55′22.60″　N32°04′59.64″	2
		大普塘水库		E118°55′24.02″　N32°05′03.29″	10
		灵山		E118°56′05.85″　N32°05′24.51″	6
		灵山		E118°55′42.67″　N32°05′24.80″	1
		灵山		E118°55′53.71″　N32°05′14.85″	2
		灵山		E118°55′54.70″　N32°05′14.54″	6
		仙鹤山		E118°53′34.52″　N32°06′17.19″	1
		太平山公园		E118°52′10.66″　N32°07′56.81″	47
		南象山	南象山衡阳寺	E118°55′50.16″　N32°08′08.70″	4
		南象山	南象山	E118°56′03.42″　N32°08′25.20″	3
		北象山		E118°56′25.62″　N32°09′05.28″	1
		何家山	中眉心	E118°58′10.20″　N32°08′39.54″	2
		乌龙山	乌龙山炮台西南	E118°52′01.02″　N32°09′42.48″	1
04	雨花区	牛首山		E118°44′03.88″　N31°55′10.89″	4
		牛首山		E118°44′09.75″　N31°55′12.16″	1
		牛首山		E118°45′13.12″　N31°55′11.95″	3
05	江宁区	方山		E118°52′34.25″　N31°53′49.41″	9
		方山		E118°52′18.57″　N31°53′50.53″	1
		汤山林场长山工区	黄龙山	E118°54′18.53″　N31°58′31.67″	1
		汤山林场佘村工区	青龙山	E118°56′40.70″　N32°00′10.51″	4
		汤山林场佘村工区	青龙山	E118°56′26.21″　N32°00′09.95″	2
		汤山林场佘村工区	青龙山	E118°56′19.79″　N32°00′05.54″	1
		孟塘社区	射乌山	E119°03′08.53″　N32°05′52.37″	1
		青林社区	白露头	E119°15′20.59″　N32°04′59.61″	1
		青林社区	文山	E119°04′47.28″　N32°05′16.77″	1
		青林社区	孤山堰	E119°04′20.66″　N32°04′38.90″	1
		古泉社区		E119°01′33.68″　N32°22′44.31″	4
		古泉社区		E119°01′35.52″　N32°02′42.85″	4
		东善桥林场云台分场	大平山	E118°42′33.23″　N31°42′09.75″	1

（续）

种质资源编号	种质资源归属	林地名称	小地名	样地中心 GPS 坐标	数量（株）
05	江宁区	东善桥林场云台分场	大平山	E118°42′30.63″ N31°42′28.36″	1
		东善桥林场云台分场	鸡笼山	E118°41′59.67″ N31°41′55.00″	1
		东善桥林场横山分场		E118°47′25.39″ N31°38′23.59″	2
		东善桥林场东善分场	静龙山	E118°47′36.60″ N31°50′56.61″	4
		东善桥林场东善分场		E118°46′37.35″ N31°51′54.43″	1
		东善桥林场东善分场		E118°46′50.46″ N31°51′25.78″	1
		东善桥林场横山分场		E118°49′26.97″ N31°38′12.31″	3
		东善桥林场横山分场		E118°49′35.67″ N31°38′15.31″	1
		东善桥林场横山分场		E118°49′51.91″ N31°38′35.46″	1
		东善桥林场横山分场		E118°49′19.78″ N31°38′14.00″	1
		东善桥林场铜山分场		E118°51′12.25″ N31°39′19.60″	1
		牛首山		E118°44′20.55″ N31°54′44.01″	4
		牛首山		E118°44′18.37″ N31°54′47.96″	2
		牛首山		E118°44′25.29″ N31°53′42.86″	10
		富贵山公墓处		E118°32′28.22″ N31°45′46.73″	57
		洪幕社区		E118°34′48.09″ N31°44′56.03″	1
		洪幕社区		E118°34′42.50″ N31°44′52.90″	1
		洪幕社区		E118°34′48.96″ N31°46′19.86″	1
		洪幕社区		E118°34′55.84″ N31°46′14.18″	1
		西宁社区		E118°35′47.81″ N31°46′51.82″	16
		横溪街道	横溪线路段编号 009	E118°41′15.45″ N31°45′08.48″	2
		横溪街道	横溪	E118°41′08.44″ N31°41′26.92″	2
		横溪街道	横溪	E118°40′45.93″ N31°41′24.77″	1
		秣陵街道将军山		E118°46′50.72″ N31°55′57.10″	11
		秣陵街道将军山		E118°46′45.53″ N31°55′28.55″	6
		牛首山		E118°44′03.88″ N31°55′10.89″	4
		牛首山		E118°44′09.75″ N31°55′12.16″	1
		牛首山		E118°45′13.12″ N31°55′11.95″	3
06	溧水区	溧水区林场东庐分场	美人山	E119°07′25.00″ N31°38′05.00″	1
		溧水区林场东庐分场	黄牛墩	E119°07′24.30″ N31°37′51.16″	1
		溧水区林场东庐分场	山棚子	E119°06′60.00″ N31°39′30.00″	1
		溧水区林场东庐分场	陈山	E119°07′21.13″ N31°35′00.45″	2
		溧水区林场平山分场	丁公山	E118°51′54.00″ N31°37′52.01″	1
		溧水区林场平山分场	平安山	E119°00′15.36″ N31°36′23.71″	7

种质资源编号	种质资源归属	林地名称	小地名	样地中心 GPS 坐标		数量（株）
06	溧水区	溧水区林场秋湖分场	官塘坝	E119°01′20.00″	N31°34′42.00″	2
		溧水区林场秋湖分场	双尖山	E119°02′38.00″	N31°34′41.40″	1
07	高淳区	大山林场	大山游行道旁中段	E119°05′04.84″	N31°25′06.95″	5
		大山林场	大山寺旁	E119°05′06.77″	N31°25′05.43″	20
		大荆山林场	黄家塞	E118°08′32.18″	N32°26′15.83″	13
		游子山林场	真武庙前	E119°00′36.53″	N31°20′47.45″	6
		游子山林场	真武庙前	E119°00′36.12″	N31°20′49.65″	2
		游子山林场	青阳殿对面	E119°00′36.83″	N31°20′32.92″	14
		游子山林场	花山游山上段路旁	E118°57′47.58″	N31°16′10.28″	5
		游子山林场	花山游山中段路旁	E118°57′51.60″	N31°16′09.00″	1
		游子山林场	中中山	E118°00′31.18″	N31°21′21.05″	1
		游子山林场	青阳殿对面	E119°00′40.79″	N31°20′30.87″	1
08	主城区	紫金山		E118°52′12.00″	N32°03′52.00″	2
		紫金山		E118°51′05.00″	N32°03′50.00″	1
		紫金山		E118°50′38.00″	N32°03′25.00″	1
		九华山	弥勒佛坡下	E118°48′12.00″	N32°03′45.00″	2
		狮子山	铜鼎坡下	E118°44′37.00″	N32°05′51.00″	1
		狮子山	阅江楼坡下	E118°44′31.00″	N32°05′40.00″	1
		幕府山	窑上村入口处左上方	E118°47′43.00″	N32°07′38.00″	1
		幕府山		E118°47′25.00″	N32°07′45.00″	7
		幕府山		E118°47′25.00″	N32°07′43.00″	1
		幕府山		E118°47′25.00″	N32°07′46.00″	2
		幕府山		E118°47′23.00″	N32°07′45.00″	14
		幕府山	达摩洞景区上坡	E118°47′17.00″	N32°07′47.00″	5
		幕府山	达摩洞景区上坡	E118°47′55.00″	N32°07′57.00″	1
		幕府山	达摩洞景区下坡	E118°47′54.00″	N32°07′58.00″	17
		幕府山	仙人对弈	E118°48′04.00″	N32°08′19.00″	1
		幕府山	半山禅院上中	E118°48′04.00″	N32°08′14.00″	3
		幕府山	半山禅院上	E118°47′58.00″	N32°08′01.00″	12
		幕府山	仙人对弈左坡	E118°48′05.00″	N32°08′10.00″	2
		幕府山	仙人对弈左中坡	E118°48′06.00″	N32°08′16.00″	8
		幕府山	仙人对弈下坡	E118°48′05.00″	N32°08′16.00″	2
		幕府山	三台洞	E118°01′00.00″	N31°21′00.02″	1

刺榆 *Hemiptelea davidii* (Hance) Planch.

【别名】药鱼草、老鼠花（江苏），闹鱼花（河南），头痛花《本草纲目》，闷头花《群芳谱》，头痛皮、石棉皮、泡米花（江西），泥秋树（湖南），黄大戟、蜀桑、鱼毒

【科属】榆科（Ulmaceae）刺榆属（*Hemiptelea*）

【树种简介】小乔木，高可达 10 米，或呈灌木状。树皮深灰色或灰褐色，呈不规则的条状深裂。叶椭圆形或椭圆状矩圆形，稀倒卵状椭圆形，长 4~7 厘米，宽 1.5~3 厘米，先端急尖或钝圆，基部浅心形或圆形，边缘有整齐的粗锯齿，叶面绿色，幼时被毛，叶背淡绿，光滑无毛，或在脉上有稀疏的柔毛。小坚果黄绿色，斜卵圆形，两侧扁，长 5~7 毫米，在背侧具窄翅，形似鸡头，翅端渐狭呈缘状，果梗纤细，长 2~4 毫米。花期 4~5 月，果期 9~10 月。产吉林、辽宁、内蒙古、河北、山西、陕西、甘肃、山东、江苏、安徽、浙江、江西、河南、湖北、湖南和广西北部，朝鲜也有分布。常生于海拔 2000 米以下的坡地次生林中。耐干旱，各种土质都易于生长，可作固沙树种。树皮纤维可作人造棉、绳索、麻袋的原料；嫩叶可作饮料；因树枝有棘刺，生长速度颇为迅速，常呈灌木状，故也作绿篱。木材坚硬而细致，可供制农具及器具。

【种质资源】南京市野生刺榆种质资源共 2 份，分别归属于浦口区和主城区。具体种质资源信息见表 13。

01：浦口区

仅分布在星甸杜仲林场。在 198 个样地中，仅 1 个样地有分布，共 7 株，胸径均在 1~10 厘米，平均胸径 4 厘米。种群小，分布集中。

02：主城区

仅分布在紫金山。在 69 个样地中，1 个样地有分布，共 105 株，其中胸径 1~10 厘米的 66 株，平均胸径 8 厘米；胸径 11~20 厘米的 34 株，平均胸径 14 厘米；胸径 21~30 厘米的 5 株，平均胸径 26 厘米。种群大，分布集中。

表 13　刺榆野生种质资源信息

种质资源编号	种质资源归属	林地名称	小地名	样地中心 GPS 坐标		数量（株）
01	浦口区	星甸杜仲林场	横山沟旁	E118°24′39.04″	N32°02′42.65″	7
02	主城区	紫金山	茅一峰北防火卫下方	E118°50′27.00″	N32°04′25.00″	105

榉树 *Zelkova serrata* (Thunb.) Makino

【别名】光叶榉、鸡油树、光光榆

【科属】榆科（Ulmaceae）榉属（*Zelkova*）

【树种简介】乔木，高达 30 米，胸径达 100 厘米。树皮灰白色或褐灰色，呈不规则的片状剥落；当年生枝紫褐色或棕褐色，疏被短柔毛，后渐脱落。叶薄纸质至厚纸质，大小形状变异很大，卵形、椭圆形或卵状披针形，先端渐尖或尾状渐尖，基部有的稍偏斜，圆形或浅心形，稀宽楔形，边缘有圆齿状锯齿，具短尖头。雄花具极短的梗，径约 3 毫米，花被裂至中部，花被裂片（5）6~7（8），不等大；雌花近无梗，径约 1.5 毫米，花被片 4~5（6）。核果几乎无梗，淡绿色，斜卵状圆锥形，上面偏斜，凹陷，直径 2.5~3.5 毫米，具背腹脊，网肋明显，表面被柔毛，具宿存的花被。花期 4 月，果期 9~11 月。产辽宁（大连）、陕西（秦岭）、甘肃（秦岭）、山东、江苏、安徽、浙江、江西、福建、台湾、河南、湖北、湖南和广东。生于海拔 500~1900 米的河谷、溪边疏林中。树姿端庄，高大雄伟，是观赏秋叶的优良树种；耐干旱瘠薄，固土、抗风能力强，可作为防护林带和水土保持树种。皮和叶供药用，茎皮纤维可制人造棉和绳索。木材纹理细，质坚，能耐水，可供桥梁、家具用材。

【种质资源】南京市榉树野生种质资源共 1 份，归属于六合区。具体种质资源信息见表 14。

01：六合区

集中分布在冶山。在 81 个样地中，仅 1 个样地有分布，共 7 株，株高均小于 1.3 厘米。种群极小，分布集中。

表 14　榉树野生种质资源信息

种质资源编号	种质资源归属	林地名称	小地名	样地中心 GPS 坐标	数量（株）
01	六合区	冶山		E118°56′46.02″　N32°30′35.16″	7

大叶榉树 *Zelkova schneideriana* Hand. -Mazz.

【别名】血榉、鸡油树、黄栀榆

【科属】榆科（Ulmaceae）榉属（*Zelkova*）

【树种简介】乔木，高达 35 米。树皮灰褐色至深灰色，呈不规则的片状剥落；当年生枝灰绿色或褐灰色，密生伸展的灰色柔毛；冬芽常 2 个并生，球形或卵状球形。叶厚纸质，大小形状变异很大，卵形至椭圆状披针形，先端渐尖、尾状渐尖或锐尖，基部稍偏斜，圆形、宽楔形、稀浅心形，叶柄粗短，被柔毛。雄花 1~3 朵簇生于叶腋，雌花或两性花常单生于小枝上部叶腋。花期 4 月，果期 9~11 月。产陕西南部、甘肃南部、江苏、安徽、浙江、江西、福建、河南南部、湖北、湖南、广东、广西、四川东南部、贵州、云南和西藏东南部。适生于气候温暖、轻盐碱、石灰岩山地、中性土壤和酸性土壤等多种土壤中。皮和叶入药，具有清热解毒、止血、利水及安胎的功效，主治感冒发热、便血、妊娠腹痛、疮疡肿痛等症状。木材致密坚硬、耐腐力强、纹理美观，不易伸缩与反挠，为供造船、家具等用的上等木材；树皮含纤维 46%，可供制人造棉、绳索和造纸原料。

【种质资源】南京市大叶榉树野生种质资源共 1 份，归属于江宁区。具体种质资源信息见表 15。

01：江宁区

分布在方山和汤山林场。在 223 个样地中，2 个样地有分布，总数量 5 株，其中胸径 1~10 厘米的 2 株，平均胸径 8 厘米；胸径 20 厘米的 1 株；胸径 25 厘米的 1 株。种群极小，分布较集中。

表 15　大叶榉树野生种质资源信息

种质资源编号	种质资源归属	林地名称	小地名	样地中心 GPS 坐标		数量（株）
01	江宁区	方山		E118°52′11.99″	N31°54′15.33″	2
		汤山林场长山工区	黄龙山	E118°54′16.82″	N31°58′29.38″	3

紫弹树 *Celtis biondii* Pamp.

【别名】沙楠子树《中国树木分类学》，异叶紫弹《福建植物志》，毛果朴、黑弹朴《广东植物志》

【科属】榆科（Ulmaceae）朴属（*Celtis*）

【树种简介】落叶小乔木至乔木，高达 18 米。当年生小枝幼时黄褐色，密被短柔毛，后渐脱落。叶宽卵形、卵形至卵状椭圆形，基部钝至近圆形，稍偏斜，先端渐尖至尾状渐尖，在中部以上疏具浅齿，薄革质，边稍反卷。果序单生叶腋，通常具 2 果（少有 1 或 3 果），由于总梗极短，很像果梗双生于叶腋，总梗连同果梗长 1~2 厘米，被糙毛；果幼时被疏或密的柔毛，后毛逐渐脱净，黄色至橘红色，近球形，直径约 5 毫米，核两侧稍压扁，侧面观近圆形，直径约 4 毫米，具 4 肋，表面具明显的网孔状。花期 4~5 月，果期 9~10 月。产广东东北部和北部、广西、贵州、云南、四川、甘肃东南部、陕西南部、河南西部和南部、湖北、福建、浙江、台湾、江西、江苏南部、安徽南部，日本、朝鲜也有分布。多生于海拔 50~2000 米的山地灌丛或杂木林中，可生于石灰岩上。根皮、茎枝及叶可药用。

【种质资源】南京市紫弹树野生种质资源共 4 份，分别归属于栖霞区、江宁区、高淳区和主城区。具体种质资源信息见表 16。

01：栖霞区

分布在兴卫山、栖霞山和仙鹤山。在 44 个样地中，11 个样地中有分布，共 97 株，其中株高小于 1.3 米的 70 株，胸径 1~10 厘米的 25 株，胸径 11~20 厘米的仅 2 株。种群大，分布较集中。

02：江宁区

仅分布在汤山街道。在 223 个样地中，仅 1 个样地有分布，共 13 株，其中胸径 1~10 厘米的 12 株，平均胸径 3.0 厘米；最大 1 株胸径为 10 厘米。种群极小。

03：高淳区

仅分布在游子山林场。在 53 个样地中，3 个样地有分布，共 3 株，株高小于 1.3 米的 1 株，胸径 1~10 厘米的 2 株。种群极小。

04：主城区

仅分布在紫金山。在调查的 69 个样地中，19 个样地有分布，共 207 株，其中株高小于 1.3 米的 2 株，胸径 1~10 厘米 166 株，胸径 11~20 厘米 36 株，胸径 21~30 厘米 3 株。种群大，呈均匀分布。

表 16　紫弹树野生种质资源信息

种质资源编号	种质资源归属	林地名称	小地名	样地中心 GPS 坐标	数量（株）
		兴卫山	兴卫山东南坡	E118°50'40.74"　N32°5'57.12"	7
		兴卫山		E118°50'44.28"　N32°5'58.56"	12
		兴卫山		E118°50'46.04"　N32°5'59.39"	4
		兴卫山		E118°50'50.99"　N32°5'58.33"	1
		栖霞山		E118°57'30.72"　N32°9'18.94"	14
01	栖霞区	栖霞山		E118°57'29.02"　N32°9'17.68"	7
		栖霞山		E118°57'26.93"　N32°9'18.98"	1
		栖霞山		E118°57'19.16"　N32°9'23.65"	1
		栖霞山		E118°57'16.98"　N32°9'29.5"	47
		栖霞山		E118°57'37.69"　N32°9'15.78"	2
		仙鹤山		E118°53'34.52"　N32°6'17.19"	1
02	江宁区	汤山街道		E118°57'2.46"　N31°58'40.1"	13
		游子山林场	花山游山上段路旁	E118°57'47.58"　N31°16'10.28"	1
03	高淳区	游子山林场	花山游山中段路旁	E118°57'51.6"　N31°16'9"	1
		游子山林场	花山山顶	E118°57'46.51"　N31°16'14.56"	1
		紫金山	头陀岭处	E118°50'25"　N32°4'22"	1
		紫金山		E118°50'33"　N32°4'23"	7
		紫金山		E118°50'33"　N32°4'8"	3
		紫金山		E118°51'13"　N32°4'4"	26
		紫金山		E118°52'5"　N32°3'45"	3
		紫金山		E118°52'5"　N32°3'46"	3
		紫金山		E118°52'1"　N32°3'46"	1
		紫金山		E118°51'21"　N32°4'3"	24
		紫金山		E118°51'22"　N32°0'0"	32
04	主城区	紫金山		E118°51'35"　N32°3'58"	39
		紫金山	中马腰与猴子头间	E118°50'35"　N32°4'11"	2
		紫金山		E118°50'24"　N32°4'9.84"	7
		紫金山		E118°50'25"　N32°4'12"	21
		紫金山		E118°50'39"　N32°48'18"	2
		紫金山		E118°50'24"　N32°3'56"	12
		紫金山		E118°50'38"　N32°3'25"	2
		紫金山		E118°50'35"　N32°4'29"	9
		紫金山		E118°50'33"　N32°4'42"	3
		紫金山		E118°50'27"　N32°4'45"	10

朴树 *Celtis sinensis* Pers.

【别名】黄果朴《中国高等植物图鉴》、紫荆朴《湖北植物志》、小叶朴《台湾植物志》

【科属】榆科（Ulmaceae）朴属（*Celtis*）

【树种简介】乔木，高达 30 米。树皮灰白色，平滑；当年生小枝幼时密被黄褐色短柔毛。叶互生，叶片为革质，卵形或椭圆形，基部几乎不偏斜或仅稍偏斜，先端尖至渐尖，但不为尾状渐尖；边缘变异较大，近全缘至具钝齿。花杂性，同株，黄绿色；果实近球形，直径 5~7 毫米，很少有达 8 毫米，成熟时为黄色或橙黄色。花期 4~5 月，果期 9~10 月。产山东（青岛）、河南、江苏、安徽、浙江、福建、江西、湖南、湖北、四川、贵州、广西、广东、台湾。多生于海拔 100~1500 米的路旁、山坡、林缘。树冠圆满宽广、树荫浓密繁茂；适应性极强，且寿命长，其对二氧化硫、氯气等有害气体具有极强的吸附性，对粉尘也有极强的吸滞能力。适合公园、庭院、街道、公路等绿化；枝叶、树根入药，能消肿止痛、治疗烫伤，也可以用来治疗荨麻疹等。根茎制成人造棉，茎皮可制作人造纤维。果实压榨出润滑油，枝干可作各种家具。

【种质资源】南京市朴树野生种质资源共 7 份，分别归属于六合区、浦口区、栖霞区、雨花区、江宁区、高淳区和主城区。具体种质资源信息见表 17。

01：六合区

分布在平山林场、盘山、竹镇、奶山、冶山、方山、瓜埠果园、瓜埠林场和灵岩山。在调查的 81 个样地中，74 个样地有分布，总数量 3211 株，其中株高小于 1.3 米的 1086 株，占总数的 24%；胸径 1~10 厘米的 1592 株，占总数的 50%；胸径 11~20 厘米的 436 株，占总数的 14%；胸径 21~30 厘米的 66 株，占总数的 2%；胸径 31~40 厘米的 16 株；胸径 41~50 厘米的 9 株；胸径大于 50 厘米的 6 株，最大胸径达 68 厘米。种群极大，分布广泛。

02：浦口区

在调查的 198 个样地中，98 个样地有分布，总数量 1435 株，其中 72% 分布在老山林场的

各个分场；22% 分布在星甸杜仲林场；2% 分布在龙王山林场；3% 分布在定山林场；1% 分布在大桥林场。在 1435 株中，株高小于 1.3 米的 476 株，占总数的 33%；胸径 1~10 厘米的 624 株，占总数的 43%；胸径 11~20 厘米的 222 株，占总数的 15%；胸径 21~30 厘米的 69 株，占总数的 5%；胸径 31~40 厘米的 29 株，占总数的 2%；胸径 41~50 厘米的 9 株，占总数的 1%；胸径大于 50 厘米的 6 株。种群极大，分布广。

03：栖霞区

分布在兴卫山、栖霞山、西岗街道、大普塘水库、灵山、仙鹤山、羊山、太平山公园、南象山、北象山、何家山和乌龙山。在 44 个样地中，41 个样地有分布，总数量 704 株，其中株高小于 1.3 米的 288 株，占总数的 40.9%；胸径 1~10 厘米的 298 株，占总数的 42.3%；胸径 11~20 厘米的 91 株，占总数的 12.9%；胸径 21~30 厘米的 19 株，占总数的 2.7%；胸径 31~40 厘米的 3 株；胸径 41~50 厘米的 4 株；最大 1 株胸径 52 厘米。种群极大，分布广。

04：雨花区

分布在韩府山铁心桥街道、龙泉古寺、将军山、牛首山和罐子山。在 24 个样地中，13 个样地有分布，总数量 92 株，其中胸径 1~10 厘米的 45 株，平均胸径 2.3 厘米；胸径 11~20 厘米的 34 株，平均胸径 13.9 厘米；胸径 21~30 厘米的 5 株，平均胸径 23.7 厘米；胸径 31~40 厘米的 2 株，最大胸径 40 厘米。种群大，分布广。

05：江宁区

分布在方山、汤山、汤山林场、东山街道林场、汤山地质公园、孟塘社区、青林社区、古泉社区、东善桥林场、谷里、横溪街道、汤山街道、牛首山、南山湖、富贵山公墓、洪幕社区、西宁社区、公塘水库、天台山、将军山，尤以东善桥林场分布最多。在 223 个样地中，159 个样地中有分布，总数量 1039 株，其中株高小于 1.3 米的 16 株，胸径 1~10 厘米的 594 株，平均胸径 2.3 厘；胸径 11~20 厘米的 362 株，平均胸径 13.9 厘米；胸径 21~30 厘米的 58 株，平均胸径 23.7 厘米；胸径 31~40 厘米的 6 株，平均胸径 35.0 厘米；胸径 41~50 厘米的 2 株，平均胸径 41.8 厘米，最大 1 株胸径为 55 厘米。种群极大，分布广。

06：溧水区

分布在溧水区林场的东庐分场、芳山分场、平山分场、秋湖分场和洪蓝街道、晶桥街道。在 115 个样地中 38 个样地有分布，总数量 251 株，其中株高小于 1.3 米的 100 株，胸径在 1 ~ 10 厘米的 127 株，11 ~ 20 厘米的 23 株，胸径 22 厘米的 1 株。种群大，分布广。

07：高淳区

分布在傅家坛林场、大山林场、大荆山林场、游子山林场和青山林场，其中游子山林场分布较多。在 53 个样地中，17 个样地有分布，总数量 116 株，株高小于 1.3 米的 4 株；胸径 1~10 厘米的 63 株，占总数的 54%；胸径 11~20 厘米的 35 株，占总数的 30%；胸径 21~30 厘米的 7 株；胸径 31~40 厘米 5 株；胸径 41~50 厘米 2 株，最大胸径 48 厘米。种群大，分布广。

08：主城区

分布在紫金山、九华山、狮子山、幕府山。在 69 个样地中，56 个样地有分布，总数量 544

株，其中株高小于 1.3 米 72 株，占总数 13%；胸径 1~10 厘米的 268 株，胸径 11~20 厘米的 103 株，胸径 21~30 厘米的 57 株，胸径 31~40 厘米的 26 株，胸径 41~50 厘米的 11 株，胸径大于 50 厘米的 7 株，最大胸径 80 厘米。种群极大，分布广。

表 17　朴树野生种质资源信息

种质资源编号	种质资源归属	林地名称	小地名	样地中心 GPS 坐标		数量（株）
		平山林场		E118°52′05.97″	N32°28′20.07″	2
		平山林场		E118°51′40.01″	N32°27′58.79″	10
		平山林场		E118°51′27.97″	N32°28′15.88″	14
		平山林场		E118°50′57.56″	N32°28′12.85″	72
		平山林场		E118°50′42.00″	N32°28′21.00″	142
		平山林场		E118°50′38.35″	N32°27′45.97″	195
		平山林场		E118°50′25.34″	N32°27′31.95″	120
		平山林场		E118°51′49.00″	N32°27′46.00″	58
		平山林场		E118°50′55.00″	N32°27′38.00″	20
		平山林场		E118°50′38.00″	N32°27′34.00″	5
		平山林场		E118°49′48.00″	N32°27′08.00″	43
		平山林场		E118°48′02.00″	N32°05′02.00″	16
		平山林场		E118°49′53.50″	N32°47′09.18″	8
		平山林场		E118°50′03.77″	N32°27′58.64″	7
		平山林场		E118°49′41.80″	N32°27′39.75″	14
01	六合区	平山林场		E118°49′52.15″	N32°27′35.54″	45
		平山林场		E118°49′47.18″	N32°26′59.47″	13
		平山林场		E118°49′01.57″	N32°27′11.51″	15
		平山林场	平山林场	E118°48′49.35″	N32°27′06.93″	7
		平山林场	骡子山万寿庵	E118°49′07.00″	N32°30′28.00″	226
		平山林场	袁家洼	E118°49′48.00″	N32°30′08.00″	200
		平山林场	平山梅花鹿养殖场	E118°50′09.00″	N32°30′10.00″	111
		平山林场	骡子山	E118°49′44.00″	N32°29′10.00″	24
		平山林场	骡子山	E118°49′50.00″	N32°28′59.00″	38
		平山林场	骡子山	E118°50′14.00″	N32°28′52.00″	114
		平山林场	骡子山	E118°50′14.00″	N32°28′52.00″	95
		盘山		E118°37′11.00″	N32°28′24.00″	32
		盘山		E118°35′25.99″	N32°28′54.20″	85
		盘山		E118°36′13.94″	N32°28′44.47″	54
		盘山		E118°35′33.52″	N32°29′14.16″	15
		盘山		E118°36′27.65″	N32°28′25.43″	21

（续）

种质资源编号	种质资源归属	林地名称	小地名	样地中心 GPS 坐标	数量（株）
01	六合区	盘山	盘山 05—盘山 06 间	E118°37′05.58″ N32°29′14.22″	28
		竹镇		E118°34′22.88″ N32°34′08.57″	36
		竹镇		E118°34′12.73″ N32°33′35.82″	15
		竹镇		E118°34′26.51″ N32°33′26.51″	42
		竹镇		E118°34′26.51″ N32°33′26.61″	39
		竹镇		E118°34′02.43″ N32°33′44.10″	24
		竹镇	广佛寺	E118°35′11.00″ N32°35′49.00″	3
		竹镇	广佛寺	E118°33′39.00″ N32°34′19.00″	18
		奶山		E119°00′30.20″ N32°18′05.22″	13
		奶山		E119°00′42.00″ N32°18′06.00″	94
		奶山	奶山	E119°00′34.19″ N32°18′06.34″	41
		奶山		E119°00′33.00″ N32°17′53.00″	27
		冶山		E118°56′46.02″ N32°30′35.16″	88
		冶山		E118°56′56.00″ N32°30′49.00″	29
		冶山		E118°56′52.25″ N32°30′42.76″	11
		冶山		E118°56′58.90″ N32°30′33.65″	32
		冶山		E118°56′54.00″ N32°30′30.00″	15
		冶山		E118°56′21.00″ N32°29′58.00″	31
		冶山		E118°56′45.75″ N32°30′25.42″	13
		冶山		E118°56′40.57″ N32°30′20.79″	22
		冶山		E118°56′40.57″ N32°30′20.79″	15
		冶山		E118°56′21.80″ N32°30′35.68″	5
		冶山		E118°56′21.80″ N32°30′35.68″	32
		冶山		E118°56′21.80″ N32°30′35.68″	1
		冶山		E118°56′49.13″ N32°29′55.03″	15
		冶山		E118°56′49.13″ N32°29′55.03″	4
		方山		E118°58′55.00″ N32°19′11.00″	49
		方山		E118°59′15.00″ N32°28′58.00″	6
		方山		E118°59′01.76″ N32°18′53.00″	13
		方山		E118°59′20.21″ N32°18′37.63″	67
		方山		E118°59′03.02″ N32°18′38.25″	49
		方山		E118°59′32.00″ N32°18′49.00″	26
		瓜埠果园		E118°54′04.00″ N32°15′18.00″	6
		瓜埠林场		E118°53′33.60″ N32°16′25.00″	25
		灵岩山		E118°53′02.00″ N32°18′11.00″	22
		灵岩山		E118°53′24.00″ N32°18′21.00″	108

（续）

种质资源编号	种质资源归属	林地名称	小地名	样地中心 GPS 坐标		数量（株）
		灵岩山		E118°52′56.00″	N32°18′15.00″	39
		灵岩山		E118°53′10.65″	N32°18′25.63″	60
		灵岩山		E118°53′00.23″	N32°18′35.40″	80
01	六合区	灵岩山		E118°53′20.85″	N32°18′52.36″	35
		灵岩山		E118°53′13.00″	N32°18′20.00″	52
		灵岩山		E118°53′09.00″	N32°18′16.00″	58
		灵岩山		E118°53′11.48″	N32°18′27.96″	2
		老山林场平坦分场	横山沟旁	E118°31′14.43″	N32°04′19.78″	28
		老山林场平坦分场	横山半坡	E118°31′11.77″	N32°04′13.89″	9
		老山林场平坦分场	杨船山	E118°31′55.15″	N32°04′32.56″	13
		老山林场平坦分场	大姑山	E118°30′24.14″	N32°04′04.44″	3
		老山林场平坦分场	枣核山	E118°30′26.25″	N32°04′05.79″	20
		老山林场平坦分场	埋娃山	E118°30′11.78″	N32°03′34.64″	6
		老山林场平坦分场	大鸡山	E118°30′30.27″	N32°03′40.25″	44
		老山林场平坦分场	小鸡山	E118°30′31.70″	N32°03′42.03″	19
		老山林场平坦分场	小马腰	E118°30′32.68″	N32°03′27.68″	3
		老山林场平坦分场	小马腰下	E118°30′53.15″	N32°03′25.44″	23
		老山林场平坦分场	小马腰与大马腰间	E118°30′06.71″	N32°03′30.01″	16
		老山林场平坦分场	小马腰与大马腰间	E118°31′07.79″	N32°03′30.56″	13
		老山林场平坦分场	匪集场山后	E118°31′58.93″	N32°04′11.24″	9
		老山林场平坦分场	匪集场道旁	E118°32′01.92″	N32°04′24.81″	7
02	浦口区	老山林场平坦分场	短喷	E118°33′35.86″	N32°05′28.78″	13
		老山林场平坦分场	平阳山	E118°33′37.72″	N32°04′60.00″	6
		老山林场平坦分场	老山隧道	E118°34′08.04″	N32°05′02.84″	11
		老山林场平坦分场	蛇地	E118°33′59.25″	N32°05′39.57″	36
		老山林场平坦分场	大平山	E118°33′51.53″	N32°04′13.08″	5
		老山林场平坦分场	大平山	E118°33′46.67″	N32°04′20.17″	8
		老山林场平坦分场	大平山	E118°33′51.02″	N32°04′18.20″	38
		老山林场平坦分场	虎洼二号洞口	E118°33′32.28″	N32°04′55.29″	3
		老山林场平坦分场	门坎里—黄梨山	E118°32′28.45″	N32°04′39.38″	5
		老山林场平坦分场	门坎里—大小女儿山间	E118°32′19.61″	N32°04′25.97″	4
		老山林场平坦分场	虎洼山脊	E118°33′47.06″	N32°03′58.29″	7
		老山林场平坦分场	虎洼山脊	E118°33′25.82″	N32°03′46.15″	20
		老山林场平坦分场	虎洼山脊	E118°33′25.82″	N32°03′46.15″	4
		老山林场平坦分场	虎洼山脊	E118°33′21.49″	N32°03′48.09″	6
		老山林场西山分场	西山—九峰寺旁	E118°25′41.49″	N32°03′45.74″	6

（续）

种质资源编号	种质资源归属	林地名称	小地名	样地中心 GPS 坐标		数量（株）
		老山林场西山分场	西山—杨喷后	E118°26′05.77″	N32°04′18.59″	44
		老山林场西山分场	西山—牯牛棚	E118°27′13.88″	N32°04′09.50″	14
		老山林场西山分场	西山—铁路桥下	E118°26′47.85″	N32°03′05.63″	35
		老山林场西山分场	坡山口—大洼塘	E118°26′37.63″	N32°03′04.49″	14
		老山林场狮子岭分场	响铃庵	E118°34′08.04″	N32°05′02.84″	1
		老山林场狮子岭分场	大洼口—狮平路	E118°33′57.22″	N32°05′37.83″	4
		老山林场狮子岭分场	小洼口—平滩子	E118°33′49.37″	N32°03′19.50″	1
		老山林场狮子岭分场	小洼口—平滩子	E118°33′42.09″	N32°03′11.99″	12
		老山林场狮子岭分场	兜率寺后山	E118°33′03.83″	N32°03′48.20″	9
		老山林场狮子岭分场	狮子岭背后山	E118°33′00.83″	N32°03′51.44″	12
		老山林场狮子岭分场	兴隆寺旁	E118°31′36.08″	N32°03′05.09″	5
		老山林场狮子岭分场	兴隆寺路旁	E118°31′38.16″	N32°02′50.59″	52
		老山林场狮子岭分场	石门	E118°34′48.44″	N32°04′05.02″	4
		老山林场狮子岭分场	暗沟护林点	E118°30′49.74″	N32°02′34.47″	28
		老山林场狮子岭分场	厂部	E118°32′53.42″	N32°02′57.91″	77
		老山林场七佛寺分场	猴子洞	E118°36′50.97″	N32°05′45.06″	4
		老山林场七佛寺分场	吴家大洼	E118°37′12.09″	N32°06′03.87″	4
		老山林场七佛寺分场	四道桥	E118°37′36.45″	N32°06′06.56″	14
02	浦口区	老山林场七佛寺分场	大椅子山	E118°38′08.81″	N32°06′32.85″	8
		老山林场七佛寺分场	黄山岭	E118°35′32.83″	N32°05′46.91″	28
		老山林场七佛寺分场	黑桃洼	E118°35′33.90″	N32°06′34.80″	15
		老山林场七佛寺分场	老山中学	E118°35′10.03″	N32°06′43.61″	26
		老山林场七佛寺分场	老鹰山	E118°36′40.25″	N32°06′24.70″	18
		老山林场七佛寺分场	老鹰山	E118°35′39.86″	N32°06′12.48″	10
		老山林场七佛寺分场	牛角洼	E118°36′28.61″	N32°06′16.76″	15
		老山林场七佛寺分场	老母猪沟	E118°36′34.76″	N32°06′21.58″	3
		老山林场七佛寺分场	七佛寺旁	E118°36′11.86″	N32°05′28.29″	5
		老山林场七佛寺分场	景观平台	E118°37′42.17″	N32°06′13.78″	3
		老山林场东山分场	望火楼南坡	E118°48′25.25″	N32°04′47.65″	20
		老山林场东山分场	椅子山	E118°37′30.87″	N32°06′45.48″	3
		老山林场东山分场	椅子山顶	E118°37′49.14″	N32°06′44.10″	8
		老山林场东山分场	乌龟驼金书	E118°37′33.82″	N32°07′02.82″	9
		老山林场东山分场	老母猪沟	E118°37′01.71″	N32°06′34.48″	16
		老山林场东山分场	浦口路	E118°37′24.65″	N32°06′54.44″	3
		老山林场东山分场	龙爪洼	E118°37′60.00″	N32°07′29.05″	8
		老山林场东山分场	文家洼	E118°38′20.18″	N32°07′25.15″	8

（续）

种质资源编号	种质资源归属	林地名称	小地名	样地中心 GPS 坐标	数量（株）
		老山林场东山分场	岔虎路中断路旁	E118°37′06.63″ N32°07′34.91″	34
		老山林场铁路林分场	铁路林实验林旁	E118°40′51.19″ N32°08′58.53″	7
		老山林场铁路林分场	铁路林羊鼻山脊	E118°40′49.98″ N32°08′52.39″	5
		老山林场铁路林分场	采石场旁	E118°39′22.55″ N32°08′19.15″	6
		老山林场铁路林分场	丁家碗水库北侧	E118°39′31.64″ N32°08′30.85″	37
		老山林场铁路林分场	河东	E118°41′32.52″ N32°09′16.70″	18
		星甸杜仲林场	大槽洼	E118°23′55.09″ N32°02′33.68″	9
		星甸杜仲林场	华济山	E118°23′47.84″ N32°03′13.33″	4
		星甸杜仲林场	观音洞下	E118°23′35.70″ N32°03′15.64″	1
		星甸杜仲林场	观音洞下	E118°23′35.04″ N32°03′16.09″	1
		星甸杜仲林场	山喷码子	E118°24′30.16″ N32°03′09.77″	104
		星甸杜仲林场	山喷码字上	E118°24′31.92″ N32°03′10.74″	50
		星甸杜仲林场	山喷码字上	E118°24′32.34″ N32°03′09.20″	30
		星甸杜仲林场	亭子山	E118°24′58.38″ N32°03′02.74″	5
		星甸杜仲林场	宝塔洼了	E118°24′39.44″ N32°03′43.16″	9
		星甸杜仲林场	宝塔洼子	E118°24′40.22″ N32°03′48.26″	2
02	浦口区	星甸杜仲林场	宝塔洼子	E118°24′40.92″ N32°02′48.95″	2
		星甸杜仲林场	独山	E118°24′53.04″ N32°03′45.32″	3
		星甸杜仲林场	独山西	E118°24′38.81″ N32°03′48.84″	84
		星甸杜仲林场	西山沟	E118°24′17.42″ N32°03′33.86″	1
		星甸杜仲林场	林业队	E118°24′45.57″ N32°03′52.98″	3
		星甸杜仲林场	独山	E118°24′39.28″ N32°02′50.48″	1
		龙王山林场	龙王山	E118°42′43.66″ N32°11′52.70″	5
		龙王山林场	龙王山	E118°42′45.03″ N32°11′51.05″	23
		定山林场	定山林场	E118°39′06.02″ N32°07′38.00″	6
		定山林场	定山林场	E118°39′02.67″ N32°07′42.66″	6
		定山林场	定山林场	E118°39′11.87″ N32°07′53.96″	6
		定山林场	定山林场	E118°39′34.97″ N32°07′51.60″	7
		定山林场	珍珠泉内	E118°39′11.18″ N32°07′58.04″	4
		定山林场	定山寺旁	E118°39′03.81″ N32°07′51.05″	8
		定山林场	佛手湖	E118°38′55.20″ N32°06′37.44″	8
		大桥林场	老虎洞	E118°41′13.35″ N32°09′24.49″	4
		大桥林场	石头山	E118°38′54.10″ N32°08′04.25″	17
		兴卫山		E118°50′40.74″ N32°05′57.12″	30
03	栖霞区	兴卫山	兴卫山东南	E118°50′40.74″ N32°05′57.12″	16
		兴卫山		E118°50′40.74″ N32°05′57.13″	2

（续）

种质资源编号	种质资源归属	林地名称	小地名	样地中心 GPS 坐标		数量（株）
		兴卫山		E118°50′44.28″	N32°05′58.56″	48
		兴卫山		E118°50′46.04″	N32°05′59.39″	6
		兴卫山		E118°50′50.99″	N32°05′58.33″	4
		兴卫山		E118°50′32.47″	N32°05′59.03″	4
		兴卫山	兴卫山北坡	E118°50′24.34″	N32°06′00.26″	5
		栖霞山		E118°57′30.72″	N32°09′18.94″	38
		栖霞山		E118°57′29.02″	N32°09′17.68″	17
		栖霞山		E118°57′26.93″	N32°09′18.98″	1
		栖霞山		E118°57′29.21″	N32°09′14.10″	4
		栖霞山		E118°57′34.38″	N32°09′15.58″	6
		栖霞山	陆羽茶庄东坡	E118°57′34.27″	N32°09′06.65″	18
		栖霞山		E118°57′43.25″	N32°09′18.53″	4
		栖霞山	小硬盘娱乐场	E118°57′44.15″	N32°09′18.30″	1
		栖霞山	天开岩上方亭子附近	E118°57′35.04″	N32°09′28.42″	4
		栖霞山		E118°57′19.63″	N32°09′23.78″	11
		栖霞山		E118°57′19.16″	N32°09′23.65″	4
		栖霞山		E118°57′16.98″	N32°09′29.50″	10
		西岗街道	西岗果牧场对面山头南坡	E118°58′45.05″	N32°05′46.39″	9
03	栖霞区	大普塘水库	对面山头	E118°55′09.24″	N32°05′00.34″	32
		大普塘水库	对面山头	E118°55′07.60″	N32°04′59.58″	31
		大普塘水库		E118°55′22.60″	N32°04′59.64″	3
		大普塘水库		E118°55′24.02″	N32°05′03.29″	21
		灵山		E118°56′05.85″	N32°05′24.51″	16
		灵山		E118°55′42.67″	N32°05′24.80″	18
		灵山		E118°55′53.71″	N32°05′14.85″	15
		灵山		E118°55′54.70″	N32°05′14.54″	8
		仙鹤山		E118°53′34.52″	N32°06′17.19″	130
		羊山		E118°55′56.24″	N32°06′47.59″	23
		太平山公园		E118°52′10.66″	N32°07′56.81″	17
		南象山	南象山衡阳寺	E118°56′07.44″	N32°08′16.38″	15
		南象山	南象山衡阳寺	E118°55′50.16″	N32°08′08.70″	8
		南象山	南象山	E118°56′03.42″	N32°08′25.20″	14
		北象山		E118°56′31.92″	N32°09′16.62″	22
		北象山		E118°56′25.62″	N32°09′05.28″	14
		何家山		E118°57′22.38″	N32°08′45.96″	32
		何家山	何家山	E118°57′20.22″	N32°08′41.82″	8

（续）

种质资源编号	种质资源归属	林地名称	小地名	样地中心 GPS 坐标	数量（株）
03	栖霞区	何家山	中眉心	E118°58′10.20″ N32°08′39.54″	23
		乌龙山	乌龙山炮台西南	E118°52′01.02″ N32°09′42.48″	12
04	雨花区	韩府山铁心桥街道		E118°45′29.12″ N31°56′56.46″	5
		韩府山铁心桥街道		E118°45′06.12″ N31°56′02.61″	1
		龙泉古寺		E118°45′41.51″ N31°55′44.22″	2
		龙泉古寺		E118°45′39.80″ N31°55′43.36″	1
		将军山		E118°45′51.79″ N31°55′16.54″	4
		牛首山		E118°44′03.88″ N31°55′10.89″	5
		牛首山		E118°44′09.75″ N31°55′12.16″	18
		牛首山		E118°44′18.00″ N31°55′28.39″	1
		牛首山		E118°44′21.70″ N31°55′25.60″	18
		牛首山		E118°44′22.53″ N31°55′29.01″	15
		将军山	将军山脚	E118°45′02.55″ N31°55′21.68″	12
		牛首山		E118°45′13.12″ N31°55′11.95″	8
		罐子山	西善桥	E118°43′22.49″ N31°56′29.65″	2
05	江宁区	方山	栎树林	E118°51′52.28″ N31°53′53.91″	7
		方山	朴树林	E118°52′00.76″ N31°53′35.37″	10
		方山		E118°52′11.99″ N31°54′15.33″	2
		方山		E118°52′29.32″ N31°53′46.94″	13
		方山		E118°52′34.25″ N31°53′49.41″	30
		方山		E118°33′58.37″ N31°54′10.02″	1
		方山		E118°52′18.57″ N31°53′50.53″	2
		方山		E118°52′25.66″ N31°53′33.98″	2
		汤山	郎山	E119°03′20.34″ N32°04′16.29″	2
		汤山林场黄栗墅工区	土地山	E119°01′10.68″ N32°04′16.29″	1
		汤山林场黄栗墅工区	土地山	E119°01′02.54″ N32°03′44.17″	2
		汤山林场长山工区	黄龙山	E118°54′18.53″ N31°58′31.67″	2
		汤山林场长山工区	青龙山	E118°54′05.29″ N31°58′48.85″	5
		汤山林场长山工区	青龙山	E118°54′07.26″ N31°58′51.63″	4
		汤山林场长山工区	青龙山	E118°54′10.80″ N31°58′54.89″	1
		汤山林场佘村工区	青龙山	E118°56′40.70″ N32°00′10.51″	2
		汤山林场佘村工区	青龙山	E118°56′46.14″ N32°00′53.25″	2
		汤山林场佘村工区	青龙山	E118°56′42.46″ N32°00′47.76″	9
		汤山林场佘村工区		E118°56′43.52″ N32°00′41.96″	3
		汤山林场佘村工区	青龙山	E118°56′26.21″ N32°00′09.95″	2
		汤山林场佘村工区	青龙山	E118°55′60.00″ N31°59′59.64″	3

（续）

种质资源编号	种质资源归属	林地名称	小地名	样地中心 GPS 坐标	数量（株）
05	江宁区	汤山林场佘村工区	青龙山	E118°56′19.79″ N32°00′05.54″	6
		东山街道林场		E118°55′56.56″ N31°57′55.99″	1
		东山街道林场		E118°56′03.33″ N31°57′50.81″	2
		东山街道林场		E118°55′52.26″ N31°57′47.79″	3
		东山街道林场		E118°55′58.48″ N31°57′44.99″	2
		东山街道林场		E118°55′58.48″ N31°57′44.99″	5
		汤山林场龙泉工区		E118°58′05.04″ N31°59′18.89″	4
		汤山林场龙泉工区		E118°57′43.17″ N31°59′01.10″	2
		汤山林场龙泉工区		E118°57′54.02″ N31°59′53.54″	4
		汤山林场龙泉工区		E118°58′09.72″ N32°00′12.98″	7
		汤山林场龙泉工区		E118°58′14.15″ N32°00′12.64″	2
		汤山林场龙泉工区		E118°58′18.73″ N32°00′11.84″	2
		汤山地质公园		E119°02′50.82″ N32°03′17.08″	5
		汤山地质公园		E119°02′40.10″ N32°03′07.10″	14
		汤山地质公园		E119°02′04.68″ N32°02′57.00″	1
		汤山地质公园		E119°01′57.91″ N32°02′52.42″	3
		孟塘社区	射乌山	E119°03′31.36″ N32°06′08.14″	1
		孟塘社区	射乌山	E119°03′27.54″ N32°06′08.04″	4
		孟塘社区	射乌山	E119°03′05.35″ N32°05′57.62″	1
		孟塘社区	射乌山	E119°03′08.53″ N32°05′52.37″	8
		孟塘社区	射乌山	E119°02′56.77″ N32°05′44.84″	8
		孟塘社区	培山	E119°03′00.94″ N32°04′50.44″	5
		孟塘社区	培山	E119°03′08.21″ N32°04′44.50″	2
		孟塘社区	培山	E119°03′08.21″ N32°04′44.50″	4
		孟塘社区		E119°02′38.10″ N32°04′50.16″	3
		青林社区	白露头	E119°05′23.21″ N32°04′43.06″	13
		青林社区	白露头	E119°25′33.41″ N32°04′52.23″	8
		青林社区	白露头	E119°25′33.41″ N32°04′52.23″	5
		青林社区	白露头	E119°05′41.22″ N32°05′18.96″	7
		青林社区	白露头	E119°05′30.30″ N32°05′15.17″	4
		青林社区	白露头	E119°05′30.30″ N32°05′15.17″	1
		青林社区	白露头	E119°15′20.59″ N32°04′59.61″	10
		青林社区	女儿山	E119°04′37.17″ N32°04′21.65″	6
		青林社区	小石浪山	E119°04′50.57″ N32°04′32.13″	1
		青林社区	小石浪山	E119°04′40.75″ N32°04′43.29″	32
		青林社区	文山	E119°04′10.68″ N32°05′12.67″	10

（续）

种质资源编号	种质资源归属	林地名称	小地名	样地中心 GPS 坐标	数量（株）
05	江宁区	青林社区	文山	E119°04′34.18″　N32°05′14.24″	17
		青林社区	文山	E119°04′54.97″　N32°05′20.41″	4
		青林社区	文山	E119°04′47.28″　N32°05′16.77″	3
		青林社区	文山	E119°04′26.23″　N32°04′46.18″	9
		青林社区	孤山堰	E119°04′20.66″　N32°04′38.90″	10
		青林社区	孤山堰	E119°04′55.18″　N32°05′02.10″	21
		古泉社区	连山	E119°00′37.94″　N32°03′31.04″	1
		古泉社区	连山	E119°00′41.50″　N32°03′45.13″	3
		古泉社区		E119°01′29.37″　N32°02′49.72″	1
		古泉社区		E119°01′27.51″　N32°02′48.14″	15
		古泉社区		E119°01′33.39″　N32°02′47.62″	10
		古泉社区		E119°01′33.68″　N32°22′44.31″	13
		古泉社区		E119°01′35.52″　N32°02′42.85″	20
		东善桥林场东稔工区		E118°42′15.15″　N31°44′07.34″	2
		东善桥林场云台分场		E118°43′12.78″　N31°42′57.15″	4
		东善桥林场云台分场		E118°43′04.99″　N31°43′00.56″	1
		东善桥林场云台分场	大平山	E118°42′33.23″　N31°42′09.75″	2
		东善桥林场云台分场	大平山	E118°42′30.63″　N31°42′28.36″	6
		东善桥林场云台分场	鸡笼山	E118°41′59.67″　N31°41′55.00″	1
		东善桥林场云台分场	太平山	E118°42′01.24″　N31°41′56.23″	1
		东善桥林场横山工区		E118°49′08.13″　N31°38′18.84″	1
		东善桥林场横山工区		E118°48′28.72″　N31°37′13.83″	1
		东善桥林场横山工区		E118°48′35.83″　N31°37′55.96″	1
		东善桥林场横山工区		E118°48′14.69″　N31°37′17.87″	1
		东善桥林场横山工区		E118°47′25.39″　N31°38′23.59″	3
		东善桥林场横山工区		E118°47′31.34″　N31°38′33.17″	4
		东善桥林场东善分场	静龙山	E118°47′37.61″　N31°51′02.50″	3
		东善桥林场东善分场	静龙山	E118°47′36.60″　N31°50′56.61″	28
		东善桥林场东善分场		E118°46′36.60″　N31°51′47.19″	50
		东善桥林场东善分场		E118°46′37.35″　N31°51′54.43″	11
		东善桥林场东善分场		E118°46′41.81″　N31°52′03.20″	24
		东善桥林场东善分场		E118°46′47.10″　N31°51′54.58″	4
		东善桥林场东善分场		E118°46′50.46″　N31°51′25.78″	7
		东善桥林场东善分场	东村工区	E118°45′09.56″　N31°51′38.06″	25
		东善桥林场横山分场		E118°52′34.94″　N31°42′12.60″	2
		东善桥林场横山分场		E118°49′26.97″　N31°38′12.31″	5

（续）

种质资源编号	种质资源归属	林地名称	小地名	样地中心 GPS 坐标	数量（株）
05	江宁区	东善桥林场横山分场		E118°49′41.13″ N31°38′00.37″	2
		东善桥林场横山分场		E118°49′26.98″ N31°38′06.85″	1
		东善桥林场横山分场		E118°50′36.25.″ N31°38′20.19″	4
		东善桥林场横山分场		E118°49′51.91″ N31°38′35.46″	5
		东善桥林场横山分场		E118°49′59.49″ N31°38′49.31″	2
		东善桥林场横山分场		E118°49′19.78″ N31°38′14.00″	24
		东善桥林场铜山分场		E118°56′30.33″ N31°37′13.04″	2
		东善桥林场铜山分场		E118°52′18.33″ N31°39′18.52″	4
		东善桥林场铜山分场		E118°51′05.98″ N31°39′01.58″	3
		东善桥林场铜山分场		E118°51′12.25″ N31°39′19.60″	3
		谷里	东塘水库附近	E118°42′46.69″ N31°46′46.42″	10
		横溪街道	横溪枣山	E118°42′32.57″ N31°46′41.87″	3
		横溪街道	横溪蒋门山	E118°40′26.15″ N31°47′16.76″	4
		汤山街道	西猪咀凹	E118°57′02.58″ N31°58′12.96″	4
		汤山街道		E118°57′02.46″ N31°58′40.10″	3
		汤山街道	天龙山	E118°58′25.06″ N32°00′23.31″	2
		牛首山		E118°44′43.64″ N31°53′51.36″	1
		牛首山		E118°44′36.41″ N31°53′30.44″	1
		牛首山		E118°44′47.99″ N31°53′30.49″	1
		牛首山		E118°44′57.33″ N31°53′46.05″	1
		牛首山		E118°44′20.55″ N31°54′44.01″	17
		牛首山		E118°44′21.50″ N31°54′46.66″	1
		牛首山		E118°44′20.00″ N31°54′47.62″	1
		牛首山		E118°44′23.62″ N31°54′46.98″	1
		牛首山		E118°44′18.37″ N31°54′47.96″	1
		牛首山		E118°44′24.22″ N31°54′50.01″	1
		牛首山		E118°44′35.69″ N31°53′54.66″	4
		牛首山		E118°45′12.86″ N31°53′45.91″	1
		牛首山		E118°44′53.71″ N31°54′07.74″	1
		牛首山		E118°44′34.64″ N31°53′23.65″	2
		牛首山		E118°44′25.29″ N31°53′42.86″	1
		牛首山		E118°44′33.93″ N31°53′41.36″	3
		牛首山		E118°44′36.90″ N31°53′41.38″	4
		南山湖		E118°32′58.89″ N31°46′08.24″	2
		富贵山公墓		E118°32′28.22″ N31°45′46.73″	14
		洪幕社区	洪幕山	E118°33′10.13″ N31°45′49.22″	3

（续）

种质资源编号	种质资源归属	林地名称	小地名	样地中心 GPS 坐标		数量（株）
05	江宁区	洪幕社区	洪幕山	E118°32′52.77″	N31°45′49.17″	3
		洪幕社区	洪幕山	E118°32′49.64″	N31°45′38.28″	8
		洪幕社区		E118°34′48.09″	N31°44′56.03″	13
		洪幕社区		E118°34′42.50″	N31°44′52.90″	13
		洪幕社区		E118°34′48.96″	N31°46′19.86″	28
		洪幕社区		E118°34′55.84″	N31°46′14.18″	24
		洪幕社区		E118°35′05.75″	N31°46′08.53″	2
		洪幕社区		E118°35′13.43″	N31°45′41.43″	22
		洪幕社区		E118°35′35.75″	N31°46′20.80″	7
		西宁社区		E118°36′05.45″	N31°47′05.25″	3
		西宁社区		E118°35′55.94″	N31°46′56.77″	6
		西宁社区		E118°35′47.81″	N31°46′51.82″	24
		公塘水库		E118°41′34.48″	N31°47′45.96″	6
		天台山		E118°41′43.03″	N31°43′08.60″	3
		横溪街道	石塘附近	E118°42′02.91″	N31°42′52.53″	5
		横溪街道	横溪	E118°40′58.66″	N31°44′04.32″	16
		横溪街道	横溪	E118°41′24.71″	N31°44′06.08″	11
		横溪街道	横溪	E118°41′09.80″	N31°45′10.41″	2
		横溪街道	横溪	E118°41′15.45″	N31°45′08.48″	5
		横溪街道	横溪	E118°41′18.22″	N31°45′41.33″	2
		横溪街道	横溪	E118°41′18.01″	N31°45′45.49″	2
		云台山		E118°40′48.91″	N31°42′13.90″	6
		横溪街道	横溪	E118°40′53.86″	N31°42′07.02″	13
		横溪街道	横溪	E118°41′08.44″	N31°41′26.92″	10
		横溪街道	横溪	E118°40′39.10″	N31°41′53.59″	1
		横溪街道	横溪	E118°40′45.93″	N31°41′24.77″	15
		秣陵街道将军山		E118°46′40.87″	N31°55′47.16″	4
		秣陵街道将军山		E118°46′50.72″	N31°55′57.10″	13
		秣陵街道将军山		E118°46′13.43″	N31°56′12.86″	1
		秣陵街道将军山		E118°46′45.53″	N31°55′28.55″	19
06	溧水区	溧水区林场东庐分场	美人山	E119°07′20.30″	N31°38′02.09″	18
		溧水区林场东庐分场	美人山	E119°07′57.00″	N31°38′23.00″	7
		溧水区林场东庐分场	禅国寺	E119°07′26.00″	N31°38′18.00″	9
		溧水区林场东庐分场	东庐山中部	E119°07′26.00″	N31°38′50.00″	41
		溧水区林场东庐分场	杨树洼	E119°07′35.39″	N31°37′32.46″	6
		溧水区林场东庐分场	黄牛墩	E119°07′24.30″	N31°37′51.16″	9

（续）

种质资源编号	种质资源归属	林地名称	小地名	样地中心 GPS 坐标		数量（株）
06	溧水区	溧水区林场东庐分场	美人山	E119°07′10.37″	N31°38′08.17″	3
		溧水区林场东庐分场	美人山	E119°07′10.37″	N31°38′08.17″	1
		溧水区林场东庐分场	山边上	E119°06′45.00″	N31°38′59.00″	4
		溧水区林场东庐分场	朝山	E119°06′35.00″	N31°39′20.00″	9
		溧水区林场东庐分场	山棚子	E119°06′60.00″	N31°39′30.00″	2
		溧水区林场东庐分场	朝山	E119°05′55.00″	N31°39′16.00″	5
		溧水区林场东庐分场	陈山	E119°08′02.94″	N31°34′54.70″	4
		溧水区林场东庐分场	陈山	E119°07′42.37″	N31°34′58.44″	5
		溧水区林场东庐分场	陈山	E119°07′21.13″	N31°35′00.45″	3
		溧水区林场东庐分场	郑巷大山	E119°07′28.01″	N31°35′31.92″	1
		溧水区林场东庐分场	狮子山	E119°06′43.87″	N31°41′39.47″	15
		溧水区林场东庐分场	狮子山	E119°06′59.16″	N31°41′26.55″	15
		溧水区林场芳山分场	杨树山	E119°08′30.40″	N31°30′23.68″	2
		溧水区林场芳山分场	杨树山	E119°09′50.39″	N31°30′11.27″	6
		溧水区林场平山分场	丁公山	E118°51′54.00″	N31°37′52.01″	2
		洪蓝街道无想寺社区	顶公山	E119°00′50.57″	N31°35′43.52″	1
		洪蓝街道无想寺社区	顶公山	E119°01′31.80″	N31°35′48.46″	26
		洪蓝街道无想寺社区	顶公山	E119°01′30.56″	N31°34′55.18″	4
		晶桥街道	西瓜山	E119°03′01.62″	N31°33′22.06″	1
		溧水区林场平山分场	马鞍山	E119°00′58.09″	N31°36′36.58″	4
		溧水区林场平山分场	平安山	E119°00′15.36″	N31°36′23.71″	9
		溧水区林场平山分场	乌王山	E119°01′17.00″	N31°36′31.00″	4
		溧水区林场平山分场	乌王山	E119°01′46.00″	N31°36′05.00″	1
		溧水区林场平山分场	乌王山	E119°01′36.00″	N31°36′13.00″	6
		溧水区林场秋湖分场	桃花凹	E119°02′09.74″	N31°34′05.73″	2
		溧水区林场秋湖分场	龙吟湾	E119°02′36.00″	N31°33′44.00″	1
		溧水区林场秋湖分场	官塘坝	E119°01′20.00″	N31°34′42.00″	5
		溧水区林场秋湖分场	斗面山	E119°02′16.00″	N31°32′58.00″	4
		溧水区林场平山分场	朱山岗	E118°56′18.76″	N31°39′07.42″	12
		溧水区林场平山分场	小茅山东面	E118°56′54.19″	N31°38′20.23″	2
		溧水区林场平山分场	小茅山东面	E118°57′13.12″	N31°38′27.07″	1
		溧水区林场平山分场	小茅山东面	E118°57′15.82″	N31°38′44.95″	1
07	高淳区	傅家坛林场	林科站	E119°05′21.32″	N31°14′54.49″	2
		傅家坛林场	顾子	E119°04′51.11″	N31°15′01.52″	1
		大山林场	大山路旁南到北 2 千米处	E119°06′56.00″	N31°24′14.98″	4
		大山林场	大山游行道旁中段	E119°05′04.84″	N31°25′06.95″	10

（续）

种质资源编号	种质资源归属	林地名称	小地名	样地中心 GPS 坐标		数量（株）
07	高淳区	大山林场	大山寺旁	E119°05′06.77″	N31°25′05.43″	11
		大山林场	大山寺旁	E119°04′55.83″	N31°25′08.59″	15
		大荆山林场	四凹	E118°08′37.20″	N32°26′15.03″	4
		大荆山林场	黄家塞	E118°08′32.18″	N32°26′15.83″	2
		游子山林场	真武庙前	E119°00′36.53″	N31°20′47.45″	4
		游子山林场	真武庙前	E119°00′36.12″	N31°20′49.65″	3
		游子山林场	青阳殿对面	E119°00′36.83″	N31°20′32.92″	24
		游子山林场	环山路北端路旁	E119°01′04.10″	N31°21′36.51″	1
		游子山林场	花山游山上段路旁	E118°57′47.58″	N31°16′10.28″	23
		游子山林场	花山游山中段路旁	E118°57′51.60″	N31°16′09.00″	3
		游子山林场	大凹	E119°00′28.21″	N31°20′46.36″	2
		游子山林场	中中山	E118°00′31.18″	N31°21′21.05″	4
		青山林场	林业队	E119°03′42.58″	N31°22′16.38″	3
08	玄武区	紫金山	头陀岭处	E118°50′25.00″	N32°04′22.00″	1
		紫金山	茅一峰北防火卫下方	E118°50′27.00″	N32°04′25.00″	4
		紫金山		E118°50′33.00″	N32°04′23.00″	1
		紫金山		E118°51′13.00″	N32°04′04.00″	14
		紫金山		E118°52′12.00″	N32°03′52.00″	2
		紫金山		E118°52′12.00″	N32°03′48.00″	4
		紫金山		E118°52′05.00″	N32°03′45.00″	16
		紫金山		E118°52′05.00″	N32°03′46.00″	11
		紫金山		E118°52′00.00″	N32°03′43.00″	2
		紫金山		E118°52′01.00″	N32°03′46.00″	1
		紫金山		E118°52′02.00″	N32°03′47.00″	10
		紫金山		E118°51′21.00″	N32°04′03.00″	1
		紫金山		E118°51′22.00″	N32°04′02.00″	2
		紫金山		E118°51′35.00″	N32°03′58.00″	9
		紫金山	中马腰与猴子头之间	E118°50′35.00″	N32°04′11.00″	3
		紫金山		E118°50′24.00″	N32°04′09.84″	1
		紫金山		E118°50′25.00″	N32°04′12.00″	3
		紫金山		E118°50′39.00″	N32°48′18.00″	3
		紫金山		E118°50′24.00″	N32°03′56.00″	7
		紫金山		E118°50′38.00″	N32°03′25.00″	3
		紫金山		E118°50′35.00″	N32°04′29.00″	3
		紫金山		E118°50′27.00″	N32°04′45.00″	17

（续）

种质资源编号	种质资源归属	林地名称	小地名	样地中心 GPS 坐标	数量（株）
08	主城区	紫金山	山北坡小卖铺处	E118°50′41.00″ N32°04′21.00″	2
		紫金山	山北坡小卖铺处	E118°14′42.00″ N32°04′22.00″	3
		紫金山	山北坡小卖铺处	E118°50′43.00″ N32°04′22.00″	3
		紫金山	山北坡小卖铺处	E118°50′40.00″ N32°04′23.00″	1
		紫金山		E118°50′38.00″ N32°04′23.00″	4
		紫金山		E118°50′40.00″ N32°04′24.00″	2
		紫金山		E118°50′36.00″ N32°04′26.00″	7
		紫金山		E118°50′39.00″ N32°04′25.00″	7
		紫金山		E118°50′40.00″ N32°04′26.00″	11
		九华山	弥勒佛坡上	E118°48′15.00″ N32°03′41.00″	13
		九华山	弥勒佛坡下	E118°48′12.00″ N32°03′45.00″	4
		九华山	景区东门入口坡下	E118°48′13.00″ N32°03′44.00″	6
		九华山	三藏塔下坡	E118°48′08.00″ N32°03′44.00″	6
		狮子山	铜鼎坡下	E118°44′37.00″ N32°05′51.00″	19
		狮子山	阅江楼坡下	E118°44′31.00″ N32°05′40.00″	7
		狮子山	石玩店坡下	E118°44′34.00″ N32°05′41.00″	18
		狮子山	江南第一楼牌坊上坡处	E118°44′33.00″ N32°05′41.00″	5
		幕府山	窑上村入口处左上方	E118°47′43.00″ N32°07′38.00″	5
		幕府山		E118°47′25.00″ N32°07′45.00″	14
		幕府山		E118°47′25.00″ N32°07′43.00″	7
		幕府山		E118°47′25.00″ N32°07′46.00″	18
		幕府山		E118°47′23.00″ N32°07′45.00″	25
		幕府山		E118°47′13.00″ N32°07′48.00″	11
		幕府山	达摩洞景区上坡	E118°47′17.00″ N32°07′47.00″	20
		幕府山	达摩洞景区上坡	E118°47′55.00″ N32°07′57.00″	28
		幕府山	达摩洞景区下坡	E118°47′54.00″ N32°07′58.00″	47
		幕府山	半山禅院上中	E118°48′04.00″ N32°08′14.00″	20
		幕府山	半山禅院上	E118°47′58.00″ N32°08′01.00″	2
		幕府山	仙人对弈左坡	E118°48′05.00″ N32°08′10.00″	17
		幕府山	仙人对弈左中坡	E118°48′06.00″ N32°08′16.00″	18
		幕府山	仙人对弈下坡	E118°48′05.00″ N32°08′16.00″	33
		幕府山	三台洞	E118°01′00.00″ N31°21′00.02″	35
		幕府山	仙人台下坡	E118°48′00.04″ N32°08′00.28″	7
		幕府山	仙人台	E118°48′00.05″ N32°07′60.00″	1

黑弹树 *Celtis bungeana* Blume

【别名】 小叶朴、黑弹朴

【科属】 榆科（Ulmaceae）朴属（*Celtis*）

【树种简介】 落叶乔木，高达 10 米。树皮灰色或暗灰色，当年生小枝淡棕色，老后色较深，散生椭圆形皮孔。叶厚纸质，狭卵形、长圆形、卵状椭圆形至卵形，长 3~7（15）厘米，宽 2~4（5）厘米，基部宽楔形至近圆形，稍偏斜至几乎不偏斜，先端尖至渐尖，中部以上疏具不规则浅齿，有时一侧近全缘。果单生叶腋（在极少情况下，一总梗上可具 2 果），果成熟时蓝黑色，近球形，直径 6~8 毫米；核近球形，肋不明显，表面极大部分近平滑或略具网孔状凹陷，直径 4~5 毫米。花期 4~5 月，果期 10~11 月。产辽宁南部和西部、河北、山东、山西、内蒙古、甘肃、宁夏、青海（循化）、陕西、河南、安徽、江苏、浙江、湖南（沅陵）、江西（庐山）、湖北、四川、云南东南部、西藏东部，朝鲜也有分布。多生于海拔 150~2300 米的路旁、山坡、灌丛或林边。树形美观，树冠圆满宽广，绿荫浓郁，适宜在公园、庭院作庭荫树，也可作行道树、河岸防风固堤树。木材坚硬，可供工业用材。茎皮为造纸和人造棉原料；果实榨油作润滑油；树皮、根皮入药，治腰痛等。

【**种质资源**】南京市黑弹树野生种质资源共 3 份，分别归属于六合区、浦口区和江宁区。具体种质资源信息见表 18。

01：六合区

分布在奶山和冶山。在 81 个样地中，3 个样地有分布，共 3 株，胸径分别为 9 厘米、7 厘米和 6 厘米。种群极小，分布集中。

02：浦口区

分布在星甸杜仲林场、定山林场和老山林场的铁路林分场、狮子岭分场，其中星甸杜仲林场的分布量约占总量的 95%。在 198 个样地中，11 个样地有分布，共 241 株，其中株高小于 1.3 米的 160 株，约占总数的 2/3，胸径 1~10 厘米的 71 株，胸径 11~20 厘米的 5 株，胸径 21~30 厘米的 4 株，胸径 36 厘米的 1 株。种群大，分布相对集中。

03：江宁区

分布在东善桥林场和汤山地质公园。在 223 个样地中 3 个样地有分布，总数量 13 株，其中胸径 1~10 厘米的 7 株，平均胸径 9 厘米；胸径 11~20 厘米的 5 株，平均胸径 14 厘米；胸径 21 厘米的 1 株。种群极小，分布集中。

表 18　黑弹树野生种质资源信息

种质资源编号	种质资源归属	林地名称	小地名	样地中心 GPS 坐标		数量（株）
01	六合区	奶山	奶山	E119°00′34.19″	N32°18′06.34″	1
		冶山		E118°56′54.00″	N32°30′30.00″	1
		冶山		E118°56′40.57″	N32°30′20.79″	1
02	浦口区	星甸杜仲林场	华济山	E118°23′47.84″	N32°03′13.33″	61
		星甸杜仲林场	观音洞下	E118°23′35.70″	N32°03′15.64″	10
		星甸杜仲林场	观音洞下	E118°23′35.04″	N32°03′16.09″	50
		星甸杜仲林场	山喷码子	E118°24′30.16″	N32°03′09.77″	100
		星甸杜仲林场	宝塔洼子	E118°24′40.22″	N32°03′48.26″	5
		星甸杜仲林场	宝塔洼子	E118°24′40.92″	N32°02′48.95″	1
		星甸杜仲林场	西山沟	E118°24′17.42″	N32°03′33.86″	1
		星甸杜仲林场	东常山	E118°24′17.24″	N32°03′28.39″	2
		定山林场	定山林场	E118°39′34.97″	N32°07′51.60″	2
		老山林场铁路林分场	采石场旁	E118°39′22.83″	N32°08′19.14″	4
		老山林场狮子岭分场	响堂水库路边	E118°35′18.05″	N32°04′28.69″	5
03	江宁区	东善桥林场横山工区		E118°48′14.69″	N31°37′17.87″	7
		东善桥林场横山工区		E118°49′59.49″	N31°38′49.31″	5
		汤山地质公园		E119°02′40.10″	N32°03′07.10″	1

青檀 *Pteroceltis tatarinowii* Maxim.

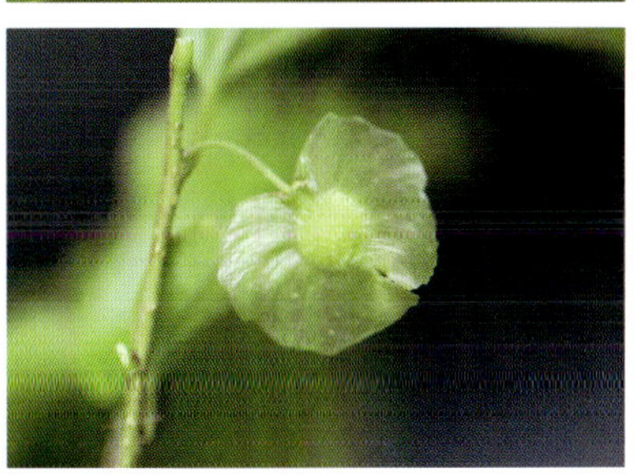

【别名】檀《诗经》，檀树（河北南口、河南、安徽），摇钱树（陕西华山），青壳榔树（湖北巴东）

【科属】榆科（Ulmaceae）青檀属（*Pteroceltis*）

【树种简介】落叶乔木，高达 20 米或 20 米以上，胸径达 70 厘米或 1 米以上。树皮灰色或深灰色，呈不规则的长片状剥落。叶纸质，宽卵形至长卵形，先端渐尖至尾状渐尖，基部不对称，楔形、圆形或截形，边缘有不整齐的锯齿，基部 3 出脉，侧出的一对近直伸达叶的上部，侧脉 4~6 对，叶面绿，幼时被短硬毛，后脱落，常残留有圆点，光滑或稍粗糙，叶背淡绿。翅果状坚果近圆形或近四方形，直径 10~17 毫米，黄绿色或黄褐色，翅宽，稍带木质，有放射线条纹，下端截形或浅心形，顶端有凹缺。花期 3~5 月，果期 8~10 月。产辽宁（大连蛇岛）、河北、山西、陕西、甘肃南部、青海东南部、山东、江苏、安徽、浙江、江西、福建、河南、湖北、湖南、广东、广西、四川和贵州。常生于山谷溪边石灰岩山地疏林中，海拔 100~1500 米。耐干旱瘠薄，是石灰岩山地优良树种。其树皮纤维为制作宣纸的主要原料；木材坚硬细致，可供作农具、车轴、家具和建筑用的上等木料；种子可榨油。

【种质资源】南京市青檀野生种质资源共 1 份，归属于溧水区。具体种质资源信息见表 19。

01：溧水区

分布在溧水区林场东庐分场、芳山分场。在调查的 115 个样地中，5 个样地有分布，总数量 26 株，其中株高小于 1.3 米的 17 株，胸径 1~10 厘米的 6 株，21~30 厘米的 2 株，最大 1 株胸径 40 厘米。种群较小，分布较集中。

表 19 青檀野生种质资源信息

种质资源编号	种质资源归属	林地名称	小地名	样地中心 GPS 坐标		数量（株）
01	溧水区	溧水区林场东庐分场	东庐山中部	E119°07′26.00″	N31°38′50.00″	10
		溧水区林场东庐分场	朝山	E119°06′35.00″	N31°39′20.00″	2
		溧水区林场东庐分场	陈山	E119°07′42.37″	N31°34′58.44″	3
		溧水区林场东庐分场	陈山	E119°07′21.13″	N31°35′00.45″	3
		溧水区林场芳山分场	芳山	E119°08′25.53″	N31°29′37.54″	8

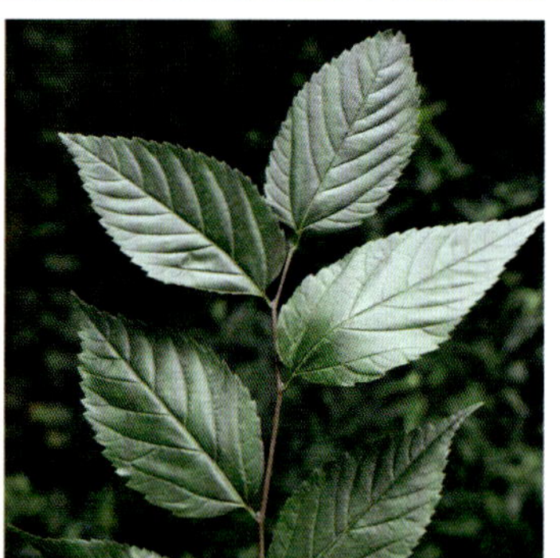

糙叶树 *Aphananthe aspera* (Thunb.) Planch.

【别名】糙皮树（山东），牛筋树、沙朴（浙江），加条（福建漳州），白鸡油（台湾）

【科属】榆科（Ulmaceae）糙叶树属（*Aphananthe*）

【树种简介】落叶乔木，高达 25 米，稀灌木状。叶纸质，卵形或卵状椭圆形，先端渐尖或长渐尖，基部宽楔形或浅心形。雄聚伞花序生长在新枝的下部叶腋处，雄花被裂片倒卵状圆形，内凹陷呈盔状，中央有一簇毛；雌花单生于新枝的上部叶腋，花被裂片呈条状披针形，子房被毛。核果近球形、椭圆形或卵状球形，由绿变黑，被细伏毛，具宿存的花被和柱头，果梗疏被细伏毛。花期 3~5 月，果期 8~10 月。产山西、山东、江苏、安徽、浙江、江西、福建、台湾、湖南、湖北、广东、广西、四川东南部、贵州和云南东南部，朝鲜、日本和越南也有分布。喜光，略耐阴，喜温暖湿润气候和肥沃而深厚的酸性土壤。根皮及树皮甘、淡，性温，具有活血化瘀的功效，可治腰部损伤酸痛等症状；幼嫩果实可做汤或面食用；成熟果实味甘甜，可鲜食；核仁可鲜食、炒食、做糕点、榨油等。

【种质资源】南京市糙叶树野生种质资源共 6 份，分别归属于六合区、栖霞区、江宁区、溧水区、高淳区和主城区。具体种质资源信息见表 20。

01：六合区

仅分布在冶山。在 81 个样地中，仅 1 个样地有分布，总数量 2 株，其中胸径 1~5 厘米的 2 株，平均胸径 3 厘米。种群极小，分布集中。

02：栖霞区

仅集中分布在栖霞山。在 44 个样地中，13 个样地有分布，共 221 株，其中株高小于 1.3 米的 70 株，占总数的 31.7%；胸径 1~10 厘米的 138 株，占总数的 62.4%；胸径 11~20 厘米的 8 株，占总数的 3.6%；胸径 21~30 厘米的 3 株；胸径 31~40 厘米的 2 株。种群大，分布集中。

03：江宁区

分布在古泉社区和牛首山。在 223 个样地中，8 个样地有分布，总数量 21 株，其中株高小于 1.3 米的 1 株，胸径 1~10 厘米的 5 株，平均胸径 6 厘米；胸径 11~20 厘米的 10 株，平均胸径 15 厘米；胸径 21~30 厘米的 3 株，平均胸径 27 厘米；胸径 36 厘米的 1 株；胸径 45 厘米的 1 株。在调查的样地中数量虽只有 21 株，但因呈零星分布的特点，林地内数量很多。

04：溧水区

分布在溧水区林场平山分场。在 115 个样地中，仅 1 个样地有分布，总数量 2 株，最大胸径为 3 厘米。种群极小。

05：高淳区

仅分布在大荆山林场。在 53 个样地中，仅 1 个样地有分布，共 2 株，其中株高小于 1.3 米的 1 株，胸径 34 厘米的 1 株。种群极小。

06：主城区

分布在紫金山、九华山和幕府山。在所调查 69 个样地中，20 个样地有分布，共 154 株，其中株高 1.3 米的 5 株，胸径在 1~10 厘米的 94 株，占总数的 61.04%；胸径 11~20 厘米的 38 株；胸径 21~30 厘米的 15 株；胸径 31 厘米的 1 株；胸径 44 厘米的 1 株。种群大，分布相对集中。

表 20　糙叶树野生种质资源信息

种质资源编号	种质资源归属	林地名称	小地名	样地中心 GPS 坐标		数量（株）
01	六合区	冶山		E118°56′58.90″	N32°30′33.65″	2
02	栖霞区	栖霞山		E118°57′29.21″	N32°09′14.10″	1
		栖霞山		E118°57′34.38″	N32°09′15.58″	38
		栖霞山	陆羽茶庄东坡	E118°57′34.27″	N32°09′06.65″	17
		栖霞山		E118°57′43.25″	N32°09′18.53″	2
		栖霞山	小硬盘娱乐场	E118°57′44.15″	N32°09′18.30″	1
		栖霞山	天开岩上方亭子	E118°57′35.04″	N32°09′28.42″	7
		栖霞山		E118°57′30.72″	N32°09′18.94″	5
		栖霞山		E118°57′29.02″	N32°09′17.68″	49

（续）

种质资源编号	种质资源归属	林地名称	小地名	样地中心 GPS 坐标		数量（株）
02	栖霞区	栖霞山		E118°57′26.93″	N32°09′18.98″	32
		栖霞山		E118°57′19.63″	N32°09′23.78″	7
		栖霞山		E118°57′19.16″	N32°09′23.65″	51
		栖霞山		E118°57′16.98″	N32°09′29.50″	5
		栖霞山		E118°57′37.69″	N32°09′15.78″	6
03	江宁区	古泉社区		E119°01′33.39″	N32°02′47.62″	1
		牛首山		E118°44′43.64″	N31°53′23.64″	2
		牛首山		E118°44′47.99″	N31°53′30.49″	1
		牛首山		E118°44′23.62″	N31°54′46.98″	1
		牛首山		E118°44′18.37″	N31°54′47.96″	9
		牛首山		E118°45′12.86″	N31°53′45.91″	2
		牛首山		E118°44′34.64″	N31°53′23.65″	4
		牛首山		E118°44′25.29″	N31°53′42.86″	1
04	溧水区	溧水区林场平山分场	丁公山	E118°52′19.00″	N31°37′46.00″	2
05	高淳区	大荆山林场	四凹	E118°08′37.20″	N32°26′15.03″	2
06	主城区	紫金山		E118°52′12.00″	N32°03′52.00″	4
		紫金山		E118°52′12.00″	N32°03′48.00″	4
		紫金山		E118°52′05.00″	N32°03′45.00″	45
		紫金山		E118°52′05.00″	N32°03′46.00″	14
		紫金山		E118°52′00.00″	N32°03′43.00″	5
		紫金山		E118°52′01.00″	N32°03′46.00″	25
		紫金山		E118°52′02.00″	N32°03′47.00″	8
		紫金山		E118°51′21.00″	N32°04′03.00″	2
		紫金山		E118°51′22.00″	N32°04′02.00″	10
		紫金山		E118°51′35.00″	N32°03′58.00″	6
		紫金山		E118°50′24.00″	N32°04′09.84″	1
		紫金山		E118°50′25.00″	N32°04′12.00″	1
		紫金山		E118°50′24.00″	N32°03′56.00″	5
		紫金山		E118°50′27.00″	N32°04′45.00″	2
		紫金山	山北坡中上段	E118°50′36.00″	N32°04′27.00″	1
		九华山	弥勒佛坡上	E118°48′15.00″	N32°03′41.00″	14
		九华山	弥勒佛坡下	E118°48′12.00″	N32°03′45.00″	1
		幕府山	窑上村入口处左上方	E118°47′43.00″	N32°07′38.00″	2
		幕府山		E118°47′25.00″	N32°07′43.00″	1
		幕府山	仙人对弈下坡	E118°48′05.00″	N32°08′16.00″	3

红果榆 *Ulmus szechuanica* W.P.Fang

【别名】小蜡树、小萼白蜡树

【科属】榆科（Ulmaceae）榆属（*Ulmus*）

【树种简介】落叶乔木，高达28米，胸径80厘米。树皮暗灰色、灰黑色或褐灰色，不规则纵裂，粗糙。当年生枝淡灰色或灰色，幼时有毛，后变无毛或有疏毛，皮孔淡黄色；萌发枝的毛较密，有时具大而不规则纵裂的木栓层。冬芽卵圆形，芽鳞背面外露部分几无毛或有疏毛，下部毛较密，内部芽鳞的边缘毛较长而明显。叶倒卵形、椭圆状倒卵形、卵状长圆形或椭圆状卵形，长2.5~9厘米，宽1.7~5.5厘米（萌发枝的叶长达13.5厘米，宽7厘米），先端急尖或渐尖，稀尾状，基部偏斜，楔形、圆或近心脏形，叶面幼时有短毛，沿中脉常有长柔毛，后则无毛，有时具圆形毛迹，不粗糙（萌发枝的叶面粗糙），叶背初有疏毛，沿主侧脉有较密之毛，后变无毛，有时脉腋具簇生毛，边缘具重锯齿，侧脉每边9~19条，叶柄长5~12毫米，无毛或上面有毛。花在去年生枝上排成簇状聚伞花序。翅果近圆形或倒卵状圆形，长11~16毫米，宽9~13毫米，除顶端缺口柱头被毛外，余处无毛，果核部分位于翅果的中部或近中部，上端接近缺口，淡红色、褐色、红色或紫红色，宿存花被无毛，钟形，浅4裂，果柄较花被为短，长1~2毫米，有短柔毛。花果期3–4月。分布于安徽南部、江苏南部、浙江北部、江西及四川中部。生于平原、低丘或溪涧旁酸性土及微酸性土之阔叶林中。生长中速。树形婆娑，姿态优美，果形奇特，适宜广场、庭院、公园、街头绿地等植物造景应用，也可以作为行道树栽培。长江下游平原及低丘地区可选作“四旁“绿化造林树种。

【种质资源】南京市红果榆野生种质资源共1份，归属于主城区。具体种质资源信息见表21。

01：主城区

主要分布在紫金山明孝陵。在调查的69个样地中1个样地有分布，共2株，株高均超过1.3米，其中胸径5厘米的1株，胸径33厘米的1株。

表21　红果榆野生种质资源信息

种质资源编号	种质资源归属	林地名称	小地名	样地中心GPS坐标	数量（株）
01	主城区	紫金山	明孝陵	E118°50′5.99″N 32°03′36.54″	2

桑 *Morus alba* L.

【别名】桑（本草经）、家桑（四川）

【科属】桑科（Moraceae）桑属（*Morus*）

【树种简介】乔木或灌木，高3~10米或更高，胸径可达50厘米。树皮厚，灰色，具不规则浅纵裂。叶卵形或广卵形，长5~15厘米，宽5~12厘米，先端急尖、渐尖或圆钝，叶片基部圆形至浅心形，边缘锯齿粗钝，有时叶呈现各种分裂状态。花单性，腋生或生于芽鳞腋内，与叶同时生出；雄花序下垂，长2~3.5厘米，密被白色柔毛。花被片宽椭圆形，淡绿色。花丝在芽时内折；雌花序长1~2厘米，被毛，总花梗长5~10毫米，被柔毛，雌花无梗。聚花果卵状椭圆形，长1~2.5厘米，成熟时红色或暗紫色。花期4~5月，果期5~8月。产我国中部和北部，现在东北至西南各省份，西北直至新疆均有栽培。树皮纤维柔细，可作纺织原料、造纸原料；根皮、果实及枝条入药。叶为养蚕的主要饲料，亦作药用，并可作土农药。木材坚硬，可制家具、乐器、雕刻等。桑葚可食，也可酿酒。

【种质资源】南京市桑野生种质资源共5份，分别归属于六合区、浦口区、栖霞区、高淳区和主城区。具体种质资源信息见表22。

01：六合区

分布在平山林场、盘山、竹镇、奶山、冶山、方山、瓜埠果园、瓜埠林场和灵岩山。在81个样地中，44个样地有分布，总数量548株，其中59%（322株）株高小于1.3米，胸径1~10厘米的占总数的17%（95株）；胸径11~20厘米的占总数的12%（66株）；胸径21~30的占总数的9%（50株）；胸径31~40厘米的9株；胸径41~50厘米的3株；胸径大于50厘米的3株，最大胸径达 114 厘米。除在林地有大量分布，在村庄、乡村道路旁以及河沟等均有大量自然更新的幼树或小苗。种群大，分布广。

02：浦口区

在调查的 198 个样地中，15 个样地有分布，总数量 39 株，其中 69% 分布在老山林场的平坦分场、七佛寺分场、东山分场、铁路林分场，23% 分布在星甸杜仲林场，3% 分布在定山林场，5% 分布在大桥林场。株高小于 1.3 米的 10 株，胸径 1~10 厘米的有 2 株，胸径 11~20 厘米的有 12 株，胸径 21~30 厘米的有 10 株，胸径 31~40 厘米的有 5 株。种群较大，分布相对分散。

03：栖霞区

分布在兴卫山、栖霞山、大普塘水库、羊山、太平山公园、北象山和何家山。在调查的 44 个样地中，9 个样地有分布，总数量 43 株，其中株高小于 1.3 米的 35 株，占总数的 81.4%；胸径 1~10 厘米的 7 株；胸径 62 厘米 1 株。种群较大，分布较集中。

04：高淳区

分布在傅家坛林场、大荆山林场、游子山林场和砖墙镇，总株数 7 株，其中株高小于 1.3 米的 4 株；胸径 1~3 厘米的 3 株，最大胸径 3 厘米；胸径 30 厘米的 1 株。种群小，分布零散，种群处于发育初期阶段。

05：主城区

分布在紫金山、九华山、幕府山。在所调查 69 个样地中，9 个样地有分布，共 50 株，其中株高 1.3 米的幼树和灌木 17 株，胸径 1~10 厘米的 17 株，胸径 11~20 厘米的 5 株，胸径 21~30 厘米的 4 株，胸径 31~40 厘米的 6 株，胸径 43 厘米 1 株。种群较大，分布较广泛。

表 22　桑野生种质资源信息

种质资源编号	种质资源归属	林地名称	小地名	样地中心 GPS 坐标	数量（株）
01	六合区	平山林场		E118°51′27.97″　N32°28′15.88″	4
		平山林场		E118°50′57.56″　N32°28′12.85″	1
		平山林场		E118°50′38.35″　N32°27′45.97″	6
		平山林场		E118°50′25.34″　N32°27′31.95″	16
		平山林场		E118°50′55.00″　N32°27′38.00″	1
		平山林场		E118°49′48.00″　N32°27′08.00″	3
		平山林场		E118°48′02.00″　N32°05′02.00″	8
		平山林场		E118°50′03.77″　N32°27′58.64″	2
		平山林场		E118°49′01.57″　N32°27′11.51″	2
		平山林场	骡子山万寿庵	E118°49′07.00″　N32°30′28.00″	25
		平山林场	袁家洼	E118°49′48.00″　N32°30′08.00″	41
		平山林场	平山梅花鹿养殖场	E118°50′09.00″　N32°30′10.00″	26

（续）

种质资源编号	种质资源归属	林地名称	小地名	样地中心 GPS 坐标	数量（株）
01	六合区	平山林场	骡子山	E118°49′50.00″ N32°28′59.00″	12
		平山林场	骡子山	E118°50′14.00″ N32°28′52.00″	1
		盘山		E118°35′25.99″ N32°28′54.20″	13
		盘山		E118°35′33.52″ N32°29′14.16″	6
		竹镇		E118°34′22.88″ N32°34′08.57″	2
		竹镇		E118°34′12.73″ N32°33′35.82″	2
		竹镇		E118°34′26.51″ N32°33′26.61″	13
		竹镇		E118°34′02.43″ N32°33′44.10″	1
		奶山			58
		奶山	奶山	E119°00′34.19″ N32°18′06.34″	42
		冶山		E118°56′56.00″ N32°30′49.00″	5
		冶山		E118°56′58.90″ N32°30′33.65″	12
		冶山		E118°56′54.00″ N32°30′30.00″	4
		冶山		E118°56′21.00″ N32°29′58.00″	2
		冶山		E118°56′45.75″ N32°30′25.42″	9
		冶山		E118°56′40.57″ N32°30′20.79″	3
		冶山		E118°56′21.80″ N32°30′35.68″	10
		冶山		E118°56′49.13″ N32°29′55.03″	16
		冶山		E118°56′49.13″ N32°29′55.03″	3
		方山		E118°59′01.76″ N32°18′53.00″	2
		方山		E118°59′20.21″ N32°18′37.63″	9
		方山		E118°59′03.02″ N32°18′38.25″	23
		瓜埠果园		E118°54′04.00″ N32°15′18.00″	26
		瓜埠林场		E118°53′33.60″ N32°16′25.00″	1
		灵岩山		E118°53′24.00″ N32°18′21.00″	9
		灵岩山		E118°52′56.00″ N32°18′15.00″	26
		灵岩山		E118°53′10.65″ N32°18′25.63″	29
		灵岩山		E118°53′00.23″ N32°18′35.40″	33
		灵岩山		E118°53′20.85″ N32°18′52.36″	9
		灵岩山		E118°53′13.00″ N32°18′20.00″	2
		灵岩山		E118°53′09.00″ N32°18′16.00″	20
		灵岩山		E118°53′11.48″ N32°18′27.96″	10
02	浦口区	老山林场平坦分场		E118°33′47.06″ N32°03′58.29″	4
		老山林场平坦分场		E118°33′25.82″ N32°03′46.15″	1
		老山林场七佛寺分场		E118°36′34.76″ N32°06′21.58″	1

（续）

种质资源编号	种质资源归属	林地名称	小地名	样地中心 GPS 坐标		数量（株）
02	浦口区	老山林场七佛寺分场		E118°37′42.17″	N32°06′13.78″	3
		老山林场东山分场		E118°48′25.25″	N32°04′47.65″	1
		老山林场东山分场		E118°37′01.71″	N32°06′34.48″	2
		老山林场铁路林分场		E118°40′49.98″	N32°08′52.39″	1
		老山林场铁路林分场		E118°39′31.64″	N32°08′30.85″	7
		老山林场铁路林分场		E118°41′32.52″	N32°09′16.70″	7
		星甸杜仲林场		E118°24′32.34″	N32°03′09.20″	1
		星甸杜仲林场		E118°24′30.55″	N32°03′08.64″	1
		星甸杜仲林场		E118°24′44.89″	N32°03′52.91″	7
		定山林场		E118°39′06.02″	N32°07′38.00″	1
		大桥林场		E118°41′13.35″	N32°09′24.49″	1
		大桥林场		E118°38′54.10″	N32°08′04.25″	1
03	栖霞区	兴卫山		E118°50′50.99″	N32°05′58.33″	1
		栖霞山	陆羽茶庄东坡	E118°57′34.27″	N32°09′06.65″	1
		大普塘水库	对面山头	E118°55′09.24″	N32°05′00.34″	3
		大普塘水库		E118°55′22.60″	N32°04′59.64″	5
		羊山		E118°55′56.24″	N32°06′47.59″	1
		太平山公园		E118°52′10.66″	N32°07′56.81″	1
		北象山		E118°56′31.92″	N32°09′16.62″	16
		何家山		E118°57′22.38″	N32°08′45.96″	13
		何家山	中眉心	E118°58′10.20″	N32°08′39.54″	2
04	高淳区	傅家坛林场	林科站	E119°05′21.32″	N31°14′54.49″	1
		傅家坛林场	顾子	E119°04′51.11″	N31°15′01.52″	3
		人荆山林场	四凹	E118°08′37.20″	N32°26′15.03″	1
		游子山林场	环山路北端路旁	E119°01′04.10″	N31°21′36.51″	1
		砖墙镇				1
05	主城区	紫金山	山北坡中上段	E118°50′40.00″	N32°04′26.00″	1
		九华山	弥勒佛坡上	E118°48′15.00″	N32°03′41.00″	1
		幕府山		E118°47′25.00″	N32°07′45.00″	5
		幕府山		E118°47′23.00″	N32°07′45.00″	2
		幕府山	达摩洞景区上坡	E118°47′17.00″	N32°07′47.00″	2
		幕府山	达摩洞景区下坡	E118°47′54.00″	N32°07′58.00″	1
		幕府山	半山禅院上中	E118°48′04.00″	N32°08′14.00″	29
		幕府山	半山禅院上	E118°47′58.00″	N32°08′01.00″	8
		幕府山	三台洞	E118°01′00.00″	N31°21′00.02″	1

华桑 *Morus cathayana* Hemsl.

【别名】葫芦桑（湖北）、花桑（河北）

【科属】桑科（Moraceae）桑属（*Morus*）

【树种简介】小乔木或灌木。树皮灰白色，平滑；小枝幼时被细毛，成长后脱落，皮孔明显。叶厚纸质，广卵形或近圆形，长 8~20 厘米，宽 6~13 厘米，先端渐尖或短尖，基部心形或截形，略偏斜，边缘具疏浅锯齿或钝锯齿，有时分裂，表面粗糙，疏生短伏毛，基部沿叶脉被柔毛，背面密被白色柔毛。花雌雄同株异序，雄花序长 3~5 厘米，雄花花被片 4，黄绿色，长卵形，外面被毛；雌花序长 1~3 厘米，雌花花被片倒卵形，先端被毛，花柱短，柱头 2 裂，内面被毛。聚花果圆筒形，长 2~3 厘米，成熟时白色、红色或紫黑色。花期 4~5 月，果期 5~6 月。产河北、山东、河南、江苏、陕西、湖北、安徽、浙江、湖南、四川等地，朝鲜、日本也有分布。常生于海拔 900~1300 米的向阳山坡或沟谷。树冠丰满，枝繁叶茂，秋叶金黄，宜栽培观赏。性耐干旱。叶和根皮入药，叶味甘、苦，性寒，有疏风清热、清肝明目等功效。根皮味甘、微苦，性寒。叶可养蚕，茎皮纤维可制蜡纸、绝缘纸、皮纸和人造棉，果可酿酒。

【种质资源】南京市华桑野生种质资源共 1 份，归属于江宁区。具体种质资源信息见表 23。

01：江宁区

分布在东善桥林场横山分场。在 223 个样地中，2 个样地有分布，总数量 6 株，其中胸径 1~10 厘米的 6 株，平均胸径 6 厘米。样地中数量虽不多，但分布极为零散，从总体看数量多，种群较大。

表 23 华桑野生种质资源信息

种质资源编号	种质资源归属	林地名称	小地名	样地中心 GPS 坐标	数量（株）
01	江宁区	东善桥林场横山分场		E118°48′14.69″ N31°37′17.87″	2
		东善桥林场横山分场		E118°48′16.46″ N31°37′22.44″	4

蒙桑 *Morus mongolica* (Bureau) C. K. Schneid.

【别名】裂叶蒙桑、蒐桑、岩桑、云南桑、山桑、尾叶蒙桑、马尔康桑、圆叶蒙桑

【科属】桑科（Moraceae）桑属（*Morus*）

【树种简介】小乔木或灌木，树皮灰褐色，纵裂。叶长椭圆状卵形，先端尾尖，基部心形，边缘具三角形单锯齿，稀为重锯齿，齿尖有长刺芒，两面无毛。雄花花被暗黄色，外面及边缘被长柔毛；雌花序短圆柱状，总花梗纤细。雌花花被片外面上部疏被柔毛，或近无毛。聚花果长1.5 厘米，成熟时红色至紫黑色。花期 3~4 月，果期 4~5 月。分布于黑龙江、吉林、辽宁、内蒙古、新疆、青海、河北、山西、河南、山东、陕西、安徽、江苏、湖北、四川、贵州、云南等，蒙古、朝鲜和日本也有分布。茎皮纤维可造纸；根皮入药，为消炎利尿剂；果实可食，也可加工成桑葚酒、桑葚干、桑葚蜜等。

【种质资源】南京市蒙桑野生种质资源共 2 份，分别归属于浦口区和江宁区。具体种质资源信息见表 24。

01：浦口区

分布在老山林场平坦分场和星甸杜仲林场。在 198 个样地中，2 个样地有分布，共 2 株，其中 1 株株高小于 1.3 米，1 株胸径 35 厘米。种群极小，分布集中。

02：江宁区

分布在汤山林场。在 223 个样地中，仅 1 个样地发现 1 株，且株高小于 1.3 米。

表 24　蒙桑野生种质资源信息

种质资源编号	种质资源归属	林地名称	小地名	样地中心 GPS 坐标	数量（株）
01	浦口区	老山林场平坦分场	小鸡山	E118°30′31.7″　N32°3′42.03″	1
		星甸杜仲林场	华济山	E118°23′47.84″　N32°3′13.33″	1
02	江宁区	汤山林场龙泉工区		E118°58′14.15″　N32°0′12.64″	1

鸡桑 *Morus australis* Poir.

【别名】小叶桑（河南），集桑、山桑《尔雅》、裂叶鸡桑、鸡爪叶桑、戟叶桑、细裂叶鸡桑、花叶鸡桑、狭叶鸡桑

【科属】桑科（Moraceae）桑属（*Morus*）

【树种简介】灌木或小乔木。树皮灰褐色，冬芽大，圆锥状卵圆形。叶卵形，长5~14厘米，宽3.5~12厘米，先端急尖或尾状，基部楔形或心形，边缘具粗锯齿，不分裂或3~5裂，表面粗糙，密生短刺毛，背面疏被粗毛；叶柄长1~1.5厘米，被毛；托叶线状披针形，早落。雄花序长1~1.5厘米，被柔毛，雄花绿色，具短梗，花被片卵形，花药黄色；雌花序球形，长约1厘米，密被白色柔毛，雌花花被片长圆形，暗绿色，花柱很长，柱头2裂，内面被柔毛。聚花果短椭圆形，直径约1厘米，成熟时红色或暗紫色。花期3~4月，果期4~5月。产辽宁、河北、陕西、甘肃、山东、安徽、浙江、江西、福建、台湾、河南、湖北、湖南、广东、广西、四川、贵州、云南、西藏等省份。常生于海拔500~1000米的石灰岩山地或林缘及荒地，朝鲜、日本、斯里兰卡、不丹、尼泊尔及印度也有分布。韧皮纤维可以造纸，成熟果实可食。

【种质资源】南京市鸡桑野生种质资源仅1份，归属于江宁区。具体种质资源信息见表25。

01：浦口区

仅分布在老山林场平坦分场。在198个样地中，2个样地有分布，总数量11株，其中株高小于1.3米的10株，胸径13厘米的1株。种群小，分布集中。

表25 鸡桑野生种质资源信息

种质资源编号	种质资源归属	林地名称	小地名	样地中心GPS坐标	数量（株）
01	江宁区	老山林场平坦分场	小马腰与大马腰间	E118°30′06.71″ N32°03′30.01″	5
		老山林场平坦分场	匪集场道旁	E118°31′58.93″ N32°04′11.24″	6

构树 *Broussonetia papyrifera* (L.) L'Hér. ex Vent.

【别名】毛桃、谷树、谷桑、楮、楮桃、构树（江苏）

【科属】桑科（Moraceae）构属（*Broussonetia*）

【树种简介】乔木，高10~20米。树皮暗灰色，小枝密生柔毛。叶螺旋状排列，广卵形至长椭圆状卵形，长6~18厘米，宽5~9厘米，先端渐尖，基部心形，两侧常不相等，边缘具粗锯齿，不分裂或3~5裂，小树之叶常有明显分裂，表面粗糙，疏生糙毛。花雌雄异株；雄花序为柔荑花序，粗壮，长3~8厘米；雌花序球形头状，苞片棍棒状，顶端被毛，花被管状，顶端与花柱紧贴。聚花果直径1.5~3厘米，成熟时橙红色，肉质。花期4~5月，果期6~7月。产我国南北各地，印度（锡金）、缅甸、泰国、越南、马来西亚、日本、朝鲜也有野生或栽培。喜光，适应性强，耐干旱瘠薄，也能生长于水边，多生长于石灰岩山地，也能在酸性土及中性土壤中生长。皮、叶、种子可入药；韧皮纤维可造纸；果实可生食，也可酿酒；嫩叶可作饲料。

【种质资源】南京市构树野生种质资源共8份，分别归属于六合区、浦口区、栖霞区、雨花区、江宁区、溧水区、高淳区和主城区。具体种质资源信息见表26。

01：六合区

分布在平山林场、盘山林场、竹镇、奶山、冶山、方山、瓜埠果园、瓜埠、灵岩山。在81个样地中，53个样地有分布，总数量1500株，其中株高小于1.3米的994株，占总数的66%；胸径1~10厘米的312株，占总数的21%；胸径11~20厘米的136株，占总数的10%；胸径21~30厘米的43株，占总数的3%；胸径31~40厘米的14株，占总数的1%，最大1株胸径53厘米。种群极大，分布广。

02：浦口区

分布在老山林场的平坦分场、西山分场、狮子岭分场、七佛寺分场、东山分场、铁路林分场和星甸杜仲林场、龙王山林场、定山林场、大桥林场，其中老山林场分布最多。在198个样地中，51个样地有分布，总数量1013株，其中691株株高小于1.3米，胸径1~10厘米的193株，胸径11~20厘米的86株，胸径21~30厘米的29株，胸径31~40厘米的11株，胸径41~50厘米的2株，最大1株胸径达70厘米。种群极大，分布广。

03：栖霞区

分布在兴卫山、栖霞山、西岗街道、大普塘水库、灵山、仙鹤山、羊山、太平山公园、南象山、北象山、何家山和乌龙山。在44个样地中，26个样地有分布，总数量803株，其中株高小于1.3米的536株，占总数的66.7%；胸径1~10厘米的231株，占28.8%；胸径11~20厘米的33株，占4.1%；胸径31~40厘米的3株。种群极大，分布广。

04：雨花区

分布在秣陵街道、牛首山、普觉寺和罐子山。在雨花区所调查的24个样地中，9个样地有分布，总数量51株，其中胸径1~10厘米的24株，平均胸径6厘米；胸径11~20厘米的22株，平均胸径15厘米；胸径21~30厘米的5株，平均胸径22厘米。种群较大，分布广。

05：江宁区

分布在方山、汤山林场、汤山地质公园、孟塘社区、青林社区、古泉社区、东善桥林场、汤山街道、牛首山、洪幕社区、西宁社区、横溪街道和秣陵街道。在江宁区所调查的223个样地中，76个样地有分布，总数量436株，其中株高小于1.3米的14株，胸径1~10厘米的268株，平均胸径6厘米；胸径11~20厘米的137株，平均胸径15厘米；胸径21~30厘米的16株，平均胸径22厘米，最大1株胸径32厘米。种群大，分布广。

06：溧水区

分布在溧水区林场的东庐分场、芳山分场、平山分场、秋湖分场和石湫街道、洪蓝街道、晶桥街道。在115个样地中，23个样地有分布，总数量296株，其中株高小于1.3米的174株，胸径1~10厘米的98株，胸径11~20厘米的19株，胸径21~30厘米的6株，最大胸径25厘米。种群大，分布广。

07：高淳区

分布在傅家坛林场、大山林场、大荆山林场、游子山林场和青山林场。在53个样地中14个样地有分布，数量353株，其中株高小于1.3米的有268株，占总数的76%；胸径1~10厘米的55株，占总数的16%；胸径11~20厘米的17株，占总数的5%；胸径21~30厘米的8株，占总数的2%；胸径31~40厘米的4株；胸径50厘米的1株。种群大，分布广。

08：主城区

分布在紫金山、九华山、狮子山和幕府山。在69个样地中，30个样地有分布，共826株，其中株高小于1.3米的271株，占总数的32.8%，胸径1~10厘米的419株，占总数的51%；胸径11~20的86株；胸径21~30厘米的42株；胸径21~30厘米的5株；胸径41~50厘米的3株。种群极大，分布广。

表 26　构树野生种质资源信息

种质资源编号	种质资源归属	林地名称	小地名	样地中心 GPS 坐标		数量（株）
01	六合区	平山林场		E118°50′42.00″	N32°28′21.00″	1
		平山林场		E118°50′38.35″	N32°27′45.97″	15
		平山林场		E118°50′25.34″	N32°27′31.95″	29
		平山林场		E118°51′49.00″	N32°27′46.00″	1
		平山林场		E118°50′55.00″	N32°27′38.00″	2
		平山林场		E118°50′38.00″	N32°27′34.00″	1
		平山林场		E118°49′48.00″	N32°27′08.00″	11
		平山林场		E118°48′02.00″	N32°05′02.00″	10
		平山林场		E118°49′53.50″	N32°47′09.18″	1
		平山林场		E118°50′03.77″	N32°27′58.64″	1
		平山林场		E118°49′52.15″	N32°27′35.54″	11
		平山林场		E118°49′01.57″	N32°27′11.51″	9
		平山林场		E118°48′49.35″	N32°27′06.93″	18
		平山林场	骡子山万寿庵	E118°49′07.00″	N32°30′28.00″	133
		平山林场	袁家洼	E118°49′48.00″	N32°30′08.00″	125
		平山林场	平山梅花鹿养殖场	E118°50′09.00″	N32°30′10.00″	19
		平山林场	骡子山	E118°49′50.00″	N32°28′59.00″	12
		平山林场	骡子山	E118°50′14.00″	N32°28′52.00″	134
		平山林场	骡子山	E118°50′14.00″	N32°28′52.00″	137
		盘山林场		E118°36′13.94″	N32°28′44.47″	2
		盘山林场		E118°37′05.58″	N32°29′14.22″	1
		盘山		E118°36′27.65″	N32°28′25.43″	10
		竹镇		E118°34′12.73″	N32°33′35.82″	7
		竹镇		E118°34′26.51″	N32°33′26.51″	10
		竹镇		E118°34′26.51″	N32°33′26.61″	1
		奶山		E119°00′30.20″	N32°18′05.22″	42
		奶山		E119°00′42.00″	N32°18′06.00″	121
		奶山	奶山	E119°00′34.19″	N32°18′06.34″	102
		奶山		E119°00′33.00″	N32°17′53.00″	35
		冶山		E118°56′56.00″	N32°30′49.00″	13
		冶山		E118°56′52.25″	N32°30′42.76″	2
		冶山		E118°56′58.90″	N32°30′33.65″	2
		冶山		E118°56′54.00″	N32°30′30.00″	3
		冶山		E118°56′45.75″	N32°30′25.42″	16

（续）

种质资源编号	种质资源归属	林地名称	小地名	样地中心 GPS 坐标	数量（株）
01	六合区	冶山		E118°56′40.57″　N32°30′20.79″	10
		冶山		E118°56′40.57″　N32°30′20.79″	76
		冶山		E118°56′21.80″　N32°30′35.68″	1
		冶山		E118°56′49.13″　N32°29′55.03″	49
		冶山		E118°56′49.13″　N32°29′55.03″	24
		方山		E118°58′55.00″　N32°19′11.00″	37
		方山		E118°59′15.00″　N32°28′58.00″	11
		方山		E118°59′01.76″　N32°18′53.00″	16
		方山		E118°59′20.21″　N32°18′37.63″	15
		方山		E118°59′03.02″　N32°18′38.25″	52
		方山		E118°59′32.00″　N32°18′49.00″	3
		瓜埠果园		E118°54′04.00″　N32°15′18.00″	40
		瓜埠林场		E118°53′33.60″　N32°16′25.00″	101
		瓜埠林场		E118°53′02.00″　N32°18′11.00″	4
		灵岩山		E118°53′10.65″　N32°18′25.63″	8
		灵岩山		E118°53′00.23″　N32°18′35.40″	6
		灵岩山		E118°53′20.85″　N32°18′52.36″	7
		灵岩山		E118°53′13.00″　N32°18′20.00″	2
		灵岩山		E118°53′11.48″　N32°18′27.96″	1
02	浦口区	老山林场平坦分场	杨船山	E118°31′55.15″　N32°04′32.56″	12
		老山林场平坦分场	大姑山	E118°30′24.14″　N32°04′04.44″	5
		老山林场平坦分场	小马腰与大马腰间	E118°30′06.71″　N32°03′30.01″	16
		老山林场平坦分场	短喷	E118°33′35.86″　N32°05′28.78″	51
		老山林场平坦分场	平阳山	E118°33′37.72″　N32°04′60.00″	76
		老山林场平坦分场	大平山	E118°33′51.53″　N32°04′13.08″	9
		老山林场平坦分场	大平山	E118°33′46.67″　N32°04′20.17″	50
		老山林场平坦分场	大平山	E118°33′51.02″　N32°04′18.20″	1
		老山林场平坦分场	虎洼山脊	E118°33′47.06″　N32°03′58.29″	1
		老山林场西山分场	西山—九峰寺旁	E118°25′41.49″　N32°03′45.74″	49
		老山林场西山分场	西山—杨喷后	E118°26′05.77″　N32°04′18.59″	3
		老山林场西山分场	西山—牯牛棚	E118°27′13.88″　N32°04′09.50″	10
		老山林场西山分场	西山—铁路桥下	E118°26′47.85″　N32°03′05.63″	6
		老山林场西山分场	万隆护林点后	E118°26′48.01″　N32°02′59.19″	2
		老山林场西山分场	坡山口—大洼塘	E118°26′37.63″　N32°03′04.49″	132
		老山林场西山分场	罗汉寺～迎面山	E118°26′22.73″　N32°02′48.40″	32

（续）

种质资源编号	种质资源归属	林地名称	小地名	样地中心 GPS 坐标		数量（株）
		老山林场狮子岭分场	响铃庵	E118°34′08.04″	N32°05′02.84″	3
		老山林场狮子岭分场	兴隆寺路旁	E118°31′38.16″	N32°02′50.59″	25
		老山林场狮子岭分场	石门	E118°34′48.44″	N32°04′05.02″	21
		老山林场狮子岭分场	暗沟护林点	E118°30′49.74″	N32°02′34.47″	5
		老山林场七佛寺分场	四道桥	E118°37′36.45″	N32°06′06.56″	1
		老山林场七佛寺分场	黑桃洼	E118°35′33.90″	N32°06′34.80″	1
		老山林场七佛寺分场	老山林场中学	E118°35′10.03″	N32°06′43.61″	3
		老山林场七佛寺分场	老鹰山	E118°36′40.25″	N32°06′24.70″	7
		老山林场七佛寺分场	老鹰山	E118°35′39.86″	N32°06′12.48″	12
		老山林场东山分场	望火楼南坡	E118°48′25.25″	N32°04′47.65″	5
		老山林场东山分场	小庙南坡	E118°48′12.00″	N32°06′38.27″	9
		老山林场东山分场	椅子山顶	E118°37′49.14″	N32°06′44.10″	3
		老山林场东山分场	岔虎路中断路旁	E118°37′06.63″	N32°07′34.91″	7
		老山林场铁路林分场	实验林旁	E118°40′51.19″	N32°08′58.53″	9
		老山林场铁路林分场	羊鼻山脊	E118°40′49.98″	N32°08′52.39″	45
		老山林场铁路林分场	采石场旁	E118°39′22.55″	N32°08′19.15″	21
		老山林场铁路林分场	丁家硇水库北侧路旁	E118°39′31.64″	N32°08′30.85″	39
02	浦口区	老山林场铁路林分场	河东	E118°41′32.52″	N32°09′16.70″	5
		星甸杜仲林场	大槽洼	E118°23′55.09″	N32°02′33.68″	107
		星甸杜仲林场	亭子山	E118°24′01.49″	N32°03′00.46″	10
		星甸杜仲林场	宝塔洼子	E118°24′39.44″	N32°03′43.16″	1
		星甸杜仲林场	宝塔洼子	E118°24′40.92″	N32°02′48.95″	5
		星甸杜仲林场	独山西	E118°24′38.81″	N32°03′48.84″	20
		星甸杜仲林场	西山沟	E118°24′17.42″	N32°03′33.86″	20
		星甸杜仲林场	东常山	E118°24′17.24″	N32°03′28.39″	1
		星甸杜仲林场	林场后面	E118°24′15.84″	N32°03′20.78″	30
		龙王山林场	龙王山	E118°42′43.66″	N32°11′52.70″	33
		龙王山林场	龙王山	E118°42′45.03″	N32°11′51.05″	3
		定山林场		E118°39′06.02″	N32°07′38.00″	4
		定山林场		E118°39′02.67″	N32°07′42.66″	12
		定山林场		E118°39′11.87″	N32°07′53.96″	18
		定山林场		E118°39′34.97″	N32°07′51.60″	5
		定山林场	定山寺旁	E118°39′03.81″	N32°07′51.05″	32
		大桥林场	老虎洞	E118°41′13.35″	N32°09′24.49″	19
		大桥林场	石头山	E118°38′54.10″	N32°08′04.25″	17

（续）

种质资源编号	种质资源归属	林地名称	小地名	样地中心 GPS 坐标		数量（株）
03	栖霞区	兴卫山	兴卫山东南坡	E118°50′40.74″	N32°05′57.12″	2
		兴卫山		E118°50′44.28″	N32°05′58.56″	3
		栖霞山		E118°57′30.72″	N32°09′18.94″	19
		栖霞山	陆羽茶庄东坡	E118°57′34.27″	N32°09′06.65″	3
		栖霞山		E118°57′19.63″	N32°09′23.78″	4
		栖霞山		E118°57′19.16″	N32°09′23.65″	24
		栖霞山		E118°57′37.69″	N32°09′15.78″	6
		西岗街道	西岗果牧场对面山头南坡	E118°58′45.05″	N32°05′46.39″	2
		大普塘水库	对面山头	E118°55′09.24″	N32°05′00.34″	4
		大普塘水库	对面山头	E118°55′07.60″	N32°04′59.58″	51
		大普塘水库		E118°55′22.60″	N32°04′59.64″	10
		大普塘水库		E118°55′24.02″	N32°05′03.29″	6
		灵山		E118°56′05.85″	N32°05′24.51″	157
		灵山		E118°55′42.67″	N32°05′24.80″	17
		灵山		E118°55′53.71″	N32°05′14.85″	31
		仙鹤山		E118°53′34.52″	N32°06′17.19″	2
		羊山		E118°55′56.24″	N32°06′47.59″	57
		太平山公园		E118°52′10.66″	N32°07′56.81″	39
		南象山	南象山衡阳寺	E118°55′50.16″	N32°08′08.70″	5
		南象山	南象山	E118°56′03.42″	N32°08′25.20″	124
		北象山		E118°56′31.92″	N32°09′16.62″	69
		北象山		E118°56′25.62″	N32°09′05.28″	55
		何家山		E118°57′22.38″	N32°08′45.96″	54
		何家山	何家山	E118°57′20.22″	N32°08′41.82″	15
		何家山	中眉心	E118°58′10.20″	N32°08′39.54″	19
		乌龙山	乌龙山炮台西南	E118°52′01.02″	N32°09′42.48″	25
04	雨花区	秣陵街道将军山		E118°45′51.79″	N31°55′16.54″	19
		牛首山		E118°44′03.88″	N31°55′10.89″	4
		牛首山		E118°44′09.75″	N31°55′12.16″	8
		牛首山		E118°44′21.70″	N31°55′25.60″	7
		牛首山		E118°44′22.53″	N31°55′29.01″	1
		普觉寺		E118°44′29.02″	N31°55′22.11″	1
		普觉寺		E118°44′28.27″	N31°55′18.77″	2
		罐子山		E118°43′15.52″	N31°56′00.99″	1
		西善桥—罐子山		E118°43′22.49″	N31°56′29.65″	8

（续）

种质资源编号	种质资源归属	林地名称	小地名	样地中心 GPS 坐标		数量（株）
		方山	栎树林	E118°51′52.28″	N31°53′53.91″	3
		方山	朴树林	E118°52′00.76″	N31°53′35.37″	1
		方山		E118°52′34.25″	N31°53′49.41″	15
		方山		E118°33′58.37″	N31°54′10.02″	1
		方山		E118°52′18.57″	N31°53′50.53″	3
		汤山林场长山工区	青龙山	E118°54′05.29″	N31°58′48.85″	1
		汤山林场长山工区	青龙山	E118°54′07.26″	N31°58′51.63″	11
		汤山林场佘村工区	青龙山	E118°56′40.70″	N32°00′10.51″	11
		汤山林场佘村工区	青龙山	E118°56′42.46″	N32°00′47.76″	1
		汤山林场佘村工区		E118°56′43.52″	N32°00′41.96″	1
		汤山林场佘村工区	青龙山	E118°55′60.00″	N31°59′59.64″	21
		汤山林场佘村工区	青龙山	E118°56′19.79″	N32°00′05.54″	3
		汤山林场龙泉工区		E118°58′14.15″	N32°00′12.64″	4
		汤山地质公园		E119°02′50.82″	N32°03′17.08″	1
		汤山地质公园		E119°02′40.10″	N32°03′07.10″	1
		汤山地质公园		E119°02′04.68″	N32°02′57.00″	13
		汤山地质公园		E119°01′57.91″	N32°02′52.42″	10
05	江宁区	孟塘社区	射乌山	E119°03′31.36″	N32°06′08.14″	1
		孟塘社区	射乌山	E119°03′05.35″	N32°05′57.62″	1
		孟塘社区	培山	E119°03′00.94″	N32°04′50.44″	1
		孟塘社区	培山	E119°03′08.21″	N32°04′44.50″	19
		孟塘社区		E119°02′38.10″	N32°04′50.16″	6
		孟塘社区		E119°02′40.74″	N32°04′48.07″	8
		青林社区	白露头	E119°25′33.41″	N32°04′52.23″	3
		青林社区	白露头	E119°05′41.22″	N32°05′18.96″	3
		青林社区	白露头	E119°05′30.30″	N32°05′15.17″	7
		青林社区	女儿山	E119°04′37.17″	N32°04′21.65″	1
		青林社区	小石浪山	E119°04′40.75″	N32°04′43.29″	1
		青林社区	文山	E119°04′10.68″	N32°05′12.67″	13
		青林社区	文山	E119°04′34.18″	N32°05′14.24″	6
		青林社区	文山	E119°04′26.23″	N32°04′46.18″	17
		青林社区	孤山堰	E119°04′20.66″	N32°04′38.90″	12
		青林社区	孤山堰	E119°04′55.18″	N32°05′02.10″	5
		古泉社区		E119°01′29.37″	N32°02′49.72″	1
		古泉社区		E119°01′27.51″	N32°02′48.14″	1

（续）

种质资源编号	种质资源归属	林地名称	小地名	样地中心 GPS 坐标	数量（株）
		古泉社区		E119°01′33.39″　N32°02′47.62″	1
		古泉社区		E119°01′35.52″　N32°02′42.85″	4
		东善桥林场东稔工区		E118°42′15.15″　N31°44′07.34″	11
		东善桥林场横山工区		E118°47′25.39″　N31°38′23.59″	2
		东善桥林场横山工区		E118°47′31.34″　N31°38′33.17″	3
		东善桥林场东善分场	静龙山	E118°47′36.60″　N31°50′56.61″	18
		东善桥林场东善分场		E118°46′37.35″　N31°51′54.43″	3
		东善桥林场东善分场		E118°46′41.81″　N31°52′03.20″	12
		东善桥林场东善分场	东村工区	E118°45′09.56″　N31°51′38.06″	10
		东善桥林场横山分场	山下坡、溪水处	E118°52′34.94″　N31°42′12.60″	1
		东善桥林场横山分场		E118°49′26.97″　N31°38′12.31″	7
		东善桥林场横山分场		E118°49′59.49″　N31°38′49.31″	8
		东善桥林场横山分场		E118°49′19.78″　N31°38′14.00″	1
		东善桥林场铜山分场		E118°50′36.13″　N31°38′56.67″	1
		东善桥林场铜山分场		E118°50′36.88″　N31°39′17.79″	1
		东善桥林场铜山分场		E118°52′18.08″　N31°39′27.82″	1
		东善桥林场铜山分场		E118°51′12.25″　N31°39′19.60″	31
		汤山街道	西猪咀凹	E118°57′02.58″　N31°58′12.96″	1
05	江宁区	汤山街道		E118°57′02.46″　N31°58′40.10″	1
		汤山街道		E118°56′53.37″　N31°57′57.29″	1
		汤山街道		E118°56′56.89″　N31°58′24.51″	9
		汤山街道		E119°00′03.32″　N32°00′47.47″	8
		牛首山		E118°44′20.55″　N31°54′44.01″	1
		牛首山		E118°44′21.50″　N31°54′46.66″	1
		洪幕社区	洪幕山	E118°32′52.77″　N31°45′49.17″	1
		洪幕社区		E118°34′48.09″　N31°44′56.03″	2
		洪幕社区		E118°34′42.50″　N31°44′52.90″	8
		洪幕社区		E118°34′48.96″　N31°46′19.86″	2
		洪幕社区		E118°34′55.84″　N31°46′14.18″	9
		洪幕社区		E118°35′05.75″　N31°46′08.53″	1
		洪幕社区		E118°35′13.43″　N31°45′41.43″	2
		洪幕社区		E118°35′35.75″　N31°46′20.80″	13
		西宁社区		E118°35′55.94″　N31°46′56.77″	7
		街道横溪	横溪	E118°41′24.71″　N31°44′06.08″	2
		街道横溪	横溪线路段编号 011	E118°41′18.01″　N31°45′45.49″	1
		街道横溪	横溪	E118°41′08.44″　N31°41′26.92″	1

（续）

种质资源编号	种质资源归属	林地名称	小地名	样地中心 GPS 坐标	数量（株）
05	江宁区	街道横溪	横溪	E118°41′08.44″ N31°41′26.92″	3
		街道横溪	横溪	E118°40′45.93″ N31°41′24.77″	1
		秣陵街道将军山		E118°46′40.87″ N31°55′47.16″	12
		秣陵街道将军山		E118°46′50.72″ N31°55′57.10″	6
		秣陵街道将军山		E118°46′13.43″ N31°56′12.86″	21
06	溧水区	溧水区林场东庐分场	美人山	E119°07′25.00″ N31°38′05.00″	15
		溧水区林场东庐分场	美人山	E119°07′57.00″ N31°38′23.00″	10
		溧水区林场东庐分场	东庐山中部	E119°07′34.00″ N31°38′41.00″	2
		溧水区林场东庐分场	朝山	E119°05′55.00″ N31°39′16.00″	27
		溧水区林场东庐分场	狮子山	E119°06′43.87″ N31°41′39.47″	57
		溧水区林场芳山分场	杨树山	E119°08′30.40″ N31°30′23.68″	5
		溧水区林场芳山分场	杨树山	E119°09′39.22″ N31°30′29.04″	1
		溧水区林场芳山分场	杨树山	E119°09′58.80″ N31°29′57.30″	18
		石湫街道	明觉寺森林公园	E118°53′55.51″ N31°34′43.98″	1
		溧水区林场平山分场	雨山	E118°52′59.00″ N31°38′37.00″	3
		溧水区林场平山分场	丁公山	E118°52′08.00″ N31°38′33.00″	7
		溧水区林场平山分场	丁公山	E118°51′54.00″ N31°37′52.01″	9
		溧水区林场平山分场	丁公山	E118°51′32.00″ N31°38′17.00″	10
		洪蓝街道无想寺社区	顶公山	E119°00′27.23″ N31°35′10.51″	31
		洪蓝街道无想寺社区	顶公山	E119°00′38.84″ N31°35′56.51″	1
		洪蓝街道无想寺社区	顶公山	E119°00′50.57″ N31°35′43.52″	7
		晶桥街道枫香岭社区	西瓜山	E119°03′01.62″ N31°33′22.06″	14
		溧水区林场平山分场	平安山	E119°00′15.36″ N31°36′23.71″	44
		溧水区林场平山分场	乌王山	E119°01′17.00″ N31°36′31.00″	12
		溧水区林场平山分场	平安山	E119°00′35.00″ N31°36′15.00″	12
		溧水区林场秋湖分场	桃花凹	E119°02′14.00″ N31°34′17.00″	6
		溧水区林场秋湖分场	龙吟湾	E119°02′36.00″ N31°33′44.00″	1
		溧水区林场平山分场	朱山岗	E118°56′18.76″ N31°39′07.42″	3
07	高淳区	傅家坛林场	林科站	E119°05′21.32″ N31°14′54.49″	5
		大山林场	大山路旁南到北 2 千米处	E119°06′56.00″ N31°24′14.98″	32
		大山林场	大山游行道旁中段	E119°05′04.84″ N31°25′06.95″	4
		大山林场	大山寺旁	E119°05′06.77″ N31°25′05.43″	62
		大山林场	大山寺旁	E119°04′55.83″ N31°25′08.59″	17
		大荆山林场	四凹	E118°08′06.12″ N32°26′16.62″	1
		游子山林场	真武庙前	E119°00′36.53″ N31°20′47.45″	111
		游子山林场	真武庙前	E119°00′36.12″ N31°20′49.65″	12

（续）

种质资源编号	种质资源归属	林地名称	小地名	样地中心 GPS 坐标		数量（株）
07	高淳区	游子山林场	青阳殿对面	E119°00′36.83″	N31°20′32.92″	56
		游子山林场	环山路北端路旁	E119°01′04.10″	N31°21′36.51″	6
		游子山林场	花山游山上段路旁	E118°57′47.58″	N31°16′10.28″	40
		游子山林场	大凹	E119°00′28.21″	N31°20′46.36″	1
		青山林场	林业队	E118°03′39.43″	N31°22′08.71″	2
		青山林场	林业队	E119°03′32.34″	N31°20′33.71″	4
08	主城区	紫金山		E118°50′43.00″	N32°04′22.00″	1
		紫金山		E118°50′40.00″	N32°04′23.00″	2
		紫金山		E118°50′38.00″	N32°04′23.00″	1
		紫金山		E118°50′39.00″	N32°04′24.00″	1
		紫金山		E118°50′40.00″	N32°04′24.00″	1
		紫金山		E118°50′39.00″	N32°04′25.00″	6
		紫金山		E118°50′40.00″	N32°04′26.00″	1
		九华山	弥勒佛坡上	E118°48′15.00″	N32°03′41.00″	95
		九华山	弥勒佛坡下	E118°48′12.00″	N32°03′45.00″	11
		九华山	三藏塔下坡	E118°48′08.00″	N32°03′44.00″	5
		狮子山	铜鼎坡下	E118°44′37.00″	N32°05′51.00″	11
		狮子山	阅江楼坡下	E118°44′31.00″	N32°05′40.00″	44
		狮子山	石玩店坡下	E118°44′34.00″	N32°05′41.00″	54
		狮子山	江南第一楼牌坊上坡处	E118°44′33.00″	N32°05′41.00″	46
		幕府山	窑上村入口	E118°47′43.00″	N32°07′38.00″	17
		幕府山		E118°47′25.00″	N32°07′45.00″	11
		幕府山		E118°47′25.00″	N32°07′43.00″	15
		幕府山		E118°47′25.00″	N32°07′46.00″	18
		幕府山		E118°47′23.00″	N32°07′45.00″	29
		幕府山		E118°47′13.00″	N32°07′48.00″	3
		幕府山	达摩洞景区上坡	E118°47′17.00″	N32°07′47.00″	6
		幕府山	达摩洞景区下坡	E118°47′54.00″	N32°07′58.00″	11
		幕府山	仙人对弈	E118°48′04.00″	N32°08′19.00″	21
		幕府山	半山禅院上中	E118°48′04.00″	N32°08′14.00″	107
		幕府山	半山禅院上	E118°47′58.00″	N32°08′01.00″	218
		幕府山	仙人对弈左坡	E118°48′05.00″	N32°08′10.00″	9
		幕府山	仙人对弈左中坡	E118°48′06.00″	N32°08′16.00″	44
		幕府山	仙人对弈下坡	E118°48′05.00″	N32°08′16.00″	1
		幕府山	三台洞	E118°01′00.00″	N31°21′00.02″	11
		幕府山	仙人台	E118°48′00.05″	N32°07′60.00″	26

柘树 *Maclura tricuspidata* Carrière

【别名】奴拓（《本草拾遗》广西），灰桑（湖南湘阴），黄桑（云南），棉拓《救荒本草》，拓树《中国树木分类学》

【科属】桑科（Moraceae）柘属（*Maclura*）

【树种简介】落叶灌木或小乔木，高1~7米。树皮灰褐色，小枝无毛，略具棱，有棘刺，刺长5~20毫米；冬芽赤褐色。叶卵形或菱状卵形，偶为三裂，先端渐尖，基部楔形至圆形，表面深绿色，背面绿白色，无毛或被柔毛。雌雄异株，雌雄花序均为球形头状花序，单生或成对腋生，具短总花梗；雄花序直径0.5厘米，雄花有苞片2枚，附着于花被片上，花被片4，肉质，先端肥厚，内卷，内面有黄色腺体2个，退化雌蕊呈锥形；雌花序直径1~1.5厘米，花被片先端盾形，内卷，内面下部有2个黄色腺体。聚花果近球形，直径约2.5厘米，肉质，成熟时橘红色。花期5~6月，果期6~7月。产华北、华东、中南、西南各省份（北达陕西、河北），朝鲜也有分布。生于海拔500~1500（2200）米阳光充足的山地或林缘。嫩叶可以养蚕，果可生食或酿酒；根皮药用；木材心部黄色，质坚硬细致，可制作家具或黄色染料。

【种质资源】南京市柘树野生种质资源共6份，分别归属于六合区、浦口区、雨花区、江宁区、高淳区和主城区。具体种质资源信息见表27。

01：六合区

分布在平山林场、盘山、竹镇、奶山、冶山、方山、灵岩山。在81个样地中，56个样地有分布，总数量 1459 株，其中株高小于 1.3 米的 1242 株，占总数 85%，最大 1 株胸径 28 厘米。种群极大，分布范围广，处于发育初期。

02：浦口区

在 198 个样地中，40 个样地有分布，总数量 636 株，其中 38% 分布在星甸杜仲林场，3% 分布在大桥林场，4% 分布在定山林场，55% 分布在老山林场的平坦分场、西山分场、狮子岭分场、七佛寺分场、东山分场和铁路林分场。株高小于 1.3 米的 524 株，占总数的 84%，胸径 1~10 厘米的 102 株，占总数的 16%；胸径 11~20 厘米的 8 株。另外 2 株胸径分别为 26 厘米和 33 厘米。种群大，分布广泛，处于发育初期。

03：雨花区

分布在铁心桥街道、牛首山、普觉寺、秣陵街道和罐子山。在 24 个样地中，8 个样地有分布，总数量 27 株，其中株高小于 1.3 米的 3 株，胸径 1~10 厘米的 22 株（平均胸径 5.4 厘米），胸径 11~20 厘米的 2 株（平均胸径 13 厘米）。种群小，分布较广泛。

04：江宁区

分布在方山、汤山林场、东山街道林场、汤山地质公园、孟塘社区、青林社区、古泉社区、东善桥林场、青山社区、汤山街道、牛首山、富贵山公墓、洪幕社区、西宁社区、公塘水库、天台山、横溪街道，其中青林社区分布最多。在 223 个样地中，70 个样地有分布，总数量 1424 株，其中株高小于 1.3 米的 1265 株，占总数的 89%；胸径 1~10 厘米的 144 株（平均胸径 5.4 厘米）；胸径 11~20 厘米的 13 株（平均胸径 13.2 厘米）；胸径 21~30 厘米的 2 株（平均胸径 22.3 厘米）。种群极大，分布较均匀、广泛，处于发育初期。

05：高淳区

分布在傅家坛林场、大山林场、大荆山林场、游子山林场、青山林场。在调查的 53 个样地

中，11 个样地有分布，共 97 株，其中株高小于 1.3 米的 68 株，最大的胸径 15 厘米。种群较大，分布较分散。

06：主城区

分布在紫金山、狮子山、幕府山。在调查的 69 个样地中，15 个样地有分布，共 87 株，其中株高小于 1.3 米的 54 株，胸径 1~10 厘米的 31 株（最大胸径 9.5 厘米），胸径 11~15 厘米的 2 株（最大胸径 14.5 厘米）。种群较大，分布较广，处于发育初期。

表 27　柘树野生种质资源信息

种质资源编号	种质资源归属	林地名称	小地名	样地中心 GPS 坐标	数量（株）
		平山林场		E118°51'27.97"　N32°28'15.88"	4
		平山林场		E118°50'57.56"　N32°28'12.85"	3
		平山林场		E118°50'25.34"　N32°27'31.95"	3
		平山林场		E118°49'48"　N32°27'8"	2
		平山林场		E118°48'2"　N32°5'2"	2
		平山林场		E118°50'3.77"　N32°27'58.64"	2
		平山林场		E118°49'41.8"　N32°27'39.75"	4
		平山林场		E118°49'52.15"　N32°27'35.54"	3
		平山林场		E118°49'47.18"　N32°26'59.47"	1
		平山林场		E118°49'1.57"　N32°27'11.51"	1
		平山林场		E118°48'49.35"　N32°27'6.93"	1
		平山林场	骡子山万寿庵	E118°49'7"　N32°30'28"	79
		平山林场	袁家洼	E118°49'48"　N32°30'8"	139
01	六合区	平山林场	平山梅花鹿养殖场	E118°50'9"　N32°30'10"	28
		平山林场	骡子山	E118°49'44"　N32°29'10"	45
		平山林场	骡子山	E118°49'50"　N32°28'59"	139
		平山林场	骡子山	E118°50'14"　N32°28'52"	47
		平山林场	骡子山	E118°50'14"　N32°28'52"	178
		盘山		E118°35'25.99"　N32°28'54.2"	3
		盘山		E118°36'13.94"　N32°28'44.47"	16
		盘山		E118°35'33.52"　N32°29'14.16"	34
		盘山		E118°36'27.65"　N32°28'25.43"	18
		盘山		E118°37'5.58"　N32°29'14.22"	28
		竹镇		E118°34'22.88"　N32°34'8.57"	20
		竹镇		E118°34'26.51"　N32°33'26.51"	7
		竹镇		E118°34'26.51"　N32°33'26.61"	11
		竹镇		E118°34'2.43"　N32°33'44.1"	16

（续）

种质资源编号	种质资源归属	林地名称	小地名	样地中心 GPS 坐标	数量（株）
		竹镇	广佛寺	E118°35'11" N32°35'49"	10
		奶山		E119°0'41.07" N32°18'5.48"	10
		奶山		E119°0'42" N32°18'6"	38
		奶山	奶山	E119°0'34.19" N32°18'6.34"	20
		冶山		E118°56'46.02" N32°30'35.16"	27
		冶山		E118°56'58.9" N32°30'33.65"	2
		冶山		E118°56'54" N32°30'30"	48
		冶山		E118°56'21" N32°29'58"	1
		冶山		E118°56'45.75" N32°30'25.42"	15
		冶山		E118°56'40.57" N32°30'20.79"	1
		冶山		E118°56'40.57" N32°30'20.79"	15
		冶山		E118°56'21.8" N32°30'35.68"	10
		冶山		E118°56'49.13" N32°29'55.03"	60
		冶山		E118°56'49.13" N32°29'55.03"	2
		方山		E118°58'55" N32°19'11"	1
		方山		E118°58'55" N32°19'11"	17
		方山		E118°59'15" N32°28'58"	3
		方山		E118°59'1.76" N32°18'53"	46
		方山		E118°59'20.21" N32°18'37.63"	14
		方山		E118°59'3.02" N32°18'38.25"	29
		灵岩山		E118°53'2" N32°18'11"	54
		灵岩山		E118°53'24" N32°18'21"	16
		灵岩山		E118°53'24" N32°18'21"	10
		灵岩山		E118°52'56" N32°18'15"	3
		灵岩山		E118°53'0.23" N32°18'35.4"	21
		灵岩山		E118°53'20.85" N32°18'52.36"	71
		灵岩山		E118°53'13" N32°18'20"	11
		灵岩山		E118°53'9" N32°18'16"	66
		灵岩山		E118°53'11.48" N32°18'27.96"	4
02	浦口区	老山林场平坦分场	横山沟旁	E118°31'14.43" N32°4'19.78"	4
		老山林场平坦分场	横山半坡	E118°31'11.77" N32°4'13.89"	1
		老山林场平坦分场	大姑山	E118°30'24.14" N32°4'4.44"	3
		老山林场平坦分场	枣核山	E118°30'26.25" N32°4'5.79"	23
		老山林场平坦分场	大鸡山	E118°30'30.27" N32°3'40.25"	1
		老山林场平坦分场	小鸡山	E118°30'31.7" N32°3'42.03"	1

（续）

种质资源编号	种质资源归属	林地名称	小地名	样地中心 GPS 坐标	数量（株）
02	浦口区	老山林场平坦分场	短喷	E118°33'35.86"　N32°5'28.78"	45
		老山林场平坦分场	蛇地	E118°33'59.25"　N32°5'39.57"	11
		老山林场平坦分场	虎洼山脊	E118°33'47.06"　N32°3'58.29"	4
		老山林场平坦分场	虎洼山脊	E118°33'21.49"　N32°3'48.09"	2
		老山林场西山分场	西山一牛棚	E118°27'13.88"　N32°4'9.5"	37
		老山林场西山分场	坡山口一大洼塘	E118°26'37.63"　N32°3'4.49"	20
		老山林场狮子岭分场	响铃庵	E118°34'8.04"　N32°5'2.84"	10
		老山林场狮子岭分场	大洼口一狮平路	E118°33'57.22"　N32°5'37.83"	5
		老山林场狮子岭分场	小洼口一平滩子	E118°33'42.09"　N32°3'11.99"	2
		老山林场狮子岭分场	狮子岭分场背后山	E118°33'0.83"　N32°3'51.44"	19
		老山林场狮子岭分场	狮子岭分场背后山	E118°33'0.83"　N32°3'51.44"	50
		老山林场狮子岭分场	兴隆寺路旁	E118°31'38.16"　N32°2'50.59"	2
		老山林场七佛寺分场	黑桃洼	E118°35'33.9"　N32°6'34.8"	18
		老山林场七佛寺分场	老鹰山	E118°35'39.86"　N32°6'12.48"	2
		老山林场七佛寺分场	七佛寺分场旁	E118°36'11.86"　N32°5'28.29"	20
		老山林场东山分场	椅子山顶	E118°37'49.14"　N32°6'44.1"	1
		老山林场铁路林分场	实验林旁	E118°40'51.19"　N32°8'58.53"	23
		老山林场铁路林分场	羊鼻山脊	E118°40'49.98"　N32°8'52.39"	39
		老山林场铁路林分场	丁家砀水库北侧路旁	E118°39'31.64"　N32°8'30.85"	7
		老山林场铁路林分场	河东	E118°41'32.52"　N32°9'16.7"	5
		星甸杜仲林场	大槽洼	E118°23'55.09"　N32°2'33.68"	15
		星甸杜仲林场	观音洞下	E118°23'35.7"　N32°3'15.64"	20
		星甸杜仲林场	观音洞下	E118°23'35.04"　N32°3'16.09"	20
		星甸杜仲林场	山喷码子	E118°24'30.16"　N32°3'9.77"	100
		星甸杜仲林场	山喷码字上	E118°24'32.34"　N32°3'9.2"	30
		星甸杜仲林场	宝塔洼子	E118°24'39.44"　N32°3'43.16"	22
		星甸杜仲林场	宝塔洼子	E118°24'40.22"　N32°3'48.26"	9
		星甸杜仲林场	宝塔洼子	E118°24'40.92"　N32°2'48.95"	5
		星甸杜仲林场	东常山	E118°24'17.24"　N32°3'28.39"	18
		定山林场	定山林场	E118°39'6.02"　N32°7'38"	3
		定山林场	定山林场	E118°39'2.67"　N32°7'42.66"	20
		定山林场	定山寺旁	E118°39'3.81"　N32°7'51.05"	1
		大桥林场	老虎洞	E118°41'13.35"　N32°9'24.49"	17
		大桥林场	石头山	E118°38'54.1"　N32°8'4.25"	1
03	雨花区	铁心桥街道韩府山		E118°45'17.62"　N31°56'34.85"	15

（续）

种质资源编号	种质资源归属	林地名称	小地名	样地中心 GPS 坐标	数量（株）
03	雨花区	铁心桥街道韩府山		E118°45'6.12" N31°56'2.61"	3
		牛首山		E118°44'21.7" N31°55'25.6"	1
		牛首山		E118°44'22.53" N31°55'29.01"	1
		普觉寺		E118°44'29.02" N31°55'22.11"	1
		秣陵街道将军山	将军山脚	E118°45'2.55" N31°55'21.68"	1
		牛首山		E118°45'13.12" N31°55'11.95"	4
		罐子山		E118°43'10.85" N31°55'55.24"	1
04	江宁区	方山		E118°52'34.25" N31°53'49.41"	8
		方山		E118°33'58.37" N31°54'10.02"	2
		方山		E118°52'25.66" N31°53'33.98"	2
		汤山林场黄栗墅工区	土地山	E119°1'10.68" N32°4'16.29"	1
		汤山林场黄栗墅工区	土地山	E119°1'2.54" N32°3'44.17"	1
		汤山林场长山工区	黄龙山	E118°54'16.82" N31°58'29.38"	1
		汤山林场长山工区	青龙山	E118°54'5.29" N31°58'48.85"	3
		汤山林场长山工区	青龙山	E118°54'7.26" N31°58'51.63"	4
		汤山林场佘村工区	青龙山	E118°56'40.7" N32°0'10.51"	7
		汤山林场佘村工区	青龙山	E118°56'42.46" N32°0'47.76"	1
		汤山林场佘村工区	青龙山	E118°56'19.79" N32°0'5.54"	1
		东山街道林场		E118°55'52.26" N31°57'47.79"	2
		东山街道林场		E118°55'52.8" N31°57'55.47"	1
		汤山林场龙泉工区		E118°57'43.17" N31°59'1.1"	1
		汤山林场龙泉工区		E118°57'54.02" N31°59'53.54"	2
		汤山地质公园		E119°2'50.82" N32°3'17.08"	1
		汤山地质公园		E119°2'40.1" N32°3'7.1"	45
		汤山地质公园		E119°2'4.68" N32°2'57"	2
		孟塘社区	射乌山	E119°3'8.53" N32°5'52.37"	1
		孟塘社区	射乌山	E119°2'56.77" N32°5'44.84"	1
		孟塘社区	培山	E119°3'0.94" N32°4'50.44"	3
		孟塘社区	培山	E119°3'0.94" N32°4'50.44"	1
		孟塘社区	培山	E119°3'8.21" N32°4'44.5"	3
		青林社区	白露头	E119°25'33.41" N32°4'52.23"	1
		青林社区	白露头	E119°25'33.41" N32°4'52.23"	1
		青林社区	白露头	E119°5'41.22" N32°5'18.96"	1
		青林社区	小石浪山	E119°4'50.57" N32°4'32.13"	1
		青林社区	小石浪山	E119°4'40.75" N32°4'43.29"	1200

（续）

种质资源编号	种质资源归属	林地名称	小地名	样地中心 GPS 坐标	数量（株）
		青林社区	文山	E119°4'10.68"　N32°5'12.67"	4
		青林社区	文山	E119°4'34.18"　N32°5'14.24"	4
		青林社区	文山	E119°4'54.97"　N32°5'20.41"	9
		青林社区	文山	E119°4'47.28"　N32°5'16.77"	2
		青林社区	文山	E119°4'26.23"　N32°4'46.18"	1
		青林社区	孤山堰	E119°4'20.66"　N32°4'38.9"	1
		青林社区	孤山堰	E119°4'55.18"　N32°5'2.1"	4
		古泉社区	连山	E119°0'37.94"　N32°3'31.04"	1
		古泉社区		E119°1'33.68"　N32°22'44.31"	1
		古泉社区		E119°1'35.52"　N32°2'42.85"	1
		东善桥林场云台分场	大平山	E118°42'33.23"　N31°42'9.75"	1
		东善桥林场云台分场	大平山	E118°42'30.63"　N31°42'28.36"	11
		东善桥林场云台分场	大平山	E118°42'19.43"　N31°42'28.84"	1
		东善桥林场横山分场		E118°48'57.06"　N31°37'55.3"	6
		东善桥林场横山分场		E118°48'13.76"　N31°37'39.48"	1
		东善桥林场横山分场		E118°48'14.69"　N31°37'17.87"	1
		东善桥林场横山分场		E118°47'25.39"　N31°38'23.59"	4
04	江宁区	东善桥林场横山分场		E118°47'31.34"　N31°38'33.17"	1
		东善桥林场东善分场		E118°46'41.81"　N31°52'3.2"	1
		东善桥林场横山分场		E388820°54'0"　N3502761°12'0"	1
		东善桥林场横山分场		E118°49'19.78"　N31°38'14"	1
		东善桥林场铜山分场		E118°52'18.33"　N31°39'18.52"	1
		东善桥林场铜山分场		E118°51'47.7"　N31°39'0.59"	1
		东善桥林场铜山分场		E118°51'12.25"　N31°39'19.6"	1
		青山社区		E118°56'59.76"　N31°57'50.98"	1
		汤山街道天龙山		E118°58'25.06"　N32°0'23.31"	2
		牛首山		E118°44'20.55"　N31°54'44.01"	1
		牛首山		E118°44'35.69"　N31°53'54.66"	30
		牛首山		E118°44'25.29"　N31°53'42.86"	3
		富贵山公墓		E118°32'28.22"　N31°45'46.73"	1
		洪幕社区		E118°34'48.09"　N31°44'56.03"	2
		洪幕社区		E118°34'48.96"　N31°46'19.86"	11
		洪幕社区		E118°34'55.84"　N31°46'14.18"	1
		西宁社区		E118°35'55.94"　N31°46'56.77"	1
		西宁社区		E118°35'47.81"　N31°46'51.82"	1

（续）

种质资源编号	种质资源归属	林地名称	小地名	样地中心 GPS 坐标	数量（株）
04	江宁区	公塘水库		E118°41'34.48" N31°47'45.96"	5
		天台山		E118°41'43.03" N31°43'8.6"	1
		横溪街道	横溪	E118°41'24.71" N31°44'6.08"	1
		横溪街道	横溪线路段编号 009	E118°41'15.45" N31°45'8.48"	2
		横溪街道	横溪线路段编号 010	E118°41'18.22" N31°45'41.33"	1
		横溪街道	横溪	E118°41'8.44" N31°41'26.92"	1
		秣陵街道将军山		E118°46'40.87" N31°55'47.16"	1
05	高淳区	傅家坛林场	窑冲	E119°4'45.78" N31°14'9.37"	11
		傅家坛林场	林科站	E119°5'21.32" N31°14'54.49"	3
		大山林场	大山游行道旁中段	E119°5'4.84" N31°25'6.95"	2
		大山林场	大山寺旁	E119°4'55.83" N31°25'8.59"	3
		大荆山林场	四凹	E118°8'37.2" N32°26'15.03"	16
		大荆山林场	黄家塞	E118°8'32.18" N32°26'15.83"	5
		大荆山林场	四凹	E118°8'9.71" N32°26'15.11"	1
		游子山林场	环山路北端路旁	E119°1'4.1" N31°21'36.51"	1
		游子山林场	花山游山上段路旁	E118°57'47.58" N31°16'10.28"	3
		游子山林场	花山游山中段路旁	E118°57'51.6" N31°16'9"	4
		青山林场	林业队（青山林场）	E119°3'42.58" N31°22'16.38"	48
06	主城区	紫金山		E118°50'33" N32°4'23"	1
		紫金山		E118°51'22" N32°0'0"	1
		紫金山		E118°51'35" N32°3'58"	3
		紫金山	山北坡中上段	E118°50'39" N32°4'25"	4
		狮子山		E118°44'33" N32°5'41"	35
		幕府山	窑上村入口处左上方	E118°47'43" N32°7'38"	8
		幕府山		E118°47'25" N32°7'45"	2
		幕府山		E118°47'23" N32°7'45"	1
		幕府山		E118°47'13" N32°7'48"	4
		幕府山	达摩洞景区上坡	E118°47'17" N32°7'47"	1
		幕府山	达摩洞景区上坡	E118°47'55" N32°0'0"	9
		幕府山	达摩洞景区下坡	E118°47'54" N32°7'58"	5
		幕府山	仙人对弈左坡	E118°48'5" N32°8'10"	9
		幕府山	仙人对弈左中坡	E118°48'6" N32°8'16"	1
		幕府山	三台洞	E118°1'0" N31°21'0.02"	3

化香树 *Platycarya strobilacea* Siebold & Zucc.

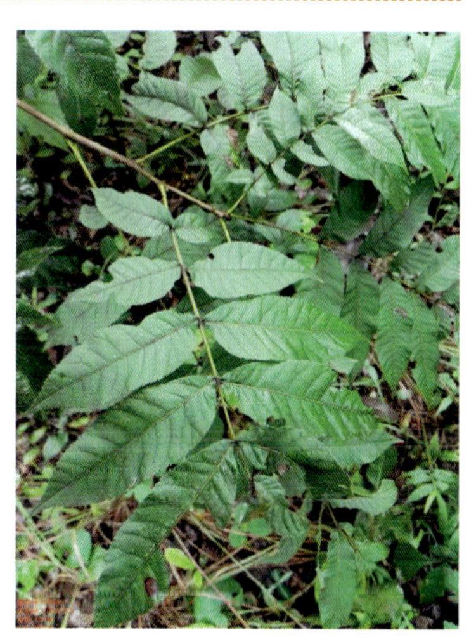

【别名】圆果化香树、花木香（山东）、还香树、皮杆条（河南、湖北）、山麻柳（四川、贵州）、栲香（浙江）、栲蒲（福建）、换香树（四川）、麻柳树（甘肃、陕西）、板香树（湖南）、化树、花龙树（江苏）

【科属】胡桃科（Juglandaceae）化香树属（*Platycarya*）

【树种简介】落叶小乔木，高 2~6 米。树皮灰色，老时呈不规则纵裂。叶长 15~30 厘米，叶总柄显著短于叶轴，叶总柄及叶轴初时被稀疏的褐色短柔毛，具 7~23 枚小叶；小叶纸质，侧生小叶无叶柄，对生或生于下端者偶尔有互生，卵状披针形至长椭圆状披针形，上方一侧较下方一侧为阔，基部歪斜，顶端长渐尖，边缘有锯齿。两性花序和雄花序在小枝顶端排列成伞房状花序束，直立；雄花序部分位于上部，有时无雄花序而仅有雌花序；雌花苞片卵状披针形，顶端长渐尖、硬而不外曲。果序球果状，卵状椭圆形至长椭圆状圆柱形，长 2.5~5 厘米，直径 2~3 厘米；宿存苞片木质，略具弹性；果实小坚果状，背腹压扁状，两侧具狭翅，长 4~6 毫米，宽 3~6 毫米。花期 5~6 月，果期 7~8 月。产我国甘肃、陕西和河南的南部及山东、安徽、江苏、浙江、江西、福建、台湾、广东、广西、湖南、湖北、四川、贵州和云南，朝鲜、日本也有分布。常生于海拔 600~1300 米，有时达 2200 米的向阳山坡及杂木林中。枝叶茂密、树姿优美，可作风景树，亦可作庭荫树；果序有清热解毒、散风止痛、活血化淤、通窍排脓的功效；树皮、叶、果实中富含单宁，可提取栲胶，为硝皮佳品；树皮纤维可作麻代用品或造纸原料。

【种质资源】南京市化香树野生种质资源共6份，分别归属于浦口区、栖霞区、雨花区、江宁区、溧水区和主城区。具体种质资源信息见表28。

01：浦口区

分布在老山林场的平坦分场、西山分场、狮子岭分场、七佛寺分场和星甸杜仲林场。在198个样地中，10个样地有分布，总数量61株，其中96%以上分布在老山林场。株高小于1.3米的32株，胸径1~10厘米的14株，胸径11~20厘米的10株，胸径21~30厘米的4株，胸径34厘米的1株。种群较大，分布较分散。

02：栖霞区

分布在兴卫山、栖霞山、大普塘水库、灵山、仙鹤山、羊山、南象山、北象山和何家山。在44个样地中，20个样地有分布，总数量140株，其中株高小于1.3米的52株，占总数的37.1%；胸径1~10厘米的65株，占总数的46.4%；胸径11~20厘米的20株，占总数的14.3%；胸径21~30厘米的3株，占总数的2.1%。种群大，分布广。

03：雨花区

分布在铁心桥街道、将军山、牛首山、普觉寺和罐子山。在24个样地中，12个样地有分布，总数量56株，其中胸径1~10厘米的28株，平均胸径8厘米；胸径11~20厘米的25株，平均胸径15厘米；胸径21~30厘米的2株，平均胸径22厘米；胸径32厘米的1株。种群较大，分布广。

04：江宁区

分布在方山、汤山林场、东山街道林场、汤山地质公园、孟塘社区、青林社区、古泉社区、东善桥林场、横溪街道、青山社区、汤山街道、牛首山、南山湖、洪幕社区、西宁社区、公塘水库、富贵山公墓、秣陵街道和将军山。在223个样地中，58个样地有分布，总数量261株，其中株高小于1.3米的7株，胸径1~10厘米的184株，平均胸径7厘米；胸径11~20厘米的64株，平均胸径13厘米；胸径21~30厘米的3株，平均胸径25厘米；胸径31~40厘米的3株，平均胸径33厘米。种群大，分布广。

05：溧水区

分布在溧水区林场的东庐分场、芳山分场、平山分场、秋湖分场及晶桥街道。在115个样地中，7个样地有分布，总数量18株，其中株高均在1~10厘米，最大胸径10厘米。种群小，分布集中。

06：主城区

在69个样地中，紫金山和幕府山共有7个样地有分布，总数量14株，其中株高小于1.3米的1株，胸径1~10厘米的7株，胸径11~20厘米的3株，胸径21~30厘米的2株，胸径32厘米的1株。种群小，分布相对集中。

表28　化香树野生种质资源信息

种质资源编号	种质资源归属	林地名称	小地名	样地中心GPS坐标		数量（株）
01	浦口区	老山林场平坦分场	横山沟旁	E118°31′14.43″	N32°04′19.78″	2
		老山林场平坦分场	杨船山	E118°31′55.15″	N32°04′32.56″	4
		老山林场平坦分场	匪集场道旁	E118°32′01.92″	N32°04′24.81″	4
		老山林场平坦分场	虎洼九龙山	E118°32′58.06″	N32°04′31.75″	3
		老山林场西山分场	西山一九峰寺旁	E118°25′41.49″	N32°03′45.74″	1
		老山林场狮子岭分场	响铃庵	E118°34′29.00″	N32°03′28.41″	2
		老山林场狮子岭分场	响铃庵	E118°34′08.04″	N32°05′02.84″	1
		老山林场狮子岭分场	兴隆寺旁	E118°31′36.08″	N32°03′05.09″	41
		老山林场七佛寺分场	黑桃洼	E118°35′33.90″	N32°06′34.80″	1
		星甸杜仲林场	观音洞下	E118°23′35.04″	N32°03′16.09″	2
02	栖霞区	兴卫山	兴卫山东南坡	E118°50′40.74″	N32°05′57.12″	1
		兴卫山		E118°50′40.74″	N32°05′57.13″	2
		栖霞山		E118°57′30.72″	N32°09′18.94″	1
		栖霞山		E118°57′29.02″	N32°09′17.68″	1
		栖霞山		E118°57′26.93″	N32°09′18.98″	1

（续）

种质资源编号	种质资源归属	林地名称	小地名	样地中心 GPS 坐标	数量（株）
02	栖霞区	栖霞山		E118°57′34.38″ N32°09′15.58″	5
		栖霞山		E118°57′16.98″ N32°09′29.50″	25
		大普塘水库	对面山头	E118°55′07.60″ N32°04′59.58″	24
		大普塘水库		E118°55′24.02″ N32°05′03.29″	13
		灵山		E118°56′05.85″ N32°05′24.51″	15
		灵山		E118°55′42.67″ N32°05′24.80″	22
		灵山		E118°55′53.71″ N32°05′14.85″	1
		灵山		E118°55′54.70″ N32°05′14.54″	1
		仙鹤山		E118°53′34.52″ N32°06′17.19″	1
		羊山		E118°55′56.24″ N32°06′47.59″	17
		南象山	南象山衡阳寺	E118°55′50.16″ N32°08′08.70″	2
		南象山	南象山	E118°56′03.42″ N32°08′25.20″	1
		北象山		E118°56′25.62″ N32°09′05.28″	1
		何家山	何家山	E118°57′20.22″ N32°08′41.82″	1
		何家山	中眉心	E118°58′10.20″ N32°08′39.54″	5
03	雨花区	铁心桥街道韩府山		E118°45′17.62″ N31°56′34.85″	3
		铁心桥街道韩府山		E118°45′39.80″ N31°55′43.36″	1
		将军山		E118°45′51.79″ N31°55′16.54″	1
		牛首山		E118°44′03.88″ N31°55′10.89″	1
		牛首山		E118°44′09.75″ N31°55′12.16″	13
		牛首山		E118°44′21.70″ N31°55′25.60″	11
		牛首山		E118°44′22.53″ N31°55′29.01″	7
		普觉寺		E118°44′29.02″ N31°55′22.11″	6
		普觉寺		E118°44′28.27″ N31°55′18.77″	9
		将军山		E118°45′02.55″ N31°55′21.68″	1
		牛首山		E118°45′13.12″ N31°55′11.95″	2
		罐子山		E118°43′15.52″ N31°56′00.99″	1
04	江宁区	方山	栎树林	E118°51′52.28″ N31°53′53.91″	3
		汤山林场汤山—郎山		E119°03′20.34″ N32°04′16.29″	1
		汤山林场长山工区	黄龙山	E118°54′18.53″ N31°58′31.67″	1
		汤山林场佘村工区	青龙山	E118°56′46.14″ N32°00′53.25″	9
		东山街道林场		E118°56′03.33″ N31°57′50.81″	2

（续）

种质资源编号	种质资源归属	林地名称	小地名	样地中心 GPS 坐标	数量（株）
04	江宁区	东山街道林场		E118°55′52.26″　N31°57′47.79″	1
		汤山林场龙泉工区		E118°58′05.04″　N31°59′18.89″	7
		汤山林场龙泉工区		E118°57′43.17″　N31°59′01.10″	1
		汤山林场龙泉工区		E118°57′54.02″　N31°59′53.54″	3
		汤山地质公园		E119°02′50.82″　N32°03′17.08″	12
		汤山地质公园		E119°02′40.10″　N32°03′07.10″	20
		汤山地质公园		E119°02′04.68″　N32°02′57.00″	5
		汤山地质公园		E119°01′57.91″　N32°02′52.42″	3
		孟塘社区	射乌山	E119°03′31.36″　N32°06′08.14″	3
		孟塘社区	射乌山	E119°02′56.77″　N32°05′44.84″	5
		青林社区	白露头	E119°05′23.21″　N32°04′43.06″	4
		青林社区	白露头	E119°25′33.41″　N32°04′52.23″	1
		青林社区	白露头	E119°05′41.22″　N32°05′18.96″	1
		青林社区	白露头	E119°15′20.59″　N32°04′59.61″	4
		青林社区	女儿山	E119°04′37.17″　N32°04′21.65″	4
		青林社区	小石浪山	E119°04′50.57″　N32°04′32.13″	17
		青林社区	孤山堰	E119°04′55.18″　N32°05′02.10″	1
		古泉社区	连山	E119°00′41.50″　N32°03′45.13″	1
		古泉社区		E119°01′29.37″　N32°02′49.72″	9
		古泉社区		E119°01′27.51″　N32°02′48.14″	12
		古泉社区		E119°01′33.39″　N32°02′47.62″	1
		古泉社区		E119°01′33.68″　N32°22′44.31″	2
		东善桥林场六台分场		E118°43′04.99″　N31°43′00.56″	1
		东善桥林场横山分场		E118°48′57.06″　N31°37′55.30″	1
		东善桥林场横山工区		E118°48′35.83″　N31°37′55.96″	1
		东善桥林场铜山分场		E118°52′27.84″　N31°39′18.32″	3
		东善桥林场铜山分场		E118°51′05.98″　N31°39′01.58″	1
		横溪街道	横溪枣山	E118°42′32.57″　N31°46′41.87″	2
		横溪街道	横溪枣山	E118°42′18.24″　N31°46′38.03″	1
		青山社区		E118°56′59.76″　N31°57′50.98″	1
		汤山街道		E119°00′03.32″　N32°00′47.47″	1
		牛首山		E118°44′43.64″　N31°53′23.64″	15
		牛首山		E118°44′21.50″　N31°54′46.66″	6
		牛首山		E118°44′20.00″　N31°54′47.62″	1

（续）

种质资源编号	种质资源归属	林地名称	小地名	样地中心 GPS 坐标	数量（株）
		南山湖		E118°32′58.89″ N31°46′08.24″	1
		洪幕社区		E118°35′05.75″ N31°46′08.53″	4
		洪幕社区		E118°35′13.43″ N31°45′41.43″	1
		西宁社区		E118°36′05.45″ N31°47′05.25″	26
		公塘水库		E118°41′34.48″ N31°47′45.96″	2
		横溪街道	横溪	E118°41′18.22″ N31°45′41.33″	7
		横溪街道	横溪	E118°41′18.01″ N31°45′45.49″	1
		东善桥林场东善分场		E118°46′50.46″ N31°51′25.78″	1
		牛首山		E118°44′20.55″ N31°54′44.01″	1
04	江宁区	富贵山公墓		E118°32′28.22″ N31°45′46.73″	3
		洪幕社区洪幕山		E118°32′52.77″ N31°45′49.17″	3
		洪幕社区		E118°34′55.84″ N31°46′14.18″	1
		西宁社区		E118°36′05.45″ N31°47′05.25″	23
		横溪街道	横溪	E118°40′39.18″ N31°41′48.42″	3
		横溪街道	横溪	E118°40′42.81″ N31°41′55.10″	1
		横溪街道	横溪	E118°40′45.93″ N31°41′24.77″	1
		秣陵街道将军山		E118°46′40.87″ N31°55′47.16″	4
		秣陵街道将军山		E118°46′13.43″ N31°56′12.86″	3
		秣陵街道将军山		E118°46′45.53″ N31°55′28.55″	8
		溧水区林场东庐分场	马占山	E119°7′59″ N31°34′22″	2
		溧水区林场芳山分场	芳山	119°8′25.53″ N31°29′37.54″	1
		溧水区林场平山分场	丁公山	E118°5'2" N32°4'5"	1
05	溧水区	晶桥街道	西瓜山	E118°51'13" N32°4'4"	7
		溧水区林场平山分场	乌王山	E118°52'5" N32°3'45"	4
		溧水区林场秋湖分场	斗面山	E118°51'35" N32°3'58"	2
		溧水区林场平山分场	小茅山东面	E118°50'24" N32°3'56"	1
		紫金山		E118°50′35.00″ N32°04′29.00″	1
		紫金山	山北坡中上段	E118°50′36.00″ N32°04′26.00″	3
		幕府山	仙人对弈左坡	E118°48′05.00″ N32°08′10.00″	2
06	主城区	幕府山	仙人对弈左中坡	E118°48′06.00″ N32°08′16.00″	1
		幕府山	仙人对弈下坡	E118°48′05.00″ N32°08′16.00″	1
		幕府山	三台洞	E118°01′00.00″ N31°21′00.02″	5
		幕府山	仙人台	E118°48′00.05″ N32°07′60.00″	1

华东野核桃 *Juglans mandshurica* Maxim.

【别名】山核桃、核桃楸、野核桃、华核桃

【科属】胡桃科（Juglandaceae）胡桃属（*Juglans*）

【树种简介】乔木，高达20余米。树皮灰色，具浅纵裂。幼枝被有短茸毛。奇数羽状复叶，生于萌发条上者长可达80厘米，叶柄长9~14厘米，小叶15~23枚，长6~17厘米，宽2~7厘米；生于孕性枝上者集生于枝端，长达40~50厘米，叶柄长5~9厘米，基部膨大，叶柄及叶轴被有短柔毛或星芒状毛；小叶9~17枚，椭圆形至长椭圆形或卵状椭圆形至长椭圆状披针形，边缘具细锯齿，上面初被有稀疏短柔毛；侧生小叶对生，无柄，先端渐尖，基部歪斜，截形至近于心脏形；顶生小叶基部楔形。雄性柔荑花序长9~20厘米，花序轴被短柔毛，雄花具短花柄，花药长约1毫米，黄色，药隔急尖或微凹，被灰黑色细柔毛；雌性穗状花序具4~10雌花，花序轴被有茸毛，雌花长5~6毫米，被茸毛，下端被腺质柔毛，花被片披针形或线状披针形，被柔毛，柱头鲜红色，背面被贴伏的柔毛。果序长10~15厘米，俯垂，通常具5~7个果实，序轴被短柔毛。果实球状、卵状或椭圆状，顶端尖，密被腺质短柔毛，长3.5~7.5厘米，径3~5厘米；果核长2.5~5厘米，表面具8条纵棱，其中两条较显著，各棱间具不规则皱曲及凹穴，顶端具尖头。花期5月，果期8~9月。产于黑龙江、吉林、辽宁、河北、山西，分布于江苏。朝鲜北部亦有分布。多生于土质肥厚、湿润、排水良好的沟谷两旁或山坡的阔叶林中。木材可作枪托、车轮等重要材料。树皮、叶及外果皮含鞣质，可提取栲胶；枝、叶、皮可作农药。

【种质资源】南京市华东野核桃野生种质资源共 1 份，归属于六合区和主城区。具体种质资源信息见表 29。

01：六合区

分布在灵岩山。在 81 个样地中仅 1 个样地有分布，共 1 株，胸径 9 厘米。

02：主城区

分布在紫金山。在 69 个样地中仅 1 个样地有 3 株，其中胸径在 1~3 厘米 2 株，胸径 18 厘米 1 株。种群小，分布集中。

表 29 华东野核桃野生种质资源信息

种质资源编号	种质资源归属	林地名称	小地名	样地中心 GPS 坐标	数量（株）
01	六合区	灵岩山		E118°53′0.23″ N32°18′35.40″	1
02	主城区	紫金山		E118°50′17.53″ N32°4′22.19″	3

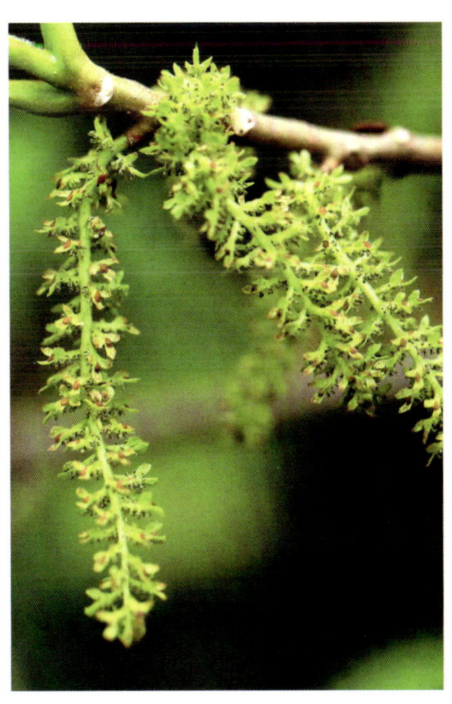

枫杨 *Pterocarya stenoptera* C. DC.

【别名】麻柳（湖北）、马尿骚、蜈蚣柳（安徽）

【科属】胡桃科（Juglandaceae）枫杨属（*Pterocarya*）

【树种简介】大乔木，高达 30 米，胸径达 1 米。幼树树皮平滑，浅灰色，老时则深纵裂。叶多为偶数或稀奇数羽状复叶，长 8~16 厘米（稀达 25 厘米），叶柄长 2~5 厘米，叶轴具翅至翅不甚发达；小叶 10~16 枚（稀 6~25 枚），无小叶柄，对生或稀近对生，长椭圆形至长椭圆状披针形，顶端常钝圆或稀急尖，基部歪斜，边缘有向内弯的细锯齿。雄性柔荑花序长 6~10 厘米，单独生于去年生枝条的叶痕腋内；雌性柔荑花序顶生，长 10~15 厘米。果序长 20~45 厘米，果实长椭圆形，长 6~7 毫米，果翅狭，条形或阔条形，长 12~20 毫米，宽 3~6 毫米，具近于平行的脉。花期 4~5 月，果熟期 8~9 月。产我国陕西、河南、山东、安徽、江苏、浙江、江西、福建、台湾、广东、广西、湖南、湖北、四川、贵州、云南。生于海拔 1500 米以下的沿溪涧河滩、阴湿山坡地的林中。树体高大，树姿优美，可栽植作庭园树或行道树。材质轻软，易加工，可用作建筑、桥梁、家具、农具以及人造棉原料。皮和枝皮含鞣质，可提取栲胶，亦可作纤维原料。

【种质资源】南京市枫杨野生种质资源共 7 份，分别归属于六合区、浦口区、栖霞区、江宁区、溧水区、高淳区和主城区。具体种质资源信息见表 30。

01：六合区

分布在平山、奶山、灵岩山和冶山。在 81 个样地中，6 个样地有分布，共 19 株，其中株高小于 1.3 米的 9 株，胸径 1~10 厘米的 3 株，胸径 24 厘米的 1 株，胸径 36 厘米 1 株，胸径 44 厘米的 1 株，胸径大于 50 厘米的 4 株，最大胸径 100 厘米。种群小，分布相对广泛。

02：浦口区

分布在老山林场的平坦分场、狮子岭分场、七佛寺分场、东山分场和星甸杜仲林场、定山林场。在 198 个样地中，15 个样地有分布，总数量 111 株，其中株高小于 1.3 米的 50 株，胸径 1~10 厘米的 12 株；胸径 11~20 厘米的 16 株；胸径 21~30 厘米的 11 株；胸径 31~40 厘米的 7 株；胸径 41~50 厘米的 6 株；胸径大于 50 厘米的 9 株，最大胸径 60 厘米。种群大，分布相对集中。

03：栖霞区

在 44 个样地中，仅栖霞山和何家山 3 个样地有分布，共 12 株，其中株高小于 1.3 米的 4 株，胸径 1~10 厘米的 5 株，胸径 13 厘米的 1 株，胸径 35 厘米的 1 株，胸径 47 厘米的 1 株。种群小，分布集中。

04：江宁区

分布在青林社区、汤山街道和天台山。在 223 个样地中 4 个样地有分布，总数量 7 株，其中株高小于 1.3 米的 1 株，胸径 1~10 厘米的 2 株，平均胸径 8 厘米；胸径 11~20 厘米的 3 株，平均胸径 15 厘米；胸径 45 厘米的 1 株。在林地中分布数量少，但在沟渠、池塘边等有大量分布，因此种群大，分布广。

05：溧水区

分布在溧水区林场的东庐分场、平山分场、秋湖分场及洪蓝街道。在 115 个样地中，9 个样地有分布，总数量 18 株，其中株高在 1.3 米以下的 6 株，胸径 1~10 厘米的 11 株，胸径 17 厘米的 1 株。在山林分布不多，但在塘边、沟边等均有大量分布，因此种群大，分布广。

06：高淳区

分布在大荆山林场和砖墙镇，总数量 15 株，其中胸径 1~10 厘米的 2 株，胸径 20 厘米的 1 株，胸径 21~30 厘米的 3 株，胸径 31 厘米的 1 株，胸径 50 厘米的 1 株，胸径 51~60 厘米的 3 株，胸径 64 厘米的 1 株，胸径大于 100 厘米的 3 株，最大胸径为 98 厘米。在塘边、沟边、村旁等均有大量分布，因此种群大，分布广。

07：主城区

仅分布在幕府山。在 69 个样地中，仅 1 个样地有分布，共 2 株，最大胸径 36 厘米，种群小。

表 30　枫杨野生种质资源信息

种质资源编号	种质资源归属	林地名称	小地名	样地中心 GPS 坐标	数量（株）
01	六合区	平山		E118°49′53.50″　N32°47′09.18″	7
		奶山		E118°56′45.75″　N32°30′25.42″	4
		灵岩山		E118°53′24.00″　N32°18′21.00″	1
		灵岩山		E118°53′00.23″　N32°18′35.40″	5
		灵岩山		E118°53′09.00″　N32°18′16.00″	1
		冶山		E118°56′49.13″　N32°29′55.03″	1

（续）

种质资源编号	种质资源归属	林地名称	小地名	样地中心 GPS 坐标	数量（株）
02	浦口区	老山林场平坦分场	匪集场山后	E118°31′58.93″　N32°04′11.24″	3
		老山林场平坦分场	虎洼二号洞口	E118°33′32.28″　N32°04′55.29″	4
		老山林场狮子岭分场	响堂水库边	E118°35′11.87″　N32°04′30.77″	4
		老山林场七佛寺分场	吴家大洼	E118°37′12.09″　N32°06′03.87″	9
		老山林场七佛寺分场	四道桥	E118°37′36.45″　N32°06′06.56″	2
		老山林场东山分场	望火楼南坡	E118°48′25.25″　N32°04′47.65″	1
		老山林场东山分场	乌龟驼金书	E118°37′33.82″　N32°07′02.82″	6
		星甸杜仲林场	观音洞下	E118°23′35.70″　N32°03′15.64″	2
		星甸杜仲林场	山喷码字上	E118°24′31.92″　N32°03′10.74″	1
		星甸杜仲林场	山喷码字上	E118°24′32.34″　N32°03′09.20″	50
		星甸杜仲林场	水井山	E118°24′59.68″　N32°03′17.16″	1
		星甸杜仲林场	宝塔洼子	E118°24′39.44″　N32°03′43.16″	1
		星甸杜仲林场	宝塔洼子	E118°24′40.22″　N32°03′48.26″	5
		星甸杜仲林场	蒋家坝堰	E118°24′35.87″　N32°02′30.14″	21
		定山林场	定山林场	E118°39′00.02″　N32°07′38.00″	1
03	栖霞区	栖霞山	天开岩上方亭子附近	E118°57′35.04″　N32°09′28.42″	2
		何家山		E118°57′22.38″　N32°08′45.96″	8
		何家山	何家山	E118°57′20.22″　N32°08′41.82″	2
04	江宁区	青林社区	文山	E119°04′26.23″　N32°04′46.18″	2
		青林社区	孤山堰	E119°04′20.66″　N32°04′38.90″	1
		汤山街道天龙山		E118°58′25.06″　N32°00′23.31″	3
		天台山		E118°41′43.03″　N31°43′08.60″	1
05	溧水区	溧水区林场东庐分场	杨树洼	E119°07′35.39″　N31°37′32.46″	2
		溧水区林场东庐分场	山边上	E119°06′45.00″　N31°38′59.00″	3
		溧水区林场东庐分场	朝山	E119°06′35.00″　N31°39′20.00″	1
		溧水区林场平山分场	雨山	E118°53′05.00″　N31°38′57.00″	2
		洪蓝街道无想寺社区	顶公山	E119°00′10.01″　N31°35′53.85″	1
		洪蓝街道无想寺社区	顶公山	E119°00′27.23″　N31°35′10.51″	2
		溧水区林场平山分场	平安山	E119°00′35.00″　N31°36′15.00″	1
		溧水区林场秋湖分场	双尖山	E119°02′47.00″　N31°34′59.00″	2
		溧水区林场秋湖分场	斗面山	E119°02′16.00″　N31°32′58.00″	4
06	高淳区	大荆山林场	四凹	E118°08′26.14″　N32°26′10.35″	7
		砖墙镇		E118°50′32.5″　N31°16′4″	8
07	主城区	幕府山		E118°47′25.00″　N32°07′45.00″	2

茅栗 *Castanea seguinii* Dode

【别名】野栗子（江苏、浙江），毛栗（南京、湖南），毛板栗（湖北）

【科属】壳斗科（Fagaceae）栗属（*Castanea*）

【树种简介】小乔木或灌木，通常高 5~2 米，稀达 12 米。小枝暗褐色。叶倒卵状椭圆形或兼有长圆形的叶，长 6~14 厘米，宽 4~5 厘米，顶部渐尖，基部楔尖（嫩叶）至圆或耳垂状（成长叶），基部对称至一侧偏斜，叶背有黄或灰白色鳞腺，幼嫩时沿叶背脉两侧有疏单毛。雄花序长 5~12 厘米，雄花簇有花 3~5 朵；雌花单生或生于混合花序的花序轴下部，每壳斗有雌花 3~5 朵，通常 1~3 朵发育结实；壳斗外壁密生锐刺，成熟壳斗连刺径 3~5 厘米，宽略过于高；坚果长 15~20 毫米，宽 20~25 毫米，无毛或顶部有疏伏毛。花期 5~7 月，果期 9~11 月。广布于大别山以南、五岭南坡以北各地。生于海拔 400~2000 米的丘陵山地，较常见于山坡灌丛中，与阔叶常绿或落叶树混生。果实香甜可食，也可制淀粉、亦可酿酒。果实、根、叶可入药，有安神、消食健胃、清热解毒的功效。枝干较小，可供薪材用，也可作板栗的砧木。

【种质资源】南京市茅栗野生种质资源共 1 份，归属于浦口区。具体种质资源信息见表 31。

01：浦口区

仅分布在星甸杜仲林场。在 198 个样地中，2 个样地有分布，总株数 7 株，株高小于 1.3 米的 2 株，胸径 11~20 厘米的 3 株，平均胸径 18 厘米；胸径 30 厘米的 1 株；胸径 33 厘米 1 株。种群极小，分布集中。

表 31　茅栗野生种质资源信息

种质资源编号	种质资源归属	林地名称	小地名	样地中心 GPS 坐标	数量（株）
01	浦口区	星甸杜仲林场	东常山	E118°24′17.24″　N32°03′28.39″	2
		星甸杜仲林场	亭子山	E118°24′55.61″　N32°03′13.63″	5

苦槠 *Castanopsis sclerophylla* (Lindl.) Schottky

【别名】结节锥栗（浙江）、槠栗（湖北）、苦槠锥（福建）、血槠（《本草纲目》）、苦槠子（《本草拾遗》）

【科属】壳斗科（Fagaceae）锥属（*Castanopsis*）

【树种简介】常绿乔木，高5~10米，稀达15米。树皮浅纵裂，片状剥落，小枝灰色，当年生枝红褐色，略具棱，枝、叶均无毛。叶二列，叶片革质，长椭圆形、卵状椭圆形或兼有倒卵状椭圆形，顶部渐尖或骤狭急尖，短尾状，基部近于圆形或宽楔形，通常一侧略短且偏斜，叶缘在中部以上有锯齿状锐齿，很少兼有全缘叶。花序轴无毛，雄穗状花序通常单穗腋生；雌花序长达15厘米。果序长8~15厘米，壳斗有坚果1个，偶有2~3个，圆球形或半圆球形，全包或包着坚果的大部分，径12~15毫米，壳壁不规则瓣状爆裂，小苞片鳞片状，大部分退化并横向连生呈脊肋状圆环，或仅基部连生，呈环带状突起，外壁被黄棕色微柔毛；坚果近圆球形，径10~14毫米，顶部短尖，被短伏毛，果脐位于坚果的底部，宽7~9毫米，子叶平凸，有涩味。花期4~5月，果期10~11月。产长江以南五岭以北各地，西南地区仅见于四川东部及贵州东北部。喜光，耐旱。环孔材，仅具细木射线，木材淡棕黄色，较密致，坚韧，富于弹性。种仁（子叶）是制粉条和豆腐的原料，制成的豆腐称为苦槠豆腐。

【种质资源】南京市苦槠野生种质资源共 2 份，分别归属于江宁区、主城区。具体种质资源信息见表 32。

01：江宁区

分布在东善桥林场东善分场、牛首山和天台山。在 223 个样地中，12 个样地有分布，总数量 249 株，其中胸径 1~10 厘米的 97 株，平均胸径 7 厘米；胸径 11~20 厘米的 116 株，平均胸径 14 厘米；胸径 21~30 厘米的 23 株，平均胸径 23 厘米；胸径 31~40 厘米的 10 株，平均胸径 35 厘米；胸径 41~50 厘米的 3 株，平均胸径 43 厘米。种群大，小苗或幼树较多，分布高度集中。

02：主城区

分布在紫金山。在调查的 69 个样地中，4 个样地有分布，共 8 株，其中胸径 1~10 厘米的 5 株，胸径 21~30 厘米的 3 株。种群小，分布分散。

表 32　苦槠野生种质资源信息

种质资源编号	种质资源归属	林地名称	小地名	样地中心 GPS 坐标		数量（株）
01	江宁区	东善桥林场东善分场	静龙山	E118°46′52.37″	N31°51′20.88″	3
		东善桥林场东善分场		E118°46′47.10″	N31°51′54.58″	4
		东善桥林场东善分场		E118°46′50.46″	N31°51′25.78″	17
		东善桥林场东善分场	消防池上方	E118°46′52.23″	N31°51′23.44″	94
		牛首山		E118°44′43.64″	N31°53′23.64″	35
		牛首山		E118°44′36.41″	N31°53′30.44″	47
		牛首山		E118°44′21.50″	N31°54′46.66″	8
		牛首山		E118°44′20.00″	N31°54′47.62″	14
		牛首山		E118°44′23.62″	N31°54′46.98″	17
		牛首山		E118°44′18.37″	N31°54′47.96″	5
		牛首山		E118°44′24.22″	N31°54′50.01″	1
		天台山		E118°41′25.94″	N31°42′49.41″	4
02	主城区	紫金山		E118°50′33.00″	N32°04′08.00″	3
		紫金山		E118°52′05.00″	N32°03′45.00″	1
		紫金山		E118°51′22.00″	N32°04′02.00″	2
		紫金山		E118°50′24.00″	N32°04′09.84″	2

柯 *Lithocarpus glaber* (Thunb.) Nakai

【别名】石栎、椆、珠子栎（江苏）、楮子（江西）

【科属】壳斗科（Fagaceae）柯属（*Lithocarpus*）

【树种简介】常绿乔木，高 15 米，胸径 40 厘米。1 年生枝、嫩叶叶柄、叶背及花序轴均密被灰黄色短茸毛，2 年生枝的毛较疏且短，常变为污黑色。叶革质或厚纸质，倒卵形、倒卵状椭圆形或长椭圆形，顶部突急尖、短尾状，或长渐尖，基部楔形，上部叶缘有 2~4 个浅裂齿或全缘。雄穗状花序多排成圆锥花序或单穗腋生，长达 15 厘米；雌花序常着生少数雄花，雌花每 3 朵、很少 5 朵一簇。果序轴通常被短柔毛；壳斗碟状或浅碗状，通常呈上宽下窄的倒三角形，高 5~10 毫米，宽 10~15 毫米，顶端边缘甚薄，向下甚增厚，硬木质；坚果椭圆形，顶端尖，或长卵形，有淡薄的白色粉霜，暗栗褐色，果脐深达 2 毫米，口径 3~5 毫米，很少达 8 毫米。花期 7~11 月，果翌年同期成熟。产秦岭南坡以南各地，但北回归线以南极少见，海南和云南南部不产，日本南部也有分布。生于海拔约 1500 米以下的坡地杂木林中，阳坡较常见，常因被砍伐，故生成灌木状。我国南亚热带地区广泛分布的优良用材林、水源涵养林和水土保持林树种，其材质颇坚重，结构略粗，纹理直行，不甚耐腐，适作家具、农具等用材；果实富含淀粉，可生食、炒食或酿酒；壳斗含单宁，可提取栲胶；树皮有利水消肿的功效，主治腹水、水肿等；花序有健胃消食、杀虫的功效，主治消化不良等。

【种质资源】南京市柯野生种质资源共 2 份，分别归属于雨花区和江宁区。具体种质资源信息见表 33。

01：雨花区

分布在罐子山。在 24 个样地中，2 个样地有分布，总数量 52 株，其中胸径 1~10 厘米的 35 株，平均胸径 5 厘米；胸径 11~20 厘米的 8 株，平均胸径 16 厘米；胸径 21~30 厘米的 9 株，平均胸径 22 厘米。种群较大，分布集中。

02：江宁区

分布在汤山林场。在江宁区所调查的 223 个样地中，1 个样地有分布，总数量 7 株，胸径均为 1~10 厘米，平均胸径 6 厘米。种群小，分布集中。

表 33　柯野生种质资源信息

种质资源编号	种质资源归属	林地名称	小地名	样地中心 GPS 坐标	数量（株）
01	雨花区	罐子山		E118°43′10.85″　N31°55′55.24″	15
		罐子山		E118°43′15.52″　N31°56′00.99″	37
02	江宁区	汤山林场汤山一郎山		E119°03′20.34″　N32°04′16.29″	7

麻栎 *Quercus acutissima* Carruth.

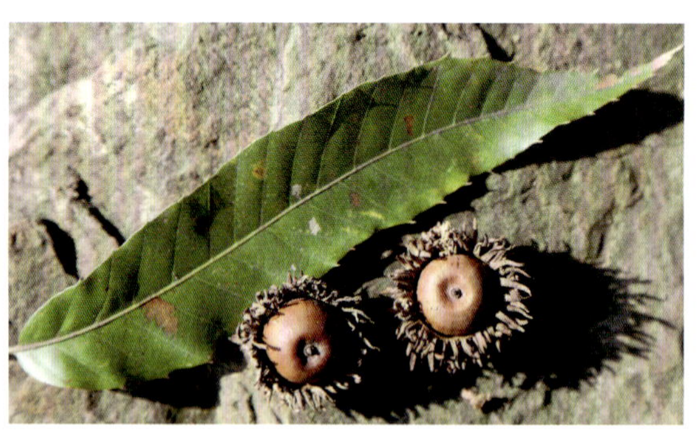

【别名】扁果麻栎、北方麻栎、栎、橡碗树

【科属】壳斗科（Fagaceae）栎属（*Quercus*）

【树种简介】落叶乔木，高达 30 米，胸径达 1 米。树皮深灰褐色，深纵裂。叶片形态多样，通常为长椭圆状披针形，长 8~19 厘米，宽 2~6 厘米，顶端长渐尖，基部圆形或宽楔形，叶缘有刺芒状锯齿，叶片两面同色，幼时被柔毛，老时无毛或叶背叶脉上有柔毛，侧脉每边 13~18 条；叶柄长 1~3（5）厘米，幼时被柔毛，后渐脱落。雄花序常数个集生于当年生枝下部叶腋，有花 1~3 朵，壳斗杯形，包着坚果约 1/2，连小苞片直径 2~4 厘米，高约 1.5 厘米；小苞片钻形或扁条形，向外反曲，被灰白色茸毛。坚果卵形或椭圆形，直径 1.5~2 厘米，高 1.7~2.2 厘米，顶端圆形，果脐凸起。花期 3~4 月，果期翌年 9~10 月。产辽宁、河北、山西、山东、江苏、安徽、浙江、江西、福建、河南、湖北、湖南、广东、海南、广西、四川、贵州、云南等省份，朝鲜、日本、越南、印度也有分布。生于海拔 60~2200 米的山地阳坡，呈小片纯林或混交林分布，在辽宁生于土层肥厚的低山缓坡，在河北、山东常生于海拔 1000 米以下阳坡，在西南地区分布至海拔 2200 米。树体高大，是重要速生阔叶用材树

种；材质坚硬，纹理直或斜，耐腐朽，供枕木、坑木、桥梁、地板等用材；叶含蛋白质 13.58%，可饲柞蚕；种子含淀粉 56.4%，可作饲料和工业用淀粉；壳斗、树皮可提取栲胶。

【种质资源】南京市麻栎野生种质资源共 4 份，分别归属于栖霞区、雨花区、江宁区和溧水区。浦口区和紫金山因新中国成立后人工种植麻栎，种子来源不清，原麻栎种质资源受到污染。具体种质资源信息见表 34。

01：栖霞区

分布在西岗街道、大普塘水库、灵山、羊山和乌龙山。在栖霞区所调查的 44 个样地中，7 个样地有分布，共 41 株，其中株高小于 1.3 米的 5 株，胸径 1~10 厘米的 8 株，胸径 11~20 厘米的 17 株，胸径 21~30 厘米的 8 株，胸径 31~40 厘米的 2 株，胸径 49 厘米的 1 株。种群较大，分布广。

02：雨花区

分布在牛首山、铁心桥街道和将军山。在 24 个样地中 5 个样地有分布，总数量 18 株，株高均大于 1.3 米。胸径 7 厘米的 1 株；胸径 11~20 厘米的 13 株，平均胸径 15 厘米；胸径 21~30 厘米的 4 株，平均胸径 25 厘米。种群小。

03：江宁区

分布在方山、汤山林场、东山街道林场、孟塘社区、青林社区、古泉社区、东善桥林场、谷里、汤山街道、牛首山、洪幕社区、公塘水库和横溪街道。在 223 个样地中 49 个样地有分布，总数量 301 株，其中株高小于 1.3 米的 6 株，胸径 1~10 厘米的 105 株，平均胸径 7 厘米；胸径 11~20 厘米的 121 株，平均胸径 15 厘米；胸径 21~30 厘米的 50 株，平均胸径 25 厘米；胸径 31~40 厘米的 18 株，平均胸径 33 厘米；胸径 47 厘米的 1 株。种群大，分布均匀、广泛。

04：溧水区

分布在溧水区林场的东庐分场、芳山分场、秋湖分场和平山分场，洪蓝街道无想寺社区也有分布。在调查的 115 个样地中，50 个样地有分布，总株数 1044 株，其中株高小于 1.3 米的 66 株，胸径在 1~10 厘米的 457 株，11~20 厘米的 333 株，21~30 厘米的 170 株，31~40 厘米的 17 株，胸径 47 厘米的 1 株。种群极大，分布广。

表 34　麻栎野生种质资源信息

种质资源编号	种质资源归属	林地名称	小地名	样地中心 GPS 坐标	数量（株）
01	栖霞区	西岗街道	西岗果牧场对面山头南坡	E118°58′45.05″　N32°05′46.39″	1
		大普塘水库		E118°55′24.02″　N32°05′03.29″	7
		灵山		E118°56′05.85″　N32°05′24.51″	5
		灵山		E118°55′42.67″　N32°05′24.80″	11
		灵山		E118°55′53.71″　N32°05′14.85″	3
		羊山		E118°55′56.24″　N32°06′47.59″	10
		乌龙山	乌龙山炮台西南	E118°52′01.02″　N32°09′42.48″	4

（续）

种质资源编号	种质资源归属	林地名称	小地名	样地中心 GPS 坐标	数量（株）
02	雨花区	铁心桥街道韩府山		E118°45′17.62″　N31°56′34.85″	1
		铁心桥街道韩府山		E118°45′06.12″　N31°56′02.61″	2
		高家库将军山		E118°45′09.45″　N31°56′08.89″	2
		将军山		E118°45′51.79″　N31°55′16.54″	2
		牛首山		E118°45′13.12″　N31°55′11.95″	11
03	江宁区	方山	栎树林	E118°51′52.28″　N31°53′53.91″	11
		方山		E118°33′58.37″　N31°54′10.02″	15
		汤山林场汤山一郎山		E119°03′20.34″　N32°04′16.29″	26
		汤山林场黄栗墅工区	土地山	E119°01′02.54″　N32°03′44.17″	10
		汤山林场黄栗墅工区	土地山	E119°01′25.51″　N32°04′10.33″	14
		汤山林场长山工区	青龙山	E118°54′05.29″　N31°58′48.85″	9
		汤山林场长山工区	青龙山	E118°54′07.26″　N31°58′51.63″	2
		汤山林场长山工区	青龙山	E118°54′10.80″　N31°58′54.89″	3
		东山街道林场		E118°56′03.33″　N31°57′50.81″	8
		东山街道林场		E118°55′58.48″　N31°57′44.99″	18
		东山街道林场		E118°55′52.80″　N31°57′55.47″	5
		汤山林场龙泉工区		E118°58′05.04″　N31°59′18.89″	1
		汤山林场龙泉工区		E118°58′09.72″　N32°00′12.98″	11
		孟塘社区	培山	E119°03′08.21″　N32°04′44.50″	1
		青林社区	女儿山	E119°04′37.17″　N32°04′21.65″	1
		青林社区	小石浪山	E119°04′50.57″　N32°04′32.13″	2
		青林社区	文山	E119°04′10.68″　N32°05′12.67″	5
		青林社区	文山	E119°04′47.28″　N32°05′16.77″	4
		古泉社区		E119°01′33.68″　N32°22′44.31″	1
		古泉社区		E119°01′33.68″　N32°22′44.31″	1
		东善桥林场云台分场	大平山	E118°42′33.23″　N31°42′09.75″	1
		东善桥林场云台分场	大平山	E118°42′19.43″　N31°42′28.84″	3
		东善桥林场云台分场	鸡笼山	E118°41′59.67″　N31°41′55.00″	1
		东善桥林场云台分场	太平山	E118°42′01.24″　N31°41′56.23″	9
		东善桥林场横山工区		E118°48′53.79″　N31°37′15.38″	1
		东善桥林场横山工区		E118°47′25.39″　N31°38′23.59″	1
		东善桥林场横山工区		E118°47′31.34″　N31°38′33.17″	4
		东善桥林场东善分场	静龙山	E118°47′36.60″　N31°50′56.61″	1
		东善桥林场东善分场		E118°46′37.35″　N31°51′54.43″	3
		东善桥林场铜山分场		E118°52′27.84″　N31°39′18.32″	11

（续）

种质资源编号	种质资源归属	林地名称	小地名	样地中心 GPS 坐标		数量（株）
03	江宁区	东善桥林场铜山分场		E118°52′18.33″	N31°39′18.52″	1
		东善桥林场铜山分场		E118°52′01.25″	N31°39′01.29″	2
		东善桥林场铜山分场		E118°51′47.70″	N31°39′00.59″	10
		东善桥林场铜山分场		E118°51′12.25″	N31°39′19.60″	2
		谷里	东塘水库附近	E118°42′46.69″	N31°46′46.42″	1
		汤山街道	西猪咀凹	E118°57′02.58″	N31°58′12.96″	6
		汤山街道		E118°57′02.46″	N31°58′40.10″	1
		汤山街道		E118°57′00.07″	N31°58′30.90″	9
		汤山街道		E118°56′53.37″	N31°57′57.29″	14
		牛首山		E118°44′43.64″	N31°53′23.64″	3
		牛首山		E118°44′25.29″	N31°53′42.86″	1
		洪幕社区洪幕山		E118°32′52.77″	N31°45′49.17″	2
		洪幕社区洪幕山		E118°32′58.01″	N31°45′31.69″	6
		洪幕社区洪幕山		E118°34′39.49″	N31°45′04.61″	51
		洪幕社区洪幕山		E118°34′19.10″	N31°45′59.13″	1
		洪幕社区洪幕山		E118°34′55.84″	N31°46′14.18″	3
		公塘水库		E118°41′34.48″	N31°47′45.96″	1
		横溪街道	横溪	E118°41′18.01″	N31°45′45.49″	3
		横溪街道云台山	横溪	E118°40′48.91″	N31°42′13.90″	1
04	溧水区	溧水区林场东庐分场	马占山	E119°07′25.97″	N31°38′18.00″	3
		溧水区林场东庐分场	美人山	E119°07′34.97″	N31°38′33.00″	29
		溧水区林场东庐分场	美人山	E119°07′34.00″	N31°38′41.00″	20
		溧水区林场东庐分场	禅国寺	E119°07′25.97″	N31°38′50.00″	27
		溧水区林场东庐分场	东庐山中部	E119°07′35.36″	N31°37′32.46″	44
		溧水区林场东庐分场	东庐山中部	E119°07′24.28″	N31°37′51.16″	75
		溧水区林场东庐分场	东庐山中部	E119°07′10.34″	N31°38′08.17″	16
		溧水区林场东庐分场	杨树洼	E119°07′20.28″	N31°38′02.09″	19
		溧水区林场东庐分场	黄牛墩	E119°06′34.99″	N31°39′20.00″	46
		溧水区林场东庐分场	美人山	E119°06′59.98″	N31°39′30.00″	29
		溧水区林场东庐分场	上山脚底	E119°07′42.35″	N31°34′58.44″	34
		溧水区林场东庐分场	朝山	E119°07′21.11″	N31°35′00.45″	5
		溧水区林场东庐分场	山棚子	E119°07′27.98″	N31°35′31.92″	2
		溧水区林场东庐分场	陈山	E119°07′18.00″	N31°35′41.00″	2
		溧水区林场东庐分场	陈山	E119°08′30.37″	N31°30′23.68″	8
		溧水区林场东庐分场	郑巷大山	E119°09′50.36″	N31°30′11.27″	6

（续）

种质资源编号	种质资源归属	林地名称	小地名	样地中心 GPS 坐标		数量（株）
04	溧水区	溧水区林场东庐分场	郑巷大山	E119°09′58.79″	N31°29′57.30″	43
		溧水区林场芳山分场	杨树山	E118°50′33.97″	N31°38′22.00″	2
		溧水区林场芳山分场	杨树山	E119°01′07.00″	N31°36′36.00″	72
		溧水区林场芳山分场	杨树山	E118°53′04.99″	N31°38′57.00″	65
		溧水区林场平山分场	龙冠子	E118°52′58.98″	N31°38′37.00″	4
		溧水区林场平山分场	龙冠子	E118°52′07.97″	N31°38′33.00″	29
		溧水区林场平山分场	雨山	E118°51′31.97″	N31°38′17.00″	11
		溧水区林场平山分场	雨山	E118°50′20.36″	N31°37′43.82″	10
		溧水区林场平山分场	丁公山	E118°50′18.31″	N31°38′02.01″	19
		溧水区林场平山分场	丁公山	E118°59′51.83″	N31°35′16.63″	2
		溧水区林场平山分场	老凹山	E119°01′36.80″	N31°35′12.19″	6
		溧水区林场平山分场	老凹山	E119°00′58.07″	N31°36′36.58″	7
		洪蓝街道无想寺社区	顶公山	E119°00′28.33″	N31°36′42.34″	4
		洪蓝街道无想寺社区	顶公山	E119°00′15.34″	N31°36′23.71″	24
		溧水区林场平山分场	马鞍山	E119°01′07.00″	N31°36′36.00″	16
		溧水区林场平山分场	平安山	E119°01′16.97″	N31°36′31.00″	9
		溧水区林场平山分场	平安山	E119°02′09.71″	N31°34′05.73″	1
		溧水区林场平山分场	马鞍山	E119°02′13.99″	N31°34′17.00″	4
		溧水区林场平山分场	乌王山	E119°02′20.98″	N31°34′04.00″	17
		溧水区林场秋湖分场	桃花凹	E119°02′35.99″	N31°33′44.00″	6
		溧水区林场秋湖分场	桃花凹	E119°01′34.00″	N31°40′43.00″	24
		溧水区林场秋湖分场	桃花凹	E119°01′43.00″	N31°34′50.00″	40
		溧水区林场秋湖分场	龙吟湾	E119°01′57.00″	N31°34′58.00″	8
		溧水区林场秋湖分场	官塘坝	E119°02′26.99″	N31°35′11.00″	1
		溧水区林场秋湖分场	官塘坝	E119°02′46.97″	N31°34′59.00″	21
		溧水区林场秋湖分场	官塘坝	E119°02′37.97″	N31°34′41.40″	25
		溧水区林场秋湖分场	双尖山	E119°03′32.98″	N31°34′46.00″	23
		溧水区林场秋湖分场	双尖山	E119°03′05.98″	N31°34′29.00″	12
		溧水区林场秋湖分场	双尖山	E119°02′55.00″	N31°34′22.00″	42
		溧水区林场秋湖分场	双尖山	E119°02′44.99″	N31°33′47.00″	72
		溧水区林场秋湖分场	双尖山	E118°57′13.10″	N31°38′27.06″	23
		溧水区林场秋湖分场	双尖山	E119°07′25.97″	N31°38′18.00″	14
		溧水区林场秋湖分场	龙吟湾	E119°07′34.97″	N31°38′33.00″	21
		溧水区林场平山分场	小茅山东面	E119°07′34.00″	N31°38′41.00″	2

小叶栎 *Quercus chenii* Nakai

【别名】苍落、刺巴栎、刺栎树、杜木、黄栎木、黄栎树、山栎、铁栎柴

【科属】壳斗科（Fagaceae）栎属（*Quercus*）

【树种简介】落叶乔木，高达 30 米。树皮黑褐色，纵裂。小枝较细，径约 1.5 毫米。叶片宽披针形至卵状披针形，长 7~12 厘米，宽 2~3.5 厘米，顶端渐尖，基部圆形或宽楔形，略偏斜，叶缘具刺芒状锯齿。雄花序长 4 厘米，花序轴被柔毛。壳斗杯形，包着坚果约 1/3，径约 1.5 厘米，高约 0.8 厘米，壳斗上部的小苞片呈线形，长约 5 毫米，直伸或反曲；中部以下的小苞片为长三角形，长约 3 毫米，紧贴壳斗壁，被细柔毛。坚果椭圆形，直径 1.3~1.5 厘米，高 1.5~2.5 厘米，顶端有微毛；果脐微凸起，径约 5 毫米。花期 3~4 月，果期翌年 9~10 月。产江苏、安徽、浙江、江西、福建、河南、湖北、四川等省份。生于海拔 600 米以下的丘陵地区，成小片纯林或与其他落叶阔叶树组成混交林。材质坚重，强度大，为建筑、车辆、家具、造船、农具等优良用材；果实富含淀粉，可酿酒和作饲料；叶可养柞蚕，枝丫材可培养香菇。萌生能力强，木材热值高，是优良的再生能源树种。

【种质资源】南京市小叶栎野生种质资源共 2 份，分别归属于江宁区和主城区。具体种质资源信息见表 35。

01：江宁区

分布在方山、汤山林场、东山街道林场、东善桥林场、牛首山、洪幕社区和西宁社区，其中东善桥林场分布最多。在 223 个样地中，22 个样地有分布，总数量 321 株，其中株高小于 1.3 米的 1 株，胸径 1~10 厘米的 83 株（平均胸径 7.4 厘米），胸径 11~20 厘米的 123 株（平均胸径 14.5 厘米），胸径 21~30 厘米的 77 株（平均胸径 24.9 厘米），胸径 31~40 厘米的 29 株（平均胸径 33.5 厘米），胸径 41~50 厘米的 7 株（平均胸径 42.7 厘米），最大 1 株胸径 55 厘米。种群大，分布广。

02：主城区

分布在幕府山和紫金山。在 69 个样地中，3 个样地有分布，共 34 株，97% 分布在幕府山。34 株均为胸径 1~35 厘米的中小乔木，最大胸径 35 厘米。种群较大，分布较集中。

表 35　小叶栎野生种质资源信息

种质资源编号	种质资源归属	林地名称	小地名	样地中心 GPS 坐标	数量（株）
01	江宁区	方山		E118°52'18.57″ N31°53'50.53"	1
		方山		E118°52'25.66" N31°53'33.98"	20
		汤山林场长山工区	黄龙山	E118°54'16.82" N31°58'29.38"	1
		东山街道林场		E118°55'56.56" N31°57'55.99"	25
		汤山林场龙泉工区		E118°57'54.02" N31°59'53.54"	1
		东善桥林场云台分场		E118°43'12.78" N31°42'57.15"	1
		东善桥林场横山分场		E118°48'13.76" N31°37'39.48"	11
		东善桥林场东善分场		E118°46'37.35" N31°51'54.43"	34
		东善桥林场东善分场		E118°46'41.81" N31°52'3.2"	1
		东善桥林场东善分场		E118°46'47.1" N31°51'54.58"	33
		东善桥林场东善分场	东村工区	E118°45'9.56" N31°51'38.06"	4
		东善桥林场铜山分场		E118°51'19.43" N31°39'58.42"	29
		东善桥林场铜山分场		E118°50'45.52" N31°39'10.5"	24
		东善桥林场铜山分场		E118°52'8.1" N31°41'13.63"	20
		东善桥林场铜山分场		E118°52'1.25" N31°39'1.29"	4
		东善桥林场铜山分场		E118°51'5.98" N31°39'1.58"	23
		东善桥林场铜山分场		E118°51'12.25" N31°39'19.6"	1
		牛首山		E118°44'57.33" N31°53'46.05"	5
		牛首山		E118°45'12.86" N31°53'45.91"	7
		洪幕社区		E118°34'55.84" N31°46'14.18"	1
		洪幕社区		E118°35'5.75" N31°46'8.53"	13
		西宁社区		E118°35'55.94" N31°46'56.77"	62
02	主城区	紫金山		E118°50'24" N32°4'9.84"	1
		幕府山	仙人对弈左坡	E118°48'5" N32°8'10"	1
		幕府山	仙人台	E118°48'0.05" N32°7'60"	32

栓皮栎 *Quercus variabilis* Blume

【别名】软木栎、粗皮青冈

【科属】壳斗科（Fagaceae）栎属（*Quercus*）

【树种简介】落叶乔木，高达 30 米，胸径达 1 米以上。树皮黑褐色，深纵裂，木栓层发达。叶片卵状披针形或长椭圆形，长 8~15（20）厘米，宽 2~6（8）厘米，顶端渐尖，基部圆形或宽楔形，叶缘具刺芒状锯齿，叶背密被灰白色星状茸毛，侧脉每边 13~18 条，直达齿端。雄花序长达 14 厘米，花序轴密被褐色茸毛；雌花序生于新枝上端叶腋，壳斗杯形，包着坚果 2/3，连小苞片直径 2.5~4 厘米，高约 1.5 厘米；小苞片钻形，反曲，被短毛。坚果近球形或宽卵形，高、径约 1.5 厘米，顶端圆，果脐凸起。花期 3~4 月，果期翌年 9~10 月。产辽宁、河北、山西、陕西、甘肃、山东、江苏、安徽、浙江、江西、福建、台湾、河南、湖北、湖南、广东、广西、四川、贵州、云南等省份。华北地区通常生于海拔 800 米以下的阳坡，西南地区可达海拔 2000~3000 米。重要阔叶用材树种，可用作庭园绿化和山区绿化。栓皮是重要的工业原料，可用于制作绝缘器、冷藏库、隔音板等，也可用于生产软木；树皮还可用来提取栲胶；果实淀粉含量高达 50.4%，可酿酒；果壳具有止咳、治头癣、水泻的功效 。

【种质资源】南京市野生栓皮栎种质资源共 7 份，分别归属于六合区、浦口区、栖霞区、雨花区、江宁区、溧水区和高淳区。具体种质资源信息见表 36。

01：六合区

分布在平山林场、盘山、冶山和灵岩山。在 81 个样地中，13 个样地有分布，总数量 134 株，其中胸径 1~10 厘米的 25 株，胸径 11~20 厘米的 21 株，胸径 21~30 厘米的 43 株，胸径 31~40 厘米的 27 株，胸径 41~50 厘米的 16 株，胸径大于 50 厘米的 2 株，最大胸径达 52 厘米。种群大，分布广。

02：浦口区

在 198 个样地中，5 个样地有分布，其中 98% 分布在星甸杜仲林场，总数量 42 株，其中株高小于 1.3 米的 20 株，占总数的 48%；胸径 1~10 厘米的 2 株，占总数的 5%；胸径 21~30 厘米的 9 株，占总数的 21%；胸径 31~40 厘米的 6 株，占总数的 14%；胸径 41~50 厘米的 5 株，占总数的 12%。种群较大，分布相对集中。

03：栖霞区

分布在兴卫山、栖霞山、大普塘水库、灵山、羊山、南象山、北象山、何家山和乌龙山。在 44 个样地中，17 个样地有分布，共 185 株，株高小于 1.3 米的 78 株，占 42.2%；胸径 1~10 厘米的 30 株，占总数的 16.2%；胸径 11~20 厘米的 33 株，占总数的 17.8%；胸径 21~30 厘米的 22 株，占总数的 11.9%；胸径 31~40 厘米的 16 株，占总数的 8.6%；胸径 41~50 厘米的 4 株；胸径大于 50 厘米的 2 株，最大胸径 62 厘米。种群大，分布较广。

04：雨花区

分布在秣陵街道、龙泉古寺和普觉寺。在 24 个样地中，5 个样地有分布，总数量 57 株，其中株高小于 1.3 米的 1 株，胸径 1~10 厘米的 39 株，平均胸径 6.5 厘米；胸径 11~20 厘米的 9 株，平均胸径 15.0 厘米；胸径 21~30 厘米的 5 株，平均胸径 25.5 厘米；胸径 31~40 厘米的 3 株，平均胸径 33.4 厘米。种群较大，分布相对集中。

05：江宁区

分布在方山、汤山林场、孟塘社区、青林社区、古泉社区、东善桥林场、牛首山、洪幕社区和秣陵街道。在 223 个样地中，27 个样地有分布，总数量 193 株，其中株高小于 1.3 米的 1 株，胸径 1~10 厘米的 85 株，平均胸径 6.5 厘米；胸径 11~20 厘米的 56 株，平均胸径 15.0 厘米；胸径 21~30 厘米的 36 株，平均胸径 25.5 厘米；胸径 31~40 厘米的 15 株，平均胸径 33.4 厘米。种群大，分布广。

06：溧水区

分布在溧水区林场东庐分场、横山分场、平山分场和秋湖分场。在 115 个样地中，17 个样地有分布，总数量 202 株，其中胸径 1~10 厘米的 77 株，胸径 11~20 厘米的 94 株，胸径 21~30 厘米的 28 株，胸径 31~40 厘米的 3 株，最大胸径 35 厘米。种群大，分布广。

07：主城区

分布在紫金山、幕府山。在 69 个样地中，16 个样地有分布，总数量 182 株，其中株高 1.3 米以下有 83 株；胸径在 1~10 厘米的 18 株，胸径在 10~20 厘米的 31 株，胸径 21~30 厘米的 33 株，胸径 31~40 厘米的 13 株，胸径 41~50 厘米的 4 株，最大胸径 47 厘米。种群大，在紫金山分布较为均匀，在幕府山主要集中分布在仙人对弈和三台洞。

表 36　栓皮栎野生种质资源信息

种质资源编号	种质资源归属	林地名称	小地名	样地中心 GPS 坐标		数量（株）
01	六合区	平山林场		E118°51′27.97″	N32°28′15.88″	13
		平山林场		E118°50′57.56″	N32°28′12.85″	18
		平山林场		E118°50′42.00″	N32°28′21.00″	12
		平山林场		E118°50′38.35″	N32°27′45.97″	5
		平山林场		E118°49′53.50″	N32°47′09.18″	2
		平山林场		E118°49′52.15″	N32°27′35.54″	3
		平山林场		E118°49′47.18″	N32°26′59.47″	16
		平山林场		E118°49′01.57″	N32°27′11.51″	10
		平山林场		E118°48′49.35″	N32°27′06.93″	14
		平山林场	梅花鹿养殖场	E118°50′09.00″	N32°30′10.00″	3
		盘山		E118°35′33.52″	N32°29′14.16″	2
		冶山		E118°56′56.00″	N32°30′49.00″	12
		灵岩山		E118°53′13.00″	N32°18′20.00″	24
02	浦口区	老山林场平坦分场	杨船山	E118°31′55.15″	N32°04′32.56″	1
		星甸杜仲林场	山喷码子	E118°24′30.16″	N32°03′09.77″	7
		星甸杜仲林场	山喷码字上	E118°24′31.92″	N32°03′10.74″	20
		星甸杜仲林场	宝塔洼子	E118°24′40.92″	N32°02′48.95″	2
		星甸杜仲林场	独山西	E118°24′38.81″	N32°03′48.84″	12
03	栖霞区	兴卫山		E118°50′50.99″	N32°05′58.33″	7
		兴卫山		E118°50′32.47″	N32°05′59.03″	2
		兴卫山	兴卫山北坡	E118°50′24.34″	N32°06′00.26″	10
		栖霞山		E118°57′30.72″	N32°09′18.94″	4
		栖霞山		E118°57′29.02″	N32°09′17.68″	7
		栖霞山		E118°57′26.93″	N32°09′18.98″	9
		栖霞山		E118°57′34.38″	N32°09′15.58″	3
		大普塘水库		E118°55′24.02″	N32°05′03.29″	24
		灵山		E118°56′05.85″	N32°05′24.51″	1
		灵山		E118°55′42.67″	N32°05′24.80″	16
		灵山		E118°55′53.71″	N32°05′14.85″	2
		羊山		E118°55′56.24″	N32°06′47.59″	42
		南象山	衡阳寺	E118°56′07.44″	N32°08′16.38″	4
		南象山	衡阳寺	E118°55′50.16″	N32°08′08.70″	5
		北象山		E118°56′31.92″	N32°09′16.62″	1
		何家山	中眉心	E118°58′10.20″	N32°08′39.54″	6

（续）

种质资源编号	种质资源归属	林地名称	小地名	样地中心 GPS 坐标		数量（株）
03	栖霞区	乌龙山	炮台西南	E118°52′01.02″	N32°09′42.48″	42
		秣陵街道	将军山	E118°45′06.12″	N31°56′02.61″	6
		秣陵街道	高家库—将军山	E118°45′09.45″	N31°56′08.89″	40
04	雨花区	龙泉古寺		E118°45′41.51″	N31°55′44.22″	6
		龙泉古寺		E118°45′39.80″	N31°55′43.36″	2
		普觉寺		E118°44′29.02″	N31°55′22.11″	3
		方山	栎树林	E118°51′52.28″	N31°53′53.91″	1
		方山		E118°33′58.37″	N31°54′10.02″	1
		汤山林场黄栗墅工区	土地山	E119°01′25.51″	N32°04′10.33″	5
		汤山林场长山工区	黄龙山	E118°54′16.82″	N31°58′29.38″	20
		汤山林场长山工区	黄龙山	E118°54′20.80″	N31°58′33.81″	12
		汤山林场长山工区	青龙山	E118°54′05.29″	N31°58′48.85″	6
		汤山林场长山工区	青龙山	E118°54′07.26″	N31°58′51.63″	1
		汤山林场长山工区	青龙山	E118°54′10.80″	N31°58′54.89″	11
		汤山林场佘村工区	青龙山	E118°56′26.21″	N32°00′09.95″	3
		汤山林场龙泉工区		E118°58′05.04″	N31°59′18.89″	8
		汤山林场龙泉工区		E118°58′09.72″	N32°00′12.98″	5
		孟塘社区	培山	E119°03′00.94″	N32°04′50.44″	3
		孟塘社区	培山	E119°03′08.21″	N32°04′44.50″	4
05	江宁区	青林社区	白露头	E119°05′23.21″	N32°04′43.06″	5
		青林社区	女儿山	E119°04′37.17″	N32°04′21.65″	1
		古泉社区	连山	E119°00′37.94″	N32°03′31.04″	20
		古泉社区		E119°01′27.51″	N32°02′48.14″	1
		东善桥林场云台分场	大平山	E118°42′33.23″	N31°42′09.75″	11
		东善桥林场横山工区		E118°47′25.39″	N31°38′23.59″	1
		东善桥林场横山工区		E118°47′31.34″	N31°38′33.17″	5
		东善桥林场铜山分场		E118°52′08.10″	N31°41′13.63″	1
		东善桥林场铜山分场	铜山林场管理区	E118°52′01.25″	N31°39′01.29″	1
		牛首山		E118°44′43.64″	N31°39′00.00″	3
		牛首山		E118°44′47.99″	N31°53′30.49″	1
		牛首山		E118°44′20.00″	N31°54′47.62″	1
		洪幕社区	洪幕山	E118°32′52.77″	N31°45′49.17″	2
		秣陵街道	将军山	E118°46′50.72″	N31°55′57.10″	3
06	溧水区	溧水区林场东庐分场	杨树洼	E119°07′35.39″	N31°37′32.46″	4
		溧水区林场横山分场	丁公山	E118°51′54.00″	N31°37′52.01″	15

（续）

种质资源编号	种质资源归属	林地名称	小地名	样地中心 GPS 坐标	数量（株）
06	溧水区	铜山横山分场	丁公山	E118°52′19.00″　N31°37′46.00″	10
		铜山横山分场	丁公山	E118°51′32.00″　N31°38′17.00″	34
		铜山横山分场	老凹山	E118°50′18.32″　N31°38′02.01″	19
		铜山横山分场	龙冠子	E118°50′36.98″　N31°38′16.00″	2
		溧水区林场平山分场	马鞍山	E119°00′58.09″　N31°36′36.58″	8
		溧水区林场平山分场	平安山	E119°00′28.34″　N31°36′42.34″	5
		溧水区林场平山分场	平安山	E119°00′35.00″　N31°36′15.00″	27
		溧水区林场秋湖分场	桃花凹	E119°02′09.74″　N31°34′05.73″	7
		溧水区林场秋湖分场	桃花凹	E119°02′14.00″　N31°34′17.00″	11
		溧水区林场秋湖分场	官塘坝	E119°01′34.00″　N31°40′43.00″	6
		溧水区林场秋湖分场	官塘坝	E119°01′43.00″　N31°34′50.00″	23
		溧水区林场秋湖分场	官塘坝	E119°01′57.00″　N31°34′58.00″	16
		溧水区林场秋湖分场	双尖山	E119°02′27.00″　N31°35′11.00″	8
		溧水区林场秋湖分场	双尖山	E119°02′38.00″　N31°34′41.40″	3
		溧水区林场秋湖分场	龙吟湾	E119°02′45.00″　N31°33′47.00″	4
07	主城区	紫金山	永慕庐两边	E118°05′02.00″　N32°04′05.00″	14
		紫金山		E118°51′03.00″　N32°04′08.00″	1
		紫金山		E118°51′07.00″　N32°04′09.00″	2
		紫金山		E118°51′13.00″　N32°04′04.00″	8
		紫金山		E118°52′12.00″　N32°03′52.00″	8
		紫金山		E118°52′12.00″　N32°03′48.00″	10
		紫金山		E118°52′05.00″　N32°03′45.00″	1
		紫金山		E118°52′05.00″　N32°03′46.00″	6
		紫金山		E118°52′00.00″　N32°03′43.00″	7
		紫金山		E118°52′01.00″　N32°03′46.00″	1
		紫金山		E118°52′02.00″　N32°03′47.00″	8
		紫金山		E118°51′21.00″　N32°04′03.00″	2
		紫金山		E118°51′22.00″　N32°04′02.00″	1
		紫金山		E118°50′38.00″　N32°03′25.00″	1
		幕府山	仙人对弈	E118°48′04.00″　N32°08′19.00″	6
		幕府山	仙人对弈左	E118°48′05.00″　N32°08′10.00″	3
		幕府山	三台洞	E118°01′00.00″　N31°21′00.02″	67
		幕府山	三台洞下坡	E118°48′00.04″　N32°08′00.28″	30
		幕府山	仙人台	E118°48′00.05″　N32°07′60.00″	6

白栎 *Quercus fabri* Hance

【别名】白栎《中国树木分类学》、小白栎《云南植物志》

【科属】壳斗科（Fagaceae）栎属（*Quercus*）

【树种简介】落叶乔木或灌木，高达 20 米。树皮灰褐色，深纵裂。叶片倒卵形、椭圆状倒卵形，顶端钝或短渐尖，基部楔形或窄圆形，叶缘具波状锯齿或粗钝锯齿。花序轴被茸毛，壳斗杯形，包着坚果约 1/3，直径 0.8~1.1 厘米，高 4~8 毫米；小苞片卵状披针形，排列紧密，在口缘处稍伸出。坚果长椭圆形或卵状长椭圆形，无毛，果脐凸起。花期 4 月，果期 10 月。产陕西（南部）、江苏、安徽、浙江、江西、福建、河南、湖北、湖南、广东、广西、四川、贵州、云南等省份。材质坚硬，边材浅褐色，心材深褐色；枝丫材可培植香菇；树叶含蛋白质 11.80%；栎实含淀粉 47.0%、单宁 14.1%、蛋白质 6.6%、油脂 4.2%；果实可食用，果实的虫瘿可入药。

【种质资源】南京市白栎野生种质资源共 8 份，分别归属于六合区、浦口区、栖霞区、雨花区、江宁区、溧水区、高淳区和主城区。具体种质资源信息见表 37。

01：六合区

仅分布在平山和灵岩山。在 81 个样地中，3 个样地有分布，总数量 18 株，其中株高小于 1.3 米的 14 株，占总数的 78%；胸径 1~10 厘米的 4 株，平均胸径 5 厘米。种群小，分布相对集中。

02：浦口区

分布在老山林场的平坦分场、狮子岭分场、七佛寺分场、铁路林分场和星甸杜仲林场，其中老山林场分布较多。在 198 个样地中，17 个样地有分布，总数量 306 株，其中株高小于 1.3 米的 190 株，占总数的 62%；胸径 1~10 厘米的 26 株，占总数的 8%；胸径 11~20 厘米的 24 株，占总数的 7%；胸径 21~30 厘米的 35 株，占总数的 11%；胸径 31~40 厘米的 22 株，占总数的 7%；胸径 41~50 厘米的 9 株，占总数的 3%，最大胸径 44 厘米。种群大，分布相对集中。

03：栖霞区

分布在西岗街道、大普塘水库、灵山和何家山。在 44 个样地中，7 个样地有分布，共 31 株，其中株高小于 1.3 米的 13 株，胸径 1~10 厘米的 14 株，胸径 11~20 厘米的 4 株。种群较大，分布较广。

04：雨花区

分布在牛首山、将军山、铁心桥街道、普觉寺和罐子山。在 24 个样地中 10 个样地有分布，总数量 26 株，其中胸径 1~10 厘米的有 18 株，平均胸径 6 厘米；胸径 11~20 厘米的 8 株，平均胸径 13 厘米。种群小，分布较分散。

05：江宁区

分布在汤山林场、东山街道林场、汤山地质公园、孟塘社区、青林社区、古泉社区、东善桥林场、谷里、横溪街道、汤山街道、江宁街道、牛首山、富贵山公墓、洪幕社区、西宁社区、公塘水库和秣陵街道。在 223 个样地中，56 个样地有分布，总数量 237 株，其中株高小于 1.3 米的 10 株，胸径 1~10 厘米的 203 株，平均胸径 6 厘米；胸径 11~20 厘米的 23 株，平均胸径 13 厘米；胸径 33 厘米的 1 株。种群大，分布广。

06：溧水区

分布在溧水区林场平山分场和秋湖分场。在 115 个样地中，7 个样地有分布，总数量 41 株，其中胸径 1~10 厘米的 27 株，胸径 11~20 厘米的 12 株，胸径 21~30 厘米的 2 株，最大胸径为 22 厘米。种群较大，分布集中。

07：高淳区

仅分布在青山林场，其他林场未见分布。在 53 个样地中，1 个样地有分布，且仅有 1 株，胸径 5 厘米。

08：主城区

分布在紫金山和幕府山。在 69 个样地中，14 个样地有分布，共 65 株，其中株高在 1.3 米以下的 18 株，胸径 1~10 厘米的 33 株，胸径 11~20 厘米的 11 株，胸径 21~30 厘米的 3 株，最大胸径 33 厘米。种群较大，分布广。

表 37　白栎野生种质资源信息

种质资源编号	种质资源归属	林地名称	小地名	样地中心 GPS 坐标		数量（株）
01	六合区	平山		E118°50′08.00″	N32°27′01.00″	1
		灵岩山		E118°53′02.00″	N32°18′11.00″	11
		灵岩山		E118°53′00.23″	N32°18′35.40″	6
02	浦口区	老山林场平坦分场	麒麟洼	E118°32′33.20″	N32°03′55.80″	11
		老山林场平坦分场	老山林场隧道	E118°34′08.04″	N32°05′02.84″	7
		老山林场平坦分场	蛇地	E118°33′59.25″	N32°05′39.57″	6
		老山林场平坦分场	虎洼九龙山	E118°32′58.06″	N32°04′31.75″	35
		老山林场平坦分场	门坎里—大小女儿山间	E118°32′19.61″	N32°04′25.97″	11
		老山林场狮子岭分场	响铃庵	E118°34′29.00″	N32°03′28.41″	1
		老山林场狮子岭分场	兴隆寺旁	E118°31′36.08″	N32°03′05.09″	43
		老山林场狮子岭分场	石门	E118°34′48.44″	N32°04′05.02″	27

（续）

种质资源编号	种质资源归属	林地名称	小地名	样地中心 GPS 坐标		数量（株）
03	栖霞区	老山林场七佛寺分场	吴家大洼	E118°37′12.09″	N32°06′03.87″	13
		老山林场七佛寺分场	四道桥	E118°37′36.45″	N32°06′06.56″	1
		老山林场七佛寺分场	大椅子山	E118°38′08.81″	N32°06′32.85″	18
		老山林场七佛寺分场	黑桃洼	E118°35′33.90″	N32°06′34.80″	3
		老山林场七佛寺分场	景观平台	E118°37′42.17″	N32°06′13.78″	6
		老山林场铁路林分场	羊鼻山脊	E118°40′49.98″	N32°08′52.39″	7
		老山林场平坦分场	葡萄洼	E118°31′30.13″	N32°03′54.12″	4
		星甸杜仲林场	山喷码字上	E118°24′31.92″	N32°03′10.74″	112
		星甸杜仲林场	山喷码字上	E118°24′32.34″	N32°03′09.20″	1
		西岗街道	西岗果牧场对面山头南	E118°58′45.05″	N32°05′46.39″	2
		大普塘水库	对面山头	E118°55′07.60″	N32°04′59.58″	8
		大普塘水库	大普塘水库旁	E118°55′22.60″	N32°04′59.64″	1
		大普塘水库	大普塘水库旁	E118°55′24.02″	N32°05′03.29″	6
		灵山		E118°55′42.67″	N32°05′24.80″	10
		灵山		E118°55′53.71″	N32°05′14.85″	1
		何家山	何家山	E118°57′20.22″	N32°08′41.82″	3
04	雨花区	铁心桥街道韩府山		E118°45′29.12″	N31°56′56.46″	4
		铁心桥街道韩府山		E118°45′30.33″	N31°56′48.60″	2
		铁心桥街道韩府山		E118°45′17.62″	N31°56′34.85″	2
		铁心桥街道韩府山		E118°45′06.12″	N31°56′02.61″	3
		牛首山		E118°44′03.88″	N31°55′10.89″	1
		牛首山		E118°44′22.53″	N31°55′29.01″	3
		普觉寺		E118°44′28.27″	N31°55′18.77″	5
		将军山	将军山脚	E118°45′02.55″	N31°55′21.68″	1
		罐子山		E118°43′10.85″	N31°55′55.24″	3
		罐子山	西善桥	E118°43′22.49″	N31°56′29.65″	2
05	江宁区	汤山林场黄栗墅工区	土地山	E119°01′02.54″	N32°03′44.17″	1
		汤山林场黄栗墅工区	土地山	E119°01′13.38″	N32°04′05.95″	10
		汤山林场黄栗墅工区	土地山	E119°01′25.51″	N32°04′10.33″	3
		汤山林场长山工区	黄龙山	E118°54′18.53″	N31°58′31.67″	1
		汤山林场佘村工区	青龙山	E118°56′40.70″	N32°00′10.51″	10
		汤山林场佘村工区	青龙山	E118°56′46.14″	N32°00′53.25″	29
		汤山林场佘村工区	青龙山	E118°56′42.46″	N32°00′47.76″	3
		汤山林场佘村工区		E118°56′43.52″	N32°00′41.96″	4

（续）

种质资源编号	种质资源归属	林地名称	小地名	样地中心 GPS 坐标	数量（株）
		东山街道林场		E118°55′56.56″ N31°57′55.99″	8
		东山街道林场		E118°56′01.27″ N31°57′51.20″	4
		汤山林场龙泉工区		E118°57′32.46″ N31°59′06.67″	1
		汤山林场龙泉工区		E118°57′54.02″ N31°59′53.54″	7
		汤山林场龙泉工区		E118°58′14.15″ N32°00′12.64″	2
		汤山林场龙泉工区		E118°58′18.73″ N32°00′11.84″	5
		汤山地质公园		E119°02′40.10″ N32°03′07.10″	10
		汤山地质公园		E119°01′57.91″ N32°02′52.42″	1
		孟塘社区	射乌山	E119°02′56.77″ N32°05′44.84″	6
		青林社区	白露头	E119°05′23.21″ N32°04′43.06″	10
		青林社区	白露头	E119°05′41.22″ N32°05′18.96″	1
		青林社区	小石浪山	E119°04′50.57″ N32°04′32.13″	1
		古泉社区	连山	E119°00′37.94″ N32°03′31.04″	1
		古泉社区	连山	E119°00′41.50″ N32°03′45.13″	2
		东善桥林场云台分场		E118°43′12.78″ N31°42′57.15″	2
		东善桥林场云台分场	大平山	E118°42′33.23″ N31°42′09.75″	1
		东善桥林场云台分场	大平山	E118°42′19.43″ N31°42′28.84″	1
05	江宁区	东善桥林场横山工区		E118°47′25.39″ N31°38′23.59″	1
		东善桥林场东善分场		E118°46′50.46″ N31°51′25.78″	1
		东善桥林场铜山分场		E118°51′19.43″ N31°39′58.42″	1
		东善桥林场铜山分场		E118°50′30.00″ N31°39′41.84″	1
		东善桥林场铜山分场		E118°52′44.03″ N31°39′26.42″	1
		东善桥林场铜山分场	铜山分场管理区	E118°52′01.25″ N31°39′01.29″	1
		东善桥林场铜山分场		E118°51′05.98″ N31°39′01.58″	1
		谷里	东塘水库附近	E118°42′50.90″ N31°47′20.37″	4
		谷里	东塘水库附近	E118°42′46.69″ N31°46′46.42″	1
		横溪街道枣山		E118°42′32.57″ N31°46′41.87″	39
		汤山街道		E118°56′59.76″ N31°57′50.98″	4
		汤山街道		E118°57′02.46″ N31°58′40.10″	1
		汤山街道		E118°57′00.07″ N31°58′30.90″	2
		牛首山		E118°44′43.64″ N31°53′23.64″	4
		牛首山		E118°44′47.99″ N31°53′30.49″	1
		牛首山		E118°44′57.33″ N31°53′46.05″	39
		牛首山		E118°44′53.71″ N31°54′07.74″	4
		江宁街道南山湖		E118°32′58.89″ N31°46′08.24″	1

（续）

种质资源编号	种质资源归属	林地名称	小地名	样地中心 GPS 坐标	数量（株）
05	江宁区	富贵山公墓		E118°32′28.22″ N31°45′46.73″	2
		洪幕社区		E118°33′10.13″ N31°45′49.22″	4
		洪幕社区洪幕山		E118°32′58.01″ N31°45′31.69″	1
		洪幕社区洪幕山		E118°34′42.50″ N31°44′52.90″	39
		洪幕社区洪幕山		E118°34′48.96″ N31°46′19.86″	4
		洪幕社区洪幕山		E118°35′05.75″ N31°46′08.53″	1
		西宁社区		E118°36′05.45″ N31°47′05.25″	2
		西宁社区		E118°35′55.94″ N31°46′56.77″	4
		公塘水库		E118°41′34.48″ N31°47′45.96″	1
		横溪街道云台山		E118°40′48.91″ N31°42′13.90″	39
		横溪街道	横溪	E118°40′39.10″ N31°41′53.59″	1
		秣陵街道将军山		E118°46′40.87″ N31°55′47.16″	4
		秣陵街道将军山		E118°46′45.53″ N31°55′28.55″	3
06	溧水区	溧水区林场平山分场	老凹山	E118°50′18.32″ N31°38′02.01″	5
		溧水区林场平山分场	平安山	E119°00′18.14″ N31°36′32.70″	29
		溧水区林场平山分场	乌王山	E119°01′17.00″ N31°36′31.00″	2
		溧水区林场秋湖分场	双尖山	E119°02′47.00″ N31°34′59.00″	1
		溧水区林场秋湖分场	双尖山	E119°02′55.00″ N31°34′22.00″	1
		溧水区林场秋湖分场	龙吟湾	E119°02′45.00″ N31°33′47.00″	1
		溧水区林场秋湖分场	斗面山	E119°02′16.00″ N31°32′58.00″	2
07	高淳区	青山林场	林业队	E118°03′39.43″ N31°22′08.71″	1
08	主城区	紫金山		E118°50′24.00″ N32°04′09.84″	3
		紫金山		E118°50′33.00″ N32°04′42.00″	1
		紫金山	山北坡小卖铺处	E118°14′42.00″ N32°04′22.00″	1
		紫金山	山北坡中上段	E118°50′40.00″ N32°04′24.00″	1
		紫金山	山北坡中上段	E118°50′39.00″ N32°04′25.00″	3
		紫金山	山北坡中上段	E118°50′40.00″ N32°04′26.00″	4
		幕府山	达摩洞景区下坡	E118°47′54.00″ N32°07′58.00″	1
		幕府山	仙人对弈	E118°48′04.00″ N32°08′19.00″	4
		幕府山	仙人对弈左坡	E118°48′05.00″ N32°08′10.00″	11
		幕府山	仙人对弈左中坡	E118°48′06.00″ N32°08′16.00″	11
		幕府山	仙人对弈下坡	E118°48′05.00″ N32°08′16.00″	14
		幕府山	三台洞	E118°01′00.00″ N31°21′00.02″	4
		幕府山	仙人台下坡	E118°48′00.04″ N32°08′00.28″	4
		幕府山	仙人台	E118°48′00.05″ N32°07′60.00″	3

槲栎 *Quercus aliena* Blume

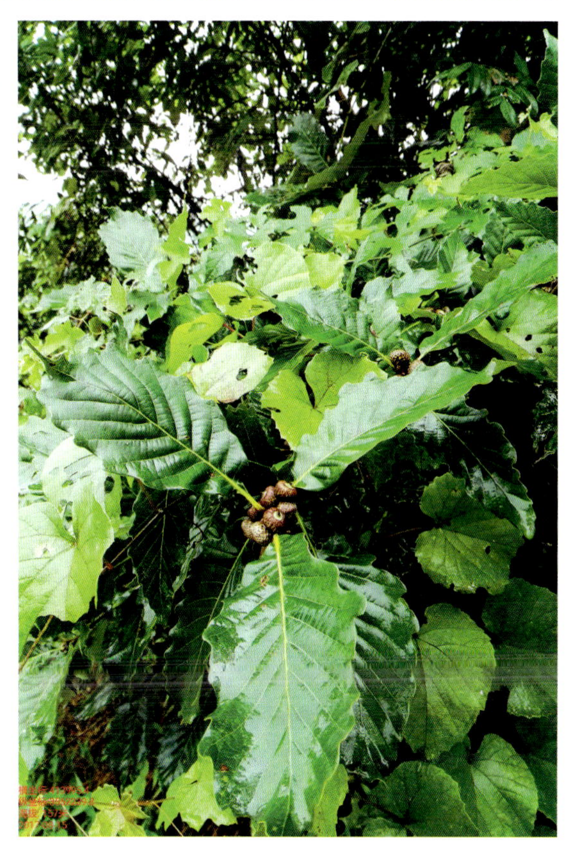

【别名】青冈树、细皮青冈

【科属】壳斗科（Fagaceae）栎属（*Quercus*）

【树种简介】落叶乔木，高达 30 米。树皮暗灰色，深纵裂。叶片长椭圆状倒卵形至倒卵形，长 10~20（30）厘米，宽 5~14（16）厘米，顶端微钝或短渐尖，基部楔形或圆形，叶缘具波状钝齿，叶背被灰棕色细茸毛。雄花序长 4~8 厘米，雄花单生或数朵簇生于花序轴，微有毛，花被 6 裂，雄蕊通常 10 枚；雌花序生于新枝叶腋，单生或 2~3 朵簇生。壳斗杯形，包着坚果约 1/2，直径 1.2~2 厘米，高 1~1.5 厘米；小苞片卵状披针形，长约 2 毫米，排列紧密，被灰白色短柔毛。坚果椭圆形至卵形，直径 1.3~1.8 厘米，高 1.7~2.5 厘米，果脐微凸起。花期 3~5 月，果期 9~10 月。产陕西、山东、江苏、安徽、浙江、江西、河南、湖北、湖南、广东、广西、四川、贵州、云南等地。常生于海拔 100~2000 米的向阳山坡，常与其他树种组成混交林或成小片纯林。喜光，半阳坡及阳坡上生长良好，较耐寒。对土壤适应性强，耐干旱，萌芽力强，耐烟尘，对有害气体抗性强。在肥沃、湿度较大、排水良好的半阴坡、土层薄的向阳陡坡生长良好。叶片大且肥厚，叶形奇特、美观，叶色翠绿油亮，枝叶稠密，可作观赏树种；种子富含淀粉，可酿酒，也可制凉皮、粉条、豆腐及酱油等食物；味甘、涩，性平，有利于清热利湿、敛肺止咳；木材坚硬、耐腐、纹理致密，供建筑、家具及薪炭等用材。

【种质资源】南京市槲栎野生种质资源共 7 份，分别归属于六合区、浦口区、栖霞区、雨花区、江宁区、溧水区和主城区。具体种质资源信息见表 38。

01：六合区

集中分布在平山。在 81 个样地中，仅 1 个样地有分布，且仅有 1 株，种群极小。

02：浦口区

分布在老山林场狮子岭分场和星甸杜仲林场，两个林场的分布数量相当。在 198 个样地中 3 个样地有分布，共 6 株，其中胸径 28 厘米的 1 株，胸径 31~40 厘米的 2 株，胸径 41~50 厘米的 2 株，胸径 51 厘米的 1 株。种群极小，分布相对集中。

03：栖霞区

分布在栖霞山、南象山、何家山和乌龙山。在 44 个样地中，5 个样地有分布，总数量 11

株，其中胸径 1~10 厘米的 5 株，胸径 11~20 厘米的 3 株，胸径 21~30 厘米的 2 株，胸径 51 厘米的 1 株。种群极小，分布较分散。

04：雨花区

分布在牛首山、普觉寺和罐子山。在 24 个样地中，8 个样地有分布，总数量 27 株，其中胸径 1~10 厘米的 4 株，平均胸径 7 厘米；胸径 11~20 厘米的 10 株，平均胸径 16 厘米；胸径 21~30 厘米的 12 株，平均胸径 25 厘米；胸径 36 厘米的 1 株。种群较小，分布较广。

05：江宁区

分布在汤山林场、汤山地质公园、孟塘社区、青林社区、古泉社区、东善桥林场、横溪街道、牛首山、富贵山公墓和洪幕社区。在 223 个样地中，14 个样地有分布，总数量 43 株，株高小于 1.3 米的 1 株，胸径 1~10 厘米的 22 株，平均胸径 7 厘米；胸径 11~20 厘米的 17 株，平均胸径 16 厘米；胸径 25 厘米的 1 株；胸径 31~40 厘米的 2 株，平均胸径 36 厘米。种群较大，分布范围广。

06：溧水区

分布在溧水区林场东庐分场、平山分场、秋湖分场。在 115 个样地中，10 个样地有分布，总数量 32 株，其中 4 株株高小于 1.3 米，胸径 1~10 厘米的 21 株，胸径 11~20 厘米的 5 株，胸径 21~30 厘米的 2 株，最大胸径为 23 厘米。种群较大，分布集中。

07：主城区

在 69 个样地中仅在幕府山的一个样地有分布，共 13 株，其中株高小于 1.3 米的 2 株，胸径 1~10 厘米的 4 株，胸径 11~20 厘米的 5 株，胸径 21~30 厘米的 3 株，胸径 31~40 厘米的 3 株，胸径 43 厘米的 1 株。种群小，分布集中。

表 38　槲栎野生种质资源信息

种质资源编号	种质资源归属	林地名称	小地名	样地中心 GPS 坐标	数量（株）
01	六合区	平山		E118°51′27.97″ N32°28′15.88″	1
02	浦口区	老山林场狮子岭分场	响铃庵	E118°34′08.04″ N32°05′02.84″	4
		老山林场狮子岭分场	响铃庵	E118°34′38.39″ N32°03′32.30″	1
		星甸杜仲林场	宝塔洼子	E118°24′40.92″ N32°02′48.95″	1
03	栖霞区	栖霞山	小硬盘娱乐场	E118°57′44.15″ N32°09′18.30″	1
		南象山	南象山	E118°56′03.42″ N32°08′25.20″	1
		何家山	何家山	E118°57′20.22″ N32°08′41.82″	5
		何家山	中眉心	E118°58′10.20″ N32°08′39.54″	1
		乌龙山	乌龙山炮台西南	E118°52′01.02″ N32°09′42.48″	3
04	雨花区	牛首山		E118°44′03.88″ N31°55′10.89″	3
		牛首山		E118°44′09.75″ N31°55′12.16″	16

（续）

种质资源编号	种质资源归属	林地名称	小地名	样地中心 GPS 坐标	数量（株）
04	雨花区	牛首山		E118°44′21.70″　N31°55′25.60″	1
		牛首山		E118°44′22.53″　N31°55′29.01″	1
		普觉寺		E118°44′29.02″　N31°55′22.11″	1
		牛首山		E118°45′13.12″　N31°55′11.95″	1
		罐子山		E118°43′10.85″　N31°55′55.24″	3
		罐子山		E118°43′15.52″　N31°56′00.99″	1
05	江宁区	汤山林场黄栗墅工区	土地山	E119°01′02.54″　N32°03′44.17″	1
		汤山地质公园		E119°02′50.82″　N32°03′17.08″	1
		孟塘社区	射乌山	E119°03′31.36″　N32°06′08.14″	1
		孟塘社区	射乌山	E119°02′56.77″　N32°05′44.84″	2
		青林社区	文山	E119°04′34.18″　N32°05′14.24″	2
		古泉社区		E119°01′33.68″　N32°22′44.31″	12
		东善桥林场横山分场		E118°48′45.31″　N31°28′06.43″	1
		东善桥林场铜山分场	铜山林场管理区	E118°52′01.25″　N31°39′01.29″	1
		东善桥林场铜山分场		E118°51′12.25″　N31°39′19.60″	2
		横溪街道	横溪	E118°42′32.57″　N31°46′41.87″	13
		横溪街道蒋门山		E118°40′26.15″　N31°47′16.76″	1
		牛首山		E118°44′35.69″　N31°53′54.66″	1
		富贵山公墓		E118°32′28.22″　N31°45′46.73″	1
		洪幕社区洪幕山		E118°32′52.77″　N31°45′49.17″	4
06	溧水区	溧水区林场东庐分场	马占山	E119°08′12.00″　N31°33′60.00″	1
		溧水区林场东庐分场	马占山	E119°07′59.00″　N31°34′22.00″	1
		溧水区林场平山分场	平安山	E119°00′18.14″　N31°36′32.70″	1
		溧水区林场平山分场	平安山	E119°00′35.00″　N31°36′15.00″	3
		溧水区林场秋湖分场	龙吟湾	E119°02′36.00″　N31°33′44.00″	9
		溧水区林场秋湖分场	官塘坝	E119°01′20.00″　N31°34′42.00″	6
		溧水区林场秋湖分场	官塘坝	E119°01′34.00″　N31°40′43.00″	8
		溧水区林场秋湖分场	官塘坝	E119°01′43.00″　N31°34′50.00″	1
		溧水区林场秋湖分场	双尖山	E119°02′27.00″　N31°35′11.00″	1
		溧水区林场秋湖分场	双尖山	E119°02′55.00″　N31°34′22.00″	1
07	主城区	幕府山	仙人台下坡	E118°48′00.04″　N32°08′00.28″	13

枹栎 *Quercus serrata* Thunb.

【别名】枹树

【科属】壳斗科（Fagaceae）栎属（*Quercus*）

【树种简介】落叶乔木，高可达 25 米。树皮灰褐色。幼枝被柔毛，不久即脱落。冬芽长卵形，芽鳞多数，无毛或有极少毛。叶片薄革质，倒卵形或倒卵状椭圆形，顶端渐尖或急尖，基部楔形或近圆形，叶缘有腺状锯齿。雄花花序轴密被白毛；壳斗杯状；小苞片长三角形，边缘具柔毛。坚果卵形至卵圆形，直径 0.8~1.2 厘米，高 1.7~2 厘米，果脐平坦。花期 3~4 月，果期 9~10 月。分布于西北、西南、华南及华北地区，辽宁南部也有栽培，日本、朝鲜亦有分布。喜光、喜湿润肥沃土壤，也耐干旱瘠薄，较耐寒，常生于海拔 200~2000 米的山地或沟谷林中。树皮可提取栲胶；叶可用于饲养柞蚕；果壳有收敛固涩、涩肠止泻的功效；种子富含淀粉，可供酿酒和作饮料；材红褐色，有光泽，纹理直，质坚硬而收缩性大，可用于胶合板、造船、枕木、农具、体育用品、烧炭等用材。常用于荒山造林。

【种质资源】南京市枹栎野生种质资源共 4 份，分别归属于六合区、雨花区、江宁区和溧水区。具体种质资源信息见表 39。

01：六合区

仅分布在平山林场。在 81 个样地中，1 个样地有分布，共 3 株，其中胸径 11~20 厘米的 1 株，胸径大于 50 厘米的 2 株，最大胸径 67 厘米。种群极小，分布集中。

02：雨花区

分布在铁心桥街道、龙泉古寺、将军山、牛首山、普觉寺和罐子山。在24个样地中，17个样地有分布，总数量144株，其中胸径1~10厘米的123株，平均胸径6厘米；胸径11~20厘米的20株，平均胸径14厘米。

03：江宁区

分布在汤山林场、东山街道林场、孟塘社区、青林社区、古泉社区、东善桥林场、横溪街道、汤山街道、牛首山、洪幕社区和秣陵街道。在223个样地中，57个样地有分布，总数量308株，其中株高小于1.3米的7株，胸径1~10厘米的259株，平均胸径6厘米；胸径11~20厘米的39株，平均胸径14厘米；胸径21~30厘米的2株，平均胸径25厘米；胸径32厘米的1株。种群大，分布广。

04：溧水区

分布在溧水区林场的芳山分场、秋湖分场、平山分场和洪蓝街道无想寺社区。在115个样地中，10个样地有分布，总数量40株，其中株高小于1.3米的21株，胸径1~10厘米的15株，11~20厘米的4株，最大胸径为15厘米。种群较大，分布较广。

表39　枹栎野生种质资源信息

种质资源编号	种质资源归属	林地名称	小地名	样地中心GPS坐标	数量（株）
01	六合区	平山林场		E118°45′29.12″　N31°56′56.46″	3
		铁心桥街道韩府山		E118°45′30.33″　N31°56′48.60″	19
		铁心桥街道韩府山		E118°45′17.62″　N31°56′34.85″	25
		铁心桥街道韩府山		E118°45′17.62″　N31°56′34.85″	19
		铁心桥街道韩府山		E118°45′06.12″　N31°56′02.61″	5
		铁心桥街道韩府山		E118°45′41.51″　N31°55′44.22″	1
		龙泉古寺		E118°45′39.80″　N31°55′43.36″	1
		龙泉古寺		E118°45′51.79″　N31°55′16.54″	7
		将军山		E118°45′50.09″　N31°55′23.41″	7
02	雨花区	将军山		E118°44′03.88″　N31°55′10.89″	31
		牛首山		E118°44′09.75″　N31°55′12.16″	4
		牛首山		E118°44′18.00″　N31°55′28.39″	3
		牛首山		E118°44′21.70″　N31°55′25.60″	3
		牛首山		E118°44′22.53″　N31°55′29.01″	4
		牛首山		E118°44′28.27″　N31°55′18.77″	9
		普觉寺		E118°43′10.85″　N31°55′55.24″	1
		罐子山		E118°43′22.49″　N31°56′29.65″	2
		西善桥—罐子山		E118°45′29.12″　N31°56′56.46″	3

（续）

种质资源编号	种质资源归属	林地名称	小地名	样地中心 GPS 坐标		数量（株）
03	江宁区	汤山林场汤山一郎山		E119°03′20.34″	N32°04′16.29″	1
		汤山林场黄栗墅工区	土地山	E119°01′10.68″	N32°04′16.29″	12
		汤山林场黄栗墅工区	土地山	E119°01′13.38″	N32°04′05.95″	1
		汤山林场佘村工区	青龙山	E118°56′46.14″	N32°00′53.25″	26
		汤山林场佘村工区	青龙山	E118°56′42.46″	N32°00′47.76″	3
		汤山林场龙泉工区		E118°58′05.04″	N31°59′18.89″	43
		汤山林场龙泉工区		E118°57′43.17″	N31°59′01.10″	1
		汤山林场龙泉工区		E118°57′54.02″	N31°59′53.54″	2
		汤山林场龙泉工区		E118°58′14.15″	N32°00′12.64″	2
		汤山林场龙泉工区		E118°58′18.73″	N32°00′11.84″	11
		汤山林场龙泉工区		E118°57′54.02″	N31°59′53.54″	1
		东山街道林场		E118°56′01.27″	N31°57′51.20″	4
		东山街道林场		E118°56′03.33″	N31°57′50.81″	2
		东山街道林场		E118°55′56.56″	N31°57′55.99″	2
		孟塘社区	射乌山	E119°03′31.36″	N32°06′08.14″	11
		青林社区	白露头	E119°05′23.21″	N32°04′43.06″	1
		青林社区	白露头	E119°15′20.59″	N32°04′59.61″	2
		青林社区	女儿山	E119°04′37.17″	N32°04′21.65″	1
		青林社区	小石浪山	E119°04′50.57″	N32°04′32.13″	2
		青林社区	文山	E119°04′34.18″	N32°05′14.24″	1
		古泉社区	连山	E119°00′41.50″	N32°03′45.13″	14
		东善桥林场云台分场		E118°43′12.78″	N31°42′57.15″	1
		东善桥林场云台分场	大平山	E118°42′21.36″	N31°42′26.54″	4
		东善桥林场云台分场	太平山	E118°42′01.24″	N31°41′56.23″	2
		东善桥林场云台分场		E118°43′04.99″	N31°43′00.56″	8
		东善桥林场横山分场		E118°48′53.79″	N31°37′15.38″	3
		东善桥林场横山分场		E118°48′35.83″	N31°37′55.96″	1
		东善桥林场横山分场		E118°48′16.46″	N31°37′22.44″	2
		东善桥林场横山分场		E118°48′45.31″	N31°28′06.43″	4
		东善桥林场东善分场		E118°46′50.46″	N31°51′25.78″	3
		东善桥林场铜山分场		E118°49′41.13″	N31°38′00.37″	1
		东善桥林场铜山分场		E118°50′30.00″	N31°39′41.84″	1
		东善桥林场铜山分场		E118°52′01.25″	N31°39′01.29″	1
		东善桥林场铜山分场		E118°51′47.70″	N31°39′00.59″	1

（续）

种质资源编号	种质资源归属	林地名称	小地名	样地中心 GPS 坐标	数量（株）
		东善桥林场铜山分场		E118°51′05.98″　N31°39′01.58″	1
		横溪街道	横溪枣山	E118°42′32.57″　N31°46′41.87″	4
		横溪街道	横溪枣山	E118°42′18.24″　N31°46′38.03″	8
		横溪街道	横溪蒋门山	E118°40′26.15″　N31°47′16.76″	1
		汤山街道		E118°56′59.76″　N31°57′50.98″	1
		汤山街道		E118°57′02.58″　N31°58′12.96″	5
		汤山街道		E118°57′02.46″　N31°58′40.10″	1
		汤山街道		E119°00′03.32″　N32°00′47.47″	1
		汤山街道	天龙山	E118°58′25.06″　N32°00′23.31″	3
		牛首山		E118°44′43.64″　N31°53′23.64″	3
		牛首山		E118°44′53.71″　N31°54′07.74″	1
03	江宁区	洪幕社区		E118°33′10.13″　N31°45′49.22″	19
		洪幕社区洪幕山		E118°32′49.64″　N31°45′38.28″	63
		洪幕社区洪幕山		E118°34′19.10″　N31°45′59.13″	6
		横溪街道云台山		E118°41′25.94″　N31°42′49.41″	4
		横溪街道云台山		E118°41′51.13″　N31°43′06.23″	1
		横溪街道云台山		E118°40′48.91″　N31°42′13.90″	2
		横溪街道	横溪	E118°40′39.18″　N31°41′48.42″	1
		秣陵街道将军山		E118°46′50.72″　N31°55′57.10″	3
		秣陵街道将军山		E118°46′13.43″　N31°56′12.86″	2
		秣陵街道将军山		E118°46′45.53″　N31°55′28.55″	1
		汤山林场长山工区	黄龙山	E118°54′16.82″　N31°58′29.38″	1
		孟塘社区	射乌山	E119°03′31.36″　N32°06′08.14″	1
		溧水区林场芳山分场	芳山	E119°08′12.49″　N31°29′16.18″	5
		溧水区林场芳山分场	芳山	E119°08′21.22″　N31°29′05.52″	3
		溧水区林场芳山分场	杨树山	E119°08′30.40″　N31°30′23.68″	1
		洪蓝街道无想寺社区	顶公山	E119°00′38.52″　N31°35′18.47″	1
04	溧水区	洪蓝街道无想寺社区	顶公山	E119°01′30.56″　N31°34′55.18″	1
		溧水区林场秋湖分场	官塘坝	E119°01′20.00″　N31°34′42.00″	2
		溧水区林场秋湖分场	官塘坝	E119°01′34.00″　N31°40′43.00″	4
		溧水区林场秋湖分场	斗面山	E119°02′16.00″　N31°32′58.00″	2
		溧水区林场平山分场	尚书塘	E118°56′26.82″　N31°38′16.40″	7
		溧水区林场平山分场	尚书塘	E118°56′32.23″　N31°38′37.92″	14

短柄枹栎 *Quercus serrata* var. *brevipetiolata* (A. DC.) Nakai

【别名】 菠萝、柞树（山东）、短柄枹、短柄桴栎、短柄抱栎、短柄栎、青栲栎、思茅槠栎等

【科属】 壳斗科（Fagaceae）栎属（*Quercus*）

【树种简介】 枹栎的变种。与枹栎不同之处在于叶常聚生于枝顶，叶片较小，长椭圆状倒卵形或卵状披针形，长 5~11 厘米，宽 1.5~5 厘米；叶缘具内弯浅锯齿，齿端具腺；叶柄短，长 2~5 毫米。产辽宁南部、山西、陕西、甘肃、山东、江苏、安徽、浙江、江西、福建、台湾、河南、湖北、湖南、广东、广西、四川、贵州等省份。生于海拔 60~2000 米的山地或沟谷林中。边材浅黄白色，心材褐色；叶含蛋白质 12.31%；栎实含淀粉 46.3%，可用于酿酒和制作饮料；叶子可饲养柞蚕。

【种质资源】 南京市短柄枹栎野生种质资源共 2 份，分别归属于江宁区和主城区。具体种质资源信息见表 40。

01：江宁区

分布在汤山林场。在 223 个样地中，仅 1 个样地发现 1 株，胸径 6 厘米。

02：主城区

仅分布在幕府山。在 69 个样地中，仅 1 个样地发现 1 株，胸径 4 厘米。

表 40 短柄枹栎野生种质资源信息

种质资源编号	种质资源归属	林地名称	小地名	样地中心 GPS 坐标	数量（株）
01	江宁区	龙泉工区汤山林场		E118°58′18.73″ N32°00′11.84″	1
02	主城区	幕府山	仙人台下坡	E118°48′00.04″ N32°08′00.28″	1

青冈 *Quercus glauca* Thunb.

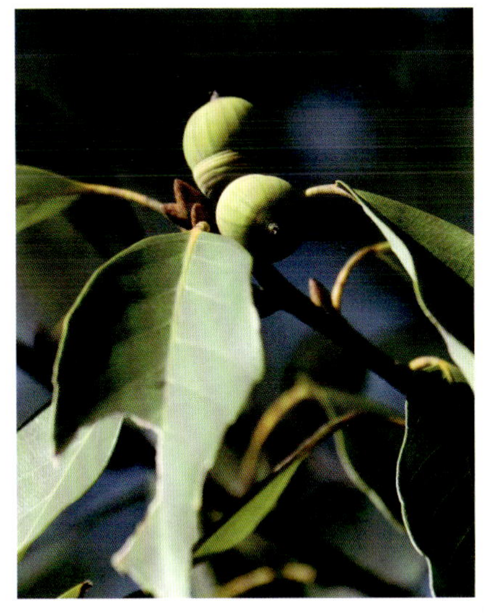

【别名】青冈栎、铁椆

【科属】壳斗科（Fagaceae）栎属（*Quercus*）

【树种简介】常绿乔木，高达 20 米，胸径可达 1 米。小枝无毛。叶片革质，倒卵状椭圆形或长椭圆形，长 6~13 厘米，宽 2~5.5 厘米，顶端渐尖或短尾状，基部圆形或宽楔形，叶缘中部以上有疏锯齿，侧脉每边 9~13 条，叶背支脉明显，叶面无毛，叶背有整齐平伏白色单毛，老时渐脱落，常有白色鳞秕；叶柄长 1~3 厘米。雄花序长 5~6 厘米，花序轴被苍色茸毛。果序长 1.5~3 厘米，着生果 2~3 个；壳斗碗形，包着坚果的 1/3~1/2，直径 0.9~1.4 厘米，高 0.6~0.8 厘米，被薄毛；小苞片合生呈 5~6 条同心环带，环带全缘或有细缺刻，排列紧密。坚果卵形、长卵形或椭圆形，直径 0.9~1.4 厘米，高 1~1.6 厘米，无毛或被薄毛，果脐平坦或微凸起。花期 4~5 月，果期 10 月。产陕西、甘肃、江苏、安徽、浙江、江西、福建、台湾、河南、湖北、湖南、广东、广西、四川、贵州、云南、西藏等省份，朝鲜、日本、印度也有分布。生于海拔 60~2600 米的山坡或沟谷，组成常绿阔叶林或常绿阔叶与落叶阔叶混交林。本种是栎属在我国分布最广的树种之一。木材坚韧，可供桩柱、车船、工具柄等用材；种子含淀粉 60%~70%，可作饲料、酿酒；皮含鞣质 16%，壳斗含鞣质 10%~15%，可制栲胶。

【种质资源】南京市青冈野生种质资源共 3 份，分别归属于雨花区、江宁区和主城区。具体种质资源信息见表 41。

01：雨花区

分布在罐子山。在调查的个 24 个样地中，仅 1 个样地有分布，总数量 1 株，株高小于 1.3 米。种群极小。

02：江宁区

分布在东善桥林场。在 223 个样地中，1 个样地有分布，总数量 37 株，其中株高小于 1.3 米的 1 株；胸径 1~10 厘米的 25 株，平均胸径 5.9 厘米；胸径 11~20 厘米的 5 株，平均胸径 11.8 厘米；胸径 21~30 厘米的 6 株，平均胸径 24.3 厘米；最大 1 株胸径为 31.6 厘米。种群较小，且小苗或幼树多，分布集中。

03：主城区

分布在紫金山。在 69 个样地中，18 个样地有分布，总数量 231 株，其中株高小于 1.3 米的 26 株，胸径 1~10 厘米的 204 株，最大 1 株胸径 11.5 厘米。种群大，分布集中，处于发育初期。

表 41　青冈野生种质资源信息

种质资源编号	种质资源归属	林地名称	小地名	样地中心 GPS 坐标		数量（株）
01	雨花区	罐子山		E118°43′15.52″	N31°56′00.99″	1
02	江宁区	东善桥林场横山工区		E118°48′35.83″	N31°37′55.96″	37
03	主城区	紫金山	头陀岭处	E118°50′25.00″	N32°04′22.00″	2
		紫金山	永慕庐两边	E118°05′02.00″	N32°04′05.00″	1
		紫金山		E118°51′03.00″	N32°04′08.00″	11
		紫金山		E118°51′13.00″	N32°04′04.00″	4
		紫金山		E118°52′12.00″	N32°03′52.00″	30
		紫金山		E118°52′12.00″	N32°03′48.00″	29
		紫金山		E118°52′05.00″	N32°03′45.00″	3
		紫金山		E118°52′01.00″	N32°03′46.00″	1
		紫金山		E118°51′21.00″	N32°04′03.00″	2
		紫金山		E118°51′22.00″	N32°04′02.00″	6
		紫金山		E118°51′35.00″	N32°03′58.00″	13
		紫金山	中马腰与猴子头间	E118°50′35.00″	N32°04′11.00″	11
		紫金山		E118°50′24.00″	N32°04′09.84″	26
		紫金山		E118°50′25.00″	N32°04′12.00″	22
		紫金山		E118°50′39.00″	N32°48′18.00″	25
		紫金山		E118°50′38.00″	N32°03′25.00″	1
		紫金山		E118°50′33.00″	N32°04′42.00″	43
		紫金山		E118°50′27.00″	N32°04′45.00″	1

江南桤木 *Alnus trabeculosa* Hand.-Mazz.

【别名】水冬瓜、萝卜木、罗白木

【科属】桦木科（Betulacea）桤木属（*Alnus*）

【树种简介】乔木，高约 10 米。树皮灰色或灰褐色，平滑。枝条暗灰褐色，无毛；小枝黄褐色或褐色。短枝和长枝上的叶大多数均为倒卵状矩圆形、倒披针状矩圆形或矩圆形，有时长枝上的叶为披针形或椭圆形，顶端锐尖、渐尖至尾状，基部近圆形或近心形，很少楔形，边缘具不规则疏细齿，下面具腺点。果序矩圆形，2~4 枚呈总状排列；序梗长 1~2 厘米；果苞木质，长 5~7 毫米，基部楔形，顶端圆楔形，具 5 枚浅裂片。小坚果宽卵形，长 3~4 毫米，宽 2~2.5 毫米；果翅厚纸质，极狭窄，宽占果的 1/4。花期 2~3 月，果期秋季。产安徽、江苏、浙江、江西、福建、广东、湖南、湖北、河南南部。生于海拔 200~1000 米的山谷或河谷的林中、岸边或村落附近。根系发达，固土能力强，是保持水土、涵养水源的优良树种，适作薪炭林和水源林。木材可培育木耳；果和树皮含单宁，可提制栲胶；叶为压青绿肥。

【种质资源】南京市江南桤木野生种质资源共 1 份，归属于江宁区。具体种质资源信息见表 42。

01：江宁区

分布在东善桥林场。在 223 个样地中，1 个样地有分布，总数量 33 株，其中胸径 1~10 厘米的 25 株，平均胸径 8 厘米；胸径 11~20 厘米的 8 株，平均胸径 13 厘米。种群较大，集中分布在谷底洼地。

表 42　江南桤木野生种质资源信息

种质资源编号	种质资源归属	林地名称	小地名	样地中心 GPS 坐标	数量（株）
01	江宁区	东善桥林场横山分场	山下坡、溪水处	E118°52′34.94″　N31°42′12.60″	33

糯米椴 *Tilia henryana* Szyszyl. var. *subglabra* V. Engl.

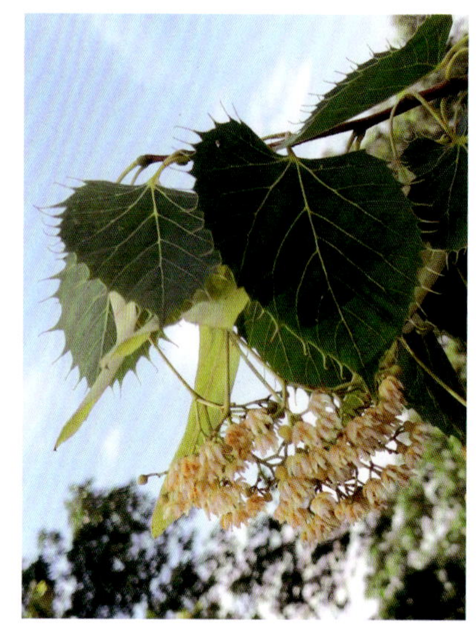

【别名】光叶糯米椴

【科属】椴树科（Tiliaceae）椴属（*Tilia*）

【树种简介】乔木。嫩枝及顶芽均无毛或近秃净。叶圆形，长 6~10 厘米，宽 6~10 厘米，上面无毛，下面除脉腋有毛丛外，其余秃净无毛。聚伞花序长 10~12 厘米，有花 30~100 朵以上，花序柄有星状柔毛；苞片狭窄倒披针形，长 7~10 厘米，宽 1~1.3 厘米，先端钝，基部狭窄，仅下面有稀疏星状柔毛。果实倒卵形，长 7~9 毫米，有棱 5 条，被星状毛。花期 6 月，果期 9~10 月。产江苏、浙江、江西、安徽。树形美观，树姿雄伟，叶大荫浓，寿命长，花香馥郁，可用作行道树或庭园观赏。花阴干后可入药，能发汗、镇静、解热；种子可榨油；嫩茎叶可喂猪，干叶可作羊的冬季饲料；树皮纤维经处理后还可编织麻袋、造纸和制人造棉；木材轻软、细致，可供建筑、家具、雕刻、火柴杆、铅笔、乐器等用。

【种质资源】南京市糯米椴野生种质资源共 2 份，分别归属于栖霞区和江宁区。溧水区杨树山的糯米椴为早期人工栽培。具体种质资源信息见表 43。

01：栖霞区

分布在栖霞山和何家山。在 44 个样地中，6 个样地有分布，共 29 株，其中胸径 1~10 厘米的 10 株，11~20 厘米的 5 株，21~30 厘米的 5 株，31~40 厘米的 6 株，大于 50 厘米的 2 株，其中最大胸径 54 厘米。种群较小，分布相对集中。

02：江宁区

分布在牛首山。在 223 个样地中，1 个样地有分布，总数量 8 株，其中胸径 8 厘米的 1 株，胸径 11 厘米的 1 株，胸径 21~30 厘米的 5 株（平均胸径 25 厘米），胸径 31 厘米 1 株。种群极小，分布集中。

表 43 糯米椴野生种质资源信息

种质资源编号	种质资源归属	林地名称	小地名	样地中心 GPS 坐标		数量（株）
01	栖霞区	栖霞山		E118°57′30.72″	N32°09′18.94″	3
		栖霞山		E118°57′29.02″	N32°09′17.68″	1
		栖霞山		E118°57′34.38″	N32°09′15.58″	19
		栖霞山	天开岩上方亭子附近	E118°57′35.04″	N32°09′28.42″	3
		栖霞山		E118°57′37.69″	N32°09′15.78″	2
		何家山	何家山	E118°57′20.22″	N32°08′41.82″	1
02	江宁区	牛首山		E118°44′20.00″	N31°54′47.62″	8

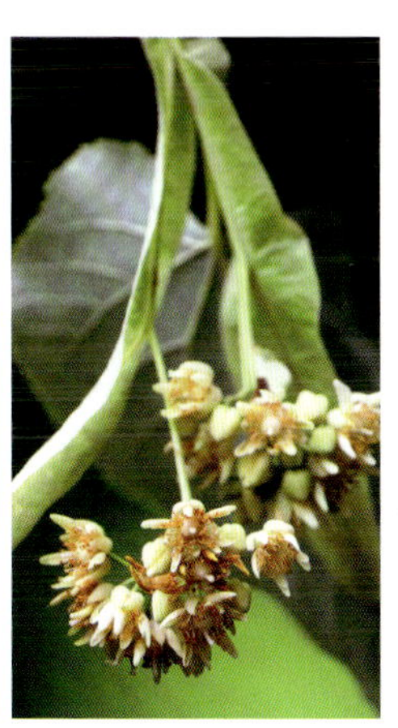

南京椴 *Tilia miqueliana* Maxim.

【别名】菩提树、菠萝椴、菠萝树

【科属】椴树科（Tiliaceae）椴属（*Tilia*）

【树种简介】乔木，高 20 米，径可达 1 米。树皮灰白色。嫩枝有黄褐色茸毛，顶芽卵形，被黄褐色茸毛。叶卵圆形，长 9~12 厘米，宽 7~9.5 厘米，先端急短尖，基部心形，整正或稍偏斜，上面无毛，下面被灰色或灰黄色星状茸毛，侧脉 6~8 对，边缘有整齐锯齿；叶柄长 3~4 厘米，圆柱形，被茸毛。聚伞花序长 6~8 厘米，有花 3~50 朵，花序柄被灰色茸毛；花柄长 8~12 毫米；苞片狭窄倒披针形，长 8~12 厘米，宽 1.5~2.5 厘米，两面有星状柔毛，初时较密，先端钝，基部狭窄，下部 4~6 厘米与花序柄合生，有短柄，柄长 2~3 毫米，有时无柄；萼片长 5~6 毫米，被灰色毛；花瓣比萼片略长；退化雄蕊花瓣状，较短小；雄蕊比萼片稍短；子房有毛，花柱与花瓣平齐。果实球形，无棱，被星状柔毛，有小凸起。花期 5 月下旬至 6 月上旬，果期 10 月。产江苏、浙江、安徽、江西、广东，日本亦有分布。南京椴是多用途树种。叶大荫浓、花香馥郁，是优良蜜源植物，可用作行道树（世界四大阔叶行道树之一）、广场绿化和庭园绿化。叶、花可制茶，嫩叶可食用；花及树皮均可入药，其浸剂有镇静、发汗、镇痉、解热、促睡眠的功效；叶粗蛋白含量达 18%~20%，可作牛羊等牲畜饲料；果实圆，果壳坚硬，可制作念珠；材色白，轻软，可供建筑、家具、造纸、雕刻、细木工等用材，也是生产木耳的上等材料；韧皮纤维发达，俗称“椴麻”，可供作人造棉、绳索及编织之用。

【种质资源】南京市南京椴野生种质资源共 5 份，分别归属于浦口区、栖霞区、江宁区、溧水区和主城区。具体种质资源信息见表 44。

01：浦口区

分布在老山林场的七佛寺分场。在调查的 198 个样地中，1 个样地有分布，总株数 2 株，胸径 21~30 厘米的 1 株，胸径 31~40 厘米的 1 株。种群极小，分布集中。

02：栖霞区

分布在何家山。在 44 个样地中，仅 1 个样地中有 1 株，为株高小于 1.3 米的幼苗。种群极小。

03：江宁区

分布在汤山林场、汤山地质公园、东善桥林场和牛首山。在调查的 223 个样地中，8 个样地有分布，总数量 108 株，其中株高小于 1.3 米的 12 株，胸径 1~10 厘米的 10 株（平均胸径 8 厘米），胸径 11~20 厘米的 37 株（平均胸径 14 厘米），胸径 21~30 厘米的 42 株（平均胸径 25 厘米），胸径 31~40 厘米的 6 株（平均胸径 33 厘米），胸径 41 厘米的 1 株。种群大，分布较集中。

04：溧水区

分布在溧水区林场的东庐分场、秋湖分场、芳山分场、石湫街道和晶桥街道。在 115 个样地中，6 个样地有分布，总数量 23 株，其中 20 株株高小于 1.3 米，2 株胸径在 1~10 厘米，1 株胸径为 11 厘米。种群小，分布分散。

05：主城区

分布在幕府山。在调查的 69 个样地中，3 个样地有分布，共 6 株，胸径 1~10 厘米的 1 株，胸径 11~20 厘米的 4 株，胸径 21~30 厘米的 1 株，最大胸径 21.3 厘米。种群极小，分布集中。

表 44　南京椴野生种质资源信息

种质资源编号	种质资源归属	林地名称	小地名	样地中心 GPS 坐标		数量（株）
01	浦口区	老山林场七佛寺分场	七佛寺分场对面	E118°36′31.50″	N32°05′08.21″	2
02	栖霞区	何家山	中眉心	E118°58′10.20″	N32°08′39.54″	1
03	江宁区	汤山林场龙泉工区		E118°58′18.73″	N32°00′11.84″	7
		汤山地质公园		E119°02′04.68″	N32°02′57.00″	4
		东善桥林场	东稔工区	E118°42′15.15″	N31°44′07.34″	12
		牛首山		E118°44′35.69″	N31°53′54.66″	8
		牛首山		E118°44′53.71″	N31°54′07.74″	6
		牛首山		E118°44′25.29″	N31°53′42.86″	3
		牛首山		E118°44′33.93″	N31°53′41.36″	54
		牛首山		E118°44′36.90″	N31°53′41.38″	14
04	溧水区	溧水区林场东庐分场	东庐山中部	E119°07′34.00″	N31°38′41.00″	4
		溧水区林场东庐分场	东庐山中部	E119°07′26.00″	N31°38′50.00″	6
		溧水区林场秋湖分场	双尖山	E119°03′06.00″	N31°34′29.00″	1
		溧水区林场芳山分场	芳山	E119°08′11.68″	N31°29′42.91″	2
		石湫街道	明觉林场	E118°53′55.51″	N31°34′43.98″	3
		晶桥街道	芳山山脚	E119°07′59.50″	N31°29′07.68″	7
05	主城区	幕府山	窑上村入口左上方	E118°47′43.00″	N32°07′38.00″	4
		幕府山		E118°47′25.00″	N32°07′43.00″	1
		幕府山	三台洞	E118°00′59.98″	N31°21′00.02″	1

扁担杆 *Grewia biloba* G. Don

【别名】扁担木、孩儿拳头

【科属】椴树科（Tiliaceae）扁担杆属（*Grewia*）

【树种简介】灌木或小乔木，高 1~4 米，多分枝。叶薄革质，椭圆形或倒卵状椭圆形，长 4~9 厘米，宽 2.5~4 厘米，先端锐尖，基部楔形或钝，边缘有细锯齿。聚伞花序腋生，多花，花序柄长不到 1 厘米；花柄长 3~6 毫米；苞片钻形，长 3~5 毫米；萼片狭长圆形，长 4~7 毫米，外面被毛，内面无毛；花瓣长 1~1.5 毫米；雌雄蕊柄长 0.5 毫米，有毛；雄蕊长 2 毫米；子房有毛，花柱与萼片平齐，柱头扩大，盘状，有浅裂。核果红色，有 2~4 颗分核。花期 5~7 月。产江西、湖南、浙江、广东、台湾、安徽、四川等省份。果实橙红鲜丽，且可宿存枝头达数月之久，为良好的观果树种；枝叶药用，味辛、甘，性温；树皮可作人造棉，宜混纺或单纺；去皮的茎可用于编织。

【种质资源】南京市扁担杆野生种质资源共 4 份，分别归属于栖霞区、雨花区、江宁区和主城区。具体种质资源信息见表 45。

01：栖霞区

分布在兴卫山、大普塘水库、灵山和太平山公园。在 44 个样地中，9 个样地有分布，总数量 45 株，其中株高小于 1.3 米的 27 株，胸径 1~3 厘米的 18 株，最大胸径 3 厘米。种群较大，分布广。

02：雨花区

分布在牛首山。在 24 个样地中，仅 1 个样地有分布，总数量 1 株，株高小于 1.3 米。

03：江宁区

分布在方山、汤山林场、东山街道林场、汤山地质公园、孟塘社区、青林社区、古泉社区、东善桥林场、横溪街道、汤山街道、西宁社区和秣陵街道。在 223 个样地中，30 个样地有分布，总数量 49 株，其中株高小于 1.3 米的 23 株，胸径 1~10 厘米的 25 株，平均胸径 5 厘米；最大 1 株胸径 40 厘米。种群较大，分布广。

04：主城区

分布在幕府山。在 69 个样地中，8 个样地有分布，共 55 株，株高小于 1.3 米的 4 株，其余 51 株为小乔木，最大胸径 6.1 厘米。种群较大，处于发育中期阶段。

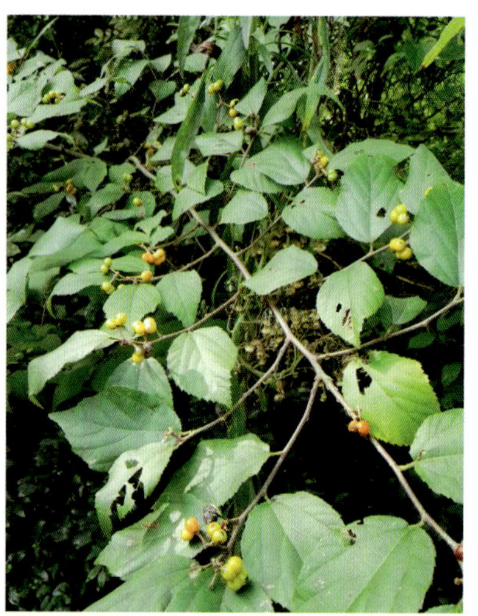

表 45　扁担杆野生种质资源信息

种质资源编号	种质资源归属	林地名称	小地名	样地中心 GPS 坐标	数量（株）
01	栖霞区	兴卫山		E118°50′44.28″　N32°05′58.56″	4
		兴卫山		E118°50′50.99″　N32°05′58.33″	1
		大普塘水库		E118°55′07.60″　N32°04′59.58″	1
		大普塘水库	对面山头	E118°55′24.02″　N32°05′03.29″	4
		灵山		E118°56′05.85″　N32°05′24.51″	6
		灵山		E118°55′42.67″　N32°05′24.80″	23
		灵山		E118°55′53.71″　N32°05′14.85″	3
		灵山		E118°55′54.70″　N32°05′14.54″	1
		太平山公园		E118°52′10.66″　N32°07′56.81″	2
02	雨花区	牛首山		E118°44′18.00″　N31°55′28.39″	1
03	江宁区	方山	栎树林	E118°51′52.28″　N31°53′53.91″	6
		方山		E118°52′25.66″　N31°53′33.98″	5
		汤山林场青龙山		E118°54′05.29″　N31°58′48.85″	1

（续）

种质资源编号	种质资源归属	林地名称	小地名	样地中心 GPS 坐标	数量（株）
03	江宁区	东山街道林场		E118°55′56.56″　N31°57′55.99″	1
		东山街道林场		E118°56′01.27″　N31°57′51.20″	1
		东山街道林场		E118°55′52.26″　N31°57′47.79″	1
		东山街道林场		E118°55′58.48″　N31°57′44.99″	2
		汤山林场龙泉工区		E118°58′09.72″　N32°00′12.98″	1
		汤山地质公园		E119°02′50.82″　N32°03′17.08″	1
		孟塘社区		E119°03′00.94″　N32°04′50.44″	1
		青林社区		E119°04′37.17″　N32°04′21.65″	1
		古泉社区		E119°01′27.51″　N32°02′48.14″	6
		古泉社区		E119°01′33.68″　N32°22′44.31″	1
		东善桥林场云台分场		E118°43′04.99″　N31°43′00.56″	1
		东善桥林场云台分场	鸡笼山	E118°41′59.67″　N31°41′55.00″	1
		东善桥林场横山分场		E118°48′57.06″　N31°37′55.30″	1
		东善桥林场横山分场分场		E118°49′08.13″　N31°38′18.84″	2
		东善桥林场横山分场		E118°48′53.79″　N31°37′15.38″	1
		东善桥林场横山分场		E118°48′28.72″　N31°37′13.83″	1
		东善桥林场横山分场		E118°48′13.76″　N31°37′39.48″	1
		东善桥林场横山分场		E118°48′14.69″　N31°37′17.87″	1
		东善桥林场横山分场		E118°48′24.69″　N31°37′27.87″	1
		东善桥林场横山分场		E118°49′51.91″　N31°38′35.46″	1
		横溪街道	枣山	E118°42′32.57″　N31°46′41.87″	1
		横溪街道	蒋门山	E118°40′26.15″　N31°47′16.76″	1
		汤山街道西猪咀凹		E118°57′02.58″　N31°58′12.96″	1
		西宁社区		E118°36′05.45″　N31°47′05.25″	2
		横溪街道	横溪	E118°41′18.01″　N31°45′45.49″	1
		横溪街道	云台山	E118°40′48.91″　N31°42′13.90″	3
		秣陵街道将军山		E118°46′45.53″　N31°55′28.55″	1
04	主城区	幕府山	窑上村入口左上方	E118°47′43.00″　N32°07′38.00″	1
		幕府山	达摩洞景区上坡	E118°47′17.00″　N32°07′47.00″	2
		幕府山	达摩洞景区上坡	E118°47′55.00″　N32°07′57.00″	1
		幕府山	达摩洞景区下坡	E118°47′54.00″　N32°07′58.00″	1
		幕府山	仙人对弈	E118°48′04.00″　N32°08′19.00″	4
		幕府山	半山禅院上中	E118°48′04.00″　N32°08′14.00″	3
		幕府山	仙人对弈左坡	E118°48′05.00″　N32°08′10.00″	22
		幕府山	仙人对弈左中坡	E118°48′06.00″　N32°08′16.00″	21

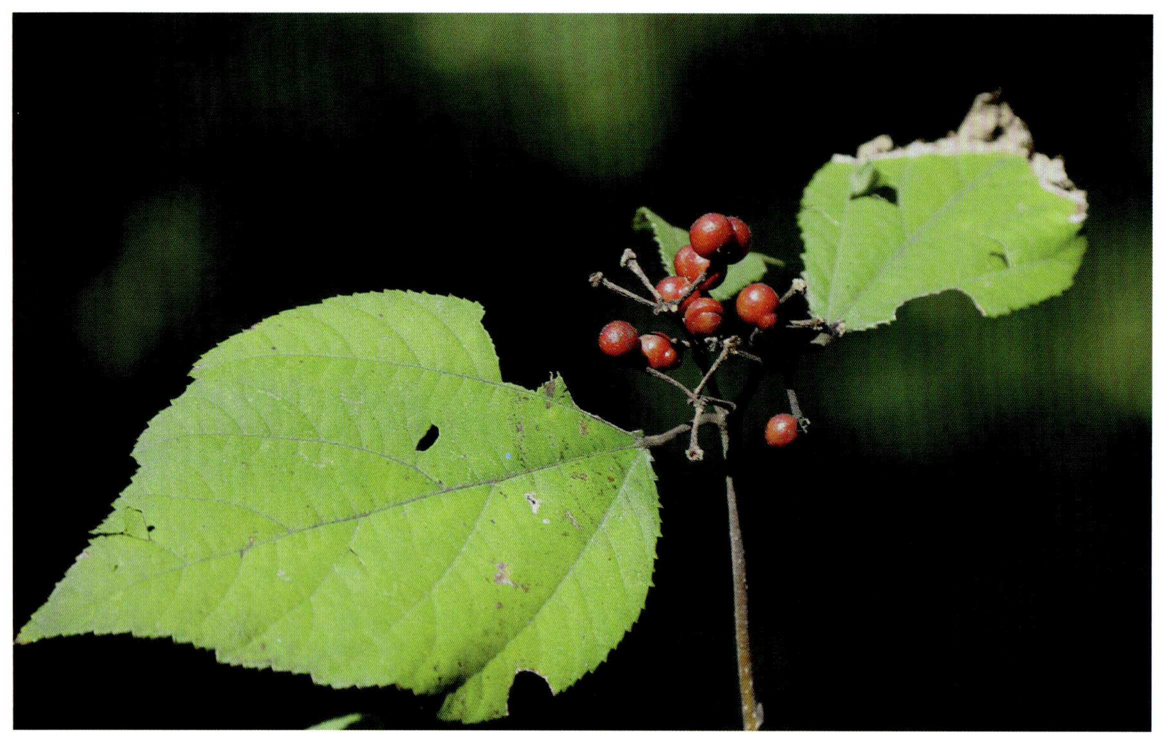

小花扁担杆 *Grewia biloba* var. *parviflora* (Bunge) Hand.-Mazz.

【别名】小花扁担木

【科属】椴树科（Tiliaceae）扁担杆属（*Grewia*）

【树种简介】灌木或小乔木，高 1~4 米，多分枝。嫩枝被粗毛。叶薄革质，椭圆形或倒卵状椭圆形，长 4~9 厘米，宽 2.5~4 厘米，先端锐尖，基部楔形或钝，叶下面密被黄褐色软茸毛，基出脉 3 条，两侧脉上行过半，中脉有侧脉 3~5 对，边缘有细锯齿；叶柄长 4~8 毫米，被粗毛；托叶钻形，长 3~4 毫米。聚伞花序腋生，多花，花序柄长不到 1 厘米；花柄长 3~6 毫米；苞片钻形，长 3~5 毫米；萼片狭长圆形，长 4~7 毫米，外面被毛，内面无毛；花朵较短小，花瓣长 1~1.5 毫米；雌雄蕊柄长 0.5 毫米，有毛；雄蕊长 2 毫米；子房有毛，花柱与萼片平齐，柱头扩大，盘状，有浅裂。核果红色，有 2~4 颗分核。花期 5~7 月。产广西、广东、湖南、贵州、云南、四川、湖北、江西、浙江、江苏、安徽、山东、河北、山西、河南、陕西等省份。喜光，稍耐阴，耐干旱、耐瘠薄、耐寒。全株入药，味甘、苦，性温，有健脾益气、祛风除湿、固精止带的功效；茎皮纤维色白、质地软，可作人造棉。还可作观果树种。

【种质资源】南京市小花扁担杆野生种质资源共 3 份，分别归属于六合区、栖霞区和溧水区。具体种质资源信息见表 46。

01：六合区

分布在平山、奶山、冶山和方山。在 81 个样地中，5 个样地有分布，共 65 株，株高均小于 1.3 米。种群较大，分布较广。

02：栖霞区

分布在兴卫山、栖霞山、北象山和何家山。在44个样地中，6个样地有分布，总数量18株，其中株高小于1.3米的16株，胸径1~2厘米的2株，最大胸径2厘米。种群小，分布分散。

03：溧水区

分布在溧水区林场东庐分场。在所调查115个样地中，仅1个样地有1株，胸径为6厘米。种群极小。

表46 小花扁担杆野生种质资源信息

种质资源编号	种质资源归属	林地名称	小地名	样地中心 GPS 坐标		数量（株）
01	六合区	平山	骡子山	E118°49′50.00″	N32°28′59.00″	23
		平山	骡子山	E118°50′14.00″	N32°28′52.00″	24
		奶山	奶山	E119°00′34.19″	N32°18′06.34″	4
		冶山		E118°56′54.00″	N32°30′30.00″	8
		方山		E118°59′20.21″	N32°18′37.63″	6
02	栖霞区	兴卫山		E118°50′40.74″	N32°05′57.12″	3
		兴卫山		E118°50′40.74″	N32°05′57.13″	3
		栖霞山		E118°57′30.72″	N32°09′18.94″	7
		北象山		E118°56′31.92″	N32°09′16.62″	2
		北象山		E118°56′25.62″	N32°09′05.28″	2
		何家山		E118°57′22.38″	N32°08′45.96″	1
03	溧水区	溧水区林场东庐分场	东庐山中部	E119°07′35.00″	N31°38′33.00″	1

梧桐 *Firmiana simplex* (L.) W. Wight

【别名】青桐、桐麻、碧梧、中国梧桐

【科属】梧桐科（Sterculiaceae）梧桐属（*Firmiana*）

【树种简介】落叶乔木，高达16米。幼树皮青绿色，平滑。叶心形，掌状3~5裂，直径15~30厘米，裂片呈三角形，顶端渐尖，基部心形，叶柄与叶片等长。圆锥花序顶生，长20~50厘米，下部分枝长达12厘米，花淡黄绿色；花梗与花几等长；雄花的雌雄蕊柄与萼等长，下半部较粗，无毛；雌花的子房圆球形，被毛。蓇葖果膜质，有柄，成熟前开裂呈叶状，长6~11厘米，宽1.5~2.5厘米，外面被短茸毛或几无毛，每蓇葖果有种子2~4个。种子圆球形，表面有皱纹，直径约7毫米。花期6月，果期9~10月。产我国南北各省，日本也有分布。材轻软，为制木匣和乐器的良材；种子炒熟可食或榨油，油为不干性油；茎、叶、花、果和种子均可药用，有清热解毒的功效。

【种质资源】南京市梧桐野生种质资源共5份，分别归属于六合区、浦口区、溧水区、高淳区和主城区。具体种质资源信息见表47。

01：六合区

分布在平山林场、冶山、瓜埠果园和灵岩山。在 81 个样地中，6 个样地有分布，共 19 株，其中株高小于 1.3 米的 3 株，胸径 1~10 厘米的 12 株，胸径 17 厘米 1 株，胸径 30 厘米 1 株，胸径 31~40 厘米的有 2 株。种群小，分布较分散。

02：浦口区

在 198 个样地中 8 个样地有分布，总株数 41 株，其中 44% 分布在星甸杜仲林场，56% 分布在老山林场的平坦分场、狮子岭分场、七佛寺分场。在 41 株中，株高小于 1.3 米的 12 株，占总数的 29%；胸径 1~10 厘米的 8 株，占总数的 20%，胸径 11~20 厘米的 3 株，占总数的 7%；胸径 21~30 厘米的 18 株，占总数的 44%。种群较大，分布较广。

03：溧水区

仅分布在溧水区林场芳山分场。在 115 个样地中仅 1 个样地有分布，共 4 株，胸径均在 1~10 厘米，最大胸径为 10 厘米。种群小，分布集中。

04：高淳区

分布在游子山林场，其他林场未见有分布。在游子山林场的 2 个样地中发现 3 株，胸径 1~10 厘米的 2 株，平均胸径 6 厘米；1 株胸径 24 厘米。种群小，分布集中。

05：主城区

主要分布在紫金山，幕府山和九华山有少量分布。在 69 个样地中 25 个样地有分布，共 90 株，其中株高小于 1.3 米的 18 株；胸径 1~10 厘米的 31 株，最大胸径为 10 厘米；胸径 11~20 厘米的 35 株；胸径大于 20 厘米的共 5 株，最大胸径 35 厘米。种群大，分布相对集中。

表 47 梧桐野生种质资源信息

种质资源编号	种质资源归属	林地名称	小地名	样地中心 GPS 坐标	数量（株）
01	六合区	平山林场		E118°51'40.01" N32°27'58.79"	3
		平山林场		E118°51'27.97" N32°28'15.88"	1
		平山林场		E118°49'53.5" N32°47'9.18"	5
		冶山		E118°56'21.8" N32°30'35.68"	4
		瓜埠果园		E118°54'4" N32°15'18"	2
		灵岩山		E118°53'20.85" N32°18'52.36"	4
02	浦口区	老山林场平坦分场	横山沟旁	E118°31'14.43" N32°4'19.78"	2
		老山林场平坦分场	匪集场道旁	E118°32'1.92" N32°4'24.81"	13
		老山林场平坦分场	门坎里山	E118°32'23.84" N32°3'54.86"	1
		老山林场平坦分场	门坎里—大小女儿山	E118°32'19.61" N32°4'25.97"	1
		老山林场狮子岭分场	响铃庵	E118°34'29" N32°3'28.41"	3

（续）

种质资源编号	种质资源归属	林地名称	小地名	样地中心 GPS 坐标	数量（株）
02	浦口区	老山林场狮子岭分场	大洼口—狮平路	E118°33'57.22" N32°5'37.83"	2
		老山林场七佛寺分场	七佛寺分场旁	E118°36'11.86" N32°5'28.29"	1
		星甸杜仲林场	山喷码子	E118°24'30.16" N32°3'9.77"	18
03	溧水区	溧水区林场芳山分场	杨树山	E119°08′30.40″ N31°30′23.68″	4
04	高淳区	游子山林场	青阳殿对面	E119°00′36.83″ N31°20′32.92″	2
		游子山林场	真武庙前	E119°00′36.53″ N31°20′47.45″	1
05	主城区	紫金山	永慕庐两边	E118°5'2" N32°4'5"	5
		紫金山		E118°51'13" N32°4'4"	4
		紫金山		E118°52'1" N32°3'46"	1
		紫金山		E118°52'2" N32°3'47"	1
		紫金山		E118°51'22" N32°4'2"	1
		紫金山		E118°51'35" N32°3'58"	1
		紫金山		E118°50'25" N32°4'12"	10
		紫金山		E118°50'24" N32°3'56"	29
		紫金山		E118°50'38" N32°3'25"	1
		紫金山		E118°50'35" N32°4'29"	1
		紫金山	山北坡中上段	E118°50'40" N32°4'23"	1
		紫金山	山北坡中上段	E118°50'39" N32°4'23"	1
		紫金山	山北坡中上段	E118°50'38" N32°4'23"	2
		紫金山	山北坡中上段	E118°50'39" N32°4'24"	3
		紫金山	山北坡中上段	E118°50'40" N32°4'24"	1
		紫金山	山北坡中上段	E118°50'39" N32°4'25"	1
		紫金山	山北坡中上段	E118°50'40" N32°4'26"	3
		九华山	三藏塔下坡	E118°48'8" N32°3'44"	2
		幕府山		E118°47'25" N32°7'45"	5
		幕府山		E118°47'25" N32°7'43"	5
		幕府山		E118°47'25" N32°7'46"	3
		幕府山		E118°47'23" N32°7'45"	1
		幕府山	达摩洞景区	E118°47'17" N32°7'47"	5
		幕府山	仙人对弈下坡	E118°48'5" N32°8'16"	1
		幕府山	三台洞下坡	E118°48'0.04" N32°8'0.28"	2

柞木 *Xylosma congesta* (Lour.) Merr.

【别名】红心刺、葫芦刺、蒙子树、凿子树

【科属】杨柳科（Salicaceae）柞木属（*Xylosma*）

【树种简介】常绿大灌木或小乔木，高 4~15 米。树皮棕灰色，不规则从下面向上反卷呈小片，裂片向上反卷。幼时有枝刺，结果枝无刺。叶薄革质，深绿色，叶柄短，呈椭圆形，雌雄株稍有区别，通常雌株的叶有变化，菱状椭圆形至卵状椭圆形，先端渐尖，基部楔形或圆形，边缘有锯齿，两面无毛或在近基部中脉有污毛；叶柄有短毛。花较小，呈椭圆形，总状花序腋生；花萼 4~6 片，卵形，外面有短毛；花瓣缺；雄花有多数雄蕊，花丝细长，花药椭圆形。浆果较小，黑色，球形，顶端有宿存花柱。花期 5~7 月，果期 9~10 月。产秦岭以南和长江以南各省份，朝鲜、日本也有分布。生于海拔 800 米以下的林边、丘陵和平原或村边灌丛中。树形优美，可作观赏树种。其材质坚实，纹理细密，材色棕红，供家具农具等用；叶、刺供药用；蜜源植物。

【种质资源】南京市柞木野生种质资源共 2 份，分别归属于江宁区和高淳区。具体种质资源信息见表 48。

01：江宁区

分布在孟塘社区、青林社区和古泉社区。在 223 个样地中 4 个样地有分布，共 4 株，株高均小于 1.3 米。种群极小，呈零散分布。

02：高淳区

仅分布在游子山林场。在高淳区所调查的 53 个样地中，5 个样地有分布，共 9 株，其中胸径 1~10 厘米的 5 株，胸径 11~20 厘米的 4 株。种群极小，呈零散分布。

表 48　柞木野生种质资源信息

种质资源编号	种质资源归属	林地名称	小地名	样地中心 GPS 坐标	数量（株）
01	江宁区	孟塘社区	培山	E119°03′08.21″　N32°04′44.50″	1
		青林社区	文山	E119°04′54.97″　N32°05′20.41″	1
		古泉社区		E119°01′29.37″　N32°02′49.72″	1
		古泉社区		E119°01′27.51″　N32°02′48.14″	1
02	高淳区	游子山林场	青阳殿对面	E119°00′36.83″　N31°20′32.92″	5
		游子山林场	花山游山上段路旁	E118°57′47.58″　N31°16′10.28″	1
		游子山林场	花山游山中段路旁	E118°57′51.60″　N31°16′09.00″	1
		游子山林场	中中山	E118°00′31.18″　N31°21′21.05″	1
		游子山林场	青阳殿对面	E119°00′40.79″　N31°20′30.87″	1

响叶杨 *Populus adenopoda* Maxim.

【别名】绵杨（周至）

【科属】杨柳科（Salicaceae）杨属（*Populus*）

【树种简介】乔木，高15~30米。树皮灰白色，光滑，老时深灰色，纵裂；树冠卵形。小枝较细，暗赤褐色，被柔毛；老枝灰褐色，无毛。芽圆锥形，有黏质，无毛。叶卵状圆形或卵形，长5~15厘米，宽4~7厘米，先端长渐尖，基部截形或心形，稀近圆形或楔形，边缘有内曲圆锯齿，齿端有腺点，上面无毛或沿脉有柔毛，深绿色，光亮，下面灰绿色。雄花序长6~10厘米，苞片条裂，有长缘毛，花盘齿裂。果序长12~20（30）厘米；花序轴有毛；蒴果卵状长椭圆形。花期3~4月，果期4~5月。产陕西、河南、安徽、江苏、浙江、福建、江西、湖北、湖南、广西、四川、贵州和云南等省份。生于海拔300~2500米的阳坡灌丛中、杂木林中，或沿河两旁，有时呈小片纯林或与其他树种混交成林。响叶杨为长江中下游海拔1000米以下山区土层深厚区域重要造林树种。木材白色，心材微红，干燥易裂，可供建筑、器具、造纸等用；根入药，行气温中，主治胃脘疼痛、消化不良。

【种质资源】南京市响叶杨野生种质资源共2份，分别归属于浦口区和江宁区。具体种质资源信息见表 49。

01：浦口区

分布在老山林场的平坦分场、七佛寺分场和星甸杜仲林场，其中 95% 分布在星甸杜仲林场。在 198 个样地中 4 个样地有分布，共 58 株，其中株高小于 1.3 米的 20 株，胸径 1~10 厘米的 25 株，胸径 11~20 厘米的 9 株，胸径 21~30 厘米的 3 株，最大 1 株胸径 74 厘米。种群较大，分布相对集中。

02：江宁区

分布在汤山林场、孟塘社区、青林社区、东善桥林场、洪幕社区和横溪街道，其中东善桥林场分布最多。在调查的 223 个样地中 14 个样地有分布，共 47 株，其中株高小于 1.3 米 1 株，胸径 1~10 厘米 17 株（平均胸径 7.4 厘米），胸径 11~20 厘米 25 株（平均胸径 13.5 厘米），胸径 21~30 厘米的 2 株（平均胸径 27.5 厘米），胸径 31~40 厘米 2 株（平均胸径 32 厘米）。种群较大，分布较广。

表 49　响叶杨野生种质资源信息

种质资源编号	种质资源归属	林地名称	小地名	样地中心 GPS 坐标	数量（株）
01	浦口区	老山林场平坦分场	虎洼山脊	E118°33'47.06" N32°3'58.29"	1
		老山林场七佛寺分场	老山中学	E118°35'10.03" N32°6'43.61"	2
		星甸杜仲林场	观音洞下	E118°23'35.7" N32°3'15.64"	20
		星甸杜仲林场	观音洞下	E118°23'35.04" N32°3'16.09"	35
02	江宁区	汤山林场佘村工区	青龙山	E118°55'60" N31°59'59.64"	1
		汤山林场龙泉工区		E118°58'18.73" N32°0'11.84"	1
		孟塘社区	射乌山	E119°3'27.54" N32°6'8.04"	20
		孟塘社区	射乌山	E119°2'56.77" N32°5'44.84"	1
		青林社区	白露头	E119°5'23.21" N32°4'43.06"	6
		青林社区	白露头	E119°25'33.41" N32°4'52.23"	2
		青林社区	文山	E119°4'10.68" N32°5'12.67"	1
		青林社区	文山	E119°4'47.28" N32°5'16.77"	1
		青林社区	文山	E119°4'47.28" N32°5'16.77"	1
		东善桥林场横山分场		E118°48'12.38" N31°37'10.3"	3
		东善桥林场横山分场		E118°49'26.97" N31°38'12.31"	1
		洪幕社区洪幕山		E118°32'52.77" N31°45'49.17"	7
		洪幕社区		E118°34'42.5" N31°44'52.9"	1
		横溪街道	横溪	E118°40'58.66" N31°44'4.32"	1

腺柳 *Salix chaenomeloides* Kimura

【别名】河柳《中国树木分类学》、彩叶柳、大叶柳、紫柳、紫心柳、红心柳

【科属】杨柳科（Salicaceae）柳属（*Salix*）

【树种简介】落叶小乔木。枝暗褐色或红褐色，有光泽。叶椭圆形、卵圆形至椭圆状披针形，长4~8厘米，宽1.8~3.5（4）厘米，先端急尖，基部楔形，稀近圆形，两面光滑，上面绿色，下面苍白色或灰白色，边缘有腺锯齿。花序梗和轴有柔毛；苞片小，卵形，长约1毫米；花序梗长达2厘米；轴被茸毛，子房狭卵形，具长柄，无毛，花柱缺，柱头头状或微裂；苞片椭圆状倒卵形，与子房柄等长或稍短；腺体2，基部连结成假花盘状；背腺小。蒴果卵状椭圆形，长3~7毫米。花期4月，果期5月。产辽宁（丹东）及黄河下、中游流域诸省份，朝鲜、日本也有分布。多生于海拔1000米以下的（在辽宁海拔仅几十米）山沟水旁。树形美观，色彩亮丽，春季新梢叶呈紫红色；初夏成嫣红色，夏季叶转黄色；秋凉后又转绿色，观赏性极强。

【主要用途】南京市腺柳野生种质资源共2份，分别归属于浦口区和江宁区。具体种质资源信息见表50。

01：浦口区

仅分布在星甸杜仲林场。在198个样地中，3个样地有分布，共19株，其中株高小于1.3米的10株，胸径1~10厘米的6株，胸径15~20厘米的3株。种群小，分布集中。

02：江宁区

分布在秣陵街道。在调查的223个样地中，1个样地有分布，且仅有1株，胸径为17.8厘米。种群极小。

表50　腺柳野生种质资源信息

种质资源编号	种质资源归属	林地名称	小地名	样地中心GPS坐标		数量（株）
01	浦口区	星甸杜仲林场	亭子山	E118°24'1.49"	N32°3'0.46"	10
		星甸杜仲林场	亭子山	E118°24'59.26"	N32°3'59.56"	2
		星甸杜仲林场	林业队	E118°24'18.95"	N32°3'29.93"	7
02	江宁区	秣陵街道将军山		E118°46'13.43"	N31°56'12.86"	1

紫柳 *Salix wilsonii* Seemen ex Diels

【别名】紫茎柳、篮筐柳

【科属】杨柳科（Salicaceae）柳属（*Salix*）

【树种简介】乔木，高可达 13 米。1 年生枝暗褐色，嫩枝有毛，后无毛。叶椭圆形、广椭圆形至长圆形，稀椭圆状披针形，先端急尖至渐尖，基部楔形至圆形，幼叶常发红色，上面绿色，下面苍白色，边缘有圆锯齿或圆齿。花与叶同时开放，疏花，轴密生白柔毛；花序梗长 1~2 厘米，有 3（5）小叶；雄花序长 2.5~6 厘米，粗 6~7 毫米。蒴果卵状长圆形。花期 3 月底至 4 月上旬，果期 5 月。产湖北、湖南、江西、安徽、浙江、江苏等省份。生于平原及低山地区的水边堤岸上。生长迅速，根系发达，喜湿，可用作护岸、庭荫树。

【种质资源】南京市紫柳野生种质资源共 1 份，归属于浦口区。具体种质资源信息见表 51。

01：浦口区

仅分布在老山林场的狮子岭分场。在 198 个样地中，1 个样地有分布，共 25 株，其中胸径 1~10 厘米的 19 株，平均胸径 8 厘米，占总数的 76%；胸径 11~20 厘米的 6 株，平均胸径 14 厘米，占总数的 24%。种群小，分布集中。

表 51 紫柳野生种质资源信息

种质资源编号	种质资源归属	林地名称	小地名	样地中心 GPS 坐标	数量（株）
01	浦口区	老山林场狮子岭分场	响堂水库边	E118°35'11.87" N32°4'30.77"	25

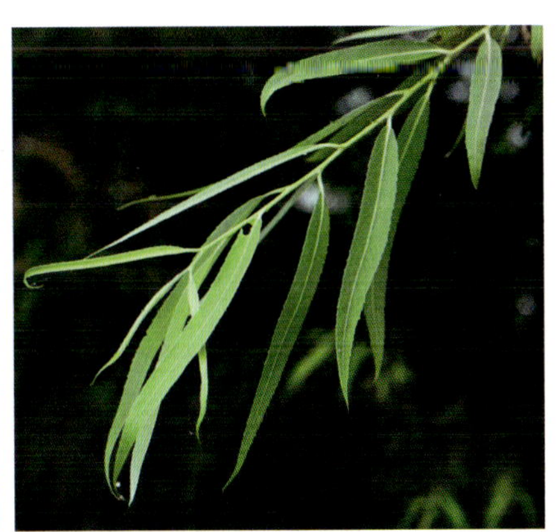

旱柳 *Salix matsudana* Koidz.

【别名】直柳

【科属】杨柳科（Salicaceae）柳属（*Salix*）

【树种简介】落叶乔木，高可达 20 米，胸径可达 100 厘米。大枝斜上，树冠广圆形。树皮暗灰黑色，有裂沟。枝细长，直立或斜展，浅褐黄色或带绿色，后变褐色。叶披针形，长 5~10 厘米，宽 1~1.5 厘米，先端长渐尖，基部窄圆形或楔形，上面绿色，无毛，有光泽，下面苍白色或带白色，有细腺锯齿缘。花序与叶同时开放；雄花序圆柱形，长 1.5~2.5（3）厘米，粗约 6~8 毫米；雌花序较雄花序短，长达 2 厘米，粗 4 毫米，有 3~5 小叶生于短花序梗上。果序长达 2（2.5）厘米。花期 4 月，果期 4~5 月。生于东北、华北平原、西北黄土高原，西至甘肃、青海，南至淮河流域以及浙江、江苏，为平原地区常见树种。朝鲜、日本、俄罗斯远东地区也有分布。耐干旱、水湿、寒冷。枝条柔软，树冠丰满，常用作庭荫树、行道树，亦用作公路树、防护林及沙荒造林。嫩叶或枝叶入药，味微苦，性寒，有散风、祛湿、清湿热的功效；材坚韧、花纹秀丽、色泽柔和、简洁清雅，宜制作家具或用于雕刻；细的柳枝还可用于编制柳筐、帽等用具和其他轻巧的工艺品。

【种质资源】南京市旱柳野生种质资源共 2 份，分别归属于江宁区和溧水区。具体种质资源信息见表 52。

01：江宁区

分布在秣陵街道。在 223 个样地中，1 个样地有分布，总数量 1 株，胸径 13 厘米。种群极小。

02：溧水区

分布在洪蓝街道。在 115 个样地中，仅 1 个样地有 2 株，胸径分别为 9 厘米和 13 厘米，种群极小。

表 52　旱柳野生种质资源信息

种质资源编号	种质资源归属	林地名称	小地名	样地中心 GPS 坐标		数量（株）
01	江宁区	秣陵街道将军山		E118°46′13.43″	N31°56′12.86″	1
02	溧水区	洪蓝街道无想寺社区	顶公山	E119°01′31.80″	N31°35′48.46″	2

南烛 *Vaccinium bracteatum* Thunb.

【别名】乌饭树、米饭花、苞越桔、米碎子木、称杆树、大禾子、零丁子、乌饭子、饭筒树、康菊紫、乌饭叶、米饭树、染菽

【科属】杜鹃花科（Ericaceae）越橘属（*Vaccinium*）

【树种简介】常绿灌木或小乔木，高 2~9 米。叶片薄革质，椭圆形、菱状椭圆形、披针状椭圆形至披针形，顶端锐尖、渐尖，稀长渐尖，基部楔形、宽楔形，稀钝圆，边缘有细锯齿，两面无毛。总状花序顶生和腋生，花序轴密被短柔毛稀无毛；花梗密被短毛或近无毛；萼筒密被短柔毛或茸毛，稀近无毛，萼齿短小，三角形，密被短毛或无毛；花冠白色，筒状，有时略呈坛状；花盘密生短柔毛。浆果熟时紫黑色，外面通常被短柔毛，稀无毛。花期 6~7 月，果期 8~10 月。产华东、华中、华南至西南、台湾省，朝鲜、日本（南部）及印度尼西亚、中南半岛诸国、马来半岛、也有分布。喜温暖气候及酸性土地，耐旱、耐寒、耐瘠薄，生于山坡、路旁或灌丛中。果实成熟后酸甜可食，入药名“南烛子”，有强筋益气、固精之效；采摘枝、叶渍汁浸米，煮成“乌饭”，江南一带民间在寒食节（农历四月）有煮食乌饭的习惯；江西民间草医用其叶捣烂治刀斧砍伤；根散瘀，可止痛，主治牙痛和跌伤肿痛。

【种质资源】南京市南烛野生种质资源共 2 份，分别归属于雨花区和江宁区。具体种质资源信息见表 53。

01：雨花区

分布在铁心桥街道和秣陵街道。在24个样地中，2个样地有分布，共6株，其中2株株高小于1.3米，胸径1~5厘米的4株。种群极小。

02：江宁区

分布在汤山林场、东山街道林场、青林社区、东善桥林场、横溪街道、汤山街道、牛首山、洪幕社区、天台山，其中洪幕社区分布数量最多，占调查总数的83%。在223个样地中，14个样地有分布，共507株，其中506株株高小于1.3米，1株胸径2.5厘米，种群大，处于发育初期。

表 53　南烛野生种质资源信息

种质资源编号	种质资源归属	林地名称	小地名	样地中心 GPS 坐标	数量（株）
01	雨花区	铁心桥街道韩府山		E118°45′30.33″　N31°56′48.60″	5
		秣陵街道将军山		E118°45′09.45″　N31°56′08.89″	1
02	江宁区	汤山林场黄栗墅工区	土地山	E119°01′10.68″　N32°04′16.29″	1
		汤山林场黄栗墅工区	土地山	E119°01′02.54″　N32°03′44.17″	1
		汤山林场黄栗墅工区	土地山	E119°01′13.38″　N32°04′05.95″	1
		东山街道林场		E118°56′01.27″　N31°57′51.20″	1
		青林社区	女儿山	E119°04′37.17″　N32°04′21.65″	1
		东善桥林场云台分场		E118°43′12.78″　N31°42′57.15″	1
		东善桥林场横山分场		E118°48′35.83″　N31°37′55.96″	1
		东善桥林场铜山分场		E118°50′30.00″　N31°39′41.84″	70
		东善桥林场铜山分场	铜山分场管理区	E118°52′01.25″　N31°39′01.29″	1
		横溪街道	横溪枣山	E118°42′32.57″　N31°46′41.87″	1
		汤山街道		E119°00′03.32″　N32°00′47.47″	1
		牛首山		E118°44′43.64″　N31°53′23.64″	1
		洪幕社区		E118°33′10.13″　N31°45′49.22″	425
		天台山		E118°41′51.13″　N31°43′06.23″	1

老鸦柿 *Diospyros rhombifolia* Hemsl.

【别名】 山柿子、野山柿、野柿子、丁香柿

【科属】 柿科（Ebenaceae）柿属（*Diospyros*）

【树种简介】 落叶小乔木，高可达 8 米。树皮灰色，平滑。多枝，分枝低，有枝刺；枝深褐色或黑褐色，无毛，散生椭圆形的纵裂小皮孔；小枝略曲折，褐色至黑褐色，有柔毛。冬芽小，长约 2 毫米，有柔毛或粗伏毛。叶纸质，菱状倒卵形，长 4~8.5 厘米，宽 1.8~3.8 厘米，先端钝，基部楔形，上面深绿色，沿脉有黄褐色毛，后变无毛，下面浅绿色，疏生伏柔毛。雄花生当年生

枝下部；花萼4深裂，裂片三角形；雌花散生当年生枝下部；花萼4深裂，几裂至基部，裂片披针形；花冠壶形，花冠管长约3.5毫米，宽约4毫米；子房卵形，密生长柔毛，4室；果柄纤细，长1.5~2.5厘米。宿存萼4深裂，裂片革质，长圆状披针形，长1.6~2厘米，宽4~6毫米，先端急尖，有明显的纵脉；果单生，球形，直径约2厘米，嫩时黄绿色，有柔毛，后变橙黄色，熟时橘红色，有蜡状光泽，无毛，顶端有小突尖。有种子2~4颗，呈褐色，半球形或近三棱形，长约1厘米，宽约6毫米，背部较厚。花期4~5月，果期9~10月。产浙江、江苏、安徽、江西、福建等地。生于山坡灌丛或山谷沟畔林中。果形小巧，果色多样而艳丽，挂果期长，是理想的观果树种，可用于庭院、小区绿化，也可制作盆景；果可提取柿漆，供涂漆鱼网、雨具等用。

【种质资源】南京市老鸦柿野生种质资源共8份，分别归属于六合区、浦口区、栖霞区、雨花区、江宁区、溧水区、高淳区和主城区。具体种质资源信息见表54。

01：六合区

主要分布在灵岩山，冶山也有少量分布。在81个样地中，6个样地有分布，总数量41株，其中株高小于1.3米的36株，占总数的88%；胸径1~5厘米的5株，占总数的12%，最大胸径2厘米。种群较大，分布相对集中。

02：浦口区

主要分布在老山林场的的平坦分场、西山分场、狮子岭分场、七佛寺分场、东山分场、铁路林分场，星甸杜仲林场、龙王山林场，定山林场和大桥林场也有零星分布。在198个样地中，38个样地有分布，总数量1048株，其中株高小于1.3米的1026株，占总数的98%；胸径1~5厘米的22株，最大胸径3厘米。种群极大，分布广。

03：栖霞区

主要分布在灵山，兴卫山、栖霞山、西岗街道、大普塘水库、羊山和南象山也有分布。在44个样地中，11个样地有分布，总数量127株，其中株高小于1.3米的108株，占总数的85%；胸径1~5厘米的19株，占总数的15%，最大胸径3厘米。种群大，分布广。

04：雨花区

分布在牛首山和将军山。在24个样地中，4个样地有分布，总数量4株，株高均小于1.3米。种群小。

05：江宁区

分布在方山、汤山林场、东山街道林场、汤山地质公园、孟塘社区、青林社区、古泉社区、东善桥林场、横溪街道、牛首山、洪幕社区和西宁社区。在223个样地中，50个样地有分布，总数量355株，其中株高小于1.3米的343株，胸径1~5厘米的12株，最大胸径2厘米。种群大，分布广泛。

06：溧水区

主要分布在溧水区林场芳山分场。在115个样地中，3个样地有分布，总数量7株，胸径都在1~3厘米，最大胸径3厘米。种群小，分布集中。

07：高淳区

仅在游子山林场有分布。在 53 个样地中，2 个样地共发现 2 株，株高均小于 1.3 米。种群小，分布集中。

08：主城区

分布在紫金山和幕府山。在 69 个样地中，48 个样地有分布，共 1903 株，其中株高小于 1.3 米的 637 株，其余 1266 株胸径在 1~5 厘米，最大胸径 4.5 厘米。种群极大，分布集中。

表 54 老鸦柿野生种质资源信息

种质资源编号	种质资源归属	林地名称	小地名	样地中心 GPS 坐标	数量（株）
01	六合区	冶山		E118°56′49.13″ N32°29′55.03″	5
		冶山		E118°56′49.13″ N32°29′55.03″	5
		灵岩山		E118°52′56.00″ N32°18′15.00″	1
		灵岩山		E118°53′00.23″ N32°18′35.40″	11
		灵岩山		E118°53′13.00″ N32°18′20.00″	6
		灵岩山		E118°53′11.48″ N32°18′27.96″	13
02	浦口区	老山林场平坦分场	横山沟旁	E118°31′14.43″ N32°04′19.78″	5
		老山林场平坦分场	横山半坡	E118°31′11.77″ N32°04′13.89″	35
		老山林场平坦分场	大姑山	E118°30′24.14″ N32°04′04.44″	10
		老山林场平坦分场	匪集场道旁	E118°31′58.93″ N32°04′11.24″	3
		老山林场平坦分场	麒麟洼	E118°32′36.25″ N32°03′56.41″	5
		老山林场平坦分场	大平山	E118°33′51.02″ N32°04′18.20″	30
		老山林场平坦分场	虎洼山脊	E118°33′47.06″ N32°03′58.29″	15
		老山林场平坦分场	虎洼山脊	E118°33′25.82″ N32°03′46.15″	40
		老山林场平坦分场	虎洼山脊	E118°33′21.49″ N32°03′48.09″	3
		老山林场西山分场	西山—九峰寺旁	E118°25′41.49″ N32°03′45.74″	59
		老山林场西山分场	西山—杨喷后	E118°26′05.77″ N32°04′18.59″	20
		老山林场西山分场	西山—煤峰口	E118°26′53.81″ N32°03′57.60″	30
		老山林场西山分场	西山—牯牛棚	E118°27′13.88″ N32°04′09.50″	30
		老山林场狮子岭分场	狮子岭分场背后山	E118°33′00.83″ N32°03′51.44″	104
		老山林场狮子岭分场	兴隆寺旁	E118°31′36.08″ N32°03′05.09″	2
		老山林场七佛寺分场	吴家大洼	E118°37′12.09″ N32°06′03.87″	30
		老山林场七佛寺分场	四道桥	E118°37′36.45″ N32°06′06.56″	20
		老山林场七佛寺分场	黄山岭	E118°35′32.83″ N32°05′46.91″	30
		老山林场七佛寺分场	黑桃洼	E118°35′33.90″ N32°06′34.80″	20
		老山林场七佛寺分场	老母猪沟	E118°36′34.76″ N32°06′21.58″	20
		老山林场七佛寺分场	七佛寺分场旁	E118°36′11.86″ N32°05′28.29″	17

（续）

种质资源编号	种质资源归属	林地名称	小地名	样地中心 GPS 坐标		数量（株）
		老山林场东山分场	椅子山顶	E118°37′49.14″	N32°06′44.10″	36
		老山林场铁路林分场	实验林旁	E118°40′51.19″	N32°08′58.53″	5
		老山林场铁路林分场	羊鼻山脊	E118°40′49.98″	N32°08′52.39″	23
		老山林场铁路林分场	丁家硇水库北侧路旁	E118°39′31.64″	N32°08′30.85″	5
		星甸杜仲林场	大槽洼	E118°23′55.09″	N32°02′33.68″	1
		星甸杜仲林场	华济山	E118°23′47.84″	N32°03′13.33″	100
		星甸杜仲林场	观音洞下	E118°23′35.04″	N32°03′16.09″	30
		星甸杜仲林场	山喷码子	E118°24′30.16″	N32°03′09.77″	100
02	浦口区	星甸杜仲林场	山喷码字上	E118°24′31.92″	N32°03′10.74″	6
		星甸杜仲林场	水井山	E118°24′59.68″	N32°03′17.16″	80
		星甸杜仲林场	西山沟	E118°24′17.42″	N32°03′33.86″	30
		星甸杜仲林场	林业队	E118°24′45.57″	N32°03′52.98″	50
		星甸杜仲林场	蒋家坝堰	E118°24′35.87″	N32°02′30.14″	1
		龙王山林场	龙王山	E118°42′43.66″	N32°11′52.70″	27
		龙王山林场	龙王山	E118°42′45.03″	N32°11′51.05″	21
		定山林场	定山寺旁	E118°39′03.81″	N32°07′51.05″	3
		大桥林场	老虎洞	E118°41′13.35″	N32°09′24.49″	2
		兴卫山		E118°50′50.99″	N32°05′58.33″	2
		栖霞山		E118°57′26.93″	N32°09′18.98″	1
		栖霞山		E118°57′29.21″	N32°09′14.10″	2
		栖霞山		E118°57′19.16″	N32°09′23.65″	9
		西岗街道	西岗果牧场对面山头南坡	E118°58′45.05″	N32°05′46.39″	6
03	栖霞区	大普塘水库		E118°55′24.02″	N32°05′03.29″	9
		灵山		E118°56′05.85″	N32°05′24.51″	10
		灵山		E118°55′42.67″	N32°05′24.80″	57
		灵山		E118°55′53.71″	N32°05′14.85″	2
		羊山		E118°55′56.24″	N32°06′47.59″	28
		南象山	衡阳寺	E118°55′50.16″	N32°08′08.70″	1
		牛首山		E118°44′03.88″	N31°55′10.89″	1
04	雨花区	牛首山		E118°44′09.75″	N31°55′12.16″	1
		牛首山		E118°44′21.70″	N31°55′25.60″	1
		将军山		E118°45′02.55″	N31°55′21.68″	1
		方山	栎树林	E118°51′52.28″	N31°53′53.91″	1
05	江宁区	方山	朴树林	E118°52′00.76″	N31°53′35.37″	17
		方山		E118°52′29.32″	N31°53′46.94″	1

（续）

种质资源编号	种质资源归属	林地名称	小地名	样地中心 GPS 坐标	数量（株）
05	江宁区	方山		E118°52′34.25″ N31°53′49.41″	1
		方山		E118°33′58.37″ N31°54′10.02″	1
		方山		E118°52′25.66″ N31°53′33.98″	100
		汤山林场长山工区	黄龙山	E118°54′16.82″ N31°58′29.38″	100
		汤山林场长山工区	青龙山	E118°54′05.29″ N31°58′48.85″	1
		汤山林场佘村工区	青龙山	E118°56′40.70″ N32°00′10.51″	1
		汤山林场佘村工区	青龙山	E118°56′46.14″ N32°00′53.25″	1
		汤山林场佘村工区	青龙山	E118°56′26.21″ N32°00′09.95″	1
		东山街道林场		E118°55′56.56″ N31°57′55.99″	1
		汤山林场龙泉工区		E118°57′43.17″ N31°59′01.10″	2
		汤山林场龙泉工区		E118°58′18.73″ N32°00′11.84″	1
		汤山地质公园		E119°02′40.10″ N32°03′07.10″	1
		孟塘社区	培山	E119°03′00.94″ N32°04′50.44″	1
		孟塘社区	培山	E119°03′08.21″ N32°04′44.50″	1
		青林社区	白露头	E119°25′33.41″ N32°04′52.23″	1
		青林社区	文山	E119°04′47.28″ N32°05′16.77″	1
		青林社区	孤山堰	E119°04′20.66″ N32°04′38.90″	1
		古泉社区	连山	E119°00′37.94″ N32°03′31.04″	1
		古泉社区		E119°01′29.37″ N32°02′49.72″	1
		古泉社区		E119°01′27.51″ N32°02′48.14″	1
		古泉社区		E119°01′33.39″ N32°02′47.62″	1
		古泉社区		E119°01′33.68″ N32°22′44.31″	1
		东善桥林场东稔工区		E118°42′15.15″ N31°44′07.34″	40
		东善桥林场云台分场	大平山	E118°42′30.63″ N31°42′28.36″	1
		东善桥林场横山分场		E118°48′14.69″ N31°37′17.87″	1
		东善桥林场横山分场		E118°47′25.39″ N31°38′23.59″	15
		东善桥林场东善分场		E118°46′37.35″ N31°51′54.43″	1
		东善桥林场东善分场		E118°46′47.10″ N31°51′54.58″	1
		东善桥林场东善分场		E118°46′50.46″ N31°51′25.78″	1
		东善桥林场横山分场		E118°49′41.13″ N31°38′00.37″	1
		东善桥林场横山分场		E118°49′51.91″ N31°38′35.46″	1
		东善桥林场横山分场		E118°49′59.49″ N31°38′49.31″	1
		东善桥林场铜山分场		E118°51′47.70″ N31°39′00.59″	1
		东善桥林场铜山分场		E118°51′12.25″ N31°39′19.60″	1
		横溪街道	枣山	E118°42′18.24″ N31°46′38.03″	1

（续）

种质资源编号	种质资源归属	林地名称	小地名	样地中心 GPS 坐标		数量（株）
		横溪街道	蒋门山	E118°40′26.15″	N31°47′16.76″	1
		牛首山		E118°44′43.64″	N31°53′23.64″	1
		牛首山		E118°44′18.37″	N31°54′47.96″	1
		牛首山		E118°45′12.86″	N31°53′45.91″	1
		牛首山		E118°44′34.64″	N31°53′23.65″	3
		牛首山		E118°44′25.29″	N31°53′42.86″	1
		洪幕社区		E118°34′42.50″	N31°44′52.90″	1
		洪幕社区		E118°34′55.84″	N31°46′14.18″	1
		洪幕社区		E118°35′05.75″	N31°46′08.53″	2
		西宁社区		E118°36′05.45″	N31°47′05.25″	3
		横溪街道	横溪	E118°41′24.71″	N31°44′06.08″	1
		横溪街道	横溪	E118°41′08.44″	N31°41′26.92″	33
06	溧水区	溧水区林场芳山分场	杨树山	E119°08′30.40″	N31°30′23.68″	2
		溧水区林场芳山分场	杨树山	E119°09′50.39″	N31°30′11.27″	2
		溧水区林场芳山分场	杨树山	E119°09′58.80″	N31°29′57.30″	3
07	高淳区	游子山林场	花山游山上段路旁	E118°57′47.58″	N31°16′10.28″	1
		游子山林场	花山游山道上部道旁	E118°57′46.49″	N31°16′09.70″	1
08	主城区	紫金山	头陀岭处	E118°50′25.00″	N32°04′22.00″	12
		紫金山	茅一峰北防火卫下方	E118°50′27.00″	N32°04′25.00″	77
		紫金山		E118°50′33.00″	N32°04′23.00″	1
		紫金山		E118°51′03.00″	N32°04′08.00″	11
		紫金山		E118°50′33.00″	N32°04′08.00″	1
		紫金山		E118°51′07.00″	N32°04′09.00″	1
		紫金山		E118°52′12.00″	N32°03′52.00″	1
		紫金山		E118°52′05.00″	N32°03′45.00″	3
		紫金山		E118°52′05.00″	N32°03′46.00″	3
		紫金山		E118°52′01.00″	N32°03′46.00″	8
		紫金山		E118°52′02.00″	N32°03′47.00″	1
		紫金山		E118°50′39.00″	N32°48′18.00″	30
		紫金山		E118°50′38.00″	N32°03′25.00″	36
		紫金山	小水闸南	E118°50′35.00″	N32°04′26.00″	107
		紫金山		E118°50′35.00″	N32°04′29.00″	23
		紫金山		E118°50′33.00″	N32°04′42.00″	23
		紫金山		E118°50′27.00″	N32°04′45.00″	21
		紫金山	山北坡小卖铺处	E118°50′41.00″	N32°04′21.00″	2

（续）

种质资源编号	种质资源归属	林地名称	小地名	样地中心 GPS 坐标	数量（株）
08	主城区	紫金山	山北坡小卖铺处	E118°14′42.00″ N32°04′22.00″	26
		紫金山	山北坡小卖铺处	E118°50′40.00″ N32°04′23.00″	11
		紫金山	山北坡中上段	E118°50′40.00″ N32°04′23.00″	8
		紫金山	山北坡中上段	E118°50′39.00″ N32°04′23.00″	3
		紫金山	山北坡中上段	E118°50′38.00″ N32°04′23.00″	4
		紫金山	山北坡中上段	E118°50′39.00″ N32°04′24.00″	15
		紫金山	山北坡中上段	E118°50′40.00″ N32°04′24.00″	20
		紫金山	山北坡中上段	E118°50′37.00″ N32°04′26.00″	12
		紫金山	山北坡中上段	E118°50′36.00″ N32°04′27.00″	12
		紫金山	山北坡中上段	E118°50′36.00″ N32°04′26.00″	2
		紫金山	山北坡中上段	E118°50′39.00″ N32°04′25.00″	4
		紫金山	山北坡中上段	E118°50′40.00″ N32°04′26.00″	35
		幕府山	窑上村入口处左上方	E118°47′43.00″ N32°07′38.00″	1
		幕府山		E118°47′25.00″ N32°07′45.00″	57
		幕府山		E118°47′25.00″ N32°07′43.00″	45
		幕府山		E118°47′25.00″ N32°07′46.00″	51
		幕府山		E118°47′23.00″ N32°07′45.00″	47
		幕府山		E118°47′13.00″ N32°07′48.00″	82
		幕府山	达摩洞景区上坡	E118°47′17.00″ N32°07′47.00″	69
		幕府山	达摩洞景区上坡	E118°47′55.00″ N32°07′57.00″	181
		幕府山	达摩洞景区下坡	E118°47′54.00″ N32°07′58.00″	384
		幕府山	仙人对弈	E118°48′04.00″ N32°08′19.00″	98
		幕府山	半山禅院上中	E118°48′04.00″ N32°08′14.00″	10
		幕府山	半山禅院上	E118°47′58.00″ N32°08′01.00″	8
		幕府山	仙人对弈左坡	E118°48′05.00″ N32°08′10.00″	58
		幕府山	仙人对弈左中坡	E118°48′06.00″ N32°08′16.00″	20
		幕府山	仙人对弈下坡	E118°48′05.00″ N32°08′16.00″	209
		幕府山	三台洞	E118°01′00.00″ N31°21′00.02″	9
		幕府山	仙人台下坡	E118°48′00.04″ N32°08′00.28″	40
		幕府山	仙人台	E118°48′00.05″ N32°07′60.00″	21

君迁子 *Diospyros lotus* L.

【别名】软枣、黑枣、牛奶柿（河北、河南、山东）

【科属】柿科（Ebenaceae）柿属（*Diospyros*）

【树种简介】落叶乔木，高可达 30 米，胸径达 1 米。树冠近球形或扁球形。树皮灰黑色或灰褐色，深裂或呈不规则的厚块状剥落。小枝褐色或棕色，有纵裂的皮孔；嫩枝通常淡灰色，有时带紫色。叶近膜质，椭圆形至长椭圆形，先端渐尖或急尖，基部钝，宽楔形以至近圆形。雄花 1~3 朵腋生或簇生，近无梗；花冠壶形，带红色或淡黄色，4 裂，裂片近圆形；雌花单生，几无梗，淡绿色或带红色；花冠壶形，偶有 5 裂，裂片近圆形，反曲。果近球形或椭圆形，直径 1~2 厘米，初熟时为淡黄色，后则变为蓝黑色，常被有白色薄蜡层。花期 5~6 月，果期 10~11 月。产山东、辽宁、河南、河北、山西、陕西、甘肃、江苏、浙江、安徽、江西、湖南、湖北、贵州、四川、云南、西藏等省份，亚洲西部、小亚细亚、欧洲南部亦有分布。生于海拔 500~2300 米的山地、山坡、山谷的灌丛中，或在林缘。果实可供食用，亦可制成柿饼，入药可止消渴、去烦热，又可供制糖、酿酒、制醋；果实、嫩叶均可提取丙种维生素；未熟果实可提制柿漆，供医药和涂料用；木材质硬，耐磨损，可作纺织木梭、雕刻、小用具等。常作柿树的砧木。

【种质资源】南京市君迁子野生种质资源共 3 份，分别归属于浦口区、雨花区和江宁区。具体种质资源信息见表 55。

01：浦口区

仅分布在星甸杜仲林场。在198个样地中，1个样地有分布，共2株，胸径分别为10厘米和11厘米。种群极小，分布集中。

02：雨花区

分布在铁心桥街道、秣陵街道、牛首山和罐子山。在24个样地中，7个样地有分布，总数量15株，其中株高小于1.3米的3株；胸径1~10厘米的10株，平均胸径4厘米；胸径11~15厘米的2株，平均胸径11厘米。种群小。

03：江宁区

分布在东善桥林场、横溪街道、牛首山、洪幕社区、天台山和秣陵街道。在江宁区所调查的223个样地中，14个样地有分布，总数量22株，其中株高小于1.3米的6株；胸径1~10厘米的16株，平均胸径4厘米。种群小，呈均匀分布。

表55　君迁子野生种质资源信息

种质资源编号	种质资源归属	林地名称	小地名	样地中心 GPS 坐标		数量（株）
01	浦口区	星甸杜仲林场	亭子山	E118°24′02.09″	N32°03′59.26″	2
02	雨花区	铁心桥街道	韩府山	E118°45′29.12″	N31°56′56.46″	2
		铁心桥街道	韩府山	E118°45′17.62″	N31°56′34.85″	2
		秣陵街道将军山		E118°45′09.45″	N31°56′08.89″	4
		秣陵街道将军山		E118°45′50.09″	N31°55′23.41″	3
		牛首山		E118°44′03.88″	N31°55′10.89″	1
		牛首山		E118°44′18.00″	N31°55′28.39″	1
		罐子山		E118°43′10.85″	N31°55′55.24″	2
03	江宁区	东善桥林场铜山分场		E118°52′01.25″	N31°39′01.29″	1
		横溪街道	横溪	E118°42′18.24″	N31°46′38.03″	1
		牛首山		E118°44′53.71″	N31°54′07.74″	1
		牛首山		E118°44′25.29″	N31°53′42.86″	1
		洪幕社区洪幕山		E118°33′10.13″	N31°45′49.22″	5
		洪幕社区洪幕山		E118°32′52.77″	N31°45′49.17″	2
		洪幕社区洪幕山		E118°32′49.64″	N31°45′38.28″	1
		洪幕社区		E118°34′48.96″	N31°46′19.86″	2
		天台山		E118°41′25.94″	N31°42′49.41″	2
		横溪街道	横溪	E118°41′09.80″	N31°45′10.41″	2
		横溪街道云台山		E118°40′48.91″	N31°42′13.90″	1
		横溪街道	横溪	E118°40′53.86″	N31°42′07.02″	1
		秣陵街道将军山		E118°46′50.72″	N31°55′57.10″	1
		秣陵街道将军山		E118°46′13.43″	N31°56′12.86″	1

野柿 *Diospyros kaki* var. *silvestris* Makino

【别名】山柿、油柿（四川）

【科属】柿科（Ebenaceae）柿属（*Diospyros*）

【树种简介】落叶大乔木。小枝及叶柄密生黄褐色柔毛。叶椭圆状卵形、矩圆状卵形或倒卵形，先端短尖，基部宽楔形或近圆形，下面淡绿色，有褐色柔毛；叶柄长1~1.5厘米。花雌雄异株或同株，雄花呈短聚伞花序，雌花单生叶腋，花冠白色。果熟时呈红色或橘黄色。花期4~5月，果熟期8~9月。产我国中部、云南、广东和广西北部、江西、福建等省份的山区。生于山地自然林或次生林中，或山坡灌丛中。果脱涩后可食，亦有在树上自然脱涩的。木材用途同柿树。树皮亦含鞣质。实生苗可作栽培柿树的砧木。未成熟柿子用于提取柿漆。

【种质资源】南京市野柿野生种质资源共8份，分别归属于六合区、浦口区、栖霞区、雨花区、江宁区、溧水区、高淳区和主城区。具体种质资源信息见表56。

01：六合区

仅分布在平山林场和冶山。在 81 个样地中，3 个样地有分布，共 5 株，其中株高小于 1.3 米的 2 株，胸径 1~7 厘米的 3 株，最大 1 株胸径 7 厘米。种群小，分布较集中。

02：浦口区

在 198 个样地中，22 个样地有分布，共 158 株，其中 94% 分布在老山林场的平坦分场和七佛寺分场，6% 分布在星甸杜仲林场。在所有植株中，株高小于 1.3 米的 111 株，占总数的 70%；胸径 1~10 厘米的 45 株，占总数的 28%；胸径 11~20 厘米的 2 株，占总数的 2%。种群大，分布相对集中。

03：栖霞区

主要分布在兴卫山，栖霞山、大普塘水库、灵山、仙鹤山、羊山、太平山公园、乌龙山、南象山和北象山也有分布。在调查的 44 个样地中，19 个样地有分布，共 233 株，其中株高小于 1.3 米的 142 株，占总数的 61%；胸径 1~10 厘米的 89 株，占总数的 38%；胸径 11~15 厘米的 2 株，最大胸径 15 厘米。种群大，分布广。

04：雨花区

分布在铁心桥街道、秣陵街道、龙泉古寺、普觉寺和罐子山，其中铁心桥街道分布最多。在 24 个样地中 10 个样地有分布，共 15 株，其中株高小于 1.3 米的 3 株，胸径 1~10 厘米的 12 株，平均胸径 5.4 厘米。种群小，零散分布。

05：江宁区

分布在汤山林场、东山街道林场、孟塘社区、青林社区、古泉社区、东善桥林场、谷里、横溪街道、汤山街道、牛首山、南山湖、富贵山公墓、洪幕社区、公塘水库和秣陵街道，其中东善桥林场分布最多。在 223 个样地中，54 个样地有分布，共 120 株，其中株高小于 1.3 米的 22 株，胸径 1~10 厘米的 88 株（平均胸径 5.4 厘米），胸径 11~20 厘米的 10 株（平均胸径 12.6 厘米）。种群大，分布广。

06：溧水区

分布在溧水区林场的东庐分场、芳山分场、平山分场和秋湖分场。在 115 个样地中，16 个样地有分布，共 35 株，其中胸径均 1~8 厘米，最大胸径 8 厘米。种群较大，分布广。

07：高淳区

集中分布在青山林场，大荆山林场和游子山林场也有少量分布。在 53 个样地中，6 个样地有分布，共 19 株，其中胸径 1~10 厘米的 3 株，占总数的 16%；胸径 11~20 厘米的 2 株，占总数的 11%；株高小于 1.3 米的 14 株，占总数的 74%。种群小，分布较集中，处于发育阶段。

08：主城区

分布在紫金山和幕府山。在调查的 69 个样地中，24 个样地有分布，共 75 株，其中株高小于 1.3 米的 11 株，胸径 1~10 厘米的 55 株，胸径 11~16 厘米的 9 株，最大 1 株胸径 16 厘米。种群较大，分布较广。

表 56 野柿野生种质资源信息

种质资源编号	种质资源归属	林地名称	小地名	样地中心 GPS 坐标	数量（株）
01	六合区	平山林场		E118°50'57.56" N32°28'12.85"	2
		平山林场		E118°51'49" N32°27'46"	1
		冶山		E118°56'45.75" N32°30'25.42"	2
02	浦口区	老山林场平坦分场	横山半坡	E118°31'11.77" N32°4'13.89"	11
		老山林场平坦分场	杨船山	E118°31'55.15" N32°4'32.56"	31
		老山林场平坦分场	凤凰山后	E118°30'32.38" N32°4'18.2"	10
		老山林场平坦分场	大姑山	E118°30'24.14" N32°4'4.44"	25
		老山林场平坦分场	枣核山	E118°30'26.25" N32°4'5.79"	1
		老山林场平坦分场	埋娃山	E118°30'11.78" N32°3'34.64"	10
		老山林场平坦分场	小马腰与大马腰间	E118°30'6.71" N32°3'30.01"	4
		老山林场平坦分场	匪集场山后	E118°31'58.93" N32°4'11.24"	13
		老山林场平坦分场	匪集场道旁	E118°32'1.92" N32°4'24.81"	1
		老山林场平坦分场	蛇地	E118°33'59.25" N32°5'39.57"	3
02	浦口区	老山林场平坦分场	大平山	E118°33'46.67" N32°4'20.17"	3
		老山林场平坦分场	虎洼九龙山	E118°32'58.06" N32°4'31.75"	1
		老山林场平坦分场	门坎里—黄梨山	E118°32'28.45" N32°4'39.38"	5
		老山林场平坦分场	门坎里—大小女儿山	E118°32'19.61" N32°4'25.97"	2
		老山林场平坦分场	虎洼山脊	E118°33'25.82" N32°3'46.15"	1
		老山林场平坦分场	虎洼山脊	E118°33'21.49" N32°3'48.09"	2
		老山林场七佛寺分场	四道桥	E118°37'36.45" N32°6'6.56"	1
		老山林场七佛寺分场	大椅子山	E118°38'8.81" N32°6'32.85"	1
		老山林场七佛寺分场	黑桃洼	E118°35'33.9" N32°6'34.8"	7
		老山林场七佛寺分场	老山中学	E118°35'10.03" N32°6'43.61"	2
		老山林场七佛寺分场	景观平台	E118°37'42.17" N32°6'13.78"	20
		星甸杜仲林场	西山沟	E118°24'15.11" N32°3'31.5"	4
03	栖霞区	兴卫山		E118°50'40.74" N32°5'57.12"	8
		兴卫山	兴卫山东南坡	E118°50'40.74" N32°5'57.12"	21
		兴卫山		E118°50'40.74" N32°5'57.13"	15
		兴卫山		E118°50'44.28" N32°5'58.56"	26
		兴卫山		E118°50'46.04" N32°5'59.39"	24
		兴卫山		E118°50'50.99" N32°5'58.33"	6

（续）

种质资源编号	种质资源归属	林地名称	小地名	样地中心 GPS 坐标	数量（株）
03	栖霞区	兴卫山		E118°50'32.47" N32°5'59.03"	6
		兴卫山	兴卫山北坡	E118°50'24.34" N32°6'0.26"	4
		栖霞山		E118°57'30.72" N32°9'18.94"	5
		栖霞山	陆羽茶庄东坡	E118°57'34.27" N32°9'6.65"	7
		栖霞山		E118°57'16.98" N32°9'29.5"	10
		大普塘水库		E118°55'24.02" N32°5'3.29"	15
		灵山		E118°55'42.67" N32°5'24.8"	2
		仙鹤山		E118°53'34.52" N32°6'17.19"	59
		羊山		E118°55'56.24" N32°6'47.59"	2
		太平山公园		E118°52'10.66" N32°7'56.81"	13
		南象山	衡阳寺	E118°55'50.16" N32°8'8.7"	2
		北象山		E118°56'25.62" N32°9'5.28"	2
		乌龙山	乌龙山炮台西南	E118°52'1.02" N32°9'42.48"	6
04	雨花区	铁心桥街道韩府山		E118°45'30.33" N31°56'48.6"	1
		铁心桥街道韩府山		E118°45'17.62" N31°56'34.85"	4
		秣陵街道将军山	高家库	E118°45'9.45" N31°56'8.89"	2
05	江宁区	龙泉古寺		E118°45'41.51" N31°55'44.22"	1
		龙泉古寺		E118°45'39.8" N31°55'43.36"	1
		牛首山		E118°44'22.53" N31°55'29.01"	1
		普觉寺		E118°44'29.02" N31°55'22.11"	2
		普觉寺		E118°44'28.27" N31°55'18.77"	1
		罐子山		E118°43'15.52" N31°56'0.99"	1
		罐子山	西善桥	E118°43'22.49" N31°56'29.65"	1
		汤山林场黄栗墅工区	土地山	E119°1'10.68" N32°4'16.29"	2
		汤山林场长山工区	青龙山	E118°54'5.29" N31°58'48.85"	1
		汤山林场佘村工区	青龙山	E118°56'46.14" N32°0'53.25"	1
		东山街道林场		E118°55'56.56" N31°57'55.99"	1
		东山街道林场		E118°56'3.33" N31°57'50.81"	3
		东山街道林场		E118°55'58.48" N31°57'44.99"	2
		汤山林场龙泉工区		E118°57'43.17" N31°59'1.1"	1
		汤山林场龙泉工区		E118°58'14.15" N32°0'12.64"	9
		汤山林场龙泉工区		E118°58'18.73" N32°0'11.84"	2

（续）

种质资源编号	种质资源归属	林地名称	小地名	样地中心 GPS 坐标	数量（株）
		汤山地质公园		E119°2'40.1" N32°3'7.1"	1
		孟塘社区	射乌山	E119°3'31.36" N32°6'8.14"	10
		孟塘社区	射乌山	E119°3'27.54" N32°6'8.04"	1
		孟塘社区	射乌山	E119°2'56.77" N32°5'44.84"	2
		青林社区	白露头	E119°5'23.21" N32°4'43.06"	1
		青林社区	白露头	E119°25'33.41" N32°4'52.23"	1
		青林社区	女儿山	E119°4'37.17" N32°4'21.65"	2
		古泉社区		E119°1'33.39" N32°2'47.62"	2
		东善桥林场云台分场	大平山	E118°42'33.23" N31°42'9.75"	3
		东善桥林场云台分场	大平山	E118°42'19.43" N31°42'28.84"	1
		东善桥林场云台分场	太平山	E118°42'1.24" N31°41'56.23"	3
		东善桥林场横山分场		E118°48'13.76" N31°37'39.48"	1
		东善桥林场横山分场		E118°48'14.69" N31°37'17.87"	5
		东善桥林场东善分场		E118°46'41.81" N31°52'3.2"	1
		东善桥林场东善分场		E118°46'47.1" N31°51'54.58"	1
05	江宁区	东善桥林场横山分场		E118°49'26.97" N31°38'12.31"	1
		东善桥林场横山分场		E118°62'12.97" N31°41'18.31"	1
		东善桥林场铜山分场		E118°51'19.43" N31°39'58.42"	1
		东善桥林场铜山分场		E118°56'30.33" N31°37'13.04"	1
		东善桥林场铜山分场		E118°52'1.25" N31°39'1.29"	1
		东善桥林场铜山分场		E118°51'47.7" N31°39'0.59"	3
		东善桥林场铜山分场		E118°51'5.98" N31°39'1.58"	1
		谷里	东塘水库附近	E118°42'50.9" N31°47'20.37"	5
		横溪街道	横溪枣山	E118°42'32.57" N31°46'41.87"	2
		横溪街道	横溪枣山	E118°42'18.24" N31°46'38.03"	6
		横溪街道	横溪枣山	E118°42'19.89" N31°46'38.04"	4
		汤山街道		E118°57'2.46" N31°58'40.1"	1
		牛首山		E118°44'43.64" N31°53'23.64"	6
		牛首山		E118°44'47.99" N31°53'30.49"	1
		牛首山		E118°44'57.33" N31°53'46.05"	2
		牛首山		E118°45'12.86" N31°53'45.91"	2

（续）

种质资源编号	种质资源归属	林地名称	小地名	样地中心 GPS 坐标	数量（株）
05	江宁区	牛首山		E118°44'53.71" N31°54'7.74"	1
		南山湖		E118°32'58.89" N31°46'8.24"	2
		南山湖		E118°32'58.89" N31°46'8.24"	7
		富贵山公墓		E118°32'28.22" N31°45'46.73"	1
		洪幕社区		E118°34'19.1" N31°45'59.13"	1
		公塘水库		E118°41'34.48" N31°47'45.96"	5
		横溪街道	横溪	E118°40'58.66" N31°44'4.32"	1
		横溪街道	横溪	E118°41'9.8" N31°45'10.41"	1
		横溪街道	横溪线路段编号 010	E118°41'18.22" N31°45'41.33"	1
		横溪街道云台山		E118°40'48.91" N31°42'13.9"	1
		横溪街道	横溪	E118°40'53.86" N31°42'7.02"	1
		东善桥林场铜山分场		E118°52'1.25" N31°39'1.29"	1
		秣陵街道将军山		E118°46'13.43" N31°56'12.86"	1
06	溧水区	溧水区林场东庐分场	陈山	E119°8'2.94" N31°34'54.7"	9
		溧水区林场芳山分场	芳山	E119°8'12.49" N31°29'16.18"	3
		溧水区林场芳山分场	杨树山	E119°8'30.4" N31°30'23.68"	1
		溧水区林场平山分场	大燕子口	E118°49'34" N31°38'22"	3
		溧水区林场平山分场	雨山	E118°53'5" N31°38'57"	2
		溧水区林场平山分场	平安山	E119°0'18.14" N31°36'32.7"	1
		溧水区林场平山分场	乌王山	E119°1'46" N31°36'5"	1
		溧水区林场平山分场	平安山	E119°0'35" N31°36'15"	1
		溧水区林场秋湖分场	桃花凹	E119°2'9.74" N31°34'5.73"	1
		溧水区林场秋湖分场	官塘坝	E119°1'20" N31°34'42"	1
		溧水区林场秋湖分场	双尖山	E119°2'38" N31°34'41.4"	2
		溧水区林场秋湖分场	双尖山	E119°3'33" N31°34'46"	2
		溧水区林场秋湖分场	龙吟湾	E119°2'45" N31°33'47"	1
		溧水区林场秋湖分场	斗面山	E119°2'16" N31°32'58"	4
		溧水区林场平山分场	小茅山东面	E118°51'14" N31°38'38"	1
		溧水区林场平山分场	小茅山东面	E118°56'54.19"N31°38'20.23"	2
07	高淳区	大荆山林场	四凹	E118°8'37.2" N32°26'15.03"	2
		大荆山林场	黄家塞	E118°8'32.18" N32°26'15.83"	1
		游子山林场	花山游山道中部道旁	E118°57'55.47" N31°16'8.67"	2
		青山林场	林业队	E118°3'39.43" N31°22'8.71"	6

种质资源编号	种质资源归属	林地名称	小地名	样地中心 GPS 坐标	数量（株）
07	高淳区	青山林场	林业队	E119°3'42.58"　N31°22'16.38"	3
		青山林场	林业队	E119°3'50.46"　N31°22'7.26"	5
08	主城区	紫金山	头陀岭处	E118°50'25"　N32°4'22"	1
		紫金山	茅一峰　北防火卫下方	E118°50'27"　N32°4'25"	3
		紫金山	永慕庐两边	E118°5'2"　N32°4'5"	11
		紫金山		E118°51'3"　N32°4'8"	1
		紫金山		E118°51'13"　N32°4'4"	12
		紫金山		E118°52'5"　N32°3'46"	1
		紫金山		E118°52'0"　N32°3'43"	1
		紫金山		E118°52'1"　N32°3'46"	1
		紫金山		E118°51'21"　N32°4'3"	1
		紫金山		E118°51'22"　N32°0'0"	1
		紫金山		E118°51'35"　N32°3'58"	3
		紫金山	中马腰与猴子头间	E118°50'35"　N32°4'11"	4
		紫金山		E118°50'24"　N32°4'9.84"	2
		紫金山		E118°50'39"　N32°48'18"	1
		紫金山		E118°50'24"　N32°3'56"	5
		紫金山		E118°50'33"　N32°4'42"	1
		紫金山		E118°50'41"　N32°4'21"	4
		紫金山	山北坡小卖铺处	E118°14'42"　N32°4'22"	1
		紫金山	山北坡中上段	E118°50'39"　N32°4'24"	2
		幕府山	达摩洞景区上坡	E118°47'55"　N32°0'0"	1
		幕府山	仙人对弈左坡	E118°48'5"　N32°8'10"	3
		幕府山	三台洞	E118°1'0"　N31°21'0.02"	2
		幕府山	三台洞下坡	E118°48'0.04"　N32°8'0.28"	11
		幕府山	仙人台	E118°48'0.05"　N32°7'60"	2

野茉莉 *Styrax japonicus* Siebold et Zucc.

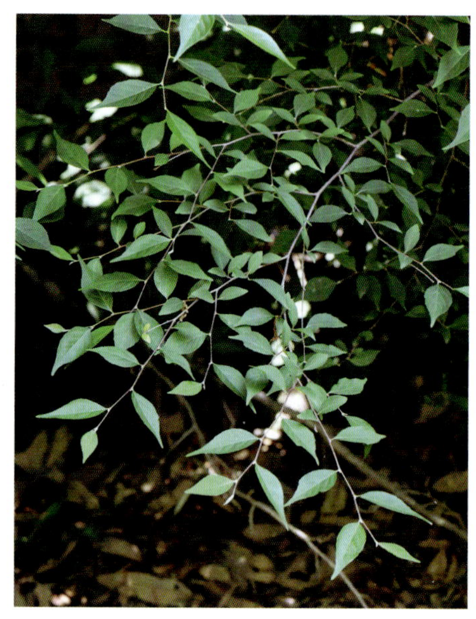

【别名】齐墩果、野花培、茉莉苞、黑茶花、君迁子、耳完桃

【科属】安息香科（Styracaceae）安息香属（*Styrax*）

【树种简介】灌木或小乔木，高 4~8 米。叶互生，纸质或近革质，椭圆形或长圆状椭圆形至卵状椭圆形，顶端急尖或钝渐尖，常稍弯，基部楔形或宽楔形，近全缘或仅于上半部疏生锯齿。总状花序顶生，有花 5~8 朵；有时下部的花生于叶腋；花白色，花梗纤细，开花时下垂，无毛；花冠裂片卵形、倒卵形或椭圆形，两面均被星状细柔毛，花蕾时呈覆瓦状排列。果实卵形，顶端具短尖头，外面密被灰色星状茸毛，有不规则皱纹。种子褐色，有深皱纹。花期 4~7 月，果期 9~11 月。北自秦岭和黄河以南，东起山东、福建，西至云南东北部和四川东部，南至广东和广西北部均匀分布，印度、不丹、尼泊尔、缅甸、朝鲜和日本也有分布。生于海拔 400~1800 米的林中。喜光，生长迅速，喜酸性、疏松肥沃、土层较深厚的土壤。树形紧凑优美，枝叶浓密，花白如雪，美丽芳香，是一种优良的观赏树种；种子油可作肥皂或机器润滑油；油粕可作肥料；植株药用，可治疗风火牙痛、喉痛及风湿痹痛等。

【种质资源】南京市野茉莉野生种质资源共 3 份，分别归属于栖霞区、雨花区和江宁区。具体种质资源信息见表 57。

01：栖霞区

大部分分布在兴卫山和灵山，栖霞山、大普塘水库、仙鹤山、北象山和南象山也有分布。在 44 个样地中，17 个样地有分布，共 190 株，其中 62 株株高小于 1.3 米，占总数的 33%；128 株胸径在 1~10 厘米，占总数的 67%。种群大，分布相对集中。

02：雨花区

分布在铁心桥街道、秣陵街道、龙泉古寺、将军山、牛首山和普觉寺。在 24 个样地中，10 个样地有分布，共 80 株，胸径均在 1~10 厘米。种群较大，分布广。

03：江宁区

分布在方山、汤山林场、东山街道林场、孟塘社区、青林社区、古泉社区、东善桥林场、横溪街道、汤山街道、牛首山、富贵山公墓、洪幕社区、秣陵街道，其中汤山林场分布最多，占总数的 79%。在 223 个样地中，66 个样地有分布，共 1439 株，仅在汤山林场长山工区集中分布 1200 株。其中 1252 株株高小于 1.3 米，胸径 1~10 厘米的 185 株，平均胸径 5 厘米；胸径 11~15 厘米的 2 株，最大胸径 12 厘米。种群极大，分布广。

表 57 野茉莉野生种质资源信息

种质资源编号	种质资源归属	林地名称	小地名	样地中心 GPS 坐标		数量（株）
01	栖霞区	兴卫山		E118°50′40.74″	N32°05′57.12″	5
		兴卫山	兴卫山东南坡	E118°50′40.74″	N32°05′57.12″	5
		兴卫山		E118°50′40.74″	N32°05′57.13″	3
		兴卫山		E118°50′44.28″	N32°05′58.56″	3
		兴卫山		E118°50′46.04″	N32°05′59.39″	2
		兴卫山		E118°50′50.99″	N32°05′58.33″	7
		兴卫山		E118°50′32.47″	N32°05′59.03″	9
		兴卫山	兴卫山北坡	E118°50′24.34″	N32°06′00.26″	7
		栖霞山	陆羽茶庄东坡	E118°57′34.27″	N32°09′06.65″	10
		栖霞山	天开岩上方亭子附近	E118°57′35.04″	N32°09′28.42″	10
		栖霞山		E118°57′37.69″	N32°09′15.78″	2
		大普塘水库		E118°55′24.02″	N32°05′03.29″	12
		灵山		E118°56′05.85″	N32°05′24.51″	20
		灵山		E118°55′42.67″	N32°05′24.80″	89
		仙鹤山		E118°53′34.52″	N32°06′17.19″	3
		北象山		E118°56′25.62″	N32°09′05.28″	1
		何家山	中眉心	E118°58′10.20″	N32°08′39.54″	2
02	雨花区	铁心桥街道韩府山		E118°45′29.12″	N31°56′56.46″	6
		铁心桥街道韩府山		E118°45′30.33″	N31°56′48.60″	27
		铁心桥街道韩府山		E118°45′17.62″	N31°56′34.85″	9
		秣陵街道将军山	高家库	E118°45′09.45″	N31°56′08.89″	5
		龙泉古寺		E118°45′41.51″	N31°55′44.22″	2
		龙泉古寺		E118°45′39.80″	N31°55′43.36″	1
		将军山		E118°45′51.79″	N31°55′16.54″	1

（续）

种质资源编号	种质资源归属	林地名称	小地名	样地中心 GPS 坐标		数量（株）
02	雨花区	将军山		E118°45′50.09″	N31°55′23.41″	3
		牛首山		E118°44′18.00″	N31°55′28.39″	24
		普觉寺		E118°44′29.02″	N31°55′22.11″	2
03	江宁区	方山	栎树林	E118°51′52.28″	N31°53′53.91″	57
		方山		E118°52′11.99″	N31°54′15.33″	2
		汤山林场黄栗墅工区	土地山	E119°01′10.68″	N32°04′16.29″	6
		汤山林场黄栗墅工区	土地山	E119°01′02.54″	N32°03′44.17″	1
		汤山林场黄栗墅工区	土地山	E119°01′13.38″	N32°04′05.95″	1
		汤山林场黄栗墅工区	土地山	E119°01′25.51″	N32°04′10.33″	1
		汤山林场长山工区	黄龙山	E118°54′16.82″	N31°58′29.38″	1200
		汤山林场佘村工区	青龙山	E118°56′42.46″	N32°00′47.76″	1
		东山街道林场		E118°55′56.56″	N31°57′55.99″	8
		东山街道林场		E118°55′52.26″	N31°57′47.79″	3
		东山街道林场		E118°55′58.48″	N31°57′44.99″	1
		汤山林场龙泉工区		E118°57′54.02″	N31°59′53.54″	2
		汤山林场龙泉工区		E118°58′09.72″	N32°00′12.98″	1
		汤山地质公园		E119°02′40.10″	N32°03′07.10″	1
		汤山地质公园		E119°01′57.91″	N32°02′52.42″	1
		孟塘社区	射乌山	E119°03′31.36″	N32°06′08.14″	2
		孟塘社区	射乌山	E119°03′08.53″	N32°05′52.37″	1
		孟塘社区	培山	E119°03′00.94″	N32°04′50.44″	2
		青林社区	白露头	E119°05′23.21″	N32°04′43.06″	1
		青林社区	白露头	E119°15′20.59″	N32°04′59.61″	2
		青林社区	女儿山	E119°04′37.17″	N32°04′21.65″	4
		青林社区	文山	E119°04′47.28″	N32°05′16.77″	1
		古泉社区		E119°01′29.37″	N32°02′49.72″	5
		古泉社区		E119°01′27.51″	N32°02′48.14″	1
		古泉社区		E119°01′33.68″	N32°22′44.31″	1
		古泉社区		E119°01′35.52″	N32°02′42.85″	20
		东善桥林场云台分场		E118°43′12.78″	N31°42′57.15″	10
		东善桥林场云台分场	大平山	E118°42′19.43″	N31°42′28.84″	1
		东善桥林场云台分场	太平山	E118°42′01.24″	N31°41′56.23″	5
		东善桥林场横山分场		E118°48′45.31″	N31°28′06.43″	2
		东善桥林场横山分场		E118°48′53.79″	N31°37′15.38″	2
		东善桥林场横山分场		E118°48′12.38″	N31°37′10.30″	1

（续）

种质资源编号	种质资源归属	林地名称	小地名	样地中心 GPS 坐标		数量（株）
03	江宁区	东善桥林场横山分场		E118°48′13.76″	N31°37′39.48″	2
		东善桥林场横山分场		E118°48′14.69″	N31°37′17.87″	6
		东善桥林场横山分场		E118°48′16.46″	N31°37′22.44″	2
		东善桥林场东善分场		E118°46′36.60″	N31°51′47.19″	1
		东善桥林场东善分场		E118°46′41.81″	N31°52′03.20″	1
		东善桥林场东善分场		E118°46′47.10″	N31°51′54.58″	1
		东善桥林场铜山分场		E118°51′19.43″	N31°39′58.42″	1
		东善桥林场铜山分场		E118°50′30.00″	N31°39′41.84″	1
		东善桥林场铜山分场		E118°52′18.33″	N31°39′18.52″	1
		东善桥林场铜山分场	管理区	E118°52′01.25″	N31°39′01.29″	1
		横溪街道	横溪枣山	E118°42′32.57″	N31°46′41.87″	6
		横溪街道	枣山横溪	E118°42′19.89″	N31°46′38.04″	1
		汤山街道天龙山		E118°58′25.06″	N32°00′23.31″	4
		牛首山		E118°44′43.64″	N31°53′23.64″	4
		牛首山		E118°44′47.99″	N31°53′30.49″	1
		牛首山		E118°44′18.37″	N31°54′47.96″	1
		牛首山		E118°44′35.69″	N31°53′54.66″	1
		牛首山		E118°44′25.29″	N31°53′42.86″	2
		牛首山		E118°44′33.93″	N31°53′41.36″	1
		富贵山公墓		E118°32′28.22″	N31°45′46.73″	1
		洪幕社区洪幕山		E118°32′49.64″	N31°45′38.28″	1
		洪幕社区洪幕山		E118°32′58.01″	N31°45′31.69″	8
		洪幕社区		E118°34′42.50″	N31°44′52.90″	5
		洪幕社区		E118°34′48.96″	N31°46′19.86″	7
		洪幕社区		E118°35′05.75″	N31°46′08.53″	3
		横溪街道	横溪	E118°40′58.66″	N31°44′04.32″	1
		横溪街道	横溪	E118°41′09.80″	N31°45′10.41″	2
		横溪街道	横溪	E118°41′18.22″	N31°45′41.33″	1
		横溪街道	横溪	E118°40′53.86″	N31°42′07.02″	1
		横溪街道	横溪	E118°40′39.10″	N31°41′53.59″	1
		横溪街道	横溪	E118°40′42.81″	N31°41′55.10″	1
		秣陵街道将军山		E118°46′50.72″	N31°55′57.10″	6
		秣陵街道将军山		E118°46′13.43″	N31°56′12.86″	10
		秣陵街道将军山		E118°46′45.53″	N31°55′28.55″	6

赛山梅 *Styrax confusus* Hemsl.

【别名】白山龙、乌蚊子、猛骨子、油榨果、白扣子

【科属】安息香科（Styracaceae）安息香属（*Styrax*）

【树种简介】小乔木，高2~8米。叶革质或近革质，椭圆形、长圆状椭圆形或倒卵状椭圆形，顶端急尖或钝渐尖，基部圆形或宽楔形，边缘有细锯齿。总状花序顶生，有花3~8朵；花冠裂片呈披针形或长圆状披针形，长1.2~2厘米，宽3~4毫米，外面密被白色星状短茸毛，内面除近顶端被短柔毛外无毛，边缘稍内褶或有时重叠覆盖。果实近球形或倒卵形，直径8~15毫米，外面密被灰黄色星状茸毛和星状长柔毛，常具皱纹。花期4~6月，果期9~11月。分布于四川、贵州、广西、广东、湖南、湖北、安徽、江苏、江西、浙江、福建等省份。常生于海拔100~1700米的丘陵、山地疏林中。全株可入药，有多种医疗功效；种子油供制润滑油、肥皂和油墨等。

【种质资源】南京市赛山梅野生种质资源共2份，分别归属于雨花区和江宁区。具体种质资源信息见表58。

01：雨花区

分布在将军山，且仅有 1 株。种群极小。

02：江宁区

分布在东善桥林场铜山分场、横溪街道、洪幕社区、云台山和秣陵街道，总数量 5 株。种群极小，分布分散。

表 58　赛山梅野生种质资源信息

种质资源编号	种质资源归属	林地名称	经度	纬度	数量（株）
01	雨花区	将军山	起点 E118°45′51.75″ 终点 E118°45′49.95″	起点 N31°55′21.80″ 终点 N31°55′23.63″	1
02	江宁区	东善桥林场铜山分场	起点 E118°51′12.86″ 终点 E118°51′22.13″	起点 N31°39′20.60″ 终点 N31°39′33.34″	1
		横溪街道枣山	起点 E118°42′27.02″ 终点 E118°42′23.24″	起点 N31°46′39.77″ 终点 N31°46′45.47″	1
		洪幕社区	起点 E118°33′08.38″ 终点 E118°32′58.73″	起点 N31°45′50.19″ 终点 N31°45′49.24″	1
		云台山	起点 E118°41′07.32″ 终点 E118°41′07.40″	起点 N31°41′27.53″ 终点 N31°41′27.76″	1
		秣陵街道	起点 E118°46′41.65″ 终点 E118°46′48.80″	起点 N31°55′46.61″ 终点 N31°55′53.82″	1

垂珠花 *Styrax dasyanthus* Perkins

【别名】小叶硬田螺

【科属】安息香科（Styracaceae）安息香属（*Styrax*）

【树种简介】乔木，高 3~20 米，胸径达 24 厘米。树皮暗灰色或灰褐色。叶革质或近革质，倒卵形、倒卵状椭圆形或椭圆形，长 7~14（16）厘米，宽 3.5~6.5（8）厘米，顶端急尖或钝渐尖，尖头常稍弯，基部楔形或宽楔形，边缘上部有稍向内弯角质细锯齿。圆锥花序或总状花序顶生或腋生，具多花，长 4~8 厘米，下部常 2 至多花聚生叶腋；花白色，长 9~16 毫米；花梗长 6~10（12）毫米。果实卵形或球形，长 9~13 毫米，直径 5~7 毫米，顶端具短尖头，密被灰黄色星状短茸毛，平滑或稍具皱纹，果皮厚不及 1 毫米。种子褐色，平滑。花期 3~5 月，果期 9~12 月。产山东、河南、安徽、江苏、浙江、湖南、江西、湖北、四川、贵州、福建、广西和云南等省份。生于海拔 100~1700 米的丘陵、山地、山坡及溪边杂木林中。叶入药，能润肺止咳；种子可榨油，油为半干性油，可作油漆及制肥皂。

【种质资源】南京市垂珠花野生种质资源共 6 份，分别归属于六合区、浦口区、江宁区、溧水区、高淳区和主城区。具体种质资源信息见表 59。

01：六合区

仅分布在冶山和竹镇。在 81 个样地中，2 个样地有分布，总数量 10 株，胸径均在 1~5 厘米，平均胸径 3 厘米。种群小，分布集中。

02：浦口区

分布在老山林场的平坦分场、狮子岭分场、七佛寺分场和大桥林场、星甸杜仲林场，其中96%分布在老山林场。在198个样地中，27个样地有分布，总数量297株，其中株高小于1.3米的181株，占总数的一半以上；胸径1~10厘米的116株，最大胸径10厘米。种群大，分布较广。

03：江宁区

仅分布在青林社区，且仅发现1株，胸径3厘米。

04：溧水区

分布在溧水区林场的东庐分场、芳山分场和平山分场。在调查的115个样地中，8个样地有分布，总数量24株，其中株高小于1.3米的23株，胸径16厘米的1株。种群较小，分布较广。

05：高淳区

分布在大荆山林场、游子山林场和青山林场，其中游子山林场分布最多。在53个样地中，3个样地有分布，总数量34株，其中株高小于1.3米的33株，占总数的97%，胸径2厘米的1株。种群较小，分布较集中。

06：主城区

分布在紫金山。在69个样地中，4个样地有分布，共14株，株高均大于1.3米，最大胸径2.1厘米。种群小。

表59　垂珠花野生种质资源信息

种质资源编号	种质资源归属	林地名称	小地名	样地中心GPS坐标	数量（株）
01	六合区	冶山		E118°56′40.57″ N32°30′20.79″	9
		竹镇		E118°34′02.43″ N32°33′44.10″	1
02	浦口区	老山林场平坦分场	横山沟旁	E118°31′14.43″ N32°04′19.78″	2
		老山林场平坦分场	横山半坡	E118°31′11.77″ N32°04′13.89″	5
		老山林场平坦分场	杨船山	E118°31′55.15″ N32°04′32.56″	61
		老山林场平坦分场	凤凰山后	E118°30′32.38″ N32°04′18.20″	26
		老山林场平坦分场	枣核山	E118°30′26.25″ N32°04′05.79″	5
		老山林场平坦分场	埋娃山	E118°30′11.78″ N32°03′34.64″	8
		老山林场平坦分场	大鸡山	E118°30′30.27″ N32°03′40.25″	1

（续）

种质资源编号	种质资源归属	林地名称	小地名	样地中心 GPS 坐标	数量（株）
02	浦口区	老山林场平坦分场	小鸡山	E118°30′31.70″ N32°03′42.03″	1
		老山林场平坦分场	小马腰	E118°30′32.68″ N32°03′27.68″	1
		老山林场平坦分场	门坎里山	E118°32′23.84″ N32°03′54.86″	21
		老山林场平坦分场	麒麟洼	E118°32′36.25″ N32°03′56.41″	13
		老山林场平坦分场	短喷	E118°33′35.86″ N32°05′28.78″	21
		老山林场平坦分场	蛇地	E118°33′59.25″ N32°05′39.57″	24
		老山林场平坦分场	大平山	E118°33′46.67″ N32°04′20.17″	9
		老山林场平坦分场	虎洼九龙山	E118°32′58.06″ N32°04′31.75″	39
		老山林场平坦分场	门坎里一黄梨山	E118°32′28.45″ N32°04′39.38″	5
		老山林场平坦分场	虎洼山脊	E118°33′25.82″ N32°03′46.15″	6
		老山林场狮子岭分场	响铃庵	E118°34′29.00″ N32°03′28.41″	10
		老山林场狮子岭分场	兜率寺后山	E118°33′03.83″ N32°03′48.20″	4
		老山林场狮子岭分场	狮子岭分场背后山	E118°33′00.83″ N32°03′51.44″	1
		老山林场七佛寺分场	四道桥	E118°37′36.45″ N32°06′06.56″	5
		老山林场七佛寺分场	黑桃洼	E118°35′33.90″ N32°06′34.80″	7
		老山林场七佛寺分场	景观平台	E118°37′42.17″ N32°06′13.78″	5
		大桥林场	老虎洞	E118°41′13.35″ N32°09′24.49″	3
		星甸杜仲林场	西山沟	E118°24′15.68″ N32°03′34.89″	14
03	江宁区	青林社区	女儿山	E119°4′37.17″ N32°4′21.65″	1
04	溧水区	溧水区林场东庐分场	上山脚底	E119°07′20.30″ N31°38′02.09″	1
		溧水区林场东庐分场	山棚子	E119°06′60.00″ N31°39′30.00″	2

（续）

种质资源编号	种质资源归属	林地名称	小地名	样地中心 GPS 坐标	数量（株）
04	溧水区	溧水区林场芳山分场	芳山	E119°08′25.53″ N31°29′37.54″	10
		溧水区林场芳山分场	芳山	E119°08′12.49″ N31°29′16.18″	3
		溧水区林场平山分场	丁公山	E118°51′54.00″ N31°37′52.01″	1
		溧水区林场平山分场	乌王山	E119°01′46.00″ N31°36′05.00″	2
		溧水区林场平山分场	乌王山	E119°01′36.00″ N31°36′13.00″	1
		溧水区林场平山分场	尚书塘	E118°56′08.09″ N31°38′36.22″	4
05	高淳区	大荆山林场	黄家塞	E118°08′32.18″ N32°26′15.83″	2
		游子山林场	大凹	E119°00′28.21″ N31°20′46.36″	31
		青山林场	林业队	E119°03′50.46″ N31°22′07.26″	1
06	主城区	紫金山	永慕庐两边	E118°05′02.00″ N32°04′05.00″	1
		紫金山		E118°51′13.00″ N32°04′04.00″	2
		紫金山		E118°52′00.00″ N32°03′43.00″	1
		紫金山		E118°52′02.00″ N32°03′47.00″	10

秤锤树 *Sinojackia xylocarpa* Hu

【别名】捷克木（安徽）

【科属】安息香科（Styracaceae）秤锤树属（*Sinojackia*）

【树种简介】乔木，高达 7 米。嫩枝密被星状短柔毛，灰褐色，成长后呈红褐色且无毛，表皮常呈纤维状脱落。叶纸质，倒卵形或椭圆形，顶端急尖，基部楔形或近圆形，边缘具硬质锯齿。总状聚伞花序生于侧枝顶端，有花 3~5 朵；花梗柔弱且下垂，疏被星状短柔毛，萼管倒圆锥形，外面密被星状短柔毛，萼齿披针形；花冠裂片长圆状椭圆形，白色。果实卵形，红褐色，有浅棕色皮孔，无毛，顶端具圆锥状的喙；外果皮木质，不开裂，厚约 1 毫米；中果皮木栓质，厚约 3.5 毫米；内果皮木质，坚硬，厚约 1 毫米。种子 1 颗，长圆状线形，长约 1 厘米，栗褐色。花期 3~4 月，果期 7~9 月。产江苏（南京），杭州、上海、武汉等曾有栽培。性喜湿润，忌干燥，在阴湿环境下生长良好。秋季果实悬挂，宛如秤锤，是优良的观赏树种。

【种质资源】南京市秤锤树野生种质资源仅 1 份，归属于浦口区。南京幕府山秤锤树野生种群因过去开采山石遭受严重破坏，现已消失。具体种质资源信息见表 60。

01：浦口区

分布在星甸杜仲林场。大桥林场和老山林场的平坦分场、狮子岭分场、七佛寺分场的秤锤树均为栽培。在 198 个样地中，仅 1 个样地有分布，共 93 株，其中株高小于 1.3 米的 55 株，占总数的一半以上，胸径 1~10 厘米的 35 株，胸径 11~20 厘米的 3 株。种群大，分布高度集中。

表 60　秤锤树野生种质资源信息

种质资源编号	种质资源归属	林地名称	小地名	样地中心 GPS 坐标	数量（株）
01	浦口区	星甸杜仲林场	西山沟	E118°24′15.68″ N32°03′34.89″	93

白檀 *Symplocos tanakana* Nakai

【别名】碎米子树、乌子树

【科属】山矾科（Symplocaceae）山矾属（*Symplocos*）

【树种简介】落叶灌木或小乔木，高 5~10 米。嫩枝有灰白色柔毛，老枝无毛。叶膜质或薄纸质，呈阔倒卵形、椭圆状倒卵形或卵形，边缘有细尖锯齿；中脉在叶面呈凹下状态，侧脉在叶面平坦或微凸起。圆锥花序，有柔毛，花冠白色，苞片呈条形，有褐色腺点。核果，成熟时呈蓝色，呈卵状球形。花期 5 月，果期 10 月。我国除西北地区外均有分布，朝鲜、日本、印度也有分布。喜温暖、湿润的气候，喜光、耐阴、耐寒、抗干旱、耐瘠薄，喜欢深厚肥沃的沙质壤土。树姿美观，春开白花，秋结蓝果，可作观赏植物。叶可作健胃、镇痛药使用，也可用于治疗脘腹疼痛、呕吐、噎嗝等症；种子油可供制作油漆、肥皂；亦被作为熏香料中的白檀香的制造原料。

【种质资源】南京市白檀野生种质资源共 8 份，分别归属于六合区、浦口区、栖霞区、雨花区、江宁区、溧水区、高淳区和主城区。具体种质资源信息见表 61。

01：六合区

分布在平山、冶山、方山和灵岩山，其中灵岩山分布最多。在 81 个样地中，10 个样地有分布，总数量 151 株，其中株高小于 1.3 米的 127 株，占总株数的 84%；胸径 1~10 厘米的 24 株，平均胸径 4 厘米。种群大，分布广。

02：浦口区

分布在老山林场的平坦分场、西山分场、狮子岭分场、七佛寺分场、铁路林分场和星甸杜仲林场、龙王山林场，尤以老山林场分布最多。在 198 个样地中，43 个样地有分布，总数量 393 株，其中株高小于 1.3 米的 199 株，占总数的 21%；胸径 1~10 厘米的 188 株，占总数的 48%；胸径 11~20 厘米的 4 株；胸径 21~30 厘米的 2 株；最大胸径 30 厘米。种群大，分布广。

03：栖霞区

大部分分布在兴卫山和栖霞山，大普塘水库、灵山、仙鹤山、羊山、南象山、北象山、何家山和乌龙山也有少量分布。在 44 个样地中，28 个样地有分布，总数量 424 株，其中株高小于 1.3 米的 187 株，占总数的 44%；胸径 1~10 厘米的 237 株，占总数的 56%。种群大，分布相对集中。

04：雨花区

分布在铁心桥街道、将军山、牛首山、普觉寺和罐子山。在 24 个样地中，19 个样地有分布，总数量 63 株，其中株高小于 1.3 米的 2 株；胸径 1~10 厘米的 59 株，平均胸径 5 厘米；胸径 11~20 厘米的 2 株，最大胸径 16 厘米。种群大，分布广。

05：江宁区

分布在方山、汤山林场、东山街道林场、汤山地质公园、孟塘社区、青林社区、古泉社区、东善桥林场、谷里、汤山街道、横溪街道、牛首山、富贵山公墓、洪幕社区、公塘水库、天台山、秣陵街道将军山。在 223 个样地中，112 个样地有分布，总数量 353 株，其中株高小于 1.3 米的 69 株；胸径 1~10 厘米的 290 株，平均胸径 5 厘米；胸径 11~20 厘米的 5 株，平均胸径 12 厘米；胸径 25 厘米的 1 株。种群大，分布广。

06：溧水区

分布在溧水区林场的东庐分场、芳山分场和平山分场。在 115 个样地中，20 个样地分布，共 149 株，其中株高小于 1.3 米的 112 株，胸径 1~10 厘米的 37 株，最大胸径为 10 厘米。种群大，分布较广。

07：高淳区

分布在傅家坛林场、大山林场、大荆山林场、游子山林场和青山林场，其中傅家坛林场分布最多。在 53 个样地中，9 个样地有分布，总数量 99 株，其中株高小于 1.3 米的 84 株，占总株数的 85%；胸径 1~10 厘米的 15 株，平均胸径 3 厘米。种群大，分布较广。

08：主城区

分布在紫金山、九华山、狮子山和幕府山。在 69 个样地中，42 个样地有分布，共 349 株，其中株高小于 1.3 米的 88 株，胸径 1~10 厘米的 257 株，胸径 11~20 厘米的 4 株。种群大，分布广。

表 61　白檀野生种质资源信息

种质资源编号	种质资源归属	林地名称	小地名	样地中心 GPS 坐标	数量（株）
01	六合区	平山	骡子山	E118°49′50.00″ N32°28′59.00″	10
		冶山		E118°56′56.00″ N32°30′49.00″	2
		冶山		E118°56′58.90″ N32°30′33.65″	27
		冶山		E118°56′45.75″ N32°30′25.42″	3
		冶山		E118°56′40.57″ N32°30′20.79″	4

（续）

种质资源编号	种质资源归属	林地名称	小地名	样地中心 GPS 坐标	数量（株）
01	六合区	冶山		E118°56′21.80″ N32°30′35.68″	18
		方山		E118°59′20.21″ N32°18′37.63″	18
		灵岩山		E118°53′00.23″ N32°18′35.40″	34
		灵岩山		E118°53′13.00″ N32°18′20.00″	1
		灵岩山		E118°53′11.48″ N32°18′27.96″	34
02	浦口区	老山林场平坦分场	横山沟旁	E118°49′50.00″ N32°28′59.00″	6
		老山林场平坦分场	横山半坡	E118°56′56.00″ N32°30′49.00″	5
		老山林场平坦分场	杨船山	E118°56′58.90″ N32°30′33.65″	1
		老山林场平坦分场	枣核山	E118°56′45.75″ N32°30′25.42″	20
		老山林场平坦分场	埋娃山	E118°56′40.57″ N32°30′20.79″	2
		老山林场平坦分场	大鸡山	E118°56′21.80″ N32°30′35.68″	3
		老山林场平坦分场	小鸡山	E118°59′20.21″ N32°18′37.63″	1
		老山林场平坦分场	小马腰	E118°53′00.23″ N32°18′35.40″	15
		老山林场平坦分场	小马腰下	E118°53′13.00″ N32°18′20.00″	36
		老山林场平坦分场	小马腰与大马腰间	E118°53′11.48″ N32°18′27.96″	8
		老山林场平坦分场	小马腰与大马腰间	E118°48′05.00″ N32°08′16.00″	6
		老山林场平坦分场	匪集场道旁	E118°01′00.00″ N31°21′00.02″	30
		老山林场平坦分场	匪集场山后	E118°48′00.04″ N32°08′00.28″	1
		老山林场平坦分场	匪集场道旁	E118°48′00.05″ N32°07′60.00″	6
		老山林场平坦分场	门坎里山	E118°34′42.50″ N31°44′52.90″	2
		老山林场平坦分场	蛇地	E118°34′48.96″ N31°46′19.86″	5

（续）

种质资源编号	种质资源归属	林地名称	小地名	样地中心 GPS 坐标	数量（株）
02	浦口区	老山林场平坦分场	大平山	E118°35′05.75″ N31°46′08.53″	1
		老山林场平坦分场	虎洼二号洞口	E118°36′05.45″ N31°47′05.25″	40
		老山林场平坦分场	虎洼九龙山	E118°35′55.94″ N31°46′56.77″	17
		老山林场平坦分场	门坎里一大小女儿山间	E118°41′34.48″ N31°47′45.96″	29
		老山林场平坦分场	虎洼山脊	E118°40′48.91″ N31°42′13.90″	6
		老山林场平坦分场	虎洼山脊	E118°35′33.90″ N32°06′34.80″	36
		老山林场平坦分场	虎洼山脊	E118°37′42.17″ N32°06′13.78″	3
		老山林场西山分场	西山一九峰寺旁	E118°40′49.98″ N32°08′52.39″	2
		老山林场西山分场	西山一铁路桥下	E118°26′47.85″ N32°03′05.63″	5
		老山林场狮子岭分场	大洼口一狮平路	E118°33′57.22″ N32°05′37.83″	7
		老山林场狮子岭分场	小洼口一平滩子	E118°33′49.37″ N32°03′19.50″	5
		老山林场狮子岭分场	兜率寺后山	E118°33′03.83″ N32°03′48.20″	1
		老山林场狮子岭分场	狮子岭分场背后山	E118°33′00.83″ N32°03′51.44″	3
		老山林场狮子岭分场	兴隆寺旁	E118°31′36.08″ N32°03′05.09″	6
		老山林场狮子岭分场	兴隆寺路旁	E118°31′38.16″ N32°02′50.59″	3
		老山林场狮子岭分场	石门	E118°34′48.44″ N32°04′05.02″	1
		老山林场狮子岭分场	暗沟护林点	E118°30′49.74″ N32°02′34.47″	3
		老山林场七佛寺分场	吴家大洼	E118°37′12.09″ N32°06′03.87″	20
		老山林场七佛寺分场	大椅子山	E118°38′08.81″ N32°06′32.85″	19
		老山林场七佛寺分场	黑桃洼	E118°35′33.90″ N32°06′34.80″	6
		老山林场七佛寺分场	老鹰山	E118°36′40.25″ N32°06′24.70″	1

（续）

种质资源编号	种质资源归属	林地名称	小地名	样地中心 GPS 坐标	数量（株）
02	浦口区	老山林场七佛寺分场	牛角洼	E118°36′28.61″ N32°06′16.76″	16
		老山林场七佛寺分场	老母猪沟	E118°36′34.76″ N32°06′21.58″	4
		老山林场铁路林分场	景观平台	E118°37′42.17″ N32°06′13.78″	1
		星甸杜仲林场	采石场旁	E118°39′22.55″ N32°08′19.15″	5
		龙王山林场	西山沟	E118°24′17.42″ N32°03′33.86″	5
03	栖霞区	兴卫山	兴卫山东南坡	E118°50′40.74″ N32°05′57.12″	13
		兴卫山		E118°50′40.74″ N32°05′57.12″	16
		兴卫山		E118°50′40.74″ N32°05′57.13″	13
		兴卫山	兴卫山北坡	E118°50′44.28″ N32°05′58.56″	33
		兴卫山		E118°50′46.04″ N32°05′59.39″	7
		兴卫山		E118°50′50.99″ N32°05′58.33″	66
		兴卫山		E118°50′32.47″ N32°05′59.03″	2
		兴卫山		E118°50′24.34″ N32°06′00.26″	56
		栖霞山	小硬盘娱乐场	E118°57′30.72″ N32°09′18.94″	1
		栖霞山		E118°57′26.93″ N32°09′18.98″	27
		栖霞山		E118°57′34.38″ N32°09′15.58″	8
		栖霞山		E118°57′44.15″ N32°09′18.30″	9
		栖霞山	天开岩上方亭子附近	E118°57′35.04″ N32°09′28.42″	2
		栖霞山		E118°57′16.98″ N32°09′29.50″	29
		栖霞山		E118°57′37.69″ N32°09′15.78″	2
		大普塘水库	对面山头	E118°55′07.60″ N32°04′59.58″	1

（续）

种质资源编号	种质资源归属	林地名称	小地名	样地中心 GPS 坐标	数量（株）
03	栖霞区	大普塘水库	大普塘水库旁	E118°55′24.02″ N32°05′03.29″	3
		灵山		E118°56′05.85″ N32°05′24.51″	2
		灵山		E118°55′42.67″ N32°05′24.80″	1
		仙鹤山		E118°53′34.52″ N32°06′17.19″	43
		羊山		E118°55′56.24″ N32°06′47.59″	5
		南象山	衡阳寺	E118°56′07.44″ N32°08′16.38″	16
		南象山	衡阳寺	E118°55′50.16″ N32°08′08.70″	28
		北象山		E118°56′31.92″ N32°09′16.62″	4
		北象山		E118°56′25.62″ N32°09′05.28″	10
		何家山	何家山	E118°57′20.22″ N32°08′41.82″	4
		何家山	中眉心	E118°58′10.20″ N32°08′39.54″	9
		乌龙山	乌龙山炮台西南	E118°52′01.02″ N32°09′42.48″	14
04	雨花区	铁心桥街道韩府山		E118°45′29.12″ N31°56′56.46″	11
		铁心桥街道韩府山		E118°45′30.33″ N31°56′48.60″	15
		铁心桥街道韩府山		E118°45′17.62″ N31°56′34.85″	4
		铁心桥街道韩府山		E118°45′17.62″ N31°56′34.85″	3
		铁心桥街道韩府山		E118°45′06.12″ N31°56′02.61″	6
		将军山	高家库	E118°45′09.45″ N31°56′08.89″	2
		将军山	高家库	E118°45′39.80″ N31°55′43.36″	2
		将军山		E118°45′51.79″ N31°55′16.54″	1
		将军山		E118°45′50.09″ N31°55′23.41″	1

（续）

种质资源编号	种质资源归属	林地名称	小地名	样地中心 GPS 坐标	数量（株）
04	雨花区	牛首山		E118°44′03.88″ N31°55′10.89″	3
		牛首山		E118°44′09.75″ N31°55′12.16″	1
		牛首山		E118°44′18.00″ N31°55′28.39″	5
		牛首山		E118°44′22.53″ N31°55′29.01″	1
		普觉寺		E118°44′29.02″ N31°55′22.11″	1
		普觉寺		E118°44′28.27″ N31°55′18.77″	1
		将军山	将军山脚	E118°45′02.55″ N31°55′21.68″	1
		罐子山		E118°43′10.85″ N31°55′55.24″	2
		罐子山		E118°43′15.52″ N31°56′00.99″	1
		罐子山	西善桥	E118°43′22.49″ N31°56′29.65″	2
05	江宁区	方山	栎树林	E118°51′52.28″ N31°53′53.91″	5
		方山	朴树林	E118°52′00.76″ N31°53′35.37″	13
		方山		E118°52′11.99″ N31°54′15.33″	3
		方山		E118°33′58.37″ N31°54′10.02″	4
		汤山林场汤山一郎山		E119°03′20.34″ N32°04′16.29″	1
		汤山林场黄栗墅工区	土地山	E119°01′10.68″ N32°04′16.29″	5
		汤山林场黄栗野工区	土地山	E119°01′02.54″ N32°03′44.17″	2
		汤山林场黄栗野工区	土地山	E119°01′13.38″ N32°04′05.95″	4
		汤山林场黄栗野工区	土地山	E119°01′25.51″ N32°04′10.33″	3
		汤山林场长山工区	黄龙山	E118°54′16.82″ N31°58′29.38″	2
		汤山林场长山工区	黄龙山	E118°54′18.53″ N31°58′31.67″	1

（续）

种质资源编号	种质资源归属	林地名称	小地名	样地中心 GPS 坐标	数量（株）
05	江宁区	汤山林场长山工区	黄龙山	E118°54′20.80″ N31°58′33.81″	1
		汤山林场长山工区	青龙山	E118°54′07.26″ N31°58′51.63″	1
		汤山林场长山工区	青龙山	E118°54′10.80″ N31°58′54.89″	1
		汤山林场佘村工区	青龙山	E118°56′46.14″ N32°00′53.25″	3
		汤山林场佘村工区		E118°56′43.52″ N32°00′41.96″	1
		汤山林场佘村工区	青龙山	E118°56′26.21″ N32°00′09.95″	1
		汤山林场佘村工区	青龙山	E118°55′60.00″ N31°59′59.64″	1
		汤山林场佘村工区	青龙山	E118°56′19.79″ N32°00′05.54″	1
		东山街道林场		E118°55′56.56″ N31°57′55.99″	3
		东山街道林场		E118°56′01.27″ N31°57′51.20″	3
		东山街道林场		E118°56′03.33″ N31°57′50.81″	2
		东山街道林场		E118°55′52.26″ N31°57′47.79″	4
		东山街道林场		E118°55′58.48″ N31°57′44.99″	15
		汤山林场龙泉工区		E118°58′05.04″ N31°59′18.89″	1
		汤山林场龙泉工区		E118°57′43.17″ N31°59′01.10″	13
		汤山林场龙泉工区		E118°57′32.46″ N31°59′06.67″	1
		汤山林场龙泉工区		E118°57′54.02″ N31°59′53.54″	2
		汤山林场龙泉工区		E118°58′18.73″ N32°00′11.84″	1
		汤山地质公园		E119°01′57.91″ N32°02′52.42″	1
		孟塘社区	射乌山	E119°03′31.36″ N32°06′08.14″	3
		孟塘社区	射乌山	E119°03′05.35″ N32°05′57.62″	3

（续）

种质资源编号	种质资源归属	林地名称	小地名	样地中心 GPS 坐标	数量（株）
05	江宁区	孟塘社区	培山	E119°03′00.94″ N32°04′50.44″	1
		青林社区	白露头	E119°05′23.21″ N32°04′43.06″	1
		青林社区	白露头	E119°25′33.41″ N32°04′52.23″	1
		青林社区	白露头	E119°15′20.59″ N32°04′59.61″	2
		青林社区	文山	E119°04′10.68″ N32°05′12.67″	1
		青林社区	文山	E119°04′26.23″ N32°04′46.18″	1
		青林社区	孤山堰	E119°04′55.18″ N32°05′02.10″	2
		古泉社区	连山	E119°00′37.94″ N32°03′31.04″	1
		东善桥林场云台分场		E118°43′12.78″ N31°42′57.15″	4
		东善桥林场云台分场		E118°43′04.99″ N31°43′00.56″	1
		东善桥林场云台分场	大平山	E118°42′33.23″ N31°42′09.75″	1
		东善桥林场云台分场	大平山	E118°42′30.63″ N31°42′28.36″	4
		东善桥林场云台分场	大平山	E118°42′19.43″ N31°42′28.84″	1
		东善桥林场云台分场	大平山	E118°42′21.36″ N31°42′26.54″	1
		东善桥林场云台分场	鸡笼山	E118°41′59.67″ N31°41′55.00″	1
		东善桥林场云台分场	太平山	E118°42′01.24″ N31°41′56.23″	6
		东善桥林场横山分场		E118°48′45.31″ N31°28′06.43″	2
		东善桥林场横山分场		E118°48′57.06″ N31°37′55.30″	4
		东善桥林场横山工区		E118°49′08.13″ N31°38′18.84″	1
		东善桥林场横山工区		E118°48′53.79″ N31°37′15.38″	1
		东善桥林场横山工区		E118°48′12.38″ N31°37′10.30″	1

（续）

种质资源编号	种质资源归属	林地名称	小地名	样地中心 GPS 坐标	数量（株）
05	江宁区	东善桥林场横山工区		E118°48′35.83″ N31°37′55.96″	2
		东善桥林场横山工区		E118°47′31.34″ N31°38′33.17″	2
		东善桥林场东善分场	静龙山	E118°47′37.61″ N31°51′02.50″	4
		东善桥林场东善分场	静龙山	E118°47′36.60″ N31°50′56.61″	1
		东善桥林场东善分场	静龙山	E118°46′52.37″ N31°51′20.88″	1
		东善桥林场东善分场		E118°46′41.81″ N31°52′03.20″	8
		东善桥林场东善分场		E118°46′47.10″ N31°51′54.58″	5
		东善桥林场东善分场		E118°46′50.46″ N31°51′25.78″	6
		东善桥林场横山分场	山下坡、溪水处	E118°52′34.94″ N31°42′12.60″	2
		东善桥林场横山分场		E118°49′41.13″ N31°38′00.37″	2
		东善桥林场横山分场		E118°54′00.00″ N31°12′00.00″	2
		东善桥林场横山分场		E118°49′51.91″ N31°38′35.46″	1
		东善桥林场铜山分场		E118°51′19.43″ N31°39′58.42″	1
		东善桥林场铜山分场		E118°50′45.52″ N31°39′10.50″	1
		东善桥林场铜山分场		E118°50′30.00″ N31°39′41.84″	1
		东善桥林场铜山分场		E118°52′08.10″ N31°41′13.63″	1
		东善桥林场铜山分场		E118°52′44.03″ N31°39′26.42″	1
		东善桥林场铜山		E118°52′18.33″ N31°39′18.52″	1
		东善桥林场铜山	铜山林场管理区	E118°52′01.25″ N31°39′01.29″	1
		东善桥林场铜山分场		E118°51′47.70″ N31°39′00.59″	1
		东善桥林场铜山分场		E118°51′05.98″ N31°39′01.58″	1

（续）

种质资源编号	种质资源归属	林地名称	小地名	样地中心 GPS 坐标	数量（株）
05	江宁区	谷里	东塘水库附近	E118°42′46.69″ N31°46′46.42″	1
		横溪街道枣山		E118°42′32.57″ N31°46′41.87″	7
		横溪街道枣山		E118°42′18.24″ N31°46′38.03″	1
		汤山街道		E118°56′59.76″ N31°57′50.98″	1
		牛首山		E118°44′43.64″ N31°53′23.64″	21
		牛首山		E118°44′36.41″ N31°53′30.44″	4
		牛首山		E118°44′47.99″ N31°53′30.49″	1
		牛首山		E118°44′57.33″ N31°53′46.05″	1
		牛首山		E118°44′20.00″ N31°54′47.62″	1
		牛首山		E118°44′18.37″ N31°54′47.96″	1
		牛首山		E118°44′53.71″ N31°54′07.74″	1
		牛首山		E118°44′25.29″ N31°53′42.86″	1
		富贵山公墓		E118°32′28.22″ N31°45′46.73″	1
		洪幕社区	洪幕村	E118°33′10.13″ N31°45′49.22″	1
		洪幕社区洪幕山		E118°32′52.77″ N31°45′49.17″	1
		洪幕社区洪幕山		E118°32′49.64″ N31°45′38.28″	7
		洪幕社区洪幕山		E118°32′58.01″ N31°45′31.69″	1
		洪幕社区		E118°34′42.50″ N31°44′52.90″	5
		洪幕社区		E118°34′39.49″ N31°45′04.61″	1
		洪幕社区		E118°34′19.10″ N31°45′59.13″	3
		洪幕社区		E118°34′48.96″ N31°46′19.86″	2
		洪幕社区		E118°34′55.84″ N31°46′14.18″	4

（续）

种质资源编号	种质资源归属	林地名称	小地名	样地中心 GPS 坐标	数量（株）
05	江宁区	洪幕社区		E118°35′05.75″ N31°46′08.53″	1
		洪幕社区		E118°35′13.43″ N31°45′41.43″	2
		公塘水库		E118°41′34.48″ N31°47′45.96″	1
		天台山		E118°41′25.94″ N31°42′49.41″	1
		天台山		E118°41′51.13″ N31°43′06.23″	1
		横溪街道	横溪朱塘	E118°40′58.66″ N31°44′04.32″	1
		横溪街道	横溪	E118°41′09.80″ N31°45′10.41″	7
		横溪街道	横溪	E118°41′15.45″ N31°45′08.48″	1
		横溪街道	横溪	E118°41′18.22″ N31°45′41.33″	1
		横溪街道	横溪云台山	E118°40′54.91″ N31°42′06.43″	1
		横溪街道	横溪云台山	E118°40′48.91″ N31°42′13.90″	1
		横溪街道	横溪	E118°40′53.86″ N31°42′07.02″	1
		横溪街道	横溪	E118°40′39.18″ N31°41′48.42″	11
		横溪街道	横溪	E118°40′39.10″ N31°41′53.59″	1
		秣陵街道将军山		E118°46′50.72″ N31°55′57.10″	3
		秣陵街道将军山		E118°46′13.43″ N31°56′12.86″	1
06	溧水区	溧水区林场东庐分场	陈山	E119°07′42.37″ N31°34′58.44″	2
		溧水区林场芳山分场	芳山	E119°08′11.68″ N31°29′42.91″	9
		溧水区林场芳山分场	芳山	E119°08′25.53″ N31°29′37.54″	3
		溧水区林场芳山分场	芳山	E119°08′21.22″ N31°29′05.52″	9
		溧水区林场芳山分场	芳山	E119°08′35.81″ N31°30′12.30″	18
		溧水区林场芳山分场	杨树山	E119°08′30.40″ N31°30′23.68″	2

（续）

种质资源编号	种质资源归属	林地名称	小地名	样地中心 GPS 坐标	数量（株）
06	溧水区	溧水区林场平山分场	龙冠子	E118°50′34.00″ N31°38′22.00″	6
		溧水区林场平山分场	雨山	E118°52′59.00″ N31°38′37.00″	3
		溧水区林场平山分场	丁公山	E118°52′08.00″ N31°38′33.00″	3
		溧水区林场平山分场	丁公山	E118°52′19.00″ N31°37′46.00″	9
		溧水区林场平山分场	丁公山	E118°51′32.00″ N31°38′17.00″	1
		溧水区林场平山分场	龙冠子	E118°50′36.98″ N31°38′16.00″	2
		溧水区林场平山分场	乌王山	E119°01′46.00″ N31°36′05.00″	5
		溧水区林场平山分场	乌王山	E119°01′36.00″ N31°36′13.00″	2
		溧水区林场平山分场	桃花凹	E119°02′09.74″ N31°34′05.73″	1
		溧水区林场平山分场	官塘坝	E119°01′57.00″ N31°34′58.00″	1
		溧水区林场平山分场	斗面山	E119°02′16.00″ N31°32′58.00″	3
		溧水区林场平山分场	小茅山东面	E118°56′54.19″ N31°38′20.23″	60
		溧水区林场平山分场	尚书塘	E118°55′58.59″ N31°38′18.15″	9
		溧水区林场平山分场	小茅山东面	E118°57′15.82″ N31°38′44.95″	1
07	高淳区	傅家坛林场	窑冲	E119°04′45.78″ N31°14′09.37″	31
		傅家坛林场	林科站	E119°05′21.32″ N31°14′54.49″	32
		大山林场	大山路旁南到北 2 千米处	E119°06′56.00″ N31°24′14.98″	2
		大荆山林场	四凹	E118°08′37.20″ N32°26′15.03″	2
		大荆山林场	黄家塞	E118°08′32.18″ N32°26′15.83″	2
		游子山林场	环山路北端路旁	E119°01′04.10″ N31°21′36.51″	1
		青山林场	林业队	E118°03′39.43″ N31°22′08.71″	4
		青山林场	林业队	E119°03′50.46″ N31°22′07.26″	7

（续）

种质资源编号	种质资源归属	林地名称	小地名	样地中心 GPS 坐标	数量（株）
07	高淳区	青山林场	林业队	E119°03′42.58″ N31°22′16.38″	18
08	主城区	紫金山	永慕庐两边	E118°05′02.00″ N32°04′05.00″	22
		紫金山		E118°51′03.00″ N32°04′08.00″	6
		紫金山		E118°50′33.00″ N32°04′08.00″	1
		紫金山		E118°51′07.00″ N32°04′09.00″	4
		紫金山		E118°51′13.00″ N32°04′04.00″	40
		紫金山		E118°52′12.00″ N32°03′52.00″	15
		紫金山		E118°52′12.00″ N32°03′48.00″	14
		紫金山		E118°52′05.00″ N32°03′45.00″	4
		紫金山		E118°52′05.00″ N32°03′46.00″	8
		紫金山		E118°52′00.00″ N32°03′43.00″	9
		紫金山		E118°52′02.00″ N32°03′47.00″	5
		紫金山		E118°51′21.00″ N32°04′03.00″	1
		紫金山		E118°51′22.00″ N32°04′02.00″	4
		紫金山		E118°51′35.00″ N32°03′58.00″	7
		紫金山	中马腰与猴子头间	E118°50′35.00″ N32°04′11.00″	4
		紫金山		E118°50′24.00″ N32°04′09.84″	5
		紫金山		E118°50′25.00″ N32°04′12.00″	8
		紫金山		E118°50′39.00″ N32°48′18.00″	4
		紫金山		E118°50′24.00″ N32°03′56.00″	33
		紫金山		E118°50′38.00″ N32°03′25.00″	9
		紫金山	小水闸南	E118°50′35.00″ N32°04′26.00″	2

（续）

种质资源编号	种质资源归属	林地名称	小地名	样地中心 GPS 坐标	数量（株）
08	主城区	紫金山		E118°50′35.00″ N32°04′29.00″	1
		紫金山		E118°50′33.00″ N32°04′42.00″	6
		紫金山		E118°50′27.00″ N32°04′45.00″	4
		紫金山		E118°50′41.00″ N32°04′21.00″	3
		紫金山		E118°14′42.00″ N32°04′22.00″	3
		紫金山		E118°50′43.00″ N32°04′22.00″	12
		紫金山		E118°50′40.00″ N32°04′23.00″	3
		紫金山		E118°50′40.00″ N32°04′23.00″	8
		紫金山		E118°50′38.00″ N32°04′23.00″	3
		紫金山		E118°50′39.00″ N32°04′24.00″	1
		紫金山		E118°50′40.00″ N32°04′24.00″	4
		紫金山		E118°50′36.00″ N32°04′27.00″	2
		紫金山	山北坡中上段	E118°50′39.00″ N32°04′25.00″	4
		紫金山	山北坡中上段	E118°50′40.00″ N32°04′26.00″	4
		九华山	弥勒佛坡上	E118°48′15.00″ N32°03′41.00″	3
		狮子山	铜鼎坡下	E118°44′37.00″ N32°05′51.00″	1
		幕府山	窑上村入口处左上	E118°47′43.00″ N32°07′38.00″	3
		幕府山		E118°47′25.00″ N32°07′43.00″	18
		幕府山		E118°47′25.00″ N32°07′46.00″	2
		幕府山	三台洞	E118°01′00.00″ N31°21′00.02″	14
		幕府山	三台洞下坡	E118°48′00.04″ N32°08′00.28″	45

迎春樱桃 *Prunus discoidea*（T. T. Yu & C. L. Li）Z. Wei & Y. B. Chang

【别名】

【科属】蔷薇科（Rosaceae）李属（*Prunus*）

【树种简介】小乔木，高 2~3.5 米。树皮灰白色。小枝紫褐色，嫩枝被疏柔毛或脱落无毛。叶片倒卵状长圆形或长椭圆形，长 4~8 厘米，宽 1.5~3.5 厘米，先端骤尾尖或尾尖，基部楔形，稀近圆形，边缘有缺刻状急尖锯齿，齿端有小盘状腺体，上面暗绿色，伏生疏柔毛，下面淡绿色，被疏柔毛，嫩时较密，侧脉 8~10 对；叶柄长 5~7 毫米，幼时被稀疏柔毛，以后脱落几无毛，顶端有 1~3 腺体；托叶狭带形，长 5~8 毫米，边缘有小盘状腺体。花先叶开放或稀花叶同开，伞形花序有花 2 朵，稀 1 朵或 3 朵，基部常有褐色革质鳞片；总苞片褐色，倒卵状椭圆形，外面无毛，内面伏生疏柔毛，顶端有齿裂，边缘有小头状腺体；苞片革质，绿色，近圆形，直径 2~4 毫米，边有小盘状腺体，几无毛；花梗长 1~1.5 厘米，被稀疏柔毛；花瓣粉红色；长椭圆形，先端二裂；雄蕊 32~40；花柱无毛，柱头扩大。核果红色，成熟后直径约 1 厘米；核表面略有棱纹。花期 3 月，果期 5 月。产安徽、浙江、江西和江苏南京。生于海拔 200~1100 米的山谷林中或溪边灌丛中。花盛开时节花繁艳丽，满树烂漫，如云似霞，极为壮观，是早春重要的观花树种，可植于山坡、庭院、路边、建筑物前。

【种质资源】南京市迎春樱桃野生种质资源共 1 份，归属于主城区。具体种质资源信息见表 62。

01：主城区

主要分布在紫金山。在调查的 69 个样地中 2 个样地有分布，共 19 株，株高均超过 1.3 米，其中胸径在 1~10 厘米的 16 株，胸径 11~20 厘米的 2 株，胸径 26 厘米的 1 株。种群较小，分布集中。

表 62 迎春樱桃野生种质资源信息

种质资源编号	种质资源归属	林地名称	小地名	样地中心 GPS 坐标	数量（株）
01	主城区	紫金山	索道停车场上山路 500 米处	E118°49′33.48″N 32°03′48.76″	17
		紫金山	索道停车场	E118°49′17.58″N 32°03′43.36″	2

白鹃梅 *Exochorda racemosa*（Lindl.）Rehder

【别名】总花白鹃梅、茧子花、九活头、金瓜果

【科属】蔷薇科（Rosaceae）白鹃梅属（*Exochorda*）

【树种简介】灌木或小乔木，高达 3~5 米。枝条细弱开展；小枝圆柱形，微有棱角，无毛，幼时红褐色，老时褐色。冬芽三角卵形，先端钝，平滑无毛，暗紫红色。叶片椭圆形、长椭圆形至长圆倒卵形，长 3.5~6.5 厘米，宽 1.5~3.5 厘米，先端圆钝或急尖，稀有突尖，基部楔形或宽楔形，全缘，稀中部以上有钝锯齿，上下两面均无毛；叶柄短，或近于无柄；不具托叶。总状花序有花 6~10 朵，无毛；花梗长 3~8 毫米，基部花梗较顶部稍长，无毛；苞片小，宽披针形；花直径 2.5~3.5 厘米；萼筒浅钟状，无毛；萼片宽三角形，长约 2 毫米，先端急尖或钝，边缘有尖锐细锯齿，无毛，黄绿色；花瓣倒卵形，长约 1.5 厘米，宽约 1 厘米，先端钝，基部有短爪，白色；心皮 5，花柱分离。蒴果，倒圆锥形，无毛，有 5 脊，果梗长 3~8 毫米。花期 5 月，果期 6~8 月。分布于河南、江西、江苏、浙江。常生于海拔 250~500 米的山坡阴地。姿态秀美，春日开花，满树雪白，如雪似梅，素雅可爱，是美丽的观赏树，宜在草地、林缘、路边及假山岩石间配植。其老树古桩，又是制作树桩盆景的优良素材。花和嫩叶富含多种维生素和钙、铁、锌等营养成分，可凉拌或和面蒸食、炒食，也可盐渍、晾干制成干菜，或是制成罐头。有益肝明目、提高人体免疫力、抗氧化等多种保健功能。

【种质资源】南京市白鹃梅野生种质资源共 3 份，分别归属于江宁区、溧水区和高淳区。具体种质资源信息见表 63。

01：江宁区

主要分布在东善桥林场东善分场和陆郎山门口社区。在 69 个样地中 2 个样地有分布，共 5 株，株高均超过 1.3 米，多呈灌木状，干径在 2~4 厘米。样地内数量虽少，但在光照充足的林缘、山丘等零散分布，总体数量多。

02：溧水区

主要分布在溧水区林场芳山分场杨树山保鼎禅寺旁。在调查的 115 个样地中 1 个样地有分布，共 2 株，株高均超过 1.3 米，胸径 2~4 厘米。样地内数量虽少，但在光照充足的林缘、山丘等零散分布，所以总体数量较多。

03：高淳区

主要分布在游子山林场青阳殿对面。在调查的 53 个样地中 1 个样地有分布，共 3 株，株高均超过 1.3 米，胸径 3~4 厘米。样地内数量虽少，但在光照充足的林缘、山丘等零散分布，所以总体数量较多。

表 63　白鹃梅野生种质资源信息

种质资源编号	种质资源归属	林地名称	小地名	样地中心 GPS 坐标	数量（株）
01	江宁区	山门口社区		E118°38′17.21″　N31°47′16.19″	3
		东善桥林场东善分场	场部后山坡	E118°46′30.18″　N31°51′23.61″	2
02	溧水区	溧水区林场芳山分场	杨树山保鼎禅寺	E118°9′30.04″　N31°30′12.07″	2
03	高淳区	游子山林场	青阳殿对面	E119°00′36.83″　N31°20′32.92″	3

石楠 *Photinia serratifolia* Lindl.

【别名】山官木、凿角、石纲、石楠柴、将军梨、石眼树、笔树、扇骨木、千年红、凿木、中华石楠

【科属】蔷薇科（Rosaceae）石楠属（*Photinia*）

【树种简介】常绿灌木或小乔木，高 4~6 米，有时可达 12 米。枝褐灰色，无毛。叶片革质，长椭圆形、长倒卵形或倒卵状椭圆形，长 9~22 厘米，宽 3~6.5 厘米，先端尾尖，基部圆形或宽楔形，边缘疏生具腺细锯齿，近基部全缘，上面光亮。复伞房花序顶生，直径 10~16 厘米；总花梗和花梗无毛，花梗长 3~5 毫米；花密生，直径 6~8 毫米；花瓣白色，近圆形，直径 3~4 毫米；花药带紫色。果实球形，直径 5~6 毫米，红色，后呈褐紫色。有种子 1 粒。花期 4~5 月，果期 10 月。产陕西、甘肃、河南、江苏、安徽、浙江、江西、湖南、湖北、福建、台湾、广东、广西、四川、云南、贵州，日本、印度尼西亚也有分布。生于海拔 1000~2500 米的杂木林中。常种植于庭院、路旁、街头绿地，树冠还可修剪造型；木材可制车轮及器具柄；种子油可作肥皂；根可提取栲胶；果可酿酒；干叶可药用，有利尿、解热、镇痛的功效。

【种质资源】南京市石楠野生种质资源共 3 份，分别归属于雨花区、江宁区和高淳区。具体种质资源信息见表 64。

01：雨花区

分布在铁心桥街道和秣陵街道，其中铁心桥街道分布最多。在 24 个样地中，3 个样地有分布，总数量 23 株，其中株高小于 1.3 米的 2 株；胸径 1~10 厘米的 18 株，平均胸径 5.3 厘米；胸径 11~20 厘米的 3 株，平均胸径 14.0 厘米。种群较小，分布相对集中。

02：江宁区

分布在古泉社区、东善桥林场、汤山街道、洪幕社区和秣陵街道。在 223 个样地中，5 个样

地有分布，总数量 28 株，其中株高小于 1.3 米的 1 株；胸径 1~10 厘米的 27 株，平均胸径 14.0 厘米。种群较小，分布较分散。

03：高淳区

零星分布在大荆山林场和游子山林场。在调查的 53 个样地中，2 个样地有分布，总数量 2 株，株高小于 1.3 米的 1 株，胸径 11~20 厘米的 1 株。种群极小，集中分布。

表 64　石楠野生种质资源信息

种质资源编号	种质资源归属	林地名称	小地名	样地中心 GPS 坐标	数量（株）
01	雨花区	铁心桥街道韩府山		E118°45′29.12″ N31°56′56.46″	8
		铁心桥街道韩府山		E118°45′30.33″ N31°56′48.60″	13
		秣陵街道将军山		E118°45′06.12″ N31°56′02.61″	2
02	江宁区	古泉社区	连山	E119°00′37.94″ N32°03′31.04″	1
		东善桥林场东善分场	静龙山	E118°47′37.61″ N31°51′02.60″	1
		汤山街道	西猪咀凹	E118°57′02.58″ N31°58′12.96″	1
		洪幕社区		E118°34′19.10″ N31°45′59.13″	21
		秣陵街道	将军山	E118°46′50.72″ N31°55′57.10″	4
03	高淳区	大荆山林场	黄家塞	E118°08′32.18″ N32°26′15.83″	1
		游子山林场	中中山	E118°00′31.18″ N31°21′21.05″	1

中华石楠 *Photinia beauverdiana* C. K. Schneid.

【别名】波氏石楠、牛筋木、假思桃、厚叶中华石楠

【科属】蔷薇科（Rosaceae）石楠属（*Photinia*）

【树种简介】落叶灌木或小乔木，高 3~10 米。小枝无毛，紫褐色，有散生灰色皮孔。叶片薄纸质，长圆形、倒卵状长圆形或卵状披针形，长 5~10 厘米，宽 2~4.5 厘米，先端突渐尖，基部圆形或楔形，边缘疏生具腺锯齿，上面光亮，无毛，下面中脉疏生柔毛。花多数，呈复伞房花序，直径 5~7 厘米；花瓣白色，卵形或倒卵形，长 2 毫米，先端圆钝。果实卵形，长 7~8 毫米，直径 5~6 毫米，紫红色，无毛，微有疣点，先端有宿存萼片。花期 5 月，果期 7~8 月。产陕西、河南、江苏、安徽、浙江、江西、湖南、湖北、四川、云南、贵州、广东、广西、福建。生于海拔 1000~1700 米的山坡或山谷林下。喜温暖湿润气候和土层深厚、排水良好的肥沃土壤，且有一定的耐盐碱性和耐干旱能力。夏季白色花朵及秋季红色果实均可供观赏。根或叶可入药，有行气活血、祛风止痛的功效。

【种质资源】南京市中华石楠野生种质资源共 2 份，分别归属于栖霞区和主城区。具体种质资源信息见表 65。

01：栖霞区

仅分布在南象山。在 44 个样地中，1 个样地有分布，且仅有 1 株，株高小于 1.3 米。

02：主城区

仅分布在紫金山。在 69 个样地中，1 个样地有分布，共 7 株，株高均大于 1.3 米，最大胸径为 5.2 厘米。种群小，分布集中。

表 65　中华石楠野生种质资源信息

种质资源编号	种质资源归属	林地名称	小地名	样地中心 GPS 坐标	数量（株）
01	栖霞区	南象山	南象山衡阳寺	E118°56′07.44″　N32°08′16.38″	1
02	主城区	紫金山		E118°51′22.00″　N32°04′02.00″	7

短叶中华石楠 *Photinia beauverdiana* var. *brevifolia* Cardot

【科属】蔷薇科（Rosaceae）石楠属（*Photinia*）

【树种简介】落叶灌木或小乔木，高 3~10 米。叶片薄纸质，叶片较短，卵形、椭圆形至倒卵形，先端短尾状渐尖，基部圆形，侧脉 6~8 对，不显著。花柱 3，合生；花多数呈复伞房花序；总花梗和花梗无毛，密生疣点；萼筒杯状，外面微有毛；萼片三角卵形；花瓣白色，卵形或倒卵形，先端圆钝，无毛。果实卵形，紫红色，无毛，微有疣点，先端有宿存萼片。花期 5 月，果期 7~8 月。产陕西、江苏、浙江、江西、湖北、湖南、四川。绿化、观赏和水土保持树种；根或叶可入药，有行气活血、祛风止痛的功效。木材坚硬，可作伞柄、秤杆、算盘珠、家具、农具等。

【种质资源】南京市短叶中华石楠野生种质资源共 1 份，归属于主城区。具体种质资源信息见表 66。

01：主城区

仅分布在紫金山。在 69 个样地中，12 个样地有分布，共 73 株，胸径均在 1~10 厘米，最大胸径 6.5 厘米。种群较大，分布较分散。

表 66　短叶中华石楠野生种质资源信息

种质资源编号	种质资源归属	林地名称	小地名	样地中心 GPS 坐标	数量（株）
01	主城区	紫金山	头陀岭处	E118°50′25.00″ N32°04′22.00″	4

（续）

种质资源编号	种质资源归属	林地名称	小地名	样地中心 GPS 坐标	数量（株）
01	主城区	紫金山		E118°51′07.00″ N32°04′09.00″	1
		紫金山		E118°51′13.00″ N32°04′04.00″	2
		紫金山		E118°51′22.00″ N32°04′02.00″	39
		紫金山	中马腰与猴子头之间	E118°50′35.00″ N32°04′11.00″	1
		紫金山		E118°50′24.00″ N32°04′09.84″	9
		紫金山		E118°50′25.00″ N32°04′12.00″	4
		紫金山		E118°50′39.00″ N32°48′18.00″	4
		紫金山		E118°50′24.00″ N32°03′56.00″	4
		紫金山	山北坡小卖铺处	E118°14′42.00″ N32°04′22.00″	2
		紫金山	山北坡中上段	E118°50′39.00″ N32°04′25.00″	2
		紫金山	山北坡中上段	E118°50′40.00″ N32°04′26.00″	1

毛叶石楠 *Photinia villosa*（Thunb.）DC.

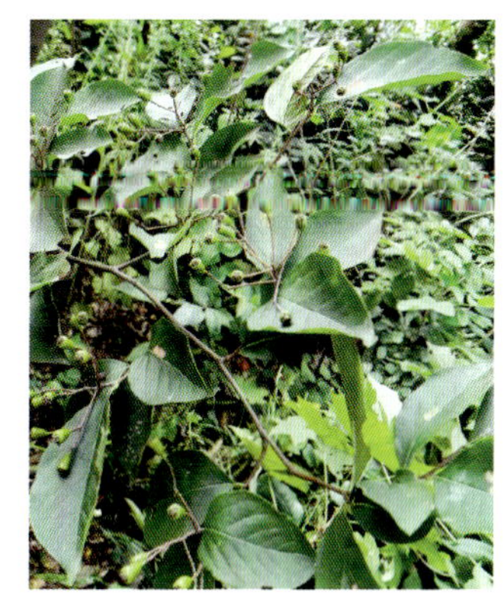

【别名】活鸡丁、吉铃子、鸡丁子、细毛扇骨木、小叶落叶石楠

【科属】蔷薇科（Rosaceae）石楠属（*Photinia*）

【树种简介】落叶灌木或小乔木，高 2~5 米。叶片草质，倒卵形或长圆倒卵形，先端尾尖，基部楔形，边缘上半部具密生尖锐锯齿。花 10~20 朵，呈顶生伞房花序；总花梗和花梗有长柔毛，花梗在果期具疣点；花瓣白色，近圆形，外面无毛，内面基部具柔毛，有短爪。果实椭圆形或卵形，直径 6~8 毫米，红色或黄红色，稍有柔毛，顶端有直立宿存萼片。花期 4 月，果期 8~9 月。产甘肃、河南、山东、江苏、安徽、浙江、江西、湖南、湖北、贵州、云南、福建、广东，朝鲜、日本也有分布。喜温暖湿润气候，抗寒力不强，喜光也耐阴，对土壤要求不严，以肥沃湿润的沙质土壤最为适宜。夏季白色花朵密生，秋后鲜红果实挂满枝头，鲜艳夺目，宜作庭荫树或绿篱；根和果实可入药，有清热利湿、和中健脾、除湿热、止吐泻等功效。

【种质资源】南京市毛叶石楠野生种质资源仅 1 份，归属于江宁区。具体种质资源信息见表 67。

01：江宁区

分布在横溪街道。在 223 个样地中，仅 1 个样地有分布，共 3 株，其中 1 株株高小于 1.3 米，单株最大胸径 1 厘米。种群小。

表 67　毛叶石楠野生种质资源信息

种质资源编号	种质资源归属	林地名称	小地名	样地中心 GPS 坐标	数量（株）
01	江宁区	横溪街道	枣山	E118°42′19.89″ N31°46′38.04″	3

杜梨 *Pyrus betulifolia* Bunge

【别名】棠梨，土梨（河南），海棠梨、野梨子（江西），灰梨（山西）

【科属】蔷薇科（Rosaceae）梨属（*Pyrus*）

【树种简介】落叶乔木，高达 10 米。树冠开展。枝常有刺；2 年生枝条紫褐色。叶片菱状卵形至长圆卵形，先端渐尖，基部宽楔形，幼叶上下两面均密被灰白色茸毛；叶柄被灰白色茸毛；托叶早落。伞形总状花序，有花 10~15 朵，花梗被灰白色茸毛，苞片膜质，线形，花瓣白色，雄蕊花药紫色，花柱具毛。果实近球形，直径 5~10 毫米，褐色，有淡色斑点，萼片脱落，基部具带茸毛果梗。花期 4 月，果期 8~9 月。产辽宁、河北、河南、山东、山西、陕西、甘肃、湖北、江苏、安徽、江西。树形优美，花色洁白，可作街道、庭院及公园的绿化树；耐旱、耐水湿、耐盐碱，可用作防护林、水土保持林；在北方通常作各种栽培梨的砧木；枝、叶、果均可入药。

【种质资源】南京市杜梨野生种质资源共 3 份，分别归属于六合区、浦口区和高淳区。具体种质资源信息见表 68。

01：六合区

主要分布在盘山、奶山、冶山、方山和灵岩山。在 81 个样地中，9 个样地有分布，总数量 23 株，其中株高小于 1.3 米的 8 株，胸径 1~10 厘米的 12 株，胸径 11~20 厘米的 3 株，最大胸径 20 厘米。种群小，分布广。

02：浦口区

分布在老山林场的平坦分场、西山分场、狮子岭分场和龙王山林场、星甸杜仲林场。在 198 个样地中，7 个样地有分布，总数量 13 株，胸径 1~10 厘米的 9 株，胸径 11~20 厘米的 4 株。种群小，分布较分散。

03：高淳区

仅在大荆山有分布。在 53 个样地中，仅 1 个样地有 1 株，株高小于 1.3 米。种群极小。

表 68 杜梨野生种质资源信息

种质资源编号	种质资源归属	林地名称	小地名	样地中心 GPS 坐标	数量（株）
01	六合区	盘山	奶山	E118°35′25.99″ N32°28′54.20″	4
		奶山		E119°00′34.19″ N32°18′06.34″	3
		奶山		E119°00′33.00″ N32°17′53.00″	1
		冶山		E118°56′40.57″ N32°30′20.79″	2
		冶山		E118°56′40.57″ N32°30′20.79″	2
		冶山		E118°56′21.80″ N32°30′35.68″	1
		冶山		E118°56′21.80″ N32°30′35.68″	3
		方山		E118°58′55.00″ N32°19′11.00″	1
		灵岩山		E118°53′00.23″ N32°18′35.40″	6

（续）

种质资源编号	种质资源归属	林地名称	小地名	样地中心 GPS 坐标	数量（株）
02	浦口区	老山林场平坦分场	枣核山	E118°30′26.25″ N32°04′05.79″	1
		老山林场西山分场	西山—牯牛棚	E118°27′13.88″ N32°04′09.50″	2
		老山林场西山分场	万隆护林点后	E118°26′48.01″ N32°02′59.19″	4
		老山林场狮子岭分场	石门	E118°34′48.44″ N32°04′05.02″	1
		老山林场狮子岭分场	暗沟护林点	E118°30′49.74″ N32°02′34.47″	3
		龙王山林场	龙王山	E118°42′45.03″ N32°11′51.05″	1
		星甸杜仲林场	西山沟	E118°24′23.40″ N32°03′28.89″	1
03	高淳区	大荆山林场	黄家塞	E118°08′32.18″ N32°26′15.83″	1

豆梨 *Pyrus calleryana* Decne.

【别名】鹿梨（图经本草），阳檖、赤梨（尔雅），糖梨、杜梨（贵州），梨丁子（江西）

【科属】蔷薇科（Rosaceae）梨属（*Pyrus*）

【树种简介】乔木，高 5~8 米。小枝粗壮，圆柱形，在幼嫩时有茸毛，不久脱落，2 年生枝条灰褐色。冬芽三角卵形，先端短渐尖，微具茸毛。叶片宽卵形至卵形，稀长椭卵形，先端渐尖，稀短尖，基部圆形至宽楔形，边缘有钝锯齿，两面无毛。伞形总状花序，总花梗和花梗均无毛；苞片膜质，线状披针形，内面具茸毛；花瓣白色。梨果球形，黑褐色，有斑点，萼片脱落，有细长果梗。花期 4 月，果期 9~10 月。天然分布多在南方，主要分布于淮河、长江流域以及华南地区，山东也有分布。适生于温暖湖湿气候，常生于山坡、平原或山谷杂木林中。果实、根皮可入药，主治痢；我国南方常作食用梨砧木；花先叶开放，秋叶色彩丰富，为著名观赏树种。

【种质资源】南京市豆梨野生种质资源共 4 份，分别归属于六合区、浦口区、江宁区和高淳区。具体种质资源信息见表 69。

01：六合区

集中分布在平山林场。在 81 个样地中，7 个样地有分布，总数量 62 株，其中株高小于 1.3 米的 45 株，占总数的 73%；胸径 1~10 厘米的 4 株，占总数的 7%；胸径 11~20 厘米的 7 株，占总数的 12%；胸径 21~30 厘米的 5 株，占总数的 8%，最大胸径 29 厘米。种群较大，分布集中。

02：浦口区

分布在老山林场的平坦分场、西山分场、狮子岭分场、铁路林分场和星甸杜仲林场、定山林场，其中老山林场分布最多。在 198 个样地中，14 个样地有分布，共 32 株，其中胸径 1~10 厘米的 11 株，占总数的 34%；胸径 11~20 厘米的 15 株，占总数的 47%；胸径 21~30 厘米的 5 株，占总数的 15%；胸径 37 厘米的 1 株，占总数的 3%。种群较大，分布相对分散。

03：江宁区

分布在古泉社区、青山社区和汤山街道。在 223 个样地中，3 个样地有分布，线路调查有 3 处，位于汤山地质公园和青林社区，总数量 6 株，其中株高小于 1.3 米的 2 株，胸径 6 厘米的 1 株。调查样地中虽然数量不多，但由于呈零星分布，林内数量较多。

04：高淳区

仅在游子山林场有分布。在 53 个样地中，仅 1 个样地有 1 株，胸径 24 厘米。种群极小。

表 69　豆梨野生种质资源信息

种质资源编号	种质资源归属	林地名称	小地名	样地中心 GPS 坐标		数量（株）
01	六合区	平山林场		E118°52′05.97″	N32°28′20.07″	4
		平山林场		E118°51′27.97″	N32°28′15.88″	7
		平山林场		E118°50′03.77″	N32°27′58.64″	1
		平山林场		E118°49′41.80″	N32°27′39.75″	2
		平山林场	骡子山万寿庵	E118°49′07.00″	N32°30′28.00″	1
		平山林场	平山梅花鹿养殖场	E118°50′09.00″	N32°30′10.00″	1
		平山林场	骡子山	E118°49′50.00″	N32°28′59.00″	46
02	浦口区	老山林场平坦分场	埋娃山	E118°30′11.78″	N32°03′34.64″	1
		老山林场平坦分场	小马腰与大马腰间	E118°30′06.71″	N32°03′30.01″	3
		老山林场平坦分场	小马腰与大马腰间	E118°31′07.79″	N32°03′30.56″	5
		老山林场西山分场	西山一杨喷后	E118°26′05.77″	N32°04′18.59″	2
		老山林场西山分场	坡山口一大洼塘	E118°26′37.63″	N32°03′04.49″	1
		老山林场狮子岭分场	暗沟护林点	E118°30′49.74″	N32°02′34.47″	11
		老山林场铁路林分场	实验林	E118°40′51.19″	N32°08′58.53″	1
		老山林场铁路林分场	采石场旁	E118°39′22.55″	N32°08′19.15″	2
		老山林场铁路林分场	丁家硊水库北侧	E118°39′31.64″	N32°08′30.85″	1
		老山林场铁路林分场	河东	E118°41′32.52″	N32°09′16.70″	1
		老山林场狮子岭分场	大洼口一平滩子	E118°33′42.09″	N32°03′11.99″	1
		老山林场平坦分场	匪集道旁	E118°31′04.98″	N32°03′28.74″	1
		星甸杜仲林场	西山沟	E118°24′17.42″	N32°03′33.86″	1
		定山林场	定山林场	E118°39′34.97″	N32°07′51.60″	1
03	江宁区	古泉社区	连山	E119°00′37.94″	N32°03′31.04″	1
		青山社区		E118°56′59.76″	N31°57′50.98″	1
		汤山街道		E118°57′02.58″	N31°58′12.96″	1
04	高淳区	游子山林场	青阳殿对面	E119°00′36.83″	N31°20′32.92″	1

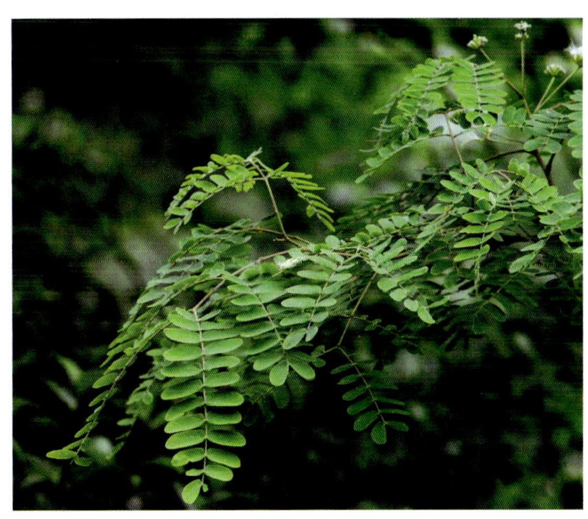

山槐　*Albizia kalkora*（Roxb.）Prain

【别名】山合欢、白夜合

【科属】豆科（Leguminosae）合欢属（*Albizia*）

【树种简介】落叶乔木或灌木，通常高 3~8 米。枝条暗褐色，被短柔毛，有显著皮孔。二回羽状复叶；羽片 2~4 对；小叶 5~14 对，长圆形或长圆状卵形，先端圆钝而有细尖头，基部不等侧。头状花序 2~7 枚生于叶腋，或于枝顶排成圆锥花序。花初白色，后变黄，具明显的小花梗；花冠长 6~8 毫米，中部以下连合呈管状，裂片披针形，花萼、花冠均密被长柔毛。荚果带状，长 7~17 厘米，宽 1.5~3 厘米，深棕色，嫩荚密被短柔毛，老时无毛。种子 4~12 颗，倒卵形。花期 5~6 月，果期 8~10 月。产我国华北、西北、华东、华南至西南部各省份。越南、缅甸、印度亦有分布。生于山坡灌丛、疏林中。花可入药，主治痈肿疮毒；嫩叶营养丰富，可作牛、羊等家畜（马除外）的饲料；木材可供建筑、造船、车辆、桥梁等；株形优美，可作行道树和庭荫树。

【种质资源】南京市山槐野生种质资源共 6 份，分别归属于栖霞区、雨花区、江宁区、溧水区、高淳区和主城区。具体种质资源信息见表 70。

01：栖霞区

分布在兴卫山、栖霞山、西岗街道、大普塘水库、灵山、仙鹤山、羊山、太平山公园和北象山。在调查的 44 个样地中，15 个样地有分布，总数量 51 株，其中株高小于 1.3 米的 15 株，其余为中小乔木，最大胸径 37 厘米。种群较大，分布广。

02：雨花区

分布在铁心桥街道和秣陵街道。在调查的个 24 个样地中，2 个样地有分布，总数量 6 株，其中株高小于 1.3 米的 1 株，胸径 1~10 厘米的 5 株，平均胸径 5.3 厘米。种群小，分布集中。

03：江宁区

分布在汤山林场、东山街道林场、汤山地质公园、孟塘社区、青林社区、古泉社区、东善桥林场、横溪街道、汤山街道、牛首山、洪幕社区、西宁社区、公塘水库和天台山，其中汤山林场和东善桥林场分布最多。在调查的 223 个样地中，42 个样地有分布，总数量 65 株，其中株高小于 1.3 米的 10 株，胸径 1~10 厘米的 44 株，平均胸径 6.0 厘米；胸径 11~20 厘米的 10 株，平均胸径 12.1 厘米；胸径 32.2 厘米的 1 株。种群较大，分布较分散。

04：溧水区

分布在溧水区林场东庐分场、横山分场和秋湖分场。在调查的 115 个样地中，6 个样地有分布，总数量 16 株，胸径均在 1~10 厘米，最大胸径为 9 厘米。种群小，分布相对集中。

05：高淳区

分布在游子山林场的 2 个样地，其他林场未见。总株数 3 株，其中株高小于 1.3 米的 1 株，胸径 1~10 厘米的 2 株。

06：主城区

分布在幕府山。在 69 个样地中，5 个样地有分布，总数量 24 株，其中株高小于 1.3 米的 21 株，其余 3 株为小乔木，最大胸径 3 厘米。种群较小，分布较为集中。

表 70　山槐野生种质资源信息

种质资源编号	种质资源归属	林地名称	小地名	样地中心 GPS 坐标	数量（株）
01	栖霞区	兴卫山		E118°50′40.74″ N32°05′57.13″	1
		兴卫山	兴卫山北坡	E118°50′24.34″ N32°06′00.26″	4
		栖霞山	天开岩上方亭子附近	E118°57′35.04″ N32°09′28.42″	4
		栖霞山		E118°57′16.98″ N32°09′29.50″	1
		西岗街道	西岗果牧场对面山头南坡	E118°58′45.05″ N32°05′46.39″	2
		大普塘水库		E118°55′24.02″ N32°05′03.29″	5
		灵山		E118°56′05.85″ N32°05′24.51″	4
		灵山		E118°55′42.67″ N32°05′24.80″	6
		灵山		E118°55′53.71″ N32°05′14.85″	4
		灵山		E118°55′54.70″ N32°05′14.54″	10
		仙鹤山		E118°53′34.52″ N32°06′17.19″	1
		羊山		E118°55′56.24″ N32°06′47.59″	5

（续）

种质资源编号	种质资源归属	林地名称	小地名	样地中心 GPS 坐标	数量（株）
01	栖霞区	太平山公园		E118°52′10.66″ N32°07′56.81″	2
		北象山		E118°56′31.92″ N32°09′16.62″	1
		北象山		E118°56′25.62″ N32°09′05.28″	1
02	雨花区	铁心桥街道韩府山		E118°45′17.62″ N31°56′34.85″	5
		秣陵街道将军山		E118°45′09.45″ N31°56′08.89″	1
03	江宁区	汤山林场黄栗墅工区	土地山	E119°01′02.54″ N32°03′44.17″	1
		汤山林场黄栗墅工区	土地山	E119°01′13.38″ N32°04′05.95″	3
		汤山林场佘村工区	青龙山	E118°55′60.00″ N31°59′59.64″	1
		东山街道林场		E118°56′03.33″ N31°57′50.81″	1
		汤山林场龙泉工区		E118°58′05.04″ N31°59′18.89″	3
		汤山林场龙泉工区		E118°57′43.17″ N31°59′01.10″	1
		汤山林场龙泉工区		E118°57′54.02″ N31°59′53.54″	3
		汤山林场龙泉工区		E118°58′18.73″ N32°00′11.84″	1
		汤山地质公园		E119°02′50.82″ N32°03′17.08″	2
		孟塘社区	射乌山	E119°03′05.35″ N32°05′57.62″	1
		青林社区	白露头	E119°05′30.30″ N32°05′15.17″	1
		青林社区	白露头	E119°15′20.59″ N32°04′59.61″	3
		青林社区	小石浪山	E119°04′50.57″ N32°04′32.13″	1
		古泉社区	连山	E119°00′37.94″ N32°03′31.04″	1
		古泉社区		E119°01′27.51″ N32°02′48.14″	2

（续）

种质资源编号	种质资源归属	林地名称	小地名	样地中心 GPS 坐标	数量（株）
03	江宁区	古泉社区		E119°01′33.39″ N32°02′47.62″	1
		古泉社区		E119°01′33.68″ N32°22′44.31″	1
		东善桥林场云台分场		E118°43′12.78″ N31°42′57.15″	1
		东善桥林场云台分场		E118°43′04.99″ N31°43′00.56″	1
		东善桥林场云台分场	大平山	E118°42′33.23″ N31°42′09.75″	1
		东善桥林场横山分场		E118°48′45.31″ N31°28′06.43″	1
		东善桥林场横山分场		E118°48′14.69″ N31°37′17.87″	4
		东善桥林场东善分场		E118°46′37.35″ N31°51′54.43″	1
		东善桥林场东善分场		E118°46′50.46″ N31°51′25.78″	1
		东善桥林场铜山分场		E118°50′30.00″ N31°39′41.84″	1
		东善桥林场铜山分场		E118°50′30.00″ N31°39′41.84″	1
		东善桥林场铜山分场		E118°51′05.98″ N31°39′01.58″	1
		横溪街道	横溪枣山	E118°42′18.24″ N31°46′38.03″	1
		横溪街道	横溪枣山	E118°42′19.89″ N31°46′38.04″	4
		横溪街道	横溪蒋门山	E118°40′26.15″ N31°47′16.76″	1
		汤山街道	西猪咀凹	E118°57′02.58″ N31°58′12.96″	1
		汤山街道		E118°57′02.46″ N31°58′40.10″	2
		汤山街道		E119°00′03.32″ N32°00′47.47″	1
		牛首山		E118°44′43.64″ N32°00′00.00″	1
		洪幕社区	洪幕山	E118°32′58.01″ N31°45′31.69″	1

（续）

种质资源编号	种质资源归属	林地名称	小地名	样地中心 GPS 坐标	数量（株）
03	江宁区	洪幕社区		E118°34′48.96″ N31°46′19.86″	7
		洪幕社区		E118°34′55.84″ N31°46′14.18″	1
		西宁社区		E118°35′47.81″ N31°46′51.82″	1
		公塘水库		E118°41′34.48″ N31°47′45.96″	1
		天台山	石塘附近	E118°41′43.03″ N31°43′08.60″	1
		天台山		E118°41′51.13″ N31°43′06.23″	1
		横溪街道	横溪	E118°40′39.18″ N31°41′48.42″	1
04	溧水区	溧水区林场东庐分场	马占山	E119°07′31.00″ N31°33′52.00″	2
		溧水区林场东庐分场	美人山	E119°07′25.00″ N31°38′05.00″	7
		溧水区林场东庐分场	美人山	E119°07′57.00″ N31°38′23.00″	1
		溧水区林场东庐分场	郑巷大山	E119°07′28.01″ N31°35′31.92″	1
		溧水区林场平山分场	雨山	E118°52′59.00″ N31°38′37.00″	2
		溧水区林场秋湖分场	官塘坝	E119°01′20.00″ N31°34′42.00″	3
05	高淳区	游子山林场	花山山顶	E118°57′46.51″ N31°16′14.56″	1
		游子山林场	花山游山道上部	E118°57′46.49″ N31°16′09.70″	2
06	主城区	幕府山	达摩洞景区上坡	E118°47′55.00″ N32°07′57.00″	3
		幕府山	达摩洞景区下坡	E118°47′54.00″ N32°07′58.00″	3
		幕府山	仙人对弈	E118°48′04.00″ N32°08′19.00″	2
		幕府山	半山禅院上中	E118°48′04.00″ N32°08′14.00″	12
		幕府山	半山禅院上	E118°47′58.00″ N32°08′01.00″	4

合欢 *Albizia julibrissin* Durazz.

【别名】马缨花、绒花树（徐州）、夜合合、合昏、乌绒树、拂绒　拂缨

【科属】豆科（Leguminosae）合欢属（*Albizia*）

【树种简介】落叶乔木，高可达 16 米。树冠开展。小枝有棱角，嫩枝、花序和叶轴被茸毛或短柔毛。二回羽状复叶，总叶柄近基部及最顶端一对羽片着生处各有 1 枚腺体；羽片 4~12 对，栽培的有时达 20 对；小叶 10~30 对，线形至长圆形，长 6~12 毫米，宽 1~4 毫米，向上偏斜，先端有小尖头。头状花序于枝顶排成圆锥花序；花粉红色；花萼管状，长 3 毫米；花冠长 8 毫米，裂片三角形，长 1.5 毫米，花萼、花冠外均被短柔毛；花丝长 2.5 厘米。荚果带状，长 9~15 厘米，宽 1.5~2.5 厘米。花期 6~7 月，果期 8~10 月。产我国东北至华南及西南部各省份，非洲、中亚至东亚均有分布，北美亦有栽培。生于山坡或栽培。生长快、喜光，耐干旱和贫瘠，不耐水涝，耐寒性稍差，对土壤要求度不高。树形开张，冠大荫浓，夏季花开时节色香俱佳，开花如绒簇，常作城市行道树、景观树；木材纹理通直，质地细密，可作家具和农具；嫩叶可以食用，老叶可以洗衣服；树皮供药用，有驱虫的功效。

【种质资源】南京市合欢野生种质资源共 4 份，分别归属于浦口区、栖霞区、雨花区和江宁区。具体种质资源信息见表 71。

01：浦口区

在 198 个样地中，仅老山林场平坦分场的 1 个样地有分布，共 3 株，胸径分别为 19 厘米、20 厘米和 27 厘米。种群极小，分布集中。

02：栖霞区

仅分布在何家山。在 44 个样地中，1 个样地有分布，共 5 株，株高均小于 1.3 米。种群极小，分布集中。

03：雨花区

仅在铁心桥街道有分布。在 24 个样地中，2 个样地有分布，总数量 2 株，株高小于 1.3 米的 1 株，胸径 3 厘米的 1 株。种群极小，分布集中。

04：江宁区

分布在东山街道林场、汤山林场、青林社区、古泉社区、东善桥林场、青山社区、牛首山、公塘水库和横溪街道。在 223 个样地中，14 个样地有分布，总数量 21 株，其中株高小于 1.3 米的 7 株；胸径 1~10 厘米的 13 株，平均胸径 7 厘米；胸径 12 厘米的 1 株。种群小，分布广。

表 71　合欢野生种质资源信息

种质资源编号	种质资源归属	林地名称	小地名	样地中心 GPS 坐标	数量（株）
01	浦口区	老山林场平坦分场	虎洼山脊	E118°33′53.60″　N32°04′06.64″	3
02	栖霞区	何家山		E118°57′22.38″　N32°08′45.96″	5
03	雨花区	铁心桥街道韩府山		E118°45′30.33″　N31°56′48.60″	1
		铁心桥街道韩府山		E118°45′06.12″　N31°56′02.61″	1
04	江宁区	东山街道林场		E118°56′03.33″　N31°57′50.81″	1
		汤山林场龙泉工区		E118°57′54.02″　N31°59′53.54″	1
		青林社区	白露头	E119°05′23.21″　N32°04′43.06″	1
		青林社区	白露头	E119°05′30.30″　N32°05′15.17″	1
		古泉社区	连山	E119°00′37.94″　N32°03′31.04″	1
		古泉社区		E119°01′33.68″　N32°22′44.31″	2
		东善桥林场铜山分场		E118°50′30.00″　N31°39′41.84″	1
		东善桥林场铜山分场		E118°51′05.98″　N31°39′01.58″	1
		青山社区	汤山街道	E118°56′59.76″　N31°57′50.98″	1
		牛首山		E118°44′43.64″　N31°53′23.64″	1

（续）

种质资源编号	种质资源归属	林地名称	小地名	样地中心 GPS 坐标	数量（株）
04	江宁区	公塘水库		E118°41′34.48″　N31°47′45.96″	4
		横溪街道	横溪线路段编号 010	E118°41′18.22″　N31°45′41.33″	3
		横溪街道	横溪	E118°41′08.44″　N31°41′26.92″	1
		横溪街道	横溪	E118°40′39.10″　N31°41′53.59″	2

皂荚　*Gleditsia sinensis* Lam.

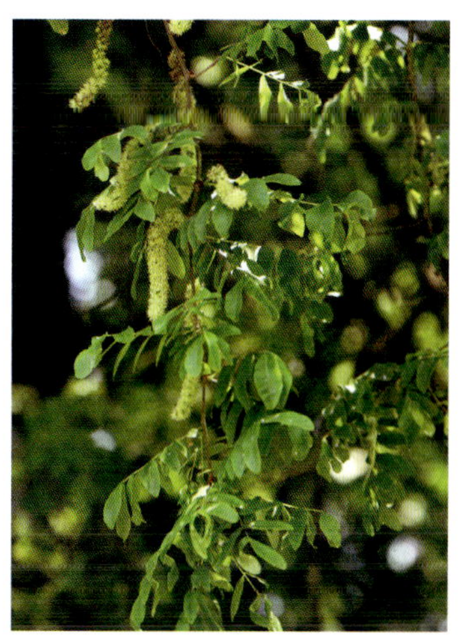

【别名】皂荚树（浙江），猪牙皂、牙皂（四川），刀皂（湖南），皂角，三刺皂角

【科属】豆科（Leguminosae）皂荚属（*Gleditsia*）

【树种简介】落叶乔木或小乔木，高可达 30 米。枝灰色至深褐色；刺粗壮，圆柱形，常分枝，多呈圆锥状，长达 16 厘米。叶为一回羽状复叶，小叶（2）3~9 对，纸质，卵状披针形至长圆形，先端急尖或渐尖，顶端圆钝，具小尖头，基部圆形或楔形，有时稍歪斜，边缘具细锯齿。花杂性，黄白色，组成总状花序；花序腋生或顶生，长 5~14 厘米，被短柔毛。荚果带状，长 12~37 厘米，宽 2~4 厘米，劲直或扭曲，果肉稍厚，两面鼓起，或有的荚果短小，多少呈柱形；果颈长 1~3.5 厘米；果瓣革质，褐棕色或红褐色，常被白色粉霜。种子多颗，长圆形或椭圆形。花期 3~5 月，果期 5~12 月。产河北、山东、河南、山西、陕西、甘肃、江苏、安徽、浙江、江西、湖南、湖北、福建、广东、广西、四川、贵州、云南等省份。生于海拔自平地至 2500 米的山坡林中或谷地、路旁。材坚硬，可作车辆、家具用材；荚果煎汁可代肥皂用以洗涤丝毛织物；嫩芽油盐调食；种子煮熟糖渍可食；荚果、种子、刺均入药，有祛痰通窍、镇咳利尿、消肿排脓、杀虫治癣的功效。

【种质资源】南京市皂荚野生种质资源共 3 份，分别归属于浦口区、江宁区和高淳区。具体种质资源信息见表 72。

01：浦口区

仅分布在星甸杜仲林场。在 198 个样地中，1 个样地有分布，且仅 1 株，胸径为 36 厘米。种群小。

02：江宁区

分布在东善桥林场。在 223 个样地中，仅 1 个样地有分布，共 6 株，胸径 11~20 厘米的 5 株，平均胸径 18 厘米；最大 1 株胸径 23 厘米。种群极小。

03：高淳区

仅分布在游子山林场。在 53 个样地中，1 个样地有分布，且仅有 1 株，胸径为 49 厘米。种群极小。

表 72 皂荚野生种质资源信息

种质资源编号	种质资源归属	林地名称	小地名	样地中心 GPS 坐标	数量（株）
01	浦口区	星甸杜仲林场	独山	E118°24′53.04″ N32°3′45.32″	1
02	江宁区	东善桥林场横山工区		E118°48′28.72″ N31°37′13.83″	6
03	高淳区	游子山林场	真武庙前	E119°0′36.12″ N31°20′49.65″	1

黄檀 *Dalbergia hupeana* Hance

【别名】白檀、檀木、檀树、不知春、望水檀、上海黄檀

【科属】蝶形花科（Fabaceae）黄檀属（*Dalbergia*）

【树种简介】乔木，高 10~20 米。树皮暗灰色，呈薄片状剥落。幼枝淡绿色，无毛。羽状复叶，长 15~25 厘米；小叶 3~5 对，近革质，椭圆形至长圆状椭圆形，先端钝或稍凹入。圆锥花序顶生或生于最上部的叶腋间，连总花梗长 15~20 厘米，花密集，花冠白色或淡紫色，长倍于花萼，各瓣均具柄，旗瓣圆形，先端微缺，翼瓣倒卵形，龙骨瓣关月形，与翼瓣内侧均具耳。荚果长圆形或阔舌状，顶端急尖，基部渐狭成果颈，果瓣薄革质。种子部分有网纹，有 1~2（3）粒种子，种子肾形。花期 5~7 月，果期 10~11 月。产山东、江苏、安徽、浙江、江西、福建、湖北、湖南、广东、广西、四川、贵州、云南。生于山地林中或灌丛中，常见于山沟溪旁及有小树林的坡地。木材黄色或白色，材质坚密，能耐强力冲撞，常用作车轴、榨油机轴心、枪托、各种工具柄等；根药用，可治疗疮。

【种质资源】南京市黄檀野生种质资源共 8 份，分别归属于六合区、浦口区、栖霞区、雨花区、江宁区、溧水区、高淳区和主城区。具体种质资源信息见表 73。

01：六合区

在 81 个样地中 13 个样地有分布，共 114 株，其中 67% 分布在灵岩山，1% 分布在平山林场、盘山和奶山，2% 分布在竹镇，1% 分布在冶山。株高小于 1.3 米的 54 株，占总数的 48%；

胸径 1~10 厘米的 38 株，占总数的 33%；胸径 11~20 厘米的 21 株，占总数的 18%；胸径 21 厘米的 1 株，占总数的 1%。种群大，分布较广，处于发育上升阶段。

02：浦口区

分布在老山林场的平坦分场、西山分场、狮子岭分场、七佛寺分场、东山分场、铁路林分场和星甸杜仲林场、龙王山林场、定山林场，尤以老山林场分布最多。在 198 个样地中，50 个样地有分布，共 342 株，其中株高小于 1.3 米的 63 株，胸径 1~10 厘米的 79 株，胸径 11~20 厘米的 128 株，胸径 21~30 厘米的 62 株，胸径 31~40 厘米的 10 株。种群大，分布广。

03：栖霞区

分布在兴卫山、栖霞山、西岗街道、大普塘水库、灵山、仙鹤山、羊山、南象山和何家山。在 44 个样地中，20 个样地有分布，共 139 株，其中株高小于 1.3 米的 56 株，胸径 1~10 厘米的 69 株，胸径 11~20 厘米的 14 株，最大胸径 17 厘米。种群较大，分布广。

04：雨花区

分布在铁心桥街道、龙泉古寺、牛首山、普觉寺、将军山和罐子山。在 24 个样地中，16 个样地有分布，共 87 株，其中株高小于 1.3 米的 2 株；胸径 1~10 厘米的 41 株，平均胸径 6 厘米；胸径 11~20 厘米的 44 株，平均胸径 14 厘米。种群较大，分布广。

05：江宁区

分布在方山、汤山林场、汤山地质公园、孟塘社区、青林社区、古泉社区、东善桥林场、谷里、横溪街道、青山社区、汤山街道、牛首山、南山湖、富贵山公墓、洪幕社区、西宁社区、天台山和秣陵街道。在 223 个样地中，93 个样地有分布，总数量 516 株，其中株高小于 1.3 米的 243 株；胸径 1~10 厘米的 175 株，平均胸径 6 厘米；胸径 11~20 厘米的 78 株，平均胸径 14 厘米；胸径 21~30 厘米的 18 株，平均胸径 24 厘米；胸径 31~40 厘米的 2 株，平均胸径 32 厘米。种群极大，分布广。

06：溧水区

分布在溧水区林场的东庐分场、芳山分场、秋湖分场、平山分场以及洪蓝街道。在 115 个样地中，6 个样地有分布，总数量 26 株，其中 2 株株高小于 1.3 米，胸径 1~10 厘米的 17 株，胸径 11~20 厘米的 6 株，胸径 21 厘米的 1 株。因零星分布，因此林地内数量较多，种群较大。

07：高淳区

分布在傅家坛林场、大山林场、大荆林场、游子山林场和青山林场。在 53 个样地中，11 个样地有分布，共 70 株，其中株高小于 1.3 米的 47 株，胸径 1~10 厘米的 17 株，胸径 11~20 厘米的 2 株，胸径 21~30 厘米的 3 株，胸径 31 厘米的 1 株。种群较大，分布广。

08：主城区

紫金山和幕府山均有分布。在调查的 69 个样地中，23 个样地有分布，共 136 株，其中株高小于 1.3 米的 4 株，胸径 1~10 厘米的 51 株，胸径 11~20 厘米的 62 株，胸径 21~30 厘米的 12 株，胸径 31~40 厘米的 5 株，胸径 41~45 厘米的 2 株。各径级均有连续分布，幼树和中龄树数量较多。种群大，分布广。

表 73 黄檀野生种质资源信息

种质资源编号	种质资源归属	林地名称	小地名	样地中心 GPS 坐标	数量（株）
01	六合区	平山林场		E118°49′41.80″ N32°27′39.75″	3
		平山林场		E118°49′47.18″ N32°26′59.47″	1
		平山林场	梅花鹿养殖场	E118°50′09.00″ N32°30′10.00″	3
		盘山		E118°35′33.52″ N32°29′14.16″	1
		竹镇		E118°34′12.73″ N32°33′35.82″	1
		竹镇		E118°34′26.51″ N32°33′26.51″	3
		竹镇		E118°34′02.43″ N32°33′44.10″	14
		奶山		E119°00′34.19″ N32°18′06.34″	3
		冶山		E118°56′58.90″ N32°30′33.65″	8
		冶山		E118°56′40.57″ N32°30′20.79″	1
		灵岩山		E118°53′20.85″ N32°18′52.36″	45
		灵岩山		E118°53′13.00″ N32°18′20.00″	30
		灵岩山		E118°53′11.48″ N32°18′27.96″	1
02	浦口区	老山林场平坦分场	门坎里—黄梨山	E118°31′14.43″ N32°04′19.78″	1
		老山林场平坦分场	虎洼山脊	E118°31′55.15″ N32°04′32.56″	3
		老山林场平坦分场	虎洼山脊	E118°30′24.14″ N32°04′04.44″	15
		老山林场平坦分场	罗汉寺—迎面山	E118°30′26.25″ N32°04′05.79″	3
		老山林场平坦分场	兜率寺后山	E118°30′30.27″ N32°03′40.25″	3
		老山林场平坦分场	狮子岭分场后山	E118°30′53.15″ N32°03′25.44″	27
		老山林场平坦分场	兴隆寺路旁	E118°31′58.93″ N32°04′11.24″	12
		老山林场平坦分场	石门	E118°32′01.92″ N32°04′24.81″	2
		老山林场平坦分场	厂部	E118°32′33.20″ N32°03′55.80″	2
		老山林场平坦分场	猴子洞	E118°32′36.25″ N32°03′56.41″	2
		老山林场平坦分场	黄山岭	E118°34′08.04″ N32°05′02.84″	2
		老山林场平坦分场	黑桃洼	E118°33′46.67″ N32°04′20.17″	5
		老山林场平坦分场	老山中学	E118°33′51.02″ N32°04′18.20″	13
		老山林场平坦分场	老鹰山	E118°32′28.45″ N32°04′39.38″	1
		老山林场平坦分场	牛角洼	E118°32′28.45″ N32°04′39.38″	1
		老山林场平坦分场	浦口路	E118°33′25.82″ N32°03′46.15″	1
		老山林场平坦分场	文家洼	E118°33′21.49″ N32°03′48.09″	19
		老山林场西山分场	实验林旁	E118°26′22.73″ N32°02′48.40″	44
		老山林场狮子岭分场	羊鼻山脊	E118°33′03.83″ N32°03′48.20″	1
		老山林场狮子岭分场	丁家硇水库北侧路旁	E118°33′00.83″ N32°03′51.44″	9

（续）

种质资源编号	种质资源归属	林地名称	小地名	样地中心 GPS 坐标	数量（株）
02	浦口区	老山林场狮子岭分场	河东	E118°31′38.16″ N32°02′50.59″	9
		老山林场狮子岭分场	华济山	E118°34′48.44″ N32°04′05.02″	3
		老山林场狮子岭分场	山喷码字上	E118°32′53.42″ N32°02′57.91″	7
		老山林场七佛寺分场	山喷码字上	E118°36′50.97″ N32°05′45.06″	23
		老山林场七佛寺分场	水井山	E118°35′32.83″ N32°05′46.91″	2
		老山林场七佛寺分场	亭子山	E118°35′33.90″ N32°06′34.80″	2
		老山林场七佛寺分场	宝塔洼子	E118°35′10.03″ N32°06′43.61″	20
		老山林场七佛寺分场	独山	E118°35′39.86″ N32°06′12.48″	19
		老山林场七佛寺分场	独山西	E118°36′28.61″ N32°06′16.76″	4
		老山林场东山分场	西山沟	E118°37′24.65″ N32°06′54.44″	6
		老山林场东山分场	林业队	E118°38′20.18″ N32°07′25.15″	2
		老山林场铁路林分场	东常山	E118°40′51.19″ N32°08′58.53″	2
		老山林场铁路林分场	龙王山	E118°40′49.98″ N32°08′52.39″	1
		老山林场铁路林分场	定山寺旁	E118°39′31.64″ N32°08′30.85″	24
		老山林场铁路林分场	定山寺旁	E118°41′32.52″ N32°09′16.70″	3
		星甸杜仲林场	佛手湖	E118°23′47.84″ N32°03′13.33″	1
		星甸杜仲林场	门坎里—黄梨山	E118°24′32.34″ N32°03′09.20″	3
		星甸杜仲林场	虎洼山脊	E118°24′32.34″ N32°03′09.20″	14
		星甸杜仲林场	虎洼山脊	E118°24′59.68″ N32°03′17.16″	1
		星甸杜仲林场	罗汉寺—迎面山	E118°24′58.38″ N32°03′02.74″	1
		星甸杜仲林场	兜率寺后山	E118°24′40.22″ N32°03′48.26″	1
		星甸杜仲林场	狮子岭分场背后山	E118°24′53.04″ N32°03′45.32″	2
		星甸杜仲林场	兴隆寺路旁	E118°24′38.81″ N32°03′48.84″	2
		星甸杜仲林场	石门	E118°24′17.42″ N32°03′33.86″	3
		星甸杜仲林场	厂部	E118°24′45.57″ N32°03′52.98″	6
		星甸杜仲林场	猴子洞	E118°24′17.24″ N32°03′28.39″	7
		龙王山林场	黄山岭	E118°42′45.03″ N32°11′51.05″	4
		定山林场	黑桃洼	E118°39′03.81″ N32°07′51.05″	1
		定山林场	老山中学	E118°39′03.81″ N32°07′51.05″	2
		定山林场	老鹰山	E118°38′55.20″ N32°06′37.44″	1
03	栖霞山	兴卫山	兴卫山东南坡	E118°50′40.74″ N32°05′57.12″	3
		兴卫山		E118°50′40.74″ N32°05′57.13″	4
		兴卫山		E118°50′44.28″ N32°05′58.56″	4

（续）

种质资源编号	种质资源归属	林地名称	小地名	样地中心 GPS 坐标		数量（株）
03	栖霞山	兴卫山		E118°50′46.04″	N32°05′59.39″	11
		兴卫山		E118°50′50.99″	N32°05′58.33″	1
		兴卫山	兴卫山北坡	E118°50′24.34″	N32°06′00.26″	8
		栖霞山		E118°57′34.38″	N32°09′15.58″	1
		栖霞山	陆羽茶庄东坡	E118°57′34.27″	N32°09′06.65″	2
		栖霞山		E118°57′43.25″	N32°09′18.53″	1
		西岗街道	西岗果牧场对面山头南坡	E118°58′45.05″	N32°05′46.39″	5
		大普塘水库	对面山头	E118°55′07.60″	N32°04′59.58″	6
		大普塘水库		E118°55′22.60″	N32°04′59.64″	6
		大普塘水库		E118°55′24.02″	N32°05′03.29″	31
		灵山		E118°56′05.85″	N32°05′24.51″	4
		灵山		E118°55′53.71″	N32°05′14.85″	18
		灵山		E118°55′54.70″	N32°05′14.54″	2
		仙鹤山		E118°53′34.52″	N32°06′17.19″	19
		羊山		E118°55′56.21″	N32°06′47.59″	6
		南象山	南象山	E118°56′03.42″	N32°08′25.20″	1
		何家山	何家山	E118°57′20.22″	N32°08′41.82″	6
04	雨花区	铁心桥街道韩府山		E118°45′29.12″	N31°56′56.46″	4
		铁心桥街道韩府山		E118°45′30.33″	N31°56′48.60″	1
		铁心桥街道韩府山		E118°45′17.62″	N31°56′34.85″	2
		铁心桥街道韩府山		E118°45′17.62″	N31°56′34.85″	2
		龙泉古寺		E118°45′41.51″	N31°55′44.22″	1
		将军山		E118°45′51.79″	N31°55′16.54″	16
		将军山		E118°45′50.09″	N31°55′23.41″	1
		牛首山		E118°44′03.88″	N31°55′10.89″	24
		牛首山		E118°44′09.75″	N31°55′12.16″	4
		牛首山		E118°44′21.70″	N31°55′25.60″	4
		牛首山		E118°44′22.53″	N31°55′29.01″	8
		普觉寺		E118°44′28.27″	N31°55′18.77″	2
		将军山		E118°45′02.55″	N31°55′21.68″	1
		牛首山		E118°45′13.12″	N31°55′11.95″	13
		罐子山		E118°43′10.85″	N31°55′55.24″	3
		罐子山	西善桥	E118°43′22.49″	N31°56′29.65″	1
05	江宁区	方山	栎树林	E118°51′52.28″	N31°53′53.91″	4

（续）

种质资源编号	种质资源归属	林地名称	小地名	样地中心 GPS 坐标		数量（株）
05	江宁区	方山	朴树林	E118°52′00.76″	N31°53′35.37″	3
		方山		E118°52′11.99″	N31°54′15.33″	13
		方山		E118°52′25.66″	N31°53′33.98″	200
		汤山林场黄栗墅工区	土地山	E119°01′02.54″	N32°03′44.17″	1
		汤山林场黄栗墅工区	土地山	E119°01′13.38″	N32°04′05.95″	2
		汤山林场长山工区	青龙山	E118°54′05.29″	N31°58′48.85″	2
		汤山林场长山工区	青龙山	E118°54′10.80″	N31°58′54.89″	1
		汤山林场佘村工区	青龙山	E118°56′40.70″	N32°00′10.51″	3
		汤山林场佘村工区	青龙山	E118°56′19.79″	N32°00′05.54″	1
		汤山林场龙泉工区		E118°58′05.04″	N31°59′18.89″	1
		汤山林场龙泉工区		E118°58′18.73″	N32°00′11.84″	1
		汤山地质公园		E119°02′50.82″	N32°03′17.08″	2
		汤山地质公园		E119°02′40.10″	N32°03′07.10″	2
		孟塘社区	射乌山	E119°03′27.54″	N32°06′08.04″	3
		孟塘社区	射乌山	E119°03′05.35″	N32°05′57.62″	1
		孟塘社区	射乌山	E119°02′56.77″	N32°05′44.84″	8
		孟塘社区	培山	E119°03′00.94″	N32°04′50.44″	1
		青林社区	白露头	E119°05′23.21″	N32°04′43.06″	1
		青林社区	白露头	E119°05′43.69″	N32°05′05.74″	1
		青林社区	白露头	E119°05′41.22″	N32°05′18.96″	1
		青林社区	白露头	E119°15′20.59″	N32°04′59.61″	3
		青林社区	女儿山	E119°04′37.17″	N32°04′21.65″	1
		青林社区	小石浪山	E119°04′50.57″	N32°04′32.13″	2
		青林社区	小石浪山	E119°04′40.75″	N32°04′43.29″	2
		青林社区	孤山堰	E119°04′55.18″	N32°05′02.10″	1
		古泉社区	连山	E119°00′41.50″	N32°03′45.13″	9
		古泉社区		E119°01′33.68″	N32°22′44.31″	1
		东善桥林场云台分场	大平山	E118°42′33.23″	N31°42′09.75″	3
		东善桥林场云台分场	大平山	E118°42′30.63″	N31°42′28.36″	1
		东善桥林场云台分场	大平山	E118°42′21.36″	N31°42′26.54″	1
		东善桥林场横山分场		E118°48′45.31″	N31°28′06.43″	1
		东善桥林场横山分场		E118°48′57.06″	N31°37′55.30″	1
		东善桥林场横山分场		E118°48′53.79″	N31°37′15.38″	19

（续）

种质资源编号	种质资源归属	林地名称	小地名	样地中心 GPS 坐标		数量（株）
		东善桥林场横山分场		E118°48′14.69″	N31°37′17.87″	17
		东善桥林场横山分场		E118°47′25.39″	N31°38′23.59″	2
		东善桥林场横山分场		E118°47′31.34″	N31°38′33.17″	3
		东善桥林场东善分场	静龙山	E118°47′37.61″	N31°51′02.50″	8
		东善桥林场东善分场		E118°46′37.35″	N31°51′54.43″	2
		东善桥林场东善分场		E118°46′41.81″	N31°52′03.20″	2
		东善桥林场东善分场		E118°46′47.10″	N31°51′54.58″	1
		东善桥林场横山分场	山下坡、溪水处	E118°52′34.94″	N31°42′12.60″	1
		东善桥林场横山分场		E118°49′26.97″	N31°38′12.31″	2
		东善桥林场横山分场		E118°49′41.13″	N31°38′00.37″	2
		东善桥林场横山分场		E118°49′41.13″	N31°38′24.36″	2
		东善桥林场横山分场		E118°49′51.91″	N31°38′35.46″	1
		东善桥林场铜山分场		E118°52′27.84″	N31°39′18.32″	1
		东善桥林场铜山分场		E118°52′18.33″	N31°39′18.52″	1
		东善桥林场铜山分场		E118°52′18.08″	N31°39′27.82″	1
		东善桥林场铜山分场	铜山林场管理区	E118°52′01.25″	N31°39′01.29″	1
05	江宁区	东善桥林场铜山分场		E118°51′05.98″	N31°39′01.58″	1
		谷里	东塘水库附近	E118°42′46.69″	N31°46′46.42″	17
		横溪街道	横溪枣山	E118°42′32.57″	N31°46′41.87″	1
		横溪街道	横溪枣山	E118°42′19.89″	N31°46′38.04″	1
		横溪街道	横溪蒋门山	E118°40′26.15″	N31°47′16.76″	19
		青山社区		E118°56′59.76″	N31°57′50.98″	1
		汤山街道		E118°57′02.46″	N31°58′40.10″	1
		汤山街道		E118°57′00.07″	N31°58′30.90″	1
		汤山街道		E119°00′03.32″	N32°00′47.47″	1
		汤山街道天龙山		E118°58′25.06″	N32°00′23.31″	1
		牛首山		E118°44′20.55″	N31°54′43.21″	1
		牛首山		E118°44′20.55″	N31°54′44.01″	5
		牛首山		E118°44′35.69″	N31°53′54.66″	1
		牛首山		E118°45′12.86″	N31°53′45.91″	1
		牛首山		E118°44′53.71″	N31°54′07.74″	2
		牛首山		E118°44′36.90″	N31°53′41.38″	2
		南山湖		E118°32′58.89″	N31°46′08.24″	8

（续）

种质资源编号	种质资源归属	林地名称	小地名	样地中心 GPS 坐标	数量（株）
05	江宁区	富贵山公墓		E118°32′28.22″ N31°45′46.73″	5
		洪幕社区		E118°33′10.13″ N31°45′49.22″	4
		洪幕社区洪幕山		E118°32′52.77″ N31°45′49.17″	3
		洪幕社区洪幕山		E118°32′49.64″ N31°45′38.28″	1
		洪幕社区洪幕山		E118°32′58.01″ N31°45′31.69″	3
		洪幕社区		E118°34′42.50″ N31°44′52.90″	1
		洪幕社区		E118°34′19.10″ N31°45′59.13″	9
		洪幕社区		E118°34′55.84″ N31°46′14.18″	3
		洪幕社区		E118°35′05.75″ N31°46′08.53″	1
		洪幕社区		E118°35′13.43″ N31°45′41.43″	20
		洪幕社区		E118°35′13.43″ N31°45′41.43″	6
		洪幕社区		E118°35′35.75″ N31°46′20.80″	1
		西宁社区		E118°36′05.45″ N31°47′05.25″	2
		西宁社区		E118°35′47.81″ N31°46′51.82″	1
		天台山		E118°41′43.03″ N31°43′08.60″	1
		天台山	石塘附近	E118°42′02.91″ N31°42′52.53″	1
		横溪街道	横溪	E118°41′15.45″ N31°45′08.48″	1
		横溪街道	横溪	E118°40′53.86″ N31°42′07.02″	2
		横溪街道	横溪	E118°41′08.44″ N31°41′26.92″	5
		横溪街道	横溪	E118°40′39.18″ N31°41′48.42″	11
		横溪街道	横溪	E118°40′39.10″ N31°41′53.59″	1
		横溪街道	横溪	E118°40′45.93″ N31°41′24.77″	2
		秣陵街道将军山		E118°46′40.87″ N31°55′47.16″	1
		秣陵街道将军山		E118°46′50.72″ N31°55′57.10″	7
		秣陵街道将军山		E118°46′13.43″ N31°56′12.86″	2
		秣陵街道将军山		E118°46′45.53″ N31°55′28.55″	14
06	溧水区	溧水区林场东庐分场	山棚子	E119°06′60.00″ N31°39′30.00″	4
		溧水区林场芳山分场	芳山	E119°08′11.68″ N31°29′42.91″	1
		溧水区林场平山分场	丁公山	E118°51′54.00″ N31°37′52.01″	9
		溧水区林场平山分场	老凹山	E118°50′18.32″ N31°38′02.01″	3
		洪蓝街道无想寺社区	顶公山	E119°01′31.80″ N31°35′48.46″	8
		溧水区林场秋湖分场	双尖山	E119°02′38.00″ N31°34′41.40″	1
07	高淳区	傅家坛林场	林科站	E119°05′21.32″ N31°14′54.49″	1

（续）

种质资源编号	种质资源归属	林地名称	小地名	样地中心 GPS 坐标		数量（株）
07	高淳区	大山林场	大山路旁南到北 2 千米处	E119°06′56.00″	N31°24′14.98″	2
		大山林场	游行道旁中段	E119°05′04.84″	N31°25′06.95″	1
		大山林场	大山寺旁	E119°05′06.77″	N31°25′05.43″	1
		大荆山林场	黄家塞	E118°08′32.18″	N32°26′15.83″	16
		大荆山林场	四凹	E118°08′26.14″	N32°26′10.35″	2
		游子山林场	花山游山上段路旁	E118°57′47.58″	N31°16′10.28″	1
		游子山林场	花山游山中段路旁	E118°57′51.60″	N31°16′09.00″	2
		游子山林场	赏翠谷	E118°01′05.10″	N31°21′31.26″	4
		青山林场	林业队（青山林场）	E118°03′39.43″	N31°22′08.71″	20
		青山林场	林业队（青山林场）	E119°03′42.58″	N31°22′16.38″	20
08	南京主城区	紫金山	头陀岭处	E118°50′25.00″	N32°04′22.00″	16
		紫金山	茅一峰北防火卫下方	E118°50′27.00″	N32°04′25.00″	24
		紫金山		E118°50′33.00″	N32°04′23.00″	6
		紫金山		E118°50′33.00″	N32°04′08.00″	4
		紫金山		E118°51′21.00″	N32°04′03.00″	4
		紫金山	中马腰与猴子头间	E118°50′35.00″	N32°04′11.00″	11
		紫金山		E118°50′39.00″	N32°48′18.00″	1
		紫金山		E118°50′24.00″	N32°03′56.00″	3
		紫金山		E118°50′35.00″	N32°04′29.00″	13
		紫金山	山北坡小卖铺处	E118°14′42.00″	N32°04′22.00″	2
		紫金山	山北坡中上段	E118°50′38.00″	N32°04′23.00″	1
		紫金山	山北坡中上段	E118°50′39.00″	N32°04′24.00″	1
		紫金山	山北坡中上段	E118°50′40.00″	N32°04′24.00″	6
		紫金山	山北坡中上段	E118°50′36.00″	N32°04′27.00″	5
		紫金山	山北坡中上段	E118°50′36.00″	N32°04′26.00″	3
		紫金山	山北坡中上段	E118°50′39.00″	N32°04′25.00″	15
		幕府山	窑上村入口处左上方	E118°47′43.00″	N32°07′38.00″	5
		幕府山		E118°47′25.00″	N32°07′46.00″	4
		幕府山		E118°47′23.00″	N32°07′45.00″	3
		幕府山	达摩洞景区下坡	E118°47′54.00″	N32°07′58.00″	1
		幕府山	仙人对弈	E118°48′04.00″	N32°08′19.00″	6
		幕府山	仙人对弈左坡	E118°48′05.00″	N32°08′10.00″	1
		幕府山	三台洞	E118°01′00.00″	N31°21′00.02″	1

光叶马鞍树 *Maackia tenuifolia*（Hemsl.）Hand.-Mazz.

【别名】野豆

【科属】豆科（Leguminosae）马鞍树属（*Maackia*）

【树种简介】灌木或小乔木，高 2~7 米。树皮灰色，小枝幼时绿色，有紫褐色斑点，被淡褐色柔毛，在芽和叶柄基部的膨大部分最密，后变为棕紫色，无毛或有疏毛；芽密被褐色柔毛。奇数羽状复叶，长 12~16.5 厘米；叶轴有灰白色疏毛，在叶轴顶端 1 对小叶处延长 2.4~3 厘米生顶小叶；小叶 2（3）对，顶生小叶倒卵形、菱形或椭圆形，长达 10 厘米，宽 6 厘米，先端长渐尖，基部楔形或圆形，侧小叶对生，椭圆形或长椭圆状卵形，长 4~9.5 厘米，宽 2~4.5 厘米，先端渐尖，基部楔形，幼时上面有疏毛，下面在叶缘和中脉密被短柔毛，后变无毛，或仅中脉有柔毛，叶脉两面隆起，细脉明显；几无叶柄。总状花序顶生，长 6~10.5 厘米；花稀疏，大型，长约 2 厘米；花梗长 8~12 毫米；花萼圆筒形，长 8 毫米，萼齿短，边缘有灰色短毛；花冠绿白色。荚果线形，长 5.5~10 厘米，宽 9~14 毫米，微弯呈镰状，压扁，果颈长 5~15 毫米，无翅，褐色，密被长柔毛；果梗长 1 厘米。种子肾形，压扁，种皮淡红色。花期 4~5 月，果期 8~9 月。分布于陕西、江苏、浙江、江西、河南、湖北。常生于山坡溪边林内。

【种质资源】南京市光叶马鞍树野生种质资源共 1 份，归属于主城区。具体种质资源信息见表 74。

01：主城区

主要分布在紫金山。在调查的 69 个样地中 1 个样地有分布，共 21 株，其中株高小于 1.3 米的 3 株；其余 18 株均呈灌木状，干径 2~4 厘米。种群小，分布相对集中。

表 74　光叶马鞍木野生种质资源信息

种质资源编号	种质资源归属	林地名称	小地名	样地中心 GPS 坐标	数量（株）
01	主城区	紫金山	宝顶阳坡	E118°50'22.94″　N32°03'31.35″	21

瓜木 *Alangium platanifolium*（Siebold & Zucc.）Harms

【别名】篠悬叶瓜木、八角枫

【科属】山茱萸科（Cornaceae）八角枫属（*Alangium*）

【树种简介】落叶灌木或小乔木，高 5~7 米。树皮平滑，灰色或深灰色。小枝纤细，近圆柱形，常稍弯曲，略呈“之”字形。叶纸质，近圆形、稀阔卵形或倒卵形，顶端钝尖，基部近于心脏形或圆形，长 11~13（18）厘米，宽 8~11（18）厘米，不分裂或稀分裂，分裂者裂片钝尖或锐尖至尾状锐尖，深仅达叶片长度的 1/3~1/4，稀 1/2，边缘呈波状或钝锯齿状。聚伞花序生于叶腋，长 3~3.5 厘米，通常有 3~5 花，总花梗长 1.2~2 厘米，花梗长 1.5~2 厘米，几无毛；花萼近钟形，外面具稀疏短柔毛，裂片 5，三角形，长和宽均约 1 毫米，花瓣 6~7，线形，紫红色。核果长卵圆形或长椭圆形，长 8~12 毫米，直径 4~8 毫米，顶端有宿存的花萼裂片，有短柔毛或无毛。有种子 1 颗。花期 3~7 月，果期 7~9 月。产吉林、辽宁、河北、山西、河南、陕西、甘肃、山东、浙江、台湾、江西、湖北、四川、贵州和云南东北部，朝鲜和日本也有分布。生于海拔 2000 米以下土质比较疏松而肥沃的向阳山坡或疏林中。花、根和叶可入药，有祛风、通络、解毒消肿、化瘀止痛的功效；树皮含鞣质；纤维可作人造棉。

【种质资源】南京市瓜木野生种质资源共 4 份，分别归属于浦口区、江宁区、溧水区和主城区。具体种质资源信息见表 75。

01：浦口区

主要集中分布在老山林场平坦分场和星甸杜仲林场。在 198 个样地中，12 个样地有分布，总数量 301 株，其中 300 株株高均小于 1.3 米，占总数的 99%，仅 1 株胸径为 4 厘米。种群大，分布相对集中，尚处于发育初期阶段。

02：江宁区

分布在方山、汤山林场、孟塘社区、青林社区、东善桥林场、汤山街道和洪幕社区，尤以汤山林场和方山分布最多。在 223 个样地中，14 个样地有分布，总数量 82 株，其中株高小于 1.3 米的 29 株，胸径 1~10 厘米的 53 株，最大胸径 10 厘米。种群较大，分布广。

03：溧水区

分布在溧水区林场平山分场。在 115 个样地中，仅 1 个样地发现 1 株，胸径为 3 厘米。种群极小。

04：主城区

分布在紫金山、九华山、狮子山和幕府山。在调查的 48 个样地中，35 个样地有分布，总数量 1869 株，其中株高小于 1.3 米的 837 株，胸径 1~10 厘米的 997 株，胸径 11~20 厘米的 32 株，胸径 21~30 厘米的 3 株，最大胸径 21 厘米。种群极大，分布广。

表 75　瓜木野生种质资源信息

种质资源编号	种质资源归属	林地名称	小地名	样地中心 GPS 坐标	数量（株）
01	浦口区	老山林场平坦分场	大姑山	E118°30′24.14″　N32°04′04.44″	15
		老山林场平坦分场	虎洼九龙山	E118°32′58.06″　N32°04′31.75″	20
		老山林场平坦分场	虎洼九龙山	E118°33′11.05″　N32°04′36.18″	11
		星甸杜仲林场	观音洞下	E118°23′35.70″　N32°03′15.64″	30
		星甸杜仲林场	山喷码子	E118°24′30.16″　N32°03′09.77″	20
		星甸杜仲林场	水井山	E118°24′59.68″　N32°03′17.16″	50
		星甸杜仲林场	亭子山	E118°24′01.49″　N32°03′00.46″	15
		星甸杜仲林场	亭子山	E118°24′58.38″　N32°03′02.74″	20
		星甸杜仲林场	宝塔洼子	E118°24′39.44″　N32°03′43.16″	50
		星甸杜仲林场	宝塔洼子	E118°24′40.92″　N32°02′48.95″	20
		星甸杜仲林场	独山西	E118°24′38.81″　N32°03′48.84″	50
		星甸杜仲林场	林场后面	E118°24′15.84″　N32°03′20.78″	10
02	江宁区	方山		E118°52′11.99″　N31°54′15.33″	23
		汤山林场佘村工区	青龙山	E118°56′26.21″　N32°00′09.95″	40
		汤山林场佘村工区	青龙山	E118°55′60.00″　N31°59′59.64″	3

（续）

种质资源编号	种质资源归属	林地名称	小地名	样地中心 GPS 坐标	数量（株）
02	江宁区	汤山林场佘村工区	青龙山	E118°56′19.79″　N32°00′05.54″	1
		汤山林场龙泉工区		E118°58′18.73″　N32°00′11.84″	1
		孟塘社区		E119°02′38.10″　N32°04′50.16″	1
		青林社区	白露头	E119°05′43.69″　N32°05′05.74″	1
		青林社区	白露头	E119°05′41.22″　N32°05′18.96″	2
		青林社区	白露头	E119°05′30.30″　N32°05′15.17″	1
		青林社区	文山	E119°04′10.68″　N32°05′12.67″	1
		青林社区	文山	E119°04′54.97″　N32°05′20.41″	4
		东善桥林场横山分场		E118°49′41.13″　N31°38′00.37″	1
		汤山街道天龙山		E118°58′25.06″　N32°00′23.31″	1
		洪幕社区		E118°34′48.09″　N31°44′56.03″	2
03	溧水区	溧水区林场平山分场	丁公山	E118°51′54.00″　N31°37′52.01″	
04	主城区	紫金山		E118°50′33.00″　N32°04′23.00″	1
		紫金山		E118°52′12.00″　N32°03′52.00″	2
		紫金山		E118°50′39.00″　N32°48′18.00″	6
		紫金山	小水闸南	E118°50′35.00″　N32°04′26.00″	1
		紫金山		E118°50′33.00″　N32°04′42.00″	1
		紫金山	山北坡小卖铺处	E118°50′41.00″　N32°04′21.00″	2
		紫金山	山北坡小卖铺处	E118°50′43.00″　N32°04′22.00″	7
		紫金山	山北坡小卖铺处	E118°50′40.00″　N32°04′23.00″	16
		紫金山	山北坡中上段	E118°50′40.00″　N32°04′23.00″	6
		紫金山	山北坡中上段	E118°50′39.00″　N32°04′23.00″	4
		紫金山	山北坡中上段	E118°50′38.00″　N32°04′23.00″	12
		紫金山	山北坡中上段	E118°50′39.00″　N32°04′24.00″	3

（续）

种质资源编号	种质资源归属	林地名称	小地名	样地中心 GPS 坐标	数量（株）
04	主城区	紫金山	山北坡中上段	E118°50′40.00″ N32°04′24.00″	41
		紫金山	山北坡中上段	E118°50′37.00″ N32°04′26.00″	2
		紫金山	山北坡中上段	E118°50′36.00″ N32°04′27.00″	2
		紫金山	山北坡中上段	E118°50′39.00″ N32°04′25.00″	14
		紫金山	山北坡中上段	E118°50′40.00″ N32°04′26.00″	19
		九华山	弥勒佛坡下	E118°48′12.00″ N32°03′45.00″	16
		狮子山	铜鼎坡下	E118°44′37.00″ N32°05′51.00″	241
		狮子山	阅江楼坡下	E118°44′31.00″ N32°05′40.00″	40
		狮子山	石玩店坡下	E118°44′34.00″ N32°05′41.00″	9
		狮子山	江南第一楼牌坊上坡处	E118°44′33.00″ N32°05′41.00″	11
		幕府山	窑上村入口处左上方	E118°47′43.00″ N32°07′38.00″	41
		幕府山		E118°47′25.00″ N32°07′45.00″	79
		幕府山		E118°47′25.00″ N32°07′43.00″	4
		幕府山		E118°47′25.00″ N32°07′46.00″	17
		幕府山		E118°47′23.00″ N32°07′45.00″	60
		幕府山		E118°47′13.00″ N32°07′48.00″	365
		幕府山	达摩洞景区上坡	E118°47′17.00″ N32°07′47.00″	303
		幕府山	达摩洞景区上坡	E118°47′55.00″ N32°07′57.00″	33
		幕府山	达摩洞景区下坡	E118°47′54.00″ N32°07′58.00″	36
		幕府山	仙人对弈	E118°48′04.00″ N32°08′19.00″	9
		幕府山	半山禅院上中	E118°48′04.00″ N32°08′14.00″	36
		幕府山	半山禅院上	E118°47′58.00″ N32°08′01.00″	35
		幕府山	仙人对弈左坡	E118°48′05.00″ N32°08′10.00″	11

八角枫 *Alangium chinense*（Lour.）Harms

【别名】枢木、华瓜木、豆腐柴

【科属】山茱萸科（Cornaceae）八角枫属（*Alangium*）

【树种简介】落叶乔木或灌木，高3~5米，稀达15米。小枝略呈“之”字形，幼枝紫绿色，无毛或有稀疏的疏柔毛。叶纸质，近圆形或椭圆形、卵形，顶端短锐尖或钝尖，基部两侧常不对称，一侧微向下扩张，另一侧向上倾斜，阔楔形、截形，稀近于心脏形，不分裂或3~7（9）裂，裂片短锐尖或钝尖。聚伞花序腋生，有7~30（50）花；花冠圆筒形，花瓣6~8朵，线形，长1~1.5厘米，宽1毫米，基部黏合，上部开花后反卷，外面有微柔毛，初为白色，后变黄色。核果卵圆形，长5~7毫米，直径5~8毫米，幼时绿色，成熟后黑色，顶端有宿存的萼齿和花盘。花期5~7月和9~10月，果期7~11月。产河南、陕西、甘肃、江苏、浙江、安徽、福建、台湾、江西、湖北、湖南、四川、贵州、云南、广东、广西和西藏南部，东南亚及非洲东部各国也有分布。生于海拔1800米以下的山地或疏林中。根系发达，适宜于山坡地段造林，对涵养水源、防止水土流失有良好的作用；树皮纤维可编绳索；木材可作家具及天花板；含有生物碱类如消旋毒藜碱、喜树次碱及酚苷类等化学成分，有祛风祛湿、舒筋活络、散瘀止痛的功效。

【种质资源】南京市八角枫野生种质资源共7份，分别归属于六合区、浦口区、栖霞区、江宁区、溧水区、高淳区和主城区。具体种质资源信息见表76。

01：六合区

分布在冶山和灵岩山。在81个样地中，仅2个样地有分布，总数量7株，株高均小于1.3米。种群极小，分布集中。

02：浦口区

分布在老山林场的平坦分场、西山分场、狮子岭分场、七佛寺分场、东山分场、铁路林分场和星甸杜仲林场、定山林场、大桥林场。在198个样地中，50个样地有分布，总数量1275株，其中株高小于1.3米的1001株，占总数的78%；胸径1~10厘米的267株，占总数的21%；胸径11~20厘米的7株，占总数的1%。种群极大，处于发育初期阶段，分布较广。

03：栖霞区

分布在兴卫山、栖霞山、大普塘水库、北象山和何家山。在调查的44个样地中，19个样地有分布，总数量220株，其中株高小于1.3米的185株，胸径1~10厘米的34株，最大胸径12厘米。种群大，分布广。

04：江宁区

主要分布在方山、汤山林场、孟塘社区、青林社区、东善桥林场、谷里、汤山街道、牛首山、天台山和横溪街道，其中方山分布最多。在223个样地中，19个样地有分布，总数量64株，其中株高小于1.3米的13株，胸径1~10厘米的51株，平均胸径4厘米。种群较大，分布较广。

05：溧水区

分布在溧水区林场东庐分场和秋湖分场。在115个样地中，2个样地有分布，总数量4株，胸径均在4厘米以下，最大胸径4厘米。种群极小。

06：高淳区

仅分布在游子山林场。在53个样地中2个样地有分布，总数量81株，其中株高小于1.3米的80株，占总株数的99%；胸径3厘米的1株。种群较大，分布集中，处于发育初期阶段。

07：主城区

仅分布在幕府山。在所调查69个样地中3个样地有分布，共26株，其中株高小于1.3米的15株，胸径1~2厘米的11株，最大胸径2厘米。种群小，分布集中。

表76 八角枫野生种质资源信息

种质资源编号	种质资源归属	林地名称	小地名	样地中心GPS坐标		数量（株）
01	六合区	冶山		E118°56′54.00″	N32°30′30.00″	6
		灵岩山		E118°52′56.00″	N32°18′15.00″	1
02	浦口区	老山林场平坦分场	凤凰山后	E118°30′32.38″	N32°04′18.20″	50
		老山林场平坦分场	小马腰与大马腰间	E118°30′06.71″	N32°03′30.01″	23
		老山林场平坦分场	匪集场道旁	E118°31′58.93″	N32°04′11.24″	52
		老山林场平坦分场	匪集场山后	E118°31′58.93″	N32°04′11.24″	48
		老山林场平坦分场	匪集场道旁	E118°32′01.92″	N32°04′24.81″	6
		老山林场平坦分场	短喷	E118°33′35.86″	N32°05′28.78″	12
		老山林场平坦分场	平阳山	E118°33′37.72″	N32°04′60.00″	11
		老山林场平坦分场	老山隧道	E118°34′08.04″	N32°05′02.84″	104

（续）

种质资源编号	种质资源归属	林地名称	小地名	样地中心 GPS 坐标		数量（株）
		老山林场平坦分场	大平山	E118°33′46.67″	N32°04′20.17″	3
		老山林场平坦分场	大平山	E118°33′51.02″	N32°04′18.20″	50
		老山林场平坦分场	虎洼二号洞口	E118°33′32.28″	N32°04′55.29″	54
		老山林场平坦分场	门坎里—大小女儿山间	E118°32′19.61″	N32°04′25.97″	37
		老山林场平坦分场	虎洼山脊	E118°33′47.06″	N32°03′58.29″	11
		老山林场平坦分场	虎洼山脊	E118°33′25.82″	N32°03′46.15″	20
		老山林场平坦分场	虎洼山脊	E118°33′21.49″	N32°03′48.09″	60
		老山林场西山分场	西山—九峰寺旁	E118°25′41.49″	N32°03′45.74″	26
		老山林场西山分场	西山—铁路桥下	E118°26′47.85″	N32°03′05.63″	2
		老山林场西山分场	坡山口—大洼塘	E118°26′37.63″	N32°03′04.49″	50
		老山林场狮子岭分场	响铃庵	E118°34′08.04″	N32°05′02.84″	7
		老山林场狮子岭分场	大洼口—狮平路	E118°33′57.22″	N32°05′37.83″	6
		老山林场狮子岭分场	兜率寺后山	E118°33′03.83″	N32°03′48.20″	1
		老山林场狮子岭分场	兴隆寺旁	E118°31′36.08″	N32°03′05.09″	2
02	浦口区	老山林场狮子岭分场	兴隆寺路旁	E118°31′38.16″	N32°02′50.59″	7
		老山林场七佛寺分场	猴子洞	E118°36′50.97″	N32°05′45.06″	5
		老山林场七佛寺分场	吴家大洼	E118°37′12.09″	N32°06′03.87″	18
		老山林场七佛寺分场	四道桥	E118°37′36.45″	N32°06′06.56″	35
		老山林场七佛寺分场	老鹰山	E118°36′40.25″	N32°06′24.70″	17
		老山林场七佛寺分场	老鹰山	E118°36′40.25″	N32°06′24.70″	12
		老山林场七佛寺分场	老鹰山	E118°35′39.86″	N32°06′12.48″	20
		老山林场七佛寺分场	牛角洼	E118°36′28.61″	N32°06′16.76″	14
		老山林场七佛寺分场	老母猪沟	E118°36′34.76″	N32°06′21.58″	26
		老山林场七佛寺分场	七佛寺分场旁	E118°36′11.86″	N32°05′28.29″	15
		老山林场东山分场	望火楼南坡	E118°48′25.25″	N32°04′47.65″	13
		老山林场东山分场	椅子山顶	E118°37′49.14″	N32°06′44.10″	8
		老山林场东山分场	乌龟驼金书	E118°37′33.82″	N32°07′02.82″	14
		老山林场东山分场	老母猪沟	E118°37′01.71″	N32°06′34.48″	21
		老山林场东山分场	浦口路	E118°37′24.65″	N32°06′54.44″	1

（续）

种质资源编号	种质资源归属	林地名称	小地名	样地中心 GPS 坐标		数量（株）
02	浦口区	老山林场东山分场	文家洼	E118°38′20.18″	N32°07′25.15″	20
		老山林场东山分场	岔虎路中断路旁	E118°37′06.63″	N32°07′34.91″	4
		老山林场铁路林分场	实验林旁	E118°40′51.19″	N32°08′58.53″	125
		老山林场铁路林分场	羊鼻山脊	E118°40′49.98″	N32°08′52.39″	113
		老山林场铁路林分场	采石场旁	E118°39′22.55″	N32°08′19.15″	46
		老山林场铁路林分场	丁家硊水库北侧路旁	E118°39′31.64″	N32°08′30.85″	30
		星甸杜仲林场	亭子山	E118°24′01.49″	N32°03′00.46″	17
		星甸杜仲林场	西山沟	E118°24′17.42″	N32°03′33.86″	23
		星甸杜仲林场	林业队	E118°24′45.57″	N32°03′52.98″	10
		定山林场	定山林场	E118°39′06.02″	N32°07′38.00″	2
		定山林场	定山林场	E118°39′02.67″	N32°07′42.66″	11
		定山林场	定山寺旁	E118°39′03.81″	N32°07′51.05″	2
		大桥林场	石头山	E118°38′54.10″	N32°08′04.25″	11
03	栖霞区	兴卫山		E118°50′40.74″	N32°05′57.12″	2
		兴卫山	兴卫山东南坡	E118°50′40.74″	N32°05′57.12″	1
		兴卫山		E118°50′40.74″	N32°05′57.13″	6
		兴卫山		E118°50′44.28″	N32°05′58.56″	8
		兴卫山		E118°50′50.99″	N32°05′58.33″	6
		栖霞山		E118°57′26.93″	N32°09′18.98″	1
		栖霞山		E118°57′29.21″	N32°09′14.10″	12
		栖霞山		E118°57′34.38″	N32°09′15.58″	2
		栖霞山	陆羽茶庄东坡	E118°57′34.27″	N32°09′06.65″	28
		栖霞山		E118°57′43.25″	N32°09′18.53″	4
		栖霞山	开岩上方亭子附近	E118°57′35.04″	N32°09′28.42″	5
		栖霞山		E118°57′19.16″	N32°09′23.65″	3
		栖霞山		E118°57′16.98″	N32°09′29.50″	2
		栖霞山		E118°57′37.69″	N32°09′15.78″	2
		大普塘水库		E118°55′22.60″	N32°04′59.64″	29
		大普塘水库		E118°55′24.02″	N32°05′03.29″	12

（续）

种质资源编号	种质资源归属	林地名称	小地名	样地中心 GPS 坐标		数量（株）
		北象山		E118°56′31.92″	N32°09′16.62″	14
03	栖霞区	何家山		E118°57′22.38″	N32°08′45.96″	48
		何家山	何家山	E118°57′20.22″	N32°08′41.82″	35
		方山	栎树林	E118°51′52.28″	N31°53′53.91″	2
		方山		E118°52′11.99″	N31°54′15.33″	37
		汤山林场青龙山		E118°54′10.80″	N31°58′54.89″	1
		汤山林场佘村工区	青龙山	E118°56′40.70″	N32°00′10.51″	1
		汤山林场佘村工区	青龙山	E118°56′26.21″	N32°00′09.95″	1
		孟塘社区	射乌山	E119°03′31.36″	N32°06′08.14″	1
		孟塘社区	培山	E119°03′00.94″	N32°04′50.44″	1
		孟塘社区	培山	E119°03′08.21″	N32°04′44.50″	1
		孟塘社区		E119°02′38.10″	N32°04′50.16″	1
04	江宁区	青林社区	白露头	E119°05′30.30″	N32°05′15.17″	3
		青林社区	白露头	E119°15′20.59″	N32°04′59.61″	1
		东善桥林场东稔工区		E118°42′15.15″	N31°44′07.34″	1
		谷里	东塘水库附近	E118°42′46.69″	N31°46′46.42″	1
		汤山街道天龙山		E118°58′25.06″	N32°00′23.31″	1
		牛首山		E118°44′34.64″	N31°53′23.65″	1
		牛首山		E118°44′33.93″	N31°53′41.36″	1
		天台山		E118°41′34.22″	N31°42′41.95″	5
		横溪街道	横溪	E118°41′08.44″	N31°41′26.92″	3
		横溪街道	横溪	E118°40′39.10″	N31°41′53.59″	1
05	溧水区	溧水区林场东庐分场	朝山	E119°06′35.00″	N31°39′20.00″	3
		溧水区林场秋湖分场	双尖山	E119°02′47.00″	N31°34′59.00″	1
06	高淳区	游子山林场	花山游山上段路旁	E118°57′47.58″	N31°16′10.28″	51
		游子山林场	花山游山中段路旁	E118°57′51.60″	N31°16′09.00″	30
		幕府山	三台洞	E118°01′00.00″	N31°21′00.02″	21
07	主城区	幕府山	仙人台	E118°48′00.04″	N32°08′00.28″	3
		幕府山	仙人台	E118°48′00.05″	N32°07′60.00″	2

毛八角枫 *Alangium kurzii* Craib

【别名】长毛八角枫、伞形八角枫、疏叶八角枫

【科属】山茱萸（Cornaceae）八角枫属（*Alangium*）

【树种简介】落叶小乔木，稀灌木，高 5~10 米。树皮深褐色，平滑。小枝近圆柱形；当年生枝紫绿色，有淡黄色茸毛和短柔毛，多年生枝深褐色，无毛，具稀疏的淡白色圆形皮孔。叶互生，纸质，近圆形或阔卵形，顶端长渐尖，基部心脏形或近心脏形，稀近圆形，倾斜，两侧不对称，全缘，长 12~14 厘米，宽 7~9 厘米，上面深绿色，下面淡绿色。聚伞花序有 5~7 花，总花梗长 3~5 厘米，花梗长 5~8 毫米；花萼漏斗状，常裂成锐尖形小萼齿 6~8，花瓣 6~8，线形，长 2~2.5 厘米，基部黏合，上部开花，有时反卷，外面有淡黄色短柔毛，内面无毛，初白色，后变淡黄色；雄蕊 6~8，略短于花瓣；花丝稍扁，长 3~5 毫米，有疏柔毛，花药长 12~15 毫米，药隔有长柔毛；花盘近球形，微呈裂痕，有微柔毛；子房 2 室，每室有胚珠 1 颗；花柱圆柱形，上部膨大，柱头近球形，4 裂。核果椭圆形或矩圆状椭圆形，长 1.2~1.5 厘米，直径 8 毫米，幼时紫褐色，成熟后黑色，顶端有宿存的萼齿。花期 5~6 月，果期 9 月。产江苏、浙江、安徽、江西、湖南、贵州、广东、广西，缅甸、越南、泰国、马来西亚、印度尼西亚和菲律宾也有分布。种子可榨工业用油；侧根、须根入药，味辛、性温，可舒筋活血、散瘀止痛。

【种质资源】南京市毛八角枫野生种质资源共 2 份，分别归属于江宁区和溧水区。具体种质资源信息见表 77。

01：江宁区

分布在东善桥林场、天台山和横溪街道。在 223 个样地中，8 个样地有分布，总数量 12 株，其中株高小于 1.3 米的 2 株；胸径 1~10 厘米的 9 株，平均胸径 4 厘米；胸径 14 厘米的 1 株。种群小，分布较广。

02：溧水区

分布在溧水区林场平山分场。在 115 个样地中，仅 1 个样地有分布，共 2 株，最大胸径 3 厘米。种群小。

表 77　毛八角枫野生种质资源信息

种质资源编号	种质资源归属	林地名称	小地名	样地中心 GPS 坐标	数量（株）
01	江宁区	东善桥林场横山分场		E118°48′45.31″　N31°28′06.43″	1
		东善桥林场横山分场		E118°47′31.34″　N31°38′33.17″	1
		东善桥林场横山分场		E118°49′26.97″　N31°38′12.31″	1
		东善桥林场铜山分场		E118°50′36.88″　N31°39′17.79″	2
		天台山		E118°41′43.03″　N31°43′08.60″	1
		天台山		E118°41′34.22″　N31°42′41.95″	1
		横溪街道	横溪	E118°42′02.91″　N31°42′52.53″	1
		横溪街道	横溪	E118°40′42.81″　N31°41′55.10″	4
02	溧水区	溧水区林场平山分场	小茅山东面	E118°57′13.12″　N31°38′27.06″	2

毛梾 *Cornus walteri* Wangerin

【别名】小六谷（四川峨眉）、车梁木（河北、山东）

【科属】山茱萸科（Cornaceae）山茱萸属（*Cornus*）

【树种简介】落叶乔木，高6~15米。树皮厚，黑褐色，纵裂而又横裂成块状。幼枝对生，绿色，略有棱角。叶对生，纸质，椭圆形、长圆椭圆形或阔卵形，先端渐尖，基部楔形，有时稍不对称，上面深绿色，稀被贴生短柔毛，下面淡绿色，密被灰白色贴生短柔毛，中脉在上面明显，下面凸出，侧脉4（5）对，弓形内弯，在上面稍明显，下面凸起。伞房状聚伞花序顶生，花密；花瓣4，白色，长圆披针形，有香味。核果球形，直径6~7（8）毫米，成熟时黑色；核骨质，扁圆球形，有不明显的肋纹。花期5月，果期9月。产辽宁、河北、山西南部以及华东、华中、华南、西南各省份。生于海拔300~1800米，稀达2600~3300米的杂木林或密林下。果实含油可达27%~38%，是木本油料植物，可供食用或作高级润滑油，油渣可作饲料和肥料；木材坚硬，纹理细密、美观，可作家具、车辆、农具等用；叶和树皮可提制栲胶，也作四旁绿化和水土保持树种。

【种质资源】南京市毛梾野生种质资源共2份，分别归属于浦口区和主城区。具体种质资源信息见表78。

01：浦口区

主要分布在星甸杜仲林场，老山林场的平坦分场、狮子岭分场也有零星分布。在198个样地中，11 个样地有分布，总株数 106 株，其中株高小于 1.3 米的 97 株，占总数的 92%；胸径 1~10 厘米的 3 株，平均胸径 6 厘米；胸径 11~20 厘米的 2 株，平均胸径 17 厘米；胸径 21~30 厘米的 3 株，平均胸径 25 厘米；胸径 36 厘米的 1 株。种群大，但处于发育初期，分布相对集中。

02：主城区

分布在紫金山、九华山、幕府山。在 69 个样地中，11 个样地有分布，共 108 株，其中株高小于 1.3 米的 39 株，胸径 1~10 厘米的 25 株，胸径 11~20 厘米的 21 株，胸径 21~30 厘米的 19 株，胸径 31~40 厘米的 4 株，最大胸径 37 厘米。种群较大，分布相对集中。

表 78　毛株野生种质资源信息

种质资源编号	种质资源归属	林地名称	小地名	样地中心 GPS 坐标		数量（株）
01	浦口区	老山林场平坦分场	横山沟旁	E118°31′14.43″	N32°04′19.78″	1
		老山林场狮子岭分场	响铃庵	E118°34′08.04″	N32°05′02.84″	2
		星甸杜仲林场	大槽洼	E118°23′55.09″	N32°02′33.68″	2
		星甸杜仲林场	观音洞下	E118°23′35.70″	N32°03′15.64″	5
		星甸杜仲林场	山喷码子	E118°24′30.16″	N32°03′09.77″	10
		星甸杜仲林场	山喷码字上	E118°24′31.92″	N32°03′10.74″	1
		星甸杜仲林场	山喷码字上	E118°24′32.34″	N32°03′09.20″	50
		星甸杜仲林场	亭子山	E118°24′58.38″	N32°03′02.74″	1
		星甸杜仲林场	宝塔洼子	E118°24′39.44″	N32°03′43.16″	1
		星甸杜仲林场	宝塔洼子	E118°24′40.92″	N32°02′48.95″	3
		星甸杜仲林场	独山西	E118°24′38.81″	N32°03′48.84″	30
02	南京主城区	紫金山		E118°50′38.00″	N32°03′25.00″	50
		紫金山		E118°50′33.00″	N32°04′42.00″	3
		紫金山	北坡小卖部	E118°50′40.00″	N32°04′23.00″	1
		紫金山	北坡中上段	E118°50′40.00″	N32°04′23.00″	1
		紫金山	北坡中上段	E118°50′39.00″	N32°04′24.00″	10
		紫金山	北坡中上段	E118°50′40.00″	N32°04′24.00″	5
		紫金山	北坡中上段	E118°50′39.00″	N32°04′25.00″	19

（续）

种质资源编号	种质资源归属	林地名称	小地名	样地中心 GPS 坐标	数量（株）
02	南京主城区	紫金山	北坡中上段	E118°50′40.00″ N32°04′26.00″	3
		九华山	弥勒佛坡	E118°48′15.00″ N32°03′41.00″	11
		九华山	景区东门	E118°48′13.00″ N32°03′44.00″	3
		幕府山	半山禅院上中段	E118°48′04.00″ N32°08′14.00″	2

白杜 *Euonymus maackii* Rupr.

【别名】丝绵木、桃叶卫矛、明开夜合、丝棉木、华北卫矛

【科属】卫矛科（Celastraceae）卫矛属（*Euonymus*）

【树种简介】乔木，高达 6~10 米。叶卵状椭圆形、卵圆形或窄椭圆形，先端长渐尖，基部阔楔形或近圆形，边缘具细锯齿；叶柄通常细长。聚伞花序，花序梗略扁，花数 4，淡白绿色或黄绿色。蒴果倒圆心状，4 浅裂，成熟后果皮粉红色。种子长椭圆状，种皮棕黄色，假种皮橙红色，全包种子，成熟后顶端常有小口。花期 5~6 月，果期 9 月。产我国东北南部、华北、西北东部、西南东部、华中、华东等省份，朝鲜半岛亦有分布。喜光、耐寒、耐旱、稍耐阴，耐瘠薄、耐水湿、耐盐碱，适宜栽植在肥沃、湿润的土壤中。枝、叶、果俱美，是色叶观赏树种，也是重要的薪炭林树种；根、树皮性味苦、辛、凉，可祛风除湿、活血通络、清热解毒；叶可代茶；木材可供器具及雕刻；种子含油率达 40% 以上，可作工业用油。

【种质资源】南京市白杜野生种质资源共 2 份，分别归属于溧水区和主城区。具体种质资源信息见表 79。

01：溧水区

主要分布在溧水区林场平山分场和东庐分场。在 115 个样地中，2 个样地有分布，共 5 株，且株高均在 1.3 米以下。种群极小。

02：主城区

分布在紫金山、狮子山和幕府山。在 69 个样地中，4 个样地有分布，共 8 株，其中胸径 1~10 厘米的 4 株，胸径 11~20 厘米的 2 株，胸径 40 厘米和 50 厘米各 1 株。种群极小，分布较分散。

表 79　白杜野生种质资源信息

种质资源编号	种质资源归属	林地名称	小地名	样地中心 GPS 坐标	数量（株）
01	溧水区	溧水区林场平山分场	丁公山	E118°52′08.00″　N31°38′33.00″	3
		溧水区林场东庐分场	美人山	E119°07′57.00″　N31°38′23.00″	2
02	主城区	紫金山	茅一峰北防火卫下方	E118°50′27.00″　N32°04′25.00″	3
		紫金山		E118°50′38.00″　N32°03′25.00″	3
		狮子山	铜鼎坡下	E118°44′37.00″　N32°05′51.00″	1
		幕府山		E118°47′25.00″　N32°07′45.00″	1

冬青　*Ilex chinensis* Sims

【别名】冻青

【科属】冬青科（Aquifoliaceae）冬青属（*Ilex*）

【树种简介】常绿乔木，高达 13 米。树皮灰黑色。当年生小枝浅灰色，圆柱形，具细棱。叶片薄革质至革质，椭圆形或披针形，稀卵形，先端渐尖，基部楔形或钝；叶面绿色，有光泽，背面淡绿色。雄花花序具 3~4 回分枝，每分枝具花 7~24 朵；花淡紫色或紫红色，花瓣卵形，长 2.5 毫米，宽约 2 毫米；退化子房圆锥状，长不足 1 毫米；雌花花序具 1~2 回分枝，具花 3~7 朵；花萼和花瓣同雄花，退化雄蕊长约为花瓣的 1/2，败育花药心形；子房卵球形，柱头具不明显的 4~5 裂，厚盘形。果长球形，成熟时红色，背面平滑，内果皮厚革质。花期 4~6 月，果期 7~12 月。产江苏、安徽、浙江、江西、台湾和云南等省份。喜肥沃土壤，对环境要求不严格。著名常绿及观果树种，可用于公园、庭院栽培。树皮、根、叶、种子均可入药，有清热利湿、消肿镇痛的功效；树皮含鞣质，可提制栲胶，亦可作强壮剂，且有较强的抑菌和杀菌作用；木材坚韧，供细工原料，可用于制雕刻品、木梳等。

【种质资源】南京市冬青野生种质资源共 7 份，分别归属于浦口区、栖霞区、雨花区、江宁区、溧水区、高淳区和主城区。具体种质资源信息见表 80。

01：浦口区

仅分布在老山林场平坦分场。在 198 个样地中，仅 1 个样地中有分布，总数量 10 株，株高均小于 1.3 米。种群极小，分布集中。

02：栖霞区

分布在栖霞山、南象山、北象山和何家山。在 44 个样地中，11 个样地有分布，共 49 株，株高小于 1.3 米的 25 株，胸径 1~5 厘米的 24 株，最大胸径 4 厘米。种群较大，分布广。

03：雨花区

分布在铁心桥街道、将军山、龙泉古寺、牛首山、普觉寺和罐子山。在24个样地中，14个样地有分布，总数量97株，其中株高小于1.3米的3株；胸径1~10厘米的66株，平均胸径7厘米；胸径11~20厘米的18株，平均胸径14厘米；胸径21~30厘米的8株，平均胸径24厘米；胸径31~40厘米的2株，平均胸径35厘米。种群较大，分布广。

04：江宁区

分布在汤山林场、东山街道林场、东善桥林场、汤山街道、牛首山、天台山、横溪街道和秣陵街道。在223个样地中，43个样地有分布，总数量485株，其中株高小于1.3米的48株；胸径1~10厘米的291株，平均胸径7厘米；胸径11~20厘米的134株，平均胸径14厘米；胸径21~30厘米的11株，平均胸径24厘米；胸径37厘米的1株。种群大，且分布广。

05：溧水区

分布在溧水区林场东庐分场、芳山分场和平山分场，洪蓝街道、晶桥街道也有分布。在115个样地中，54个样地有分布，总数量456株，其中株高小于1.3米的23株；胸径1~10厘米的338株，占总数量的75%；胸径11~20厘米的89株；21~30厘米的6株，最大胸径为30厘米。种群大，分布广泛。

06：高淳区

分布在傅家坛林场、大山林场、大荆山林场、游子山林场和青山林场，其中游子山林场分布最多。在53个样地中，10个样地有分布，总数量103株，其中株高小于1.3米的16株，胸径1~10厘米的24株，胸径11~20厘米的46株，胸径21~30厘米的16株，胸径43厘米的1株。种群大，分布广。

07：主城区

主要分布在紫金山。在69个样地中，5个样地有分布，共113株，其中胸径1~10厘米的48株，胸径11~20厘米的44株，胸径21~30厘米的20株，胸径35厘米的1株。种群大，分布较集中。

表80 冬青野生种质资源信息

种质资源编号	种质资源归属	林地名称	小地名	样地中心GPS坐标	数量（株）
01	浦口区	老山林场平坦分场	杨船山	E118°31′07.76″ N32°04′34.59″	10
02	栖霞区	栖霞山		E118°57′30.72″ N32°09′18.94″	1
		栖霞山	陆羽茶庄东坡	E118°57′29.02″ N32°09′17.68″	5
		栖霞山	小硬盘娱乐场	E118°57′26.93″ N32°09′18.98″	1
		栖霞山		E118°57′34.27″ N32°09′06.65″	3
		栖霞山		E118°57′44.15″ N32°09′18.30″	6
		栖霞山		E118°57′16.98″ N32°09′29.50″	1

（续）

种质资源编号	种质资源归属	林地名称	小地名	样地中心 GPS 坐标	数量（株）
02	栖霞区	栖霞山		E118°57′37.69″　N32°09′15.78″	1
		南象山	南象山衡阳寺	E118°56′07.44″　N32°08′16.38″	4
		南象山	南象山衡阳寺	E118°55′50.16″　N32°08′08.70″	7
		北象山		E118°56′25.62″　N32°09′05.28″	14
		何家山		E118°57′22.38″　N32°08′45.96″	6
03	雨花区	铁心桥街道韩府山		E118°45′30.33″　N31°56′48.60″	1
		铁心桥街道韩府山		E118°45′17.62″　N31°56′34.85″	1
		铁心桥街道韩府山		E118°45′17.62″　N31°56′34.85″	29
		将军山		E118°45′06.12″　N31°56′02.61″	5
		将军山		E118°45′09.45″　N31°56′08.89″	24
		龙泉古寺		E118°45′41.51″　N31°55′44.22″	1
		龙泉古寺		E118°45′39.80″　N31°55′43.36″	4
		将军山		E118°45′51.79″　N31°55′16.54″	1
		牛首山		E118°44′03.88″　N31°55′10.89″	1
		牛首山		E118°44′18.00″　N31°55′28.39″	11
		牛首山		E118°44′22.53″　N31°55′29.01″	2
		普觉寺		E118°44′29.02″　N31°55′22.11″	3
		罐子山		E118°43′10.85″　N31°55′55.24″	10
		罐子山		E118°43′10.85″　N31°55′55.24″	4
04	江宁区	汤山林场黄栗墅工区	土地山	E119°01′10.68″　N32°04′16.29″	19
		汤山林场黄栗墅工区	土地山	E119°01′13.38″　N32°04′05.95″	39
		汤山林场佘村工区	青龙山	E118°56′26.21″　N32°00′09.95″	1
		东山街道林场		E118°56′03.33″　N31°57′50.81″	2
		东山街道林场		E118°55′52.26″　N31°57′47.79″	1
		东山街道林场		E118°55′52.80″　N31°57′55.47″	46
		汤山林场龙泉工区		E118°57′32.46″　N31°59′06.67″	29
		汤山林场龙泉工区		E118°57′54.02″　N31°59′53.54″	1
		汤山林场龙泉工区		E118°58′09.72″　N32°00′12.98″	3
		汤山林场龙泉工区		E118°58′14.15″　N32°00′12.64″	21
		汤山林场龙泉工区		E118°58′18.73″　N32°00′11.84″	1
		东善桥林场云台分场	大平山	E118°42′21.36″　N31°42′26.54″	4
		东善桥林场云台分场	太平山	E118°42′01.24″　N31°41′56.23″	4
		东善桥林场横山分场		E118°48′45.31″　N31°28′06.43″	36
		东善桥林场横山分场		E118°48′57.06″　N31°37′55.30″	33

（续）

种质资源编号	种质资源归属	林地名称	小地名	样地中心 GPS 坐标		数量（株）
04	江宁区	东善桥林场横山分场		E118°49′08.13″	N31°38′18.84″	5
		东善桥林场横山分场		E118°48′53.79″	N31°37′15.38″	1
		东善桥林场横山分场		E118°48′28.72″	N31°37′13.83″	1
		东善桥林场横山分场		E118°48′13.76″	N31°37′39.48″	4
		东善桥林场横山分场		E118°48′35.83″	N31°37′55.96″	63
		东善桥林场横山分场		E118°48′14.69″	N31°37′17.87″	1
		东善桥林场横山分场		E118°48′16.46″	N31°37′22.44″	33
		东善桥林场横山分场	山下坡溪水处	E118°52′34.94″	N31°42′12.60″	1
		东善桥林场横山分场		E118°49′26.97″	N31°38′12.31″	1
		东善桥林场横山分场		E118°49′41.13″	N31°38′00.37″	1
		东善桥林场铜山分场		E118°51′19.43″	N31°39′58.42″	1
		东善桥林场铜山分场		E118°50′30.00″	N31°39′41.84″	20
		东善桥林场铜山分场		E118°52′44.03″	N31°39′26.42″	5
		东善桥林场铜山分场		E118°52′27.84″	N31°39′18.32″	5
		汤山街道	西猪咀凹	E118°57′02.58″	N31°58′12.96″	2
		汤山街道		E118°57′02.46″	N31°58′40.10″	1
		汤山街道		E118°56′56.89″	N31°58′24.51″	10
		牛首山		E118°44′43.64″	N31°53′23.64″	20
		牛首山		E118°44′36.41″	N31°53′30.44″	2
		牛首山		E118°44′24.22″	N31°54′50.01″	21
		天台山		E118°41′51.13″	N31°43′06.23″	17
		横溪街道	横溪	E118°42′02.91″	N31°42′52.53″	6
		横溪街道	横溪	E118°40′58.66″	N31°44′04.32″	2
		横溪街道	横溪云台山	E118°41′09.80″	N31°45′10.41″	2
		横溪街道	横溪	E118°40′48.91″	N31°42′13.90″	6
		横溪街道	横溪	E118°41′08.44″	N31°41′26.92″	3
		横溪街道	横溪	E118°40′39.18″	N31°41′48.42″	3
		秣陵街道将军山		E118°46′13.43″	N31°56′12.86″	8
05	溧水区	溧水区林场东庐分场	马占山	E119°08′12.00″	N31°33′60.00″	2
		溧水区林场东庐分场	马占山	E119°07′31.00″	N31°33′52.00″	4
		溧水区林场东庐分场	马占山	E119°07′59.00″	N31°34′22.00″	1
		溧水区林场东庐分场	禅国寺	E119°07′26.00″	N31°38′18.00″	1
		溧水区林场东庐分场	东庐山中部	E119°07′26.00″	N31°38′50.00″	11
		溧水区林场东庐分场	黄牛墩	E119°07′24.30″	N31°37′51.16″	4

（续）

种质资源编号	种质资源归属	林地名称	小地名	样地中心 GPS 坐标	数量（株）
		溧水区林场东庐分场	陈山	E119°08′02.94″　N31°34′54.70″	3
		溧水区林场东庐分场	陈山	E119°07′42.37″　N31°34′58.44″	4
		溧水区林场东庐分场	陈山	E119°07′21.13″　N31°35′00.45″	13
		溧水区林场芳山分场	芳山	E119°08′11.68″　N31°29′42.91″	5
		溧水区林场芳山分场	芳山	E119°08′25.53″　N31°29′37.54″	3
		溧水区林场芳山分场	芳山	E119°08′12.49″　N31°29′16.18″	28
		溧水区林场芳山分场	芳山	E119°08′21.22″　N31°29′05.52″	33
		溧水区林场芳山分场	芳山	E119°08′35.81″　N31°30′12.30″	1
		溧水区林场芳山分场	杨树山	E119°08′30.40″　N31°30′23.68″	22
		溧水区林场芳山分场	杨树山	E119°09′39.22″　N31°30′29.04″	15
		溧水区林场芳山分场	杨树山	E119°09′50.39″　N31°30′11.27″	1
		溧水区林场芳山分场	杨树山	E119°09′58.80″　N31°29′57.30″	2
		溧水区林场平山分场	大燕子口	F118°49′34.00″　N31°38′22.00″	2
		溧水区林场平山分场	雨山	E118°53′05.00″　N31°38′57.00″	4
		溧水区林场平山分场	雨山	E118°52′59.00″　N31°38′37.00″	2
05	溧水区	溧水区林场平山分场	丁公山	E118°52′08.00″　N31°38′33.00″	5
		溧水区林场平山分场	丁公山	E118°51′32.00″　N31°38′17.00″	2
		溧水区林场平山分场	老凹山	E118°50′20.38″　N31°37′43.82″	1
		洪蓝街道无想寺社区	顶公山	E119°00′10.01″　N31°35′53.85″	9
		晶桥街道枫香岭社区	西瓜山	E119°02′51.63″　N31°32′55.05″	4
		溧水区林场平山分场	平安山	E119°00′28.34″　N31°36′42.34″	14
		溧水区林场平山分场	平安山	E119°00′18.14″　N31°36′32.70″	10
		溧水区林场平山分场	马鞍山	E119°01′07.00″　N31°36′36.00″	4
		溧水区林场平山分场	乌王山	E119°01′17.00″　N31°36′31.00″	1
		溧水区林场平山分场	乌王山	E119°01′20.00″　N31°36′22.00″	35
		溧水区林场平山分场	乌王山	E119°01′46.00″　N31°36′05.00″	15
		溧水区林场平山分场	乌王山	E119°01′36.00″　N31°36′13.00″	13
		溧水区林场平山分场	平安山	E119°00′35.00″　N31°36′15.00″	3
		溧水区林场秋湖分场	桃花凹	E119°02′09.74″　N31°34′05.73″	47
		溧水区林场秋湖分场	桃花凹	E119°02′14.00″　N31°34′17.00″	6
		溧水区林场秋湖分场	桃花凹	E119°02′21.00″　N31°34′04.00″	4

（续）

种质资源编号	种质资源归属	林地名称	小地名	样地中心 GPS 坐标		数量（株）
05	溧水区	溧水区林场秋湖分场	龙吟湾	E119°02′36.00″	N31°33′44.00″	26
		溧水区林场秋湖分场	官塘坝	E119°01′20.00″	N31°34′42.00″	16
		溧水区林场秋湖分场	官塘坝	E119°01′34.00″	N31°40′43.00″	11
		溧水区林场秋湖分场	官塘坝	E119°01′57.00″	N31°34′58.00″	13
		溧水区林场秋湖分场	双尖山	E119°03′33.00″	N31°34′46.00″	3
		溧水区林场秋湖分场	双尖山	E119°03′06.00″	N31°34′29.00″	1
		溧水区林场秋湖分场	双尖山	E119°02′55.00″	N31°34′22.00″	15
		溧水区林场秋湖分场	龙吟湾	E119°02′45.00″	N31°33′47.00″	9
		溧水区林场秋湖分场	斗面山	E119°02′16.00″	N31°32′58.00″	5
		溧水区林场平山分场	朱山岗	E118°55′57.00″	N31°38′02.00″	2
		溧水区林场平山分场	朱山岗	E118°56′18.76″	N31°39′07.42″	1
		溧水区林场平山分场	小茅山东面	E118°51′14.00″	N31°38′38.00″	3
		溧水区林场平山分场	小茅山东面	E118°56′54.19″	N31°38′20.23″	1
		溧水区林场平山分场	尚书塘	E118°56′08.09″	N31°38′36.22″	8
		溧水区林场平山分场	尚书塘	E118°55′56.92″	N31°38′39.93″	2
		溧水区林场平山分场	小茅山东面	E118°57′13.12″	N31°38′27.05″	2
		溧水区林场平山分场	小茅山东面	E118°57′15.82″	N31°38′44.95″	4
06	高淳区	傅家坛林场	窑冲	E119°04′45.78″	N31°14′09.37″	2
		大山林场	大山路旁南到北 2 千米处	E119°06′56.00″	N31°24′14.98″	3
		大荆山林场	四凹	E118°08′37.20″	N32°26′15.03″	25
		大荆山林场	四凹	E118°08′06.12″	N32°26′16.62″	7
		大荆山林场	黄家塞	E118°08′32.18″	N32°26′15.83″	5
		游子山林场	真武庙前	E119°00′36.12″	N31°20′49.65″	1
		游子山林场	青阳殿对面	E119°00′36.83″	N31°20′32.92″	10
		游子山林场	花山游山中段路旁	E118°57′51.60″	N31°16′09.00″	10
		游子山林场	大凹	E119°00′28.21″	N31°20′46.36″	38
		青山林场	林业队	E119°03′42.58″	N31°22′16.38″	2
07	主城区	紫金山		E118°52′01.00″	N32°03′46.00″	1
		紫金山		E118°50′24.00″	N32°04′09.84″	49
		紫金山		E118°50′25.00″	N32°04′12.00″	53
		紫金山		E118°50′39.00″	N32°48′18.00″	3
		紫金山		E118°50′24.00″	N32°03′56.00″	7

枸骨　*Ilex cornuta* Lindl. & Paxton

【别名】枸骨冬青、鸟不落、鸟不宿、无刺枸骨

【科属】冬青科（Aquifoliaceae）冬青属（*Ilex*）

【树种简介】常绿灌木或小乔木，高（0.6）1~3米。幼枝具纵脊及沟，2年枝褐色，3年生枝灰白色，具纵裂缝及隆起的叶痕。叶片厚革质，二型，四角状长圆形或卵形，长4~9厘米，宽2~4厘米，先端具3枚尖硬刺齿，中央刺齿常反曲，基部圆形或近截形，两侧各具1~2刺齿，有时全缘（此情况常出现在卵形叶），叶面深绿色，具光泽，背淡绿色，无光泽，两面无毛。花序簇生于2年生枝的叶腋内，花淡黄色，4基数；雄花花梗长5~6毫米；雄蕊与花瓣近等长或稍长。雌花花梗长8~9毫米，果期长达13~14毫米。果球形，直径8~10毫米，成熟时鲜红色，基部具四角形宿存花萼，顶端宿存柱头盘状，明显4裂。花期4~5月，果期10~12月。产江苏、上海、安徽、浙江、江西、湖北、湖南等省份，朝鲜也有分布。生于海拔150~1900米的山坡、丘陵等的灌丛中、疏林中以及路边、溪旁和村舍附近。树形美丽，果实秋冬红色，挂于枝头，可供庭园观赏；其根、枝叶和果入药，根有滋补强壮、活络、清风热、祛风湿的功效；枝叶用于治疗肺痨咳嗽、劳伤失血、腰膝痿弱、风湿痹痛；果实用于治疗阴虚身热、淋浊、崩带、筋骨疼痛等症；木材软韧，可用作牛鼻栓。

【种质资源】南京市枸骨野生种质资源共6份，分别归属于浦口区、栖霞区、雨花区、江宁区、溧水区和高淳区。具体种质资源信息见表81。

01：浦口区

仅分布在老山林场平坦分场。在198个样地中，1个样中有分布，总数量10株，株高均小于1.3米。种群小，分布集中。

02：栖霞区

分布在栖霞山、南象山、北象山和何家山。在44个样地中，11个样地有分布，共49株，其中株高小于1.3米的25株，胸径1~5厘米的24株，最大胸径4厘米。种群较大，分布较广。

03：雨花区

分布在铁心桥街道、将军山、牛首山和普觉寺。在24个样地中，9个样地有分布，总数量24株，其中株高小于1.3米的3株；胸径1~10厘米的20株，平均胸径4厘米；胸径11厘米的1株。种群小，分布较广。

04：江宁区

分布在汤山林场、东山街道林场、青林社区、古泉社区、东善桥林场、谷里、横溪街道、汤山街道、牛首山、富贵山公墓、洪幕社区和秣陵街道。在223个样地中，58个样地有分布，总数量115株，其中株高小于1.3米的47株，胸径1~10厘米的63株，胸径11~20厘米的5株。种群大，分布广。

05：溧水区

分布在溧水区林场的平山分场、秋湖分场及晶桥街道枫香岭社区。在115个样地中，5个样地有分布，总数量15株，其中株高小于1.3米的3株，其余12株最大胸径为5厘米。种群小，分布较集中。

06：高淳区

分布在傅家坛林场、大荆山林场和游子山林场，其中78%分布在大荆山林场。在53个样地中，7个样地有分布，总数量27株，其中株高小于1.3米的有26株，占总数的96%；胸径5厘米的1株。种群小，分布相对集中。

表81 枸骨野生种质资源信息

种质资源编号	种质资源归属	林地名称	小地名	样地中心 GPS 坐标	数量（株）
01	浦口区	老山林场平坦分场	杨船山	E118°56′58.90″ N32°30′33.65″	10
02	栖霞区	栖霞山		E118°57′30.72″ N32°09′18.94″	1
		栖霞山		E118°57′29.02″ N32°09′17.68″	5
		栖霞山		E118°57′26.93″ N32°09′18.98″	1
		栖霞山	陆羽茶庄东坡	E118°57′34.27″ N32°09′06.65″	3
		栖霞山	小硬盘娱乐场	E118°57′44.15″ N32°09′18.30″	6
		栖霞山		E118°57′16.98″ N32°09′29.50″	1
		栖霞山		E118°57′37.69″ N32°09′15.78″	1
		南象山	南象山衡阳寺	E118°56′07.44″ N32°08′16.38″	4
		南象山	南象山衡阳寺	E118°55′50.16″ N32°08′08.70″	7
		北象山		E118°56′25.62″ N32°09′05.28″	14
		何家山		E118°57′22.38″ N32°08′45.96″	6
03	雨花区	铁心桥街道韩府山		E118°45′30.33″ N31°56′48.60″	3
		铁心桥街道韩府山		E118°45′39.80″ N31°55′43.36″	1
		将军山		E118°45′51.79″ N31°55′16.54″	1

（续）

种质资源编号	种质资源归属	林地名称	小地名	样地中心 GPS 坐标	数量（株）
03	雨花区	将军山		E118°45′50.09″ N31°55′23.41″	1
		牛首山		E118°44′03.88″ N31°55′10.89″	1
		牛首山		E118°44′09.75″ N31°55′12.16″	1
		牛首山		E118°44′18.00″ N31°55′28.39″	1
		牛首山		E118°44′22.53″ N31°55′29.01″	12
		普觉寺		E118°44′29.02″ N31°55′22.11″	3
04	江宁区	汤山林场汤山—郎山		E119°03′20.34″ N32°04′16.29″	1
		汤山林场黄栗墅工区	土地山	E119°01′02.54″ N32°03′44.17″	1
		汤山林场长山工区	黄龙山	E118°54′18.53″ N31°58′31.67″	1
		汤山林场佘村工区	青龙山	E118°56′40.70″ N32°00′10.51″	1
		汤山林场佘村工区	青龙山	E118°56′26.21″ N32°00′09.95″	1
		汤山林场佘村工区	青龙山	E118°55′60.00″ N31°59′59.64″	1
		东山街道林场		E118°55′56.56″ N31°57′55.99″	3
		东山街道林场		E118°56′03.33″ N31°57′50.81″	1
		东山街道林场		E118°55′52.26″ N31°57′47.79″	1
		汤山林场龙泉工区		E118°58′05.04″ N31°59′18.89″	1
		汤山林场龙泉工区		E118°57′32.46″ N31°59′06.67″	1
		汤山林场龙泉工区		E118°58′09.72″ N32°00′12.98″	1
		青林社区	白露头	E119°05′41.22″ N32°05′18.96″	2
		青林社区	文山	E119°04′10.68″ N32°05′12.67″	1
		青林社区	文山	E119°04′34.18″ N32°05′14.24″	2

（续）

种质资源编号	种质资源归属	林地名称	小地名	样地中心 GPS 坐标	数量（株）
		青林社区	文山	E119°04′47.28″ N32°05′16.77″	1
		古泉社区	连山	E119°00′41.50″ N32°03′45.13″	5
		东善桥林场云台分场	鸡笼山	E118°41′59.67″ N31°41′55.00″	2
		东善桥林场横山工区		E118°48′13.76″ N31°37′39.48″	1
		东善桥林场横山工区		E118°48′35.83″ N31°37′55.96″	1
		东善桥林场横山工区		E118°47′25.39″ N31°38′23.59″	1
		东善桥林场东善分场	静龙山	E118°47′37.61″ N31°51′02.50″	13
		东善桥林场东善分场	静龙山	E118°47′36.60″ N31°50′56.61″	3
		东善桥林场东善分场		E118°46′37.35″ N31°51′54.43″	1
		东善桥林场东善分场		E118°46′41.81″ N31°52′03.20″	18
04	江宁区	东善桥林场横山		E118°49′19.78″ N31°38′14.00″	1
		东善桥林场横山分场		E118°51′19.43″ N31°39′58.42″	1
		东善桥林场横山分场		E118°50′45.52″ N31°39′10.50″	1
		东善桥林场横山分场		E118°52′08.10″ N31°41′13.63″	1
		东善桥林场横山分场		E118°52′44.03″ N31°39′26.42″	1
		东善桥林场横山分场		E118°52′27.84″ N31°39′18.32″	1
		东善桥林场横山分场		E118°52′18.33″ N31°39′18.52″	1
		谷里	东塘水库	E118°42′46.69″ N31°46′46.42″	1
		横溪街道	横溪	E118°42′32.57″ N31°46′41.87″	2
		横溪街道	横溪	E118°42′18.24″ N31°46′38.03″	1
		横溪街道	横溪	E118°42′19.89″ N31°46′38.04″	1

（续）

种质资源编号	种质资源归属	林地名称	小地名	样地中心 GPS 坐标	数量（株）
04	江宁区	汤山街道		E118°56′56.89″ N31°58′24.51″	1
		牛首山		E118°44′43.64″ N31°53′23.64″	1
		牛首山		E118°44′20.55″ N31°54′44.01″	1
		牛首山		E118°44′35.69″ N31°53′54.66″	1
		牛首山		E118°45′12.86″ N31°53′45.91″	2
		牛首山		E118°44′34.64″ N31°53′23.65″	3
		牛首山		E118°44′25.29″ N31°53′42.86″	1
		牛首山		E118°44′33.93″ N31°53′41.36″	1
		富贵山公墓		E118°32′28.22″ N31°45′46.73″	1
		洪幕社区洪幕山		E118°33′10.13″ N31°45′49.22″	3
		洪幕社区洪幕山		E118°32′52.77″ N31°45′49.17″	1
		洪幕社区洪幕山		E118°32′49.64″ N31°45′38.28″	1
		洪幕社区洪幕山		E118°32′58.01″ N31°45′31.69″	1
		洪幕社区洪幕山		E118°34′48.09″ N31°44′56.03″	1
		洪幕社区洪幕山		E118°34′42.50″ N31°44′52.90″	5
		洪幕社区洪幕山		E118°34′19.10″ N31°45′59.13″	5
		横溪街道	横溪	E118°41′09.80″ N31°45′10.41″	1
		横溪街道	横溪	E118°41′15.45″ N31°45′08.48″	1
		横溪街道	横溪	E118°40′42.81″ N31°41′55.10″	1
		秣陵街道将军山		E118°46′50.72″ N31°55′57.10″	1
		秣陵街道将军山		E118°46′13.43″ N31°56′12.86″	4

（续）

种质资源编号	种质资源归属	林地名称	小地名	样地中心 GPS 坐标	数量（株）
04	江宁区	秣陵街道将军山		E118°46′45.53″ N31°55′28.55″	1
05	溧水区	溧水区林场平山分场	龙冠子	E118°50′34.00″ N31°38′22.00″	1
		溧水区林场平山分场	雨山	E118°53′05.00″ N31°38′57.00″	6
		晶桥街道枫香岭社区	枫香岭	E119°04′27.79″ N31°30′52.41″	5
		溧水区林场秋湖分场	斗面山	E119°02′16.00″ N31°32′58.00″	2
		溧水区林场平山分场	尚书塘	E118°56′32.23″ N31°38′37.92″	1
06	高淳区	傅家坛林场	顾子	E119°04′51.11″ N31°15′01.52″	1
		大荆山林场	四凹	E118°08′37.20″ N32°26′15.03″	7
		大荆山林场	四凹	E118°08′06.12″ N32°26′16.62″	5
		大荆山林场	黄家塞	E118°08′32.18″ N32°26′15.83″	7
		大荆山林场	四凹	E118°08′09.71″ N32°26′15.11″	2
		游子山林场	花山游山中段路旁	E118°57′51.60″ N31°16′09.00″	2
		游子山林场	大凹	E119°00′28.21″ N31°20′46.36″	3

白背叶 *Mallotus apelta*（Lour.）Müll. Arg.

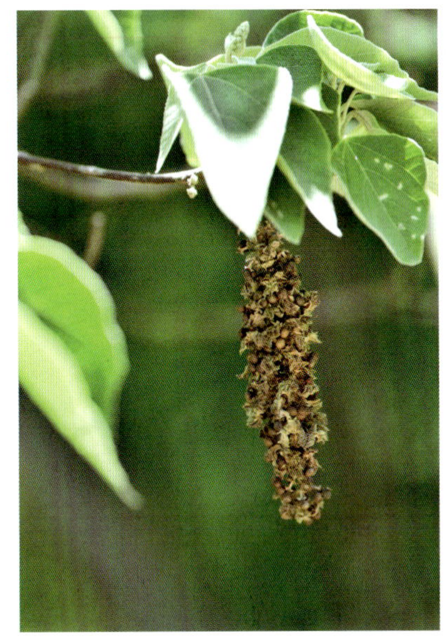

【别名】白匏仔、白背木、白面虎、白吊栗、野桐（海南）、白面戟、白背桐

【科属】大戟科（Euphorbiaceae）野桐属（*Mallotus*）

【树种简介】灌木或小乔木，高 1~3（4）米。叶互生，卵形或阔卵形，稀心形，长和宽均 6~16（25）厘米，顶端急尖或渐尖，基部截平或稍心形，边缘具疏齿，基部近叶柄处有褐色斑状腺体 2 个。花雌雄异株，雄花序为开展的圆锥花序或穗状，长 15~30 厘米，雄花多朵簇生于苞腋；雄花花蕾卵形或球形，长约 2.5 毫米；雌花序穗状，长 15~30 厘米，稀有分枝。蒴果近球形，密生灰白色星状毛的软刺，软刺线形，黄褐色或浅黄色，长 5~10 毫米。种子近球形，直径约 3.5 毫米，褐色或黑色，具皱纹。花期 6~9 月，果期 8~11 月。分布于华南、华东、华中、华北、西南等地区，越南也有分布。生于海拔 30~1000 米的山坡或山谷灌丛中。根有小毒，有清热平肝、健脾化湿、收敛固脱的功效；叶有清热利湿、消炎解毒、止血止痛的功效；茎皮可供编织；种子含油率达 36%，含 α- 粗糠柴酸，可供制油漆，或合成大环香料、杀菌剂、润滑剂等原料。该种为撂荒地的先锋树种，也可作观赏树种。

【种质资源】南京市白背叶野生种质资源共 6 份，分别归属于六合区、浦口区、江宁区、溧水区、高淳区和主城区。具体种质资源信息见表 82。

01：六合区

仅分布在冶山。在 81 个样地中，仅 1 个样地有分布，共 69 株，株高均小于 1.3 米。种群较大，分布高度集中，处于发育初期。

02：浦口区

分布在老山林场的平坦分场、西山分场、狮子岭分场、七佛寺分场、东山分场和星甸杜仲林场，其中老山林场分布较多。在 198 个样地中，49 个样地有分布，总数量 1111 株，其中株高小于 1.3 米的 923 株，占总数的 83%；胸径 1~10 厘米的有 188 株，占总数的 17%。种群极大，分布较广。

03：江宁区

分布在汤山林场、孟塘社区、青林社区、东善桥林场、谷里、横溪街道、汤山街道、牛首山、洪幕社区和天台山。在 223 个样地中，53 个样地有分布，总数量 99 株，其中株高小于 1.3 米的 33 株，胸径 1~10 厘米的 66 株，平均胸径 4 厘米。种群较大，分布广泛。

04：溧水区

分布在溧水区林场芳山分场。在 115 个样地中，4 个样地有分布，总数量 60 株，株高均小于 1.3 米。种群较大，分布相对集中。

05：高淳区

仅分布在游子山林场。在 53 个样地中，仅 1 个样地有分布，总数量 10 株，其中株高小于 1.3 米的 9 株，占总株数的 90%，胸径 3 厘米的 1 株。种群小，分布集中。

06：主城区

分布在紫金山。在所调查 69 个样地中，4 个样地有分布，共 6 株，其中株高小于 1.3 米的 1 株，其余 5 株为灌木状，最大胸径 0.9 厘米。种群小，分布集中。

表 82　白背叶野生种质资源信息

种质资源编号	种质资源归属	林地名称	小地名	样地中心 GPS 坐标		数量（株）
01	六合区	冶山	骡子山	E118°49′44.00″	N32°29′10.00″	20
		老山林场平坦分场	横山沟旁	E118°31′14.43″	N32°04′19.78″	30
		老山林场平坦分场	横山半坡	E118°31′11.77″	N32°04′13.89″	44
		老山林场平坦分场	杨船山	E118°31′55.15″	N32°04′32.56″	16
		老山林场平坦分场	凤凰山后	E118°30′32.38″	N32°04′18.20″	22
		老山林场平坦分场	大姑山	E118°30′24.14″	N32°04′04.44″	4
		老山林场平坦分场	枣核山	E118°30′26.25″	N32°04′05.79″	29
		老山林场平坦分场	小马腰下	E118°30′53.15″	N32°03′25.44″	5
		老山林场平坦分场	小马腰与大马腰间	E118°30′06.71″	N32°03′30.01″	35
		老山林场平坦分场	匪集场道旁	E118°31′58.93″	N32°04′11.24″	30
		老山林场平坦分场	匪集场山后	E118°31′58.93″	N32°04′11.24″	30
		老山林场平坦分场	平阳山	E118°33′37.72″	N32°04′60.00″	21
02	浦口区	老山林场平坦分场	老山隧道	E118°34′08.04″	N32°05′02.84″	0
		老山林场平坦分场	蛇地	E118°33′59.25″	N32°05′39.57″	11
		老山林场平坦分场	大平山	E118°33′51.53″	N32°04′13.08″	20
		老山林场平坦分场	大平山	E118°33′46.67″	N32°04′20.17″	0
		老山林场平坦分场	大平山	E118°33′51.02″	N32°04′18.20″	26
		老山林场平坦分场	虎洼二号洞口	E118°33′32.28″	N32°04′55.29″	54
		老山林场平坦分场	虎洼九龙山	E118°32′58.06″	N32°04′31.75″	20
		老山林场平坦分场	门坎里—黄梨山	E118°32′28.45″	N32°04′39.38″	9
		老山林场西山分场	西山—杨喷后	E118°26′05.77″	N32°04′18.59″	93
		老山林场西山分场	西山—煤峰口	E118°26′53.81″	N32°03′57.60″	27
		老山林场西山分场	西山—牯牛棚	E118°27′13.88″	N32°04′09.50″	1
		老山林场西山分场	罗汉寺—迎面山	E118°26′22.73″	N32°02′48.40″	32

（续）

种质资源编号	种质资源归属	林地名称	小地名	样地中心 GPS 坐标	数量（株）
02	浦口区	老山林场狮子岭分场	响铃庵	E118°34′29.00″　N32°03′28.41″	25
		老山林场七佛寺分场	吴家大洼	E118°37′12.09″　N32°06′03.87″	15
		老山林场七佛寺分场	四道桥	E118°37′36.45″　N32°06′06.56″	20
		老山林场七佛寺分场	大椅子山	E118°38′08.81″　N32°06′32.85″	18
		老山林场七佛寺分场	黄山岭	E118°35′32.83″　N32°05′46.91″	32
		老山林场七佛寺分场	黑桃洼	E118°35′33.90″　N32°06′34.80″	10
		老山林场七佛寺分场	老山中学	E118°35′10.03″　N32°06′43.61″	25
		老山林场七佛寺分场	景观平台	E118°37′42.17″　N32°06′13.78″	2
		老山林场七佛寺分场	景观平台	E118°37′42.17″　N32°06′13.78″	12
		老山林场东山分场	望火楼南坡	E118°48′25.25″　N32°04′47.65″	5
		老山林场东山分场	椅子山	E118°37′30.87″　N32°06′45.48″	21
		老山林场东山分场	椅子山顶	E118°37′49.14″　N32°06′44.10″	15
		老山林场东山分场	老母猪沟	E118°37′01.71″　N32°06′34.48″	31
		老山林场东山分场	龙爪洼	E118°37′60.00″　N32°07′29.05″	51
		星甸杜仲林场	大槽洼	E118°23′55.09″　N32°02′33.68″	2
		星甸杜仲林场	华济山	E118°23′47.84″　N32°03′13.33″	20
		星甸杜仲林场	观音洞下	E118°23′35.70″　N32°03′15.64″	15
		星甸杜仲林场	山喷码子	E118°24′30.16″　N32°03′09.77″	100
		星甸杜仲林场	山喷码字上	E118°24′31.92″　N32°03′10.74″	6
		星甸杜仲林场	山喷码字上	E118°24′32.34″　N32°03′09.20″	10
		星甸杜仲林场	水井山	E118°24′59.68″　N32°03′17.16″	20
		星甸杜仲林场	宝塔洼子	E118°24′39.44″　N32°03′43.16″	30
		星甸杜仲林场	宝塔洼子	E118°24′40.22″　N32°03′48.26″	7
		星甸杜仲林场	宝塔洼子	E118°24′40.92″　N32°02′48.95″	40
		星甸杜仲林场	独山西	E118°24′38.81″　N32°03′48.84″	20
		星甸杜仲林场	蒋家坝堰	E118°24′35.87″　N32°02′30.14″	5
03	江宁区	汤山林场黄栗墅工区	土地山	E119°01′25.51″　N32°04′10.33″	1
		汤山林场佘村工区	青龙山	E118°56′40.70″　N32°00′10.51″	1
		汤山林场佘村工区	青龙山	E118°56′42.46″　N32°00′47.76″	1
		汤山林场佘村工区	青龙山	E118°55′60.00″　N31°59′59.64″	1
		汤山林场龙泉工区		E118°58′05.04″　N31°59′18.89″	1
		汤山林场龙泉工区		E118°58′14.15″　N32°00′12.64″	1

（续）

种质资源编号	种质资源归属	林地名称	小地名	样地中心 GPS 坐标		数量（株）
		孟塘社区	射乌山	E119°03′31.36″	N32°06′08.14″	2
		青林社区	白露头	E119°05′43.69″	N32°05′05.74″	6
		东善桥林场云台分场		E118°43′12.78″	N31°42′57.15″	6
		东善桥林场云台分场	大平山	E118°42′33.23″	N31°42′09.75″	4
		东善桥林场云台分场	大平山	E118°42′30.63″	N31°42′28.36″	1
		东善桥林场云台分场	大平山	E118°42′19.43″	N31°42′28.84″	1
		东善桥林场云台分场	大平山	E118°42′21.36″	N31°42′26.54″	1
		东善桥林场云台分场	鸡笼山	E118°41′59.67″	N31°41′55.00″	6
		东善桥林场横山工区		E118°48′57.06″	N31°37′55.30″	1
		东善桥林场横山工区		E118°48′53.79″	N31°37′15.38″	1
		东善桥林场横山工区		E118°48′12.38″	N31°37′10.30″	1
		东善桥林场横山工区		E118°48′13.76″	N31°37′39.48″	6
		东善桥林场横山工区		E118°48′35.83″	N31°37′55.96″	2
		东善桥林场横山工区		E118°48′14.69″	N31°37′17.87″	1
		东善桥林场横山工区		E118°48′16.46″	N31°37′22.44″	3
		东善桥林场横山工区		E118°47′25.39″	N31°38′23.59″	1
03	江宁区	东善桥林场横山工区		E118°47′31.34″	N31°38′33.17″	4
		东善桥林场横山分场	山下坡溪水处	E118°52′34.94″	N31°42′12.60″	1
		东善桥林场横山分场		E118°49′26.97″	N31°38′12.31″	3
		东善桥林场横山分场		E118°49′32.96″	N31°38′04.11″	1
		东善桥林场横山分场		E118°49′41.13″	N31°38′00.37″	1
		东善桥林场横山分场		E118°49′26.98″	N31°38′06.85″	1
		东善桥林场横山分场		E118°49′30.53″	N31°37′12.20″	2
		东善桥林场横山分场		E118°49′51.91″	N31°38′35.46″	3
		东善桥林场铜山分场		E118°51′19.43″	N31°39′58.42″	1
		东善桥林场铜山分场		E118°50′45.52″	N31°39′10.50″	1
		东善桥林场铜山分场		E118°52′08.10″	N31°41′13.63″	1
		东善桥林场铜山分场		E118°52′44.03″	N31°39′26.42″	1
		东善桥林场铜山分场		E118°52′27.84″	N31°39′18.32″	1
		东善桥林场铜山分场		E118°52′18.08″	N31°39′27.82″	1
		东善桥林场铜山分场	铜山林场管理区	E118°52′01.25″	N31°39′01.29″	1
		东善桥林场铜山分场		E118°51′05.98″	N31°39′01.58″	3
		谷里	东塘水库附近	E118°42′50.90″	N31°47′20.37″	7

（续）

种质资源编号	种质资源归属	林地名称	小地名	样地中心 GPS 坐标	数量（株）
03	江宁区	谷里	东塘水库附近	E118°42′46.69″ N31°46′46.42″	1
		横溪街道	横溪枣山	E118°42′32.57″ N31°46′41.87″	1
		汤山街道		E118°57′02.46″ N31°58′40.10″	1
		汤山街道		E118°56′56.89″ N31°58′24.51″	1
		牛首山		E118°44′47.99″ N31°53′30.49″	1
		牛首山		E118°44′20.55″ N31°54′44.01″	1
		牛首山		E118°44′24.22″ N31°54′50.01″	1
		牛首山		E118°44′33.93″ N31°53′41.36″	1
		洪幕社区		E118°34′48.09″ N31°44′56.03″	1
		洪幕社区		E118°34′42.50″ N31°44′52.90″	4
		洪幕社区		E118°34′39.49″ N31°45′04.61″	1
		洪幕社区		E118°35′13.43″ N31°45′41.43″	1
		天台山		E118°41′51.13″ N31°43′06.23″	1
		横溪街道	横溪	E118°41′08.44″ N31°41′26.92″	1
04	溧水区	溧水区林场芳山分场	芳山	E119°08′25.53″ N31°29′37.54″	15
		溧水区林场芳山分场	芳山	E119°08′35.81″ N31°30′12.30″	16
		溧水区林场芳山分场	杨树山	E119°09′39.22″ N31°30′29.04″	23
		溧水区林场芳山分场	杨树山	E119°09′50.39″ N31°30′11.27″	6
05	高淳区	游子山林场	南栗山	E119°01′58.22″ N31°21′43.64″	10
06	主城区	紫金山		E118°52′05.00″ N32°03′45.00″	1
		紫金山		E118°52′05.00″ N32°03′46.00″	1
		紫金山		E118°52′01.00″ N32°03′46.00″	2
		紫金山		E118°52′02.00″ N32°03′47.00″	2

野梧桐 *Mallotus japonicus*（L. f.）Müll. Arg.

【科属】大戟科（Euphorbiaceae）野桐属（*Mallotus*）

【树种简介】小乔木或灌木，高 2~4 米。叶互生，稀小枝上部有时近对生，纸质，形状多变，卵形、卵圆形、卵状三角形、肾形或横长圆形，顶端急尖、凸尖或急渐尖，基部圆形、楔形，稀心形，边全缘，不分裂或上部每侧具 1 裂片或粗齿，上面无毛，下面仅叶脉稀疏被星状毛或无毛，散布着橙红色腺点；近叶柄具黑色圆形腺体 2 个。花雌雄异株，花序总状或下部常具 3~5 分枝；雄花在每苞片内 3~5 朵；花蕾球形，顶端急尖。蒴果近扁球形、钝三棱形，密被有星状毛的软刺和红色腺点。种子近球形，直径约 5 毫米，褐色或暗褐色，具皱纹。花期 4~6 月，果期 7~8 月。产台湾、浙江和江苏，日本也有分布。多生于海拔 320~600 米的林中。种子含油量达 38%，可供工业原料；木材质地轻软，可作小器具用材。

【种质资源】南京市野梧桐野生种质资源共 2 份，分别归属于江宁区、高淳区。主城区也有分布，但为早期人工种植，其种质资源归属不详。具体种质资源信息见表 83。

01：江宁区

分布在洪幕社区、天台山、横溪街道、汤山林场、孟塘社区、东善桥林场、汤山街道和牛首山。在 223 个样地中，39 个样地有分布，共 131 株，其中 15 株株高小于 1.3 米；胸径 1~10 厘米的 110 株，平均胸径 4 厘米；胸径 11~20 厘米的 6 株，平均胸径 11 厘米。种群大，分布广。

02：高淳区

仅分布在傅家坛林场。在 53 个样地中，仅 1 个样地有分布，共 9 株，其中胸径在 1~10 厘米的 5 株，胸径 11~20 厘米的 4 株。种群极小，分布集中。

03：主城区

主要分布在紫金山，属于人工种植，种质资源归属不明。3 个样地有分布，共 4 株，其中 1 株株高小于 1.3 米，3 株胸径在 1~10 厘米。

表 83 野梧桐野生种质资源信息

种质资源编号	种质资源归属	林地名称	小地名	样地中心 GPS 坐标	数量（株）
01	江宁区	洪幕社区		E118°35′35.75″ N31°46′20.80″	2
		天台山	石塘	E118°41′43.03″ N31°43′08.60″	1
		横溪街道	横溪	E118°40′58.66″ N31°44′04.32″	1
		横溪街道	横溪	E118°41′09.80″ N31°45′10.41″	5
		横溪街道	横溪	E118°41′15.45″ N31°45′08.48″	6
		横溪街道	横溪	E118°41′18.22″ N31°45′41.33″	6
		横溪街道云台山		E118°40′48.91″ N31°42′13.90″	16
		汤山林场黄栗墅工区	土地山	E119°01′13.38″ N32°04′05.95″	1
		汤山林场长山工区	黄龙山	E118°54′18.53″ N31°58′31.67″	1
		汤山林场龙泉工区		E118°58′05.04″ N31°59′18.89″	2
		汤山林场龙泉工区		E118°57′32.46″ N31°59′06.67″	1
		汤山林场龙泉工区		E118°57′54.02″ N31°59′53.54″	1
		孟塘社区	射乌山	E119°03′31.36″ N32°06′08.14″	1
		东善桥林场云台分场	大平山	E118°42′19.43″ N31°42′28.84″	1
		东善桥林场横山分场		E118°48′14.69″ N31°37′17.87″	1
		东善桥林场横山分场		E118°47′25.39″ N31°38′23.59″	1
		东善桥林场东善分场	静龙山	E118°47′36.60″ N31°50′56.61″	1
		东善桥林场横山分场		E118°49′19.78″ N31°38′14.00″	6
		东善桥林场铜山分场		E118°50′36.13″ N31°38′56.67″	2
		东善桥林场铜山分场		E118°56′30.33″ N31°37′13.04″	3

（续）

种质资源编号	种质资源归属	林地名称	小地名	样地中心 GPS 坐标	数量（株）
		东善桥林场铜山分场		E118°50′36.88″ N31°39′17.79″	4
		横溪街道	横溪枣山	E118°42′32.57″ N31°46′41.87″	3
		横溪街道	横溪枣山	E118°42′19.89″ N31°46′38.04″	1
		汤山街道		E118°57′00.07″ N31°58′30.90″	1
		牛首山		E118°44′43.64″ N31°53′23.64″	1
		牛首山		E118°44′24.22″ N31°54′50.01″	1
		牛首山		E118°45′12.86″ N31°53′45.91″	1
		洪幕社区	洪幕山	E118°32′52.77″ N31°45′49.17″	37
		洪幕社区	洪幕山	E118°32′58.01″ N31°45′31.69″	9
01	江宁区	洪幕社区		E118°34′55.84″ N31°46′14.18″	3
		横溪街道	横溪	E118°40′58.66″ N31°44′04.32″	1
		横溪街道	横溪	E118°41′18.22″ N31°45′41.33″	1
		洪幕社区		E118°34′48.96″ N31°46′19.86″	1
		天台山		E118°41′25.94″ N31°42′49.41″	2
		横溪街道	横溪	E118°41′24.71″ N31°44′06.08″	1
		横溪街道	横溪	E118°41′18.01″ N31°45′45.49″	1
		横溪街道	横溪	E118°40′53.86″ N31°42′07.02″	2
		横溪街道	横溪	E118°41′08.44″ N31°41′26.92″	1
		横溪街道	横溪	E118°40′42.81″ N31°41′55.10″	1
02	高淳区	傅家坛林场	固有山	E119°04′43.04″ N31°14′21.18″	9
		紫金山		E118°52′00.00″ N32°03′43.00″	2
03	主城区	紫金山		E118°52′01.00″ N32°03′46.00″	1
		紫金山		E118°50′24.00″ N32°03′56.00″	1

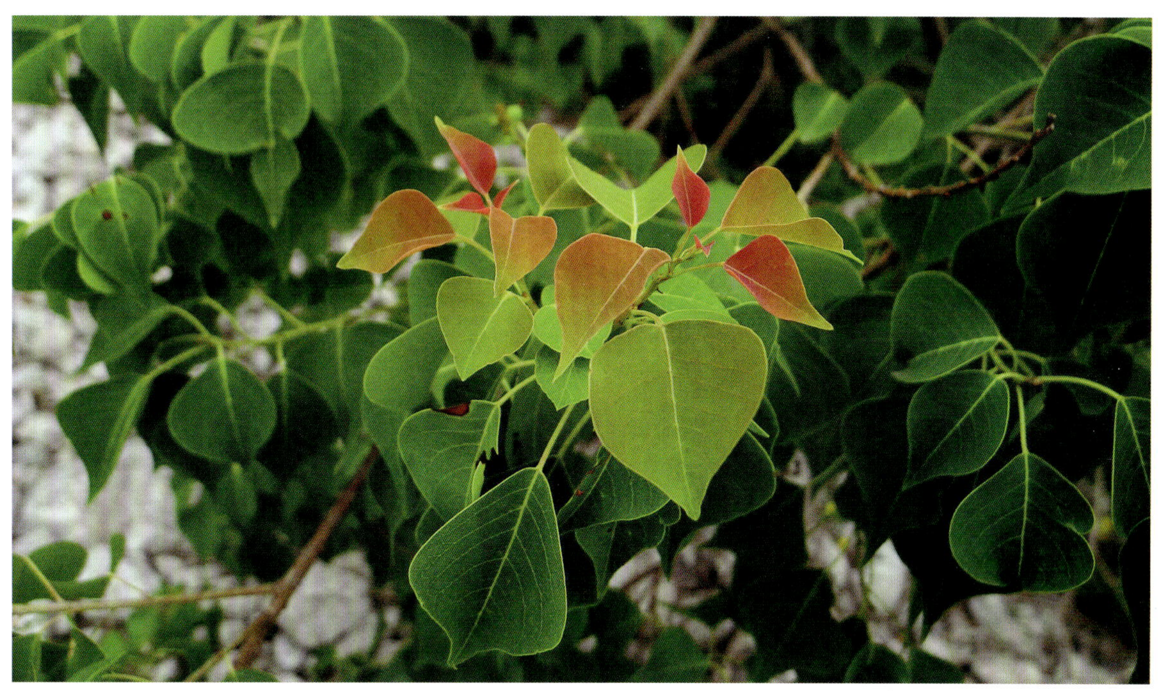

乌桕 *Triadica sebifera*（L.）Small

【别名】木子树、桕子树、腊子树、米桕、糠桕、多果乌桕、桂林乌桕

【科属】大戟科（Euphorbiaceae）乌桕属（*Triadica*）

【树种简介】乔木，高 5~10 米。枝带灰褐色，具细纵棱，有皮孔。叶互生，纸质，叶片阔卵形，顶端短渐尖，基部阔而圆、截平或有时微凹，全缘，近叶柄处常向腹面微卷；中脉两面微凸起，互生或罕有近对生，平展或略斜上升，离边缘 2~5 毫米处弯拱网结，网脉明显；叶柄顶端具 2 腺体。花单性，雌雄同株，聚集成顶生、长 3~12 毫米的总状花序，雌花生于花序轴下部，雄花生于花序轴上部或有时整个花序全为雄花。蒴果近球形，成熟时黑色，横切面呈三角形，直径 3~5 毫米，外薄被白色、蜡质的假种皮。花期 5~7 月，果期 10~11 月。分布于黄河以南各省份，北达陕西、甘肃，日本、越南、印度也有分布。生于山坡或山顶疏林中。性喜高温、湿润、向阳之地，主根发达，抗风力强，生长快速，耐热也耐寒、耐旱、耐盐、耐瘠薄。著名色叶树种，在园林绿化中可作护堤树、庭荫树及行道树；叶为黑色染料；根皮治毒蛇咬伤；白色之蜡质层（假种皮）溶解后可制肥皂、蜡烛；种子油适于作涂料，可涂油纸、油伞等；木材白色，坚硬，纹理细致，用途广。

【种质资源】南京市乌桕野生种质资源共 7 份，分别归属于六合区、浦口区、栖霞区、雨花区、江宁区、溧水区和高淳区。具体种质资源信息见表 84。

01：六合区

分布在平山林场、竹镇、冶山、瓜埠林场和灵岩山。在 81 个样地中，15 个样地有分布，共 59 株，其中株高小于 1.3 米的 18 株，其余为中小乔木，最大胸径 35 厘米。种群较大，分布较广。

02：浦口区

分布在老山林场的平坦分场、西山分场、狮子岭分场、七佛寺分场和星甸杜仲林场，其中老山林场分布最多。在198个样地中，13个样地有分布，共92株，其中株高小于1.3米的68株，占总数的73%；胸径1~10厘米的6株，占总数的6%；胸径11~20厘米的8株，占总数的9%；胸径21~30厘米的4株，占总数的4%；胸径31~40厘米的4株，占总数的4%；胸径42厘米的1株；最大1株胸径59厘米。种群较大，分布较广。

03：栖霞区

分布在兴卫山、栖霞山、大普塘水库、灵山、太平山公园和北象山。在44个样地中，7个样地有分布，共18株，其中株高小于1.3米的4株，胸径7厘米的1株，胸径23厘米的1株，胸径31~35厘米的2株，最大胸径33厘米。种群小，分布较广。

04：雨花区

分布在秣陵街道将军山和罐子山。在24个样地中，2个样地有分布，共2株，株高均小于1.3米。勘查发现，调查样地中数量虽不多，但在整个调查区域都有零星分布，因此总体数量较多。

05：江宁区

分布在方山、汤山林场、汤山地质公园、青林社区、东善桥林场、谷里、横溪街道、青山社区、牛首山、南山湖、富贵山公墓、洪幕社区、天台山和横溪街道，其中青林社区分布最多。在223个样地中，24个样地有分布，共34株，其中株高小于1.3米的16株；胸径1~10厘米的11株，平均胸径4.3厘米；胸径11~20厘米的6株，平均胸径13.7厘米；最大1株胸径32厘米。调查样地中数量虽不多，但在整个区域多见零星分布，总体数量较多。

06：溧水区

分布在溧水区林场的东庐分场、芳山分场、平山分场、秋湖分场和洪蓝街道、晶桥街道。在115个样地中，17个样地有分布，总株数54株，其中株高小于1.3米的19株，胸径在1~10厘米的23株，胸径11~20厘米的11株，最大1株胸径为26厘米。种群较大，分布广。

07：高淳区

零星分布在大荆山林场及游子山林场。在53个样地中，3个样地有分布，总株数3株，胸径分别为60厘米、22厘米和12厘米。在对调查区域全面勘查发现，乌桕在林间分布相当分散，调查样地内虽数量不多，但整体数量较多。

表84 乌桕野生种质资源信息

种质资源编号	种质资源归属	林地名称	小地名	样地中心GPS坐标	数量（株）
01	六合区	平山林场		E118°52′05.97″ N32°28′20.07″	1
		平山林场		E118°51′40.01″ N32°27′58.79″	4
		平山林场		E118°51′27.97″ N32°28′15.88″	1
		平山林场		E118°50′55.00″ N32°27′38.00″	1

（续）

种质资源编号	种质资源归属	林地名称	小地名	样地中心 GPS 坐标		数量（株）
01	六合区	平山林场	平山梅花鹿养殖场	E118°50′09.00″	N32°30′10.00″	1
		平山林场	骡子山	E118°49′50.00″	N32°28′59.00″	1
		平山林场	骡子山	E118°50′14.00″	N32°28′52.00″	12
		竹镇	广佛寺	E118°35′11.00″	N32°35′49.00″	2
		冶山		E118°56′45.75″	N32°30′25.42″	1
		冶山		E118°56′40.57″	N32°30′20.79″	1
		冶山		E118°56′40.57″	N32°30′20.79″	7
		冶山		E118°56′21.80″	N32°30′35.68″	3
		冶山		E118°56′49.13″	N32°29′55.03″	21
		瓜埠林场		E118°53′33.60″	N32°16′25.00″	1
		灵岩山		E118°52′56.00″	N32°18′15.00″	2
02	浦口区	老山林场平坦分场	横山半坡	E118°31′11.77″	N32°04′13.89″	5
		老山林场平坦分场	小马腰	E118°30′32.68″	N32°03′27.68″	7
		老山林场平坦分场	大平山	E118°33′46.67″	N32°04′20.17″	1
		老山林场西山分场	西山—九峰寺旁	E118°25′41.49″	N32°03′45.74″	4
		老山林场西山分场	万隆护林点后	E118°26′48.01″	N32°02′59.19″	3
		老山林场西山分场	罗汉寺—迎面山	E118°26′22.73″	N32°02′48.40″	30
		老山林场狮子岭分场	暗沟护林点	E118°30′49.74″	N32°02′34.47″	1
		老山林场七佛寺分场	四道桥	E118°37′36.45″	N32°06′06.56″	4
		老山林场七佛寺分场	黄山岭	E118°35′32.83″	N32°05′46.91″	3
		老山林场七佛寺分场	牛角洼	E118°36′28.61″	N32°06′16.76″	1
		星甸杜仲林场	啧码字上	E118°24′31.92″	N32°03′10.74″	31
		星甸杜仲林场	啧码字上	E118°24′32.34″	N32°03′09.20″	1
		星甸杜仲林场	宝塔洼子	E118°24′39.44″	N32°03′43.16″	2
03	栖霞区	兴卫山		E118°50′40.74″	N32°05′57.13″	1
		栖霞山		E118°57′19.63″	N32°09′23.78″	1
		栖霞山		E118°57′16.98″	N32°09′29.50″	1
		大普塘水库	对面山头	E118°55′09.24″	N32°05′00.34″	1
		灵山		E118°56′05.85″	N32°05′24.51″	2
		太平山公园		E118°52′10.66″	N32°07′56.81″	2
		北象山		E118°56′31.92″	N32°09′16.62″	10
04	雨花区	秣陵街道将军山	将军山脚	E118°45′02.55″	N31°55′21.68″	1
		罐子山		E118°43′22.49″	N31°56′29.65″	2
05	江宁区	方山		E118°52′29.32″	N31°53′46.94″	1

（续）

种质资源编号	种质资源归属	林地名称	小地名	样地中心 GPS 坐标	数量（株）
		汤山林场黄栗墅工区	土地山	E119°01′02.54″ N32°03′44.17″	1
		汤山林场长山工区	黄龙山	E118°54′18.53″ N31°58′31.67″	1
		汤山地质公园		E119°02′40.10″ N32°03′07.10″	1
		青林社区	白露头	E119°05′43.69″ N32°05′05.74″	5
		青林社区	白露头	E119°05′30.30″ N32°05′15.17″	2
		东善桥林场云台分场		E118°43′04.99″ N31°43′00.56″	1
		东善桥林场云台分场	大平山	E118°42′33.23″ N31°42′09.75″	1
		东善桥林场横山分场		E118°48′45.31″ N31°28′06.43″	1
		东善桥林场横山分场		E118°48′28.72″ N31°37′13.83″	1
		东善桥林场铜山分场		E118°51′05.98″ N31°39′01.58″	1
05	江宁区	谷里	东塘水库附近	E118°42′46.69″ N31°46′46.42″	1
		横溪街道	横溪枣山	E118°42′32.57″ N31°46′41.87″	1
		青山社区		E118°56′59.76″ N31°57′50.98″	1
		牛首山		E118°44′24.22″ N31°54′50.01″	1
		南山湖		E118°32′58.89″ N31°46′08.24″	1
		富贵山公墓		E118°32′28.22″ N31°45′46.73″	6
		洪幕社区		E118°33′10.13″ N31°45′49.22″	1
		洪幕社区洪幕山		E118°32′58.01″ N31°45′31.69″	2
		天台山		E118°41′25.94″ N31°42′49.41″	2
		天台山		E118°41′51.13″ N31°43′06.23″	1
		横溪街道	横溪	E118°40′39.18″ N31°41′48.42″	1
		溧水区林场东庐分场	陈山	E119°08′02.94″ N31°34′54.70″	1
		溧水区林场芳山分场	杨树山	E119°08′30.40″ N31°30′23.68″	2
		溧水区林场平山分场	雨山	E118°53′05.00″ N31°38′57.00″	6
		溧水区林场平山分场	雨山	E118°52′59.00″ N31°38′37.00″	8
		溧水区林场平山分场	丁公山	E118°52′19.00″ N31°37′46.00″	1
		溧水区林场平山分场	丁公山	E118°51′32.00″ N31°38′17.00″	2
06	溧水区	溧水区林场平山分场	老凹山	E118°50′20.38″ N31°37′43.82″	1
		洪蓝街道无想寺社区	顶公山	E119°01′31.80″ N31°35′48.46″	9
		晶桥街道枫香岭社区	枫香岭	E119°04′27.79″ N31°30′52.41″	2
		溧水区林场平山分场	平安山	E119°00′15.36″ N31°36′23.71″	1
		溧水区林场平山分场	平安山	E119°00′18.14″ N31°36′32.70″	1
		溧水区林场平山分场	平安山	E119°00′35.00″ N31°36′15.00″	7
		溧水区林场秋湖分场	龙吟湾	E119°02′36.00″ N31°33′44.00″	1

（续）

种质资源编号	种质资源归属	林地名称	小地名	样地中心 GPS 坐标	数量（株）
06	溧水区	溧水区林场秋湖分场	双尖山	E119°02′47.00″　N31°34′59.00″	6
		溧水区林场秋湖分场	双尖山	E119°02′38.00″　N31°34′41.40″	2
		溧水区林场秋湖分场	斗面山	E119°02′16.00″　N31°32′58.00″	2
		溧水区林场平山分场	小茅山东	E118°56′54.19″　N31°38′20.23″	2
07	高淳区	大荆山林场	四凹	E118°08′06.12″　N32°26′16.62″	1
		大荆山林场	四凹	E118°08′09.71″　N32°26′15.11″	1
		游子山林场	花山游山上段路旁	E118°57′47.58″　N31°16′10.28″	1

长叶冻绿 *Frangula crenata*（Siebold et Zucc.）Miq.

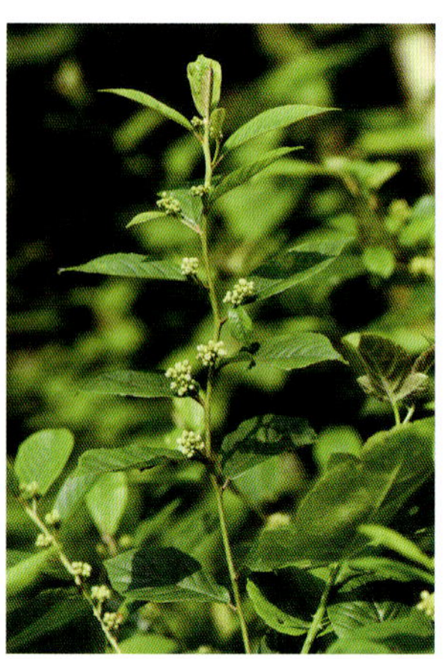

【别名】钝齿鼠李、苦李根、水冻绿、山黄、过路黄、山黑子、绿篱柴、山绿篱、绿柴、冻绿、黄药

【科属】鼠李科（Rhamnaceae）裸芽鼠李属（*Frangula*）

【树种简介】落叶灌木或小乔木，高达7米。叶纸质，倒卵状椭圆形、椭圆形或倒卵形，稀倒披针状椭圆形或长圆形，顶端渐尖、尾状长渐尖或骤缩成短尖，基部楔形或钝，边缘具圆齿状齿或细锯齿，上面无毛，下面被柔毛或沿脉多少被柔毛。腋生聚伞花序，花梗被柔毛；花瓣近圆形，顶端2裂；雄蕊与花瓣等长而短于萼片。核果球形或倒卵状球形，绿色或红色，成熟时黑色或紫黑色，果梗无或有疏短毛。花期5~8月，果期8~10月。分布于陕西、河南、安徽、江苏、浙江、江西、福建、台湾、广东、广西、湖南、湖北、四川、贵州和云南。耐贫瘠，在疏松肥沃、排水良好的沙质土壤中长势更好，常自然生长于向阳的山坡和疏林中。树姿优美，枝叶繁茂，挂果以后，嫩绿丛中如点缀着鲜红色的玛瑙，适宜于庭园和街道绿化美化，也可作盆栽观赏；根有毒，民间常用根、皮煎水或醋浸洗治顽癣或疥疮；根和果实可作黄色染料。

【种质资源】南京市长叶冻绿野生种质资源共3份，分别归属于六合区、栖霞区和高淳区，主城区也有分布，集中分布在幕府山达摩洞景区和仙人对弈处，属于早期人工种植，在8个样地有共有247株，其种质资源归属不详。具体种质资源信息见表85。

01：六合区

仅分布在冶山。在81个样地中，1个样地有分布，且仅有1株，株高小于1.3米。

02：栖霞区

分布在羊山、何家山。在44个样地中，2个样地有分布，共3株，其中1株株高小于1.3米，胸径1~5厘米的2株，最大胸径4厘米。

03：高淳区

仅分布在傅家坛林场。在53个样地中，1个样地有分布，共1株，胸径3厘米。

表85　长叶冻绿野生种质资源信息

种质资源编号	种质资源归属	林地名称	小地名	样地中心 GPS 坐标	数量（株）
01	六合区	冶山		E118°56′49.13″　N32°29′55.03″	1
02	栖霞区	羊山		E118°55′56.24″　N32°06′47.59″	1
		何家山		E118°57′20.22″　N32°08′41.82″	2
03	高淳区	傅家坛林场	蒋家山	E119°06′08.21″　N31°14′15.13″	1

冻绿 *Rhamnus utilis* Decne.

【别名】红冻（湖北）、油葫芦子、狗李、黑狗丹、绿皮刺、冻绿柴（浙江）、大脑头（河南）、鼠李（江苏）

【科属】鼠李科（Rhamnaceae）裸芽鼠李属（*Rhamnus*）

【树种简介】灌木或小乔木，高达 4 米。幼枝无毛，小枝褐色或紫红色，稍平滑，对生或近对生，枝端常具针刺。叶纸质，对生或近对生，或在短枝上簇生，椭圆形、矩圆形或倒卵状椭圆形，长 4~15 厘米，宽 2~6.5 厘米，顶端突尖或锐尖，基部楔形或稀圆形，边缘具细锯齿或圆齿状锯齿。花单性，雌雄异株，具花瓣；花梗长 5~7 毫米，无毛；雄花数个簇生于叶腋，或 10~30 余个聚生于小枝下部，有退化的雌蕊；雌花 2~6 个簇生于叶腋或小枝下部；退化雄蕊小，花柱较长。核果圆球形或近球形，成熟时呈黑色，具 2 分核，基部有宿存的萼筒；果梗长 5~12 毫米，无毛；种子背侧基部有短沟。花期 4~6 月，果期 5~8 月。产甘肃、陕西、河南、河北、山西、安徽、江苏、浙江、江西、福建、广东、广西、湖北、湖南、四川、贵州，朝鲜、日本也有分布。常生于海拔 1500 米以下的山地、丘陵、山坡草丛、灌丛或疏林下。种子油作润滑油；果实、树皮及叶可制成黄色染料。

【种质资源】南京市冻绿野生种质资源共 3 份，分别归属于六合区、江宁区和主城区。具体种质资源信息见表 86。

01：六合区

分布在冶山、方山和灵岩山。在 81 个样地中，4 个样地有分布，共 19 株，其中株高小于 1.3 米的 15 株，占总数的 79%；胸径 1~5 厘米的 4 株，平均胸径 3 厘米。种群小，分布较分散。

02：江宁区

分布在汤山林场、东善桥林场和洪幕社区。在223个样地中，5个样地有分布，总数量6株，其中株高小于1.3米的5株，1株胸径为1.6厘米。全面勘察发现，调查样地内数量虽不多，但分布相当零散，总体数量多。

03：主城区

仅分布在狮子山。在69个样地中，仅1个样地有分布，且只有1株，胸径3厘米。

表86　冻绿野生种质资源信息

种质资源编号	种质资源归属	林地名称	小地名	样地中心GPS坐标	数量（株）
01	六合区	冶山		E118°56′58.90″　N32°30′33.65″	3
		方山		E118°59′03.02″　N32°18′38.25″	14
		灵岩山		E118°53′13.00″　N32°18′20.00″	1
		灵岩山		E118°53′11.48″　N32°18′27.96″	1
02	江宁区	汤山林场云台工区	大平山	E118°42′21.36″　N31°42′26.54″	1
		东善桥林场横山分场		E118°48′57.06″　N31°37′55.30″	1
		东善桥林场横山分场		E118°47′25.39″　N31°38′23.59″	1
		东善桥林场横山分场		E118°49′32.96″　N31°38′04.11″	1
		洪幕社区洪幕山		E118°32′49.64″　N31°45′38.28″	2
03	主城区	狮子山		E118°44′37.00″　N32°05′51.00″	1

枳椇 *Hovenia acerba* Lindl.

【别名】拐枣（救荒本草），鸡爪子（本草纲目），枸（诗经），万字果（福建、广东），鸡爪树（安徽、江苏），金果梨（浙江），南枳椇（黄山植物的研究）

【科属】鼠李科（Rhamnaceae）枳椇属（*Hovenia*）

【树种简介】高大乔木，高 10~25 米。小枝褐色或黑紫色，被棕褐色短柔毛或无毛。叶互生，厚纸质至纸质，宽卵形、椭圆状卵形或心形，顶端长渐尖或短渐尖，基部截形或心形，稀近圆形或宽楔形，边缘常具整齐浅而钝的细锯齿，上部或近顶端的叶有不明显的齿，稀近全缘。二歧式聚伞圆锥花序，顶生和腋生，被棕色短柔毛；花两性，直径 5~6.5 毫米；花瓣椭圆状匙形。浆果状核果近球形，直径 5~6.5 毫米，无毛，成熟时黄褐色或棕褐色；果序轴明显膨大。种子暗褐色或黑紫色，直径 3.2~4.5 毫米。花期 5~7 月，果期 8~10 月。产甘肃、陕西、河南、安徽、江苏、浙江、江西、福建、广东、广西、湖南、湖北、四川、云南、贵州，印度、尼泊尔、不丹和缅甸北部也有分布。生于海拔 2100 米以下的开旷地、山坡林缘或疏林中。木材细致坚硬，为建筑和制细木工用具的良好用材；果序轴肥厚，含丰富的糖，可生食、酿酒、熬糖，民间常用以浸制“拐枣酒”，能治风湿；种子为清凉利尿药，能解酒毒，适用于热病消渴、酒醉、烦渴、呕吐、发热等症。

【种质资源】南京市枳椇野生种质资源共 4 份，分别归属于浦口区、栖霞区、江宁区和主城区。具体种质资源信息见表 87。

01：浦口区

仅分布在老山林场的平坦分场和七佛寺分场。在 198 个样地中，4 个样地有分布，共 12 株，其中株高小于 1.3 米的 6 株，占总数的 50%；胸径 1~10 厘米的 5 株，占总数的 42%；最大 1 株胸径 32 厘米。种群小，分布集中。

02：栖霞区

分布在兴卫山、栖霞山和何家山。在 44 个样地中，10 个样地有分布，共 14 株，株高小于 1.3 米的 3 株，胸径 1~10 厘米的 9 株，胸径 11~15 厘米的 2 株（最大胸径 14 厘米）。种群小，分布较分散。

03：江宁区

分布在青林社区和东善桥林场。在 223 个样地中，7 个样地有分布，总数量 67 株，其中胸径 1~10 厘米的 46 株，平均胸径 8 厘米；胸径 11~20 厘米的 20 株，平均胸径 13 厘米；最大 1 株胸径 25 厘米。在对林地全面勘察发现，植株总体数量多，呈零散分布，种群大。

04：主城区

主要分布在紫金山、九华山和幕府山。在 69 个样地中，13 个样地有分布，共 129 株，多分布在幕府山，占总数的 94.6%。在 129 株中，株高小于 1.3 米的 74 株；胸径在 1~10 厘米的 47 株；胸径 11~20 厘米的 7 株，平均胸径为 16.7 厘米；最大 1 株胸径为 27.8 厘米。种群大，分布集中。

表 87　枳椇野生种质资源信息

种质资源编号	种质资源归属	林地名称	小地名	样地中心 GPS 坐标	数量（株）
01	浦口区	老山林场平坦分场	横山半坡	E118°31′11.77″　N32°4′13.89″	2
		老山林场七佛寺分场	吴家大洼	E118°37′12.09″　N32°6′3.87″	1
		老山林场七佛寺分场	四道桥	E118°37′36.45″　N32°6′6.56″	1
		老山林场七佛寺分场	牛角洼	E118°36′28.61″　N32°6′16.76″	8
02	栖霞区	兴卫山		E118°50′40.74″　N32°5′57.12″	1
		兴卫山		E118°50′44.28″　N32°5′58.56″	2
		兴卫山		E118°50′50.99″　N32°5′58.33″	4
		兴卫山		E118°50′32.47″　N32°5′59.03″	1
		兴卫山	兴卫山北坡	E118°50′24.34″　N32°6′0.26″	1
		栖霞山		E118°57′30.72″　N32°9′18.94″	1
		栖霞山		E118°57′29.02″　N32°9′17.68″	1
		栖霞山	陆羽茶庄东坡	E118°57′34.27″　N32°9′6.65″	1
		何家山		E118°57′22.38″　N32°8′45.96″	1
		何家山	何家山	E118°57′20.22″　N32°8′41.82″	1
03	江宁区	青林社区	白露头	E119°25′33.41″　N32°4′52.23″	1
		青林社区	白露头	E119°5′43.69″　N32°5′5.74″	6
		青林社区	白露头	E119°5′41.22″　N32°5′18.96″	3
		青林社区	文山	E119°4′47.28″　N32°5′16.77″	1
		东善桥林场东善分场		E118°46′41.81″　N31°52′3.2″	14
		东善桥林场东善分场		E118°46′50.46″　N31°51′25.78″	2
		东善桥林场横山分场		E118°49′26.98″　N31°38′6.85″	40
04	主城区	紫金山		E118°51′22″　N32°0′0″	2
		九华山		E118°48′15″　N32°3′41″	4
		九华山		E118°48′12″　N32°3′45″	1
		幕府山	窑上村入口处左上方	E118°47′43″　N32°7′38″	5
		幕府山		E118°47′25″　N32°7′45″	1
		幕府山	达摩洞景区下坡	E118°47′54″　N32°7′58″	2
		幕府山	半山禅院上中	E118°48′4″　N32°8′14″	41

（续）

种质资源编号	种质资源归属	林地名称	小地名	样地中心 GPS 坐标	数量（株）
04	主城区	幕府山	半山禅院上	E118°47′58″　N32°8′1″	1
		幕府山	仙人对弈左坡	E118°48′5″　N32°8′10″	3
		幕府山	仙人对弈左中坡	E118°48′6″　N32°8′16″	8
		幕府山	仙人对弈下坡	E118°48′5″　N32°8′16″	58
		幕府山	仙人台下坡	E118°48′0.04″　N32°8′0.28″	2
		幕府山	仙人台	E118°48′0.05″　N32°7′60″	1

铜钱树 *Paliurus hemsleyanus* Rehder

【别名】鸟不宿、钱串树（四川），金钱树（安徽），摇钱树、刺凉子（陕西）

【科属】鼠李科（Rhamnaceae）马甲子属（*Paliurus*）

【树种简介】乔木，稀灌木，高达13米。小枝黑褐色或紫褐色，无毛。叶互生，纸质或厚纸质，宽椭圆形、卵状椭圆形或近圆形，顶端长渐尖或渐尖，基部偏斜，宽楔形或近圆形，边缘具圆锯齿或钝细锯齿，基生三出脉；叶柄长0.6~2厘米，近无毛或仅上面疏被短柔毛；无托叶刺，但幼树叶柄基部有2个斜向直立的针刺。聚伞花序或聚伞圆锥花序，顶生或兼有腋生，无毛；萼片三角形或宽卵形；花瓣匙形，长1.8毫米，宽1.2毫米；雄蕊长于花瓣；花盘五边形，5浅裂。核果草帽状，周围具革质宽翅，红褐色或紫红色，无毛，直径2~3.8厘米。花期4~6月，果期7~9月。产甘肃、陕西、河南、安徽、江苏、浙江、江西、湖南、湖北、四川、云南、贵州、广西、广东。生于海拔1600米以下的山地林中。叶、果、枝、型观赏价值高；树皮含鞣质，可提制栲胶；苗木可作枣的砧木；药用可补气，主治劳伤乏力、白冻（泄泻）等。

【种质资源】南京市铜钱树野生种质资源仅1份，归属于江宁区。具体种质资源信息见表88。

01：江宁区

分布在汤山地质公园、孟塘社区、青林社区和古泉社区，其中古泉社区分布最多。在调查的223个样地中，9个样地有分布，总数量41株，其中株高小于1.3米的1株；胸径1~10厘米的32株，平均胸径6.4厘米；胸径11~20厘米的8株，平均胸径13.6厘米。种群较大，集中分布。

表 88 铜钱树野生种质资源信息

种质资源编号	种质资源归属	林地名称	小地名	样地中心 GPS 坐标		数量（株）
01	江宁区	汤山地质公园		E119°01′57.91″	N32°02′52.42″	6
		孟塘社区		E119°02′38.10″	N32°04′50.16″	1
		孟塘社区		E119°02′40.74″	N32°04′48.07″	9
		青林社区	白露头	E119°05′41.22″	N32°05′18.96″	1
		青林社区	白露头	E119°05′30.30″	N32°05′15.17″	1
		古泉社区		E119°01′29.37″	N32°02′49.72″	9
		古泉社区		E119°01′27.51″	N32°02′48.14″	4
		古泉社区		E119°01′33.39″	N32°02′47.62″	9
		古泉社区		E119°01′33.68″	N32°22′44.31″	1

栾树 *Koelreuteria paniculata* Laxm.

【别名】木栾（救荒本草）、栾华（植物名实图考），五乌拉叶（甘肃），乌拉（河北），乌拉胶，黑色叶树（河北），石栾树（浙江），黑叶树、木栏牙（河南）

【科属】无患子科（Sapindaceae）栾属（*Koelreuteria*）

【树种简介】落叶乔木或灌木。树皮厚，灰褐色至灰黑色，老时纵裂。小枝具疣点，与叶轴、叶柄均被皱曲的短柔毛或无毛。叶丛生于当年生枝上，平展，一回、不完全二回或偶有二回羽状复叶，长可达 50 厘米；小叶（7）11~18 片（顶生小叶有时与最上部的一对小叶在中部以下合生），无柄或具极短的柄，对生或互生，纸质，卵形、阔卵形至卵状披针形，长（3）5~10 厘米，宽 3~6 厘米，顶端短尖或短渐尖，基部钝至近截形，边缘有不规则的钝锯齿，齿端具小尖头，有时近基部的齿疏离呈缺刻状，或羽状深裂达中肋而形成二回羽状复叶。聚伞圆锥花序长 25~40 厘米，密被微柔毛，分枝长而广展，在末次分枝上的聚伞花序具花 3~6 朵，密集呈头状；苞片狭披针形，被小粗毛；花淡黄色，稍芬芳；花瓣 4，开花时向外反折，线状长圆形，长 5~9 毫米，瓣爪长 1~2.5 毫米，瓣片基部的鳞片初时黄色，开花时橙红色，参差不齐的深裂。蒴果圆锥形，具 3 棱，长 4~6 厘米，顶端渐尖。种子近球形，直径 6~8 毫米。花期 6~8 月，果期 9~10 月。产北京、辽宁、河北、山西、山东、河南、陕西、甘肃、安徽、江苏、浙江、四川、云南、西藏、福建，世界各地有栽培。耐寒耐旱，常栽培作庭园观赏树。木材黄白色，易加工，可制家具；叶可作蓝色染料；花供药用，亦可作黄色染料。

【种质资源】南京市栾树野生种质资源共 1 份，归属于浦口区。具体种质资源信息见表 89。

01：浦口区

分布在老山林场的平坦分场、狮子岭分场、七佛寺山分场和星甸杜仲林场、龙王山林场、定山林场，其中龙王山林场分布最多。在 198 个样地中，7 个样地有分布，总数量 73 株，其中株高小于 1.3 米的 60 株，占总数的 82%；胸径 1~10 厘米的 8 株，平均胸径 3 厘米；胸径 11~20 厘米的 4 株，平均胸径 16 厘米；胸径 24 厘米的 1 株。种群较大，分布相对集中，处于发育初期阶段。

表 89　栾树野生种质资源信息

种质资源编号	种质资源归属	林地名称	小地名	样地中心 GPS 坐标	数量（株）
01	浦口区	老山林场平坦分场		E118°30′06.71″　N32°03′30.01″	2
		老山林场狮子岭分场		E118°30′49.74″　N32°02′34.47″	2
		老山林场七佛寺分场		E118°35′39.86″　N32°06′12.48″	1
		星甸杜仲林场		E118°23′47.84″　N32°03′13.33″	3
		龙王山林场		E118°42′45.03″　N32°11′51.05″	59
		定山林场		E118°39′11.18″　N32°07′58.04″	5
		定山林场		E118°39′03.81″　N32°07′51.05″	1

茶条槭 *Acer tataricum* subsp. *ginnala*（Maxim.）Wesm.

【别名】华北茶条槭、茶条、茶条枫

【科属】槭树科（Aceraceae）槭属（*Acer*）

【树种简介】落叶灌木或小乔木，高 5~6 米。树皮粗糙、微纵裂，灰色，稀深灰色或灰褐色。小枝细瘦，近于圆柱形，无毛，当年生枝绿色或紫绿色，多年生枝淡黄色或黄褐色，皮孔椭圆形或近于圆形。叶纸质，基部圆形，截形或略近于心脏形，叶片长圆卵形或长圆椭圆形，长 6~10 厘米，宽 4~6 厘米，常有较深的 3~5 裂；中央裂片锐尖或狭长锐尖，侧裂片通常钝尖，向前伸展，各裂片的边缘均具不整齐的钝尖锯齿，裂片间的凹缺钝尖。伞房花序长 6 厘米，无毛，具多数的花；花杂性，雄花与两性花同株；花瓣 5，长圆卵形，白色。果实黄绿色或黄褐色；小坚果嫩时被长柔毛，脉纹显著；翅连同小坚果长 2.5~3 厘米，宽 8~10 毫米，张开近于直立或呈锐角。花期 5 月，果期 10 月。产黑龙江、吉林、辽宁、内蒙古、河北、山西、河南、江苏、陕西、甘肃，蒙古国、俄罗斯西伯利亚东部、朝鲜和日本也有分布。生于海拔 800 米以下的丛林中。根、树皮、果实可入药，有祛风湿、活血、清热利咽的功效，主治声音嘶哑等症状。株形自然，亦可作绿篱及窄街、小巷行道树，丛植、群植于公园、绿地，是北方良好的观赏树种。嫩叶可制茶；花为良好蜜源；种子可榨油；树皮纤维亦可代麻，作纸浆、人造棉等原料；木材还可供细木加工、薪炭和小农具用材。

【种质资源】南京市茶条槭野生种质资源共 3 份，分别归属于栖霞区、雨花区和江宁区。具体种质资源信息见表 90。

01：栖霞区

分布在兴卫山、栖霞山、西岗街道、大普塘水库旁、灵山、何家山和乌龙山。在 44 个样地中，22 个样地有分布，共 365 株，其中株高小于 1.3 米的 213 株，胸径 1~10 厘米的 151 株，胸径 18 厘米的 1 株。种群大，分布广。

02：雨花区

分布在铁心桥街道、牛首山、普觉寺和罐子山。在 24 个样地中，6 个样地有分布，总数量 11

株，其中株高小于 1.3 米的 3 株，胸径 1~10 厘米的 8 株，平均胸径 5.5 厘米。种群小，分布广。

03：江宁区

分布在汤山林场、东山街道林场、汤山地质公园、孟塘社区、青林社区、古泉社区、东善桥林场、谷里、横溪街道、汤山街道、牛首山、洪幕山、洪幕社区和西宁社区。在 223 个样地中，37 个样地有分布，总数量 84 株，其中株高小于 1.3 米的 35 株；胸径 1~10 厘米的 49 株，平均胸径 4 厘米；胸径 11~20 厘米的 3 株，平均胸径 11 厘米。种群较大，分布广。

表 90　茶条槭野生种质资源信息

种质资源编号	种质资源归属	林地名称	小地名	样地中心 GPS 坐标		数量（株）
01	栖霞区	兴卫山		E118°50′40.74″	N32°05′57.12″	2
		兴卫山	兴卫山东南坡	E118°50′40.74″	N32°05′57.12″	1
		兴卫山		E118°50′44.28″	N32°05′58.56″	7
		兴卫山		E118°50′50.99″	N32°05′58.33″	10
		兴卫山	兴卫山北坡	E118°50′24.34″	N32°06′00.26″	2
		栖霞山		E118°57′30.72″	N32°09′18.94″	2
		栖霞山		E118°57′29.02″	N32°09′17.68″	21
		栖霞山		E118°57′26.93″	N32°09′18.98″	28
		栖霞山		E118°57′29.21″	N32°09′14.10″	37
		栖霞山		E118°57′34.38″	N32°09′15.58″	9
		栖霞山	陆羽茶庄东坡	E118°57′34.27″	N32°09′06.65″	15
		栖霞山		E118°57′43.25″	N32°09′18.53″	52
		栖霞山	小硬盘娱乐场	E118°57′44.15″	N32°09′18.30″	8
		栖霞山	天开岩上方亭子附近	E118°57′35.04″	N32°09′28.42″	7
		栖霞山		E118°57′19.16″	N32°09′23.65″	8
		栖霞山		E118°57′16.98″	N32°09′29.50″	2
		栖霞山		E118°57′37.69″	N32°09′15.78″	7
		西岗街道	西岗果牧场对面山头南坡	E118°58′45.05″	N32°05′46.39″	19
		大普塘水库旁		E118°55′24.02″	N32°05′03.29″	14
		灵山		E118°55′42.67″	N32°05′24.80″	22
		何家山	中眉心	E118°58′10.20″	N32°08′39.54″	22
		乌龙山	乌龙山炮台西南	E118°52′01.02″	N32°09′42.48″	94
02	雨花区	铁心桥街道韩府山		E118°45′06.12″	N31°56′02.61″	1
		牛首山		E118°44′03.88″	N31°55′10.89″	1
		牛首山		E118°44′22.53″	N31°55′29.01″	4
		普觉寺		E118°44′29.02″	N31°55′22.11″	3

（续）

种质资源编号	种质资源归属	林地名称	小地名	样地中心 GPS 坐标	数量（株）
02	雨花区	罐子山		E118°43′10.85″ N31°55′55.24″	1
		西善桥—罐子山		E118°43′22.49″ N31°56′29.65″	1
03	江宁区	汤山林场长山工区	黄龙山	E118°54′16.82″ N31°58′29.38″	7
		汤山林场长山工区	黄龙山	E118°54′18.53″ N31°58′31.67″	2
		东山街道林场		E118°56′01.27″ N31°57′51.20″	1
		汤山林场龙泉工区		E118°58′18.73″ N32°00′11.84″	1
		汤山地质公园		E119°02′50.82″ N32°03′17.08″	2
		汤山地质公园		E119°02′40.10″ N32°03′07.10″	1
		孟塘社区	射乌山	E119°03′05.35″ N32°05′57.62″	2
		孟塘社区	射乌山	E119°03′08.53″ N32°05′52.37″	1
		孟塘社区	射乌山	E119°02′56.77″ N32°05′44.84″	1
		孟塘社区	培山	E119°03′00.94″ N32°04′50.44″	2
		孟塘社区	培山	E119°03′08.21″ N32°04′44.50″	1
		青林社区	白露头	E119°25′33.41″ N32°04′52.23″	1
		青林社区	白露头	E119°15′20.59″ N32°04′59.61″	1
		青林社区	文山	E119°04′10.68″ N32°05′12.67″	6
		青林社区	文山	E119°04′34.18″ N32°05′14.24″	2
		青林社区	文山	E119°04′54.97″ N32°05′20.41″	1
		青林社区	文山	E119°04′47.28″ N32°05′16.77″	1
		青林社区	文山	E119°04′26.23″ N32°04′46.18″	1
		古泉社区	连山	E119°00′37.94″ N32°03′31.04″	1
		古泉社区		E119°01′27.51″ N32°02′48.14″	1
		古泉社区		E119°01′33.68″ N32°22′44.31″	7
		东善桥林场东善分场		E118°46′41.81″ N31°52′03.20″	1
		东善桥林场东善分场		E118°49′51.91″ N31°38′35.46″	1
		谷里	东塘水库附近	E118°42′46.69″ N31°46′46.42″	1
		横溪街道	横溪枣山	E118°42′19.89″ N31°46′38.04″	1
		汤山街道	天龙山	E118°58′25.06″ N32°00′23.31″	1
		牛首山		E118°44′43.64″ N31°53′23.64″	1
		牛首山		E118°44′20.00″ N31°54′47.62″	1
		牛首山		E118°44′35.69″ N31°53′54.66″	4
		牛首山		E118°45′12.86″ N31°53′45.91″	1
		牛首山		E118°44′33.93″ N31°53′41.36″	1
		洪幕山		E118°32′49.64″ N31°45′38.28″	2

（续）

种质资源编号	种质资源归属	林地名称	小地名	样地中心 GPS 坐标	数量（株）
03	江宁区	洪幕社区		E118°34′48.09″　N31°44′56.03″	4
		洪幕社区		E118°34′48.96″　N31°46′19.86″	15
		西宁社区		E118°35′47.81″　N31°46′51.82″	5
		横溪街道	横溪线路段编号 009	E118°41′15.45″　N31°45′08.48″	1
		横溪街道	横溪	E118°40′39.10″　N31°41′53.59″	1

苦茶槭 *Acer tataricum* subsp. *theiferum*（W. P. Fang）Y. S. Chen & P. C. De Jong

【别名】苦津茶、银桑叶

【科属】槭树科（Aceraceae）槭属（*Acer*）

【树种简介】本亚种与原种茶条槭的区别在于苦茶槭的叶系薄纸质，卵形或椭圆状卵形，长5~8 厘米，宽 2.5~5 厘米，不分裂或不明显的 3~5 裂，边缘有不规则的锐尖重锯齿，下面具白色疏柔毛。花序长 3 厘米，有白色疏柔毛；子房有疏柔毛，翅果较大，长 2.5~3.5 厘米，张开近于直立或呈锐角。花期 5 月，果期 9 月。产华东和华中各省份。生于低海拔的山坡疏林中。弱喜光，耐寒，耐干燥，忌水涝，抗烟尘，可作生态树种和景观树种。树皮、叶和果实都含鞣质，可提制栲胶，又可作黑色染料；皮的纤维可作人造棉和造纸的原料；嫩叶烘干后可代替茶叶饮用，有降低血压的功效，又为夏季丝织工作人员一种特殊饮料，服后汗水落在丝绸上，无黄色斑点；种子榨油，可用以制造肥皂。

【种质资源】南京市苦茶槭野生种质资源共 2 份，分别归属浦口区和主城区。具体种质资源信息见表 91。

01：浦口区

分布在老山林场的平坦分场、西山分场、狮子岭分场、七佛寺分场、铁路林分场和定山林场，其中老山林场分布最多。在 198 个样地中，32 个样地有分布，总数量 41 株，其中株高小于1.3 米的 287 株，占总数的 84%；胸径 1~10 厘米的 54 株，最大胸径 10 厘米。种群大，主要集中分布在老山林场。

02：主城区

分布在紫金山、狮子山和幕府山。在调查的 69 个样地中，21 个样地有分布，共 164 株，其中株高小于 1.3 米的 29 株；胸径 1~10 厘米 1 的 129 株，占总数的 78.66%；胸径 11~20 厘米的 3 株。种群大，分布较广。

表 91 苦茶槭野生种质资源信息

种质资源编号	种质资源归属	林地名称	小地名	样地中心 GPS 坐标		数量（株）
01	浦口区	老山林场平坦分场	横山半坡	E118°31′11.77″	N32°04′13.89″	23
		老山林场平坦分场	凤凰山后	E118°30′32.38″	N32°04′18.20″	1
		老山林场平坦分场	枣核山	E118°30′26.25″	N32°04′05.79″	10
		老山林场平坦分场	大鸡山	E118°30′30.27″	N32°03′40.25″	1
		老山林场平坦分场	小鸡山	E118°30′31.70″	N32°03′42.03″	5
		老山林场平坦分场	匪集场道旁	E118°31′58.93″	N32°04′11.24″	11
		老山林场平坦分场	匪集场山后	E118°31′58.93″	N32°04′11.24″	30
		老山林场平坦分场	麒麟洼	E118°32′33.20″	N32°03′55.80″	8
		老山林场平坦分场	短顷	E118°33′35.86″	N32°05′28.78″	2
		老山林场平坦分场	老山林场隧道	E118°34′08.04″	N32°05′02.84″	25
		老山林场平坦分场	蛇地	E118°33′59.25″	N32°05′39.57″	31
		老山林场平坦分场	大平山	E118°33′51.02″	N32°04′18.20″	1
		老山林场平坦分场	门坎里一大小女儿山间	E118°32′19.61″	N32°04′25.97″	33
		老山林场平坦分场	虎洼山脊	E118°33′47.06″	N32°03′58.29″	2
		老山林场平坦分场	虎洼山脊	E118°33′25.82″	N32°03′46.15″	2
		老山林场平坦分场	虎洼山脊	E118°33′21.49″	N32°03′48.09″	5
		老山林场平坦分场	虎洼山脊	E118°33′23.49″	N32°03′46.65″	1
		老山林场西山分场	西山一九峰寺旁	E118°25′41.49″	N32°03′45.74″	12
		老山林场狮子岭分场	响铃庵	E118°34′08.04″	N32°05′02.84″	5
		老山林场狮子岭分场	大洼口一狮平路	E118°33′57.22″	N32°05′37.83″	5
		老山林场狮子岭分场	兜率寺后山	E118°33′03.83″	N32°03′48.20″	10
		老山林场狮子岭分场	兴隆寺旁	E118°31′36.08″	N32°03′05.09″	10
		老山林场狮子岭分场	石门	E118°34′48.44″	N32°04′05.02″	22
		老山林场狮子岭分场	厂部	E118°32′53.42″	N32°02′57.91″	10
		老山林场七佛寺分场	猴子洞	E118°36′50.97″	N32°05′45.06″	20
		老山林场七佛寺分场	吴家大洼	E118°37′12.09″	N32°06′03.87″	22
		老山林场七佛寺分场	黄山岭	E118°35′32.83″	N32°05′46.91″	1
		老山林场七佛寺分场	黑桃洼	E118°35′33.90″	N32°06′34.80″	11
		老山林场七佛寺分场	老鹰山	E118°35′39.86″	N32°06′12.48″	3
		老山林场七佛寺分场	景观平台	E118°37′42.17″	N32°06′13.78″	5
		老山林场铁路林分场	实验林旁	E118°40′51.19″	N32°08′58.53″	10
		定山林场	定山寺旁	E118°39′03.81″	N32°07′51.05″	4

（续）

种质资源编号	种质资源归属	林地名称	小地名	样地中心 GPS 坐标		数量（株）
		紫金山		E118°50′33.00″	N32°04′23.00″	1
		紫金山	永慕庐两边	E118°05′02.00″	N32°04′05.00″	1
		紫金山		E118°51′07.00″	N32°04′09.00″	3
		紫金山		E118°50′39.00″	N32°48′18.00″	2
		紫金山		E118°50′38.00″	N32°03′25.00″	18
		紫金山		E118°50′35.00″	N32°04′29.00″	3
		紫金山		E118°50′27.00″	N32°04′45.00″	1
		紫金山		E118°50′41.00″	N32°04′21.00″	2
		紫金山	山北坡小卖铺处	E118°14′42.00″	N32°04′22.00″	1
		紫金山	山北坡小卖铺处	E118°50′43.00″	N32°04′22.00″	6
02	主城区	紫金山	山北坡中上段	E118°50′39.00″	N32°04′23.00″	1
		紫金山	山北坡中上段	E118°50′38.00″	N32°04′23.00″	1
		紫金山	山北坡中上段	E118°50′39.00″	N32°04′24.00″	12
		紫金山	山北坡中上段	E118°50′40.00″	N32°04′24.00″	4
		紫金山	山北坡中上段	E118°50′39.00″	N32°04′25.00″	1
		狮子山	铜鼎坡下	E118°44′37.00″	N32°05′51.00″	1
		幕府山	半山禅院上	E118°47′58.00″	N32°08′01.00″	6
		幕府山	仙人对弈左坡	E118°48′05.00″	N32°08′10.00″	28
		幕府山	仙人对弈左中坡	E118°48′06.00″	N32°08′16.00″	26
		幕府山	仙人对弈下坡	E118°48′05.00″	N32°08′16.00″	33
		幕府山	三台洞下坡	E118°48′00.04″	N32°08′00.28″	13

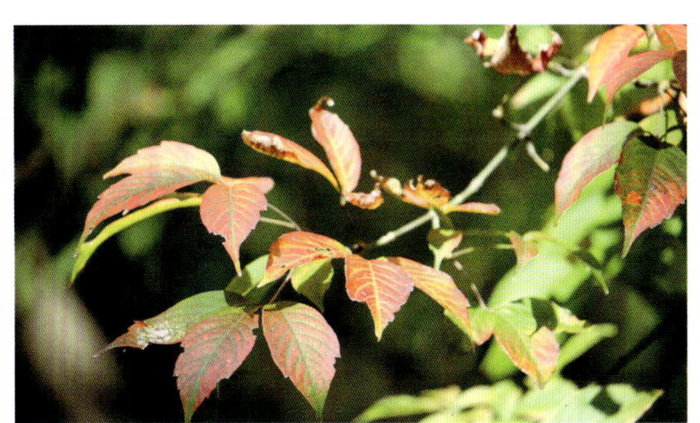

建始槭 *Acer henryi* Pax

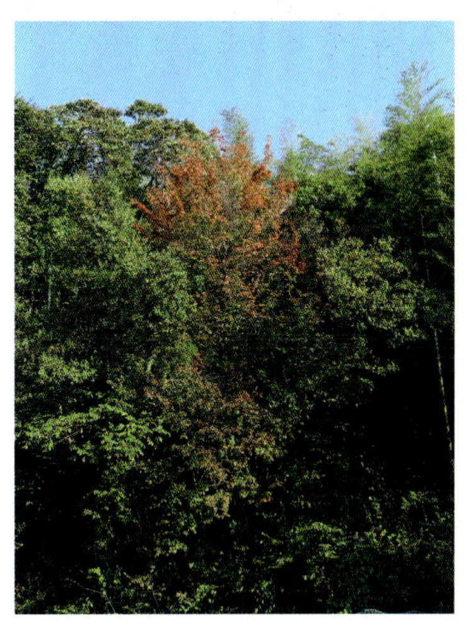

【别名】三叶槭、亨氏槭、亨利槭树、亨利槭、三叶枫

【科属】槭树科（Aceraceae）槭属（*Acer*）

【树种简介】落叶乔木，高约 10 米。树皮浅褐色。小枝圆柱形，当年生嫩枝紫绿色，有短柔毛，多年生老枝浅褐色，无毛。叶纸质，3 小叶组成复叶；小叶椭圆形或长圆椭圆形，长 6~12 厘米，宽 3~5 厘米，先端渐尖，基部楔形，阔楔形或近圆形，全缘或近先端部分有稀疏的 3~5 个钝锯齿，顶生小叶的叶柄长约 1 厘米，侧生小叶的叶柄长 3~5 毫米，有短柔毛；嫩时两面无毛或有短柔毛，在下面沿叶脉被毛更密，渐老时无毛。穗状花序，下垂，长 7~9 厘米，有短柔毛，常由 2~3 年无叶的小枝旁边生出，稀由小枝顶端生出，近于无花梗，花淡绿色，单性，雄花与雌花异株；萼片 5，卵形，长 1.5 毫米，宽 1 毫米；花瓣 5, 短小或不发育；雌花的子房无毛，花柱短，柱头反卷。翅果嫩时淡紫色，成熟后黄褐色，小坚果凸起，长圆形，长 1 厘米，宽 5 毫米，脊纹显著，翅宽 5 毫米，连同小坚果长 2~2.5 厘米，张开呈锐角或近于直立。花期 4 月，果期 9 月。分布于山西南部、河南、陕西、甘肃、江苏、浙江、安徽、湖北、湖南、四川、贵州。生于海拔 500~1500 米的疏林中。树姿优美，新梢绯红，秋叶金黄或鲜红，可作庭园绿化树，也是南温带及亚热带山区秋季重要的色叶树种。根可活络止痛，具有接骨，利关节，止痛的功效。

【种质资源】南京市建始槭野生种质资源共 1 份，归属于主城区。具体种质资源信息见表 92。

01：主城区

仅分布在紫金山明孝陵。在调查的 223 个样地中仅 1 个样地有分布，共 3 株，胸径在 1~5 厘米 2 株，地径 52 厘米 1 株（多分枝）。

表 92　建始槭野生种质资源信息

种质资源编号	种质资源归属	林地名称	小地名	样地中心 GPS 坐标	数量（株）
01	主城区	紫金山	明孝陵	E118°50′2.43″　N32°3′28.116″	3

三角槭 *Acer buergerianu* Miq.

【别名】三角枫、君范槭、福州槭、宁波三角槭

【科属】槭树科（Aceraceae）槭属（*Acer*）

【树种简介】落叶乔木，高 5~10 米，稀达 20 米。树皮褐色或深褐色，粗糙。小枝细瘦；当年生枝紫色或紫绿色，近于无毛。叶纸质，基部近于圆形或楔形，外貌椭圆形或倒卵形，长 6~10 厘米，通常浅 3 裂，裂片向前延伸，稀全缘，中央裂片三角状卵形，急尖、锐尖或短渐尖。花多数常组成顶生且被短柔毛的伞房花序，直径约 3 厘米，总花梗长 1.5~2 厘米，开花在叶长大以后；萼片 5，黄绿色，卵形；花瓣 5，淡黄色，狭窄披针形或匙状披针形，先端钝圆，长约 2 毫米。翅果黄褐色；小坚果特别凸起，直径 6 毫米；翅与小坚果共长 2~2.5 厘米，稀达 3 厘米，宽 9~10 毫米，中部最宽，基部狭窄，张开呈锐角或近于直立。花期 4 月，果期 8 月。产山东、河南、江苏、浙江、安徽、江西、湖北、湖南、贵州和广东等省份，日本也有分布。生于海拔 300~1000 米的阔叶林中。色叶树种，宜作庭荫树、行道树及护岸树，也可作绿篱。

【种质资源】南京市三角槭野生种质资源共 2 份，分别归属于江宁区和主城区。具体种质资源信息见表 93。

01：江宁区

分布在汤山林场。在 223 个样地中，3 个样地有分布，总数量 5 株，其中株高小于 1.3 米的 2 株，占总数的 40%；胸径 1~10 厘米的 3 株，平均胸径 4.4 厘米。种群小，分布集中。

02：主城区

分布在紫金山、九华山、狮子山和幕府山。在 69 个样地中，30 个样地有分布，总数量 196 株，其中株高小于 1.3 米的 96 株，占总数的 49%；胸径 1~10 厘米、11~20 厘米分别有 89 株和 10 株；最大 1 株胸径 31.8 厘米。种群大，分布较广。

表 93　三角槭野生种质资源信息

种质资源编号	种质资源归属	林地名称	小地名	样地中心 GPS 坐标		数量（株）
01	江宁区	汤山林场长山工区	黄龙山	E118°54′16.82″	N31°58′29.38″	3
		汤山林场长山工区	黄龙山	E118°54′18.53″	N31°58′31.67″	1
		汤山林场长山工区	黄龙山	E118°54′20.80″	N31°58′33.81″	1
02	主城区	紫金山	头陀岭处	E118°50′25.00″	N32°04′22.00″	1
		紫金山	茅一峰北防火卫下方	E118°50′27.00″	N32°04′25.00″	1
		紫金山	永慕庐两边	E118°05′02.00″	N32°04′05.00″	4
		紫金山		E118°51′03.00″	N32°04′08.00″	1
		紫金山		E118°51′13.00″	N32°04′04.00″	2
		紫金山		E118°52′12.00″	N32°03′52.00″	1
		紫金山		E118°52′05.00″	N32°03′45.00″	3
		紫金山		E118°52′00.00″	N32°03′43.00″	1
		紫金山		E118°51′35.00″	N32°03′58.00″	2
		紫金山	中马腰与猴子头间	E118°50′35.00″	N32°04′11.00″	1
		紫金山		E118°50′25.00″	N32°04′12.00″	1
		紫金山		E118°50′39.00″	N32°48′18.00″	1
		紫金山		E118°50′38.00″	N32°03′25.00″	1
		紫金山		E118°50′27.00″	N32°04′45.00″	1
		紫金山	山北坡小卖铺处	E118°14′42.00″	N32°04′22.00″	1
		紫金山	山北坡小卖铺处	E118°50′43.00″	N32°04′22.00″	4
		紫金山	山北坡中上段	E118°50′40.00″	N32°04′23.00″	1
		紫金山	山北坡中上段	E118°50′39.00″	N32°04′23.00″	1
		紫金山	山北坡中上段	E118°50′36.00″	N32°04′26.00″	1
		紫金山	山北坡中上段	E118°50′40.00″	N32°04′26.00″	2
		九华山	弥勒佛坡上	E118°48′15.00″	N32°03′41.00″	12
		九华山	三藏塔下坡	E118°48′08.00″	N32°03′44.00″	11
		狮子山	铜鼎坡下	E118°44′37.00″	N32°05′51.00″	3

（续）

种质资源编号	种质资源归属	林地名称	小地名	样地中心 GPS 坐标	数量（株）
		狮子山	石玩店坡下	E118°44′34.00″　N32°05′41.00″	1
		狮子山	江南第一楼牌坊上坡处	E118°44′33.00″　N32°05′41.00″	5
		幕府山	窑上村入口处左	E118°47′43.00″　N32°07′38.00″	3
02	主城区	幕府山		E118°47′13.00″　N32°07′48.00″	83
		幕府山	达摩洞景区上坡	E118°47′17.00″　N32°07′47.00″	30
		幕府山	仙人对弈左中坡	E118°48′06.00″　N32°08′16.00″	1
		幕府山	仙人对弈下坡	E118°48′05.00″　N32°08′16.00″	16

黄连木 *Pistacia chinensis* Bunge

【别名】木黄连、黄连芽、木萝树、田苗树、黄儿茶、鸡冠木、烂心木、鸡冠果、黄连树、药术、药树、茶树、凉茶树、岩拐角、黄连茶、楷木

【科属】漆树科（Anacardiaceae）黄连木属（*Pistacia*）

【树种简介】落叶乔木，高达20余米。树干扭曲。树皮暗褐色，呈鳞片状剥落。幼枝灰棕色，具细小皮孔。奇数羽状复叶互生，有小叶5~6对，叶轴具条纹，被微柔毛；小叶对生或近对生，纸质，披针形或卵状披针形或线状披针形，先端渐尖或长渐尖，基部偏斜，全缘。花单性异株，先花后叶，圆锥花序腋生，雄花序排列紧密，雌花序排列疏松，长15~20厘米，均被微柔毛；花小，花梗长约1毫米，被微柔毛；雄花花被片2~4，披针形或线状披针形，大小不等，雌蕊缺；雌花花被片7~9，大小不等，披针形或线状披针形。核果倒卵状球形，略压扁，径约5毫米，成熟时紫红色，干后具纵向细条纹，先端细尖。产长江以南各省份及华北、西北。生于海拔140~3550米的石山林中。具有保持水土、调节小气候、防风固土、抗污染等生态功能，也是著名彩叶树种。种子榨油可作润滑油或制皂；嫩叶可食，并可代茶；叶、树皮可入药，治疗痢疾、霍乱、风湿疮、漆疮初起等症；木材鲜黄色，可提黄色染料；材质坚硬致密，可供家具用材。

【种质资源】南京市黄连木野生种质资源共7份，分别归属于六合区、浦口区、栖霞区、雨花区、江宁区、高淳区和主城区。具体种质资源信息见表94。

01：六合区

分布在竹镇、奶山、冶山、方山和灵岩山。在 81 个样地中，13 个样地有分布，共 91 株，其中株高小于 1.3 米的 80 株，占总数的 88%；胸径 1~10 厘米的 9 株，占总数的 10%；胸径 12 厘米和 38 厘米各 1 株。种群大，分布广。

02：浦口区

分布在老山林场的平坦分场、西山分场、狮子岭分场、七佛寺分场、东山分场、铁路林分场和星甸杜仲林场、龙王山林场、定山林场、大桥林场，其中老山林场的分布量最多。在 198 个样地中，61 个样地有分布，总数量 322 株，其中株高小于 1.3 米的 128 株，胸径 1~10 厘米的 86 株，胸径 11~20 厘米的 56 株，胸径 21~30 厘米的 31 株，胸径 31~40 厘米的 17 株，胸径 41~50 厘米的 4 株。种群大，分布广。

03：栖霞区

分布在兴卫山、栖霞山、西岗街道、大普塘水库、灵山、仙鹤山、羊山、太平山公园、南象山、北象山、何家山和乌龙山。在 44 个样地中，31 个样地有分布，共 128 株，其中株高小于 1.3 米的 17 株，胸径 1~10 厘米的 82 株，胸径 11~20 厘米的 21 株，胸径 21~30 厘米的 6 株，31~40 厘米的 2 株，最大胸径 35 厘米。种群大，分布广。

04：雨花区

分布在铁心桥街道韩府山、牛首山、普觉寺、将军山和罐子山。在 24 个样地中，13 个样地有分布，总数量 46 株，其中胸径 1~10 厘米的 17 株，平均胸径 7 厘米；胸径 11~20 厘米的 73 株，平均胸径 8 厘米；胸径 21~30 厘米的 32 株，平均胸径 24 厘米。种群较大，分布相对集中。

05：江宁区

分布在汤山林场、东山街道林场、汤山地质公园、孟塘社区、青林社区、古泉社区、东善桥林场、横溪街道、汤山街道、牛首山、南山湖、洪幕社区、西宁社区和秣陵街道。在 223 个样地中，75 个样地有分布，总数量 257 株，其中株高小于 1.3 米的 7 株；胸径 1~10 厘米的 185 株，平均胸径 6 厘米；胸径 11~20 厘米的 73 株，平均胸径 14 厘米；胸径 21~30 厘米的 32 株，平均胸径 25 厘米；胸径 31~40 厘米的 5 株，平均胸径 33 厘米；胸径 60 厘米的 1 株。种群大，分布广。

06：高淳区

在 53 个样地中，仅游子山林场的 2 个样地有分布，共 3 株，其中胸径分别为 12 厘米、18 厘米和 28 厘米。种群极小，分布集中。

07：主城区

分布在紫金山、九华山、狮子山和幕府山。在 69 个样地中，32 个样地有分布，共 142 株，其中株高小于 1.3 米的 29 株，胸径 1~10 厘米的 88 株，胸径 11~20 厘米的 54 株，胸径 21~30 厘米的 20 株，胸径 31~40 厘米的 9 株，胸径 41 厘米的 1 株。种群大，分布广。

（续）

表 94　黄连木野生种质资源信息

种质资源编号	种质资源归属	林地名称	小地名	样地中心 GPS 坐标	数量（株）
01	六合区	竹镇	广佛寺	E118°35′11.00″　N32°35′49.00″	13
		竹镇	广佛寺	E118°33′39.00″　N32°34′19.00″	8
		奶山		E119°00′42.00″　N32°18′06.00″	7
		冶山		E118°56′46.02″　N32°30′35.16″	14
		冶山		E118°56′52.25″　N32°30′42.76″	5
		冶山		E118°56′58.90″　N32°30′33.65″	1
		冶山		E118°56′45.75″　N32°30′25.42″	1
		冶山		E118°56′40.57″　N32°30′20.79″	2
		方山		E118°58′55.00″　N32°19′11.00″	1
		方山		E118°59′20.21″　N32°18′37.63″	6
		灵岩山		E118°53′24.00″　N32°18′21.00″	6
		灵岩山		E118°53′00.23″　N32°18′35.40″	22
		灵岩山		E118°53′20.85″　N32°18′52.36″	5
02	浦口区	老山林场平坦分场	横山沟旁	E118°31′14.43″　N32°04′19.78″	5
		老山林场平坦分场	杨船山	E118°31′55.15″　N32°04′32.56″	4
		老山林场平坦分场	枣核山	E118°30′26.25″　N32°04′05.79″	11
		老山林场平坦分场	埋娃山	E118°30′11.78″　N32°03′34.64″	1
		老山林场平坦分场	大鸡山	E118°30′30.27″　N32°03′40.25″	1
		老山林场平坦分场	小鸡山	E118°30′31.70″　N32°03′42.03″	5
		老山林场平坦分场	小马腰	E118°30′32.68″　N32°03′27.68″	5
		老山林场平坦分场	小马腰下	E118°30′53.15″　N32°03′25.44″	8
		老山林场平坦分场	小马腰与大马腰间	E118°30′06.71″　N32°03′30.01″	4
		老山林场平坦分场	小马腰与大马腰间	E118°31′07.79″　N32°03′30.56″	2
		老山林场平坦分场	门坎里山	E118°32′23.84″　N32°03′54.86″	15
		老山林场平坦分场	短喷	E118°33′35.86″　N32°05′28.78″	1
		老山林场平坦分场	平阳山	E118°33′37.72″　N32°04′60.00″	32
		老山林场平坦分场	老山隧道	E118°34′08.04″　N32°05′02.84″	3
		老山林场平坦分场	蛇地	E118°33′59.25″　N32°05′39.57″	2
		老山林场平坦分场	大平山	E118°33′51.53″　N32°04′13.08″	13
		老山林场平坦分场	虎洼九龙山	E118°32′58.06″　N32°04′31.75″	1

（续）

种质资源编号	种质资源归属	林地名称	小地名	样地中心 GPS 坐标		数量（株）
		老山林场平坦分场	门坎里一黄梨山	E118°32′28.45″	N32°04′39.38″	8
		老山林场平坦分场	虎洼山脊	E118°33′47.06″	N32°03′58.29″	6
		西山林场老山林场	西山一杨喷后	E118°26′05.77″	N32°04′18.59″	4
		西山林场老山林场	西山一牯牛棚	E118°27′13.88″	N32°04′09.50″	1
		老山林场狮子岭分场	大洼口一狮平路	E118°33′57.22″	N32°05′37.83″	10
		老山林场狮子岭分场	分场背后山	E118°33′00.83″	N32°03′51.44″	2
		老山林场狮子岭分场	兴隆寺路旁	E118°31′38.16″	N32°02′50.59″	8
		老山林场狮子岭分场	石门	E118°34′48.44″	N32°04′05.02″	3
		老山林场狮子岭分场	暗沟护林点	E118°30′49.74″	N32°02′34.47″	5
		老山林场狮子岭分场	厂部	E118°32′53.42″	N32°02′57.91″	3
		老山林场七佛寺分场	大椅子山	E118°38′08.81″	N32°06′32.85″	1
		老山林场七佛寺分场	老山中学	E118°35′10.03″	N32°06′43.61″	2
		老山林场七佛寺分场	老鹰山	E118°36′40.25″	N32°06′24.70″	3
		老山林场七佛寺分场	老鹰山	E118°35′39.86″	N32°06′12.48″	2
		老山林场七佛寺分场	牛角洼	E118°36′28.61″	N32°06′16.76″	13
		老山林场七佛寺分场	老母猪沟	E118°36′34.76″	N32°06′21.58″	4
02	浦口区	老山林场七佛寺分场	七佛寺分场旁	E118°36′11.86″	N32°05′28.29″	1
		老山林场东山分场	望火楼南坡	E118°48′25.25″	N32°04′47.65″	21
		老山林场东山分场	椅子山顶	E118°37′49.14″	N32°06′44.10″	9
		老山林场东山分场	乌龟驼金书	E118°37′33.82″	N32°07′02.82″	1
		老山林场东山分场	岔虎路中断路旁	E118°37′06.63″	N32°07′34.91″	6
		老山林场铁路林分场	丁家碱水库北侧路旁	E118°39′31.64″	N32°08′30.85″	1
		老山林场铁路林分场	河东	E118°41′32.52″	N32°09′16.70″	3
		星甸杜仲林场	大槽洼	E118°23′55.09″	N32°02′33.68″	2
		星甸杜仲林场	华济山	E118°23′47.84″	N32°03′13.33″	7
		星甸杜仲林场	观音洞下	E118°23′35.70″	N32°03′15.64″	14
		星甸杜仲林场	观音洞下	E118°23′35.04″	N32°03′16.09″	1
		星甸杜仲林场	山喷码字上	E118°24′31.92″	N32°03′10.74″	1
		星甸杜仲林场	亭子山	E118°24′58.38″	N32°03′02.74″	2
		星甸杜仲林场	宝塔洼子	E118°24′39.44″	N32°03′43.16″	3
		星甸杜仲林场	宝塔洼子	E118°24′40.22″	N32°03′48.26″	1
		星甸杜仲林场	独山	E118°24′53.04″	N32°03′45.32″	5
		星甸杜仲林场	独山西	E118°24′38.81″	N32°03′48.84″	1

（续）

种质资源编号	种质资源归属	林地名称	小地名	样地中心 GPS 坐标	数量（株）
02	浦口区	星甸杜仲林场	独山西	E118°24′38.81″　N32°03′48.84″	20
		星甸杜仲林场	西山沟	E118°24′17.42″　N32°03′33.86″	1
		星甸杜仲林场	东常山	E118°24′17.24″　N32°03′28.39″	1
		龙王山林场	龙王山	E118°42′43.66″　N32°11′52.70″	5
		定山林场	定山林场	E118°39′06.02″　N32°07′38.00″	1
		定山林场	定山林场	E118°39′02.67″　N32°07′42.66″	5
		定山林场	定山林场	E118°39′34.97″　N32°07′51.60″	6
		定山林场	珍珠泉内	E118°39′11.18″　N32°07′58.04″	5
		定山林场	定山寺旁	E118°39′03.81″　N32°07′51.05″	8
		定山林场	佛手湖	E118°38′55.20″　N32°06′37.44″	2
		大桥林场	老虎洞	E118°41′13.35″　N32°09′24.49″	1
03	栖霞区	兴卫山		E118°50′40.74″　N32°05′57.12″	1
		兴卫山	兴卫山东南坡	E118°50′40.74″　N32°05′57.12″	2
		兴卫山		E118°50′40.74″　N32°05′57.13″	3
		兴卫山		E118°50′44.28″　N32°05′58.56″	1
		兴卫山		E118°50′46.04″　N32°05′59.39″	4
		兴卫山		E118°50′32.47″　N32°05′59.03″	1
		兴卫山	兴卫山北坡	E118°50′24.34″　N32°06′00.26″	10
		栖霞山		E118°57′30.72″　N32°09′18.94″	10
		栖霞山		E118°57′34.38″　N32°09′15.58″	4
		栖霞山	陆羽茶庄东坡	E118°57′34.27″　N32°09′06.65″	1
		栖霞山		E118°57′43.25″　N32°09′18.53″	1
		栖霞山	小硬盘娱乐场	E118°57′44.15″　N32°09′18.30″	1
		栖霞山		E118°57′19.63″　N32°09′23.78″	2
		栖霞山		E118°57′19.16″　N32°09′23.65″	12
		栖霞山		E118°57′16.98″　N32°09′29.50″	23
		西岗街道	西岗果牧场对面山头南坡	E118°58′45.05″　N32°05′46.39″	6
		大普塘水库	对面山头	E118°55′07.60″　N32°04′59.58″	11
		大普塘水库		E118°55′24.02″　N32°05′03.29″	14
		灵山		E118°56′05.85″　N32°05′24.51″	1
		灵山		E118°55′42.67″　N32°05′24.80″	5
		灵山		E118°55′53.71″　N32°05′14.85″	11
		灵山		E118°55′54.70″　N32°05′14.54″	5

（续）

种质资源编号	种质资源归属	林地名称	小地名	样地中心 GPS 坐标		数量（株）
03	栖霞区	仙鹤山		E118°53′34.52″	N32°06′17.19″	8
		羊山		E118°55′56.24″	N32°06′47.59″	3
		太平山公园		E118°52′10.66″	N32°07′56.81″	7
		南象山	南象山衡阳寺	E118°56′07.44″	N32°08′16.38″	11
		南象山	南象山衡阳寺	E118°55′50.16″	N32°08′08.70″	25
		南象山	南象山	E118°56′03.42″	N32°08′25.20″	2
		北象山		E118°56′25.62″	N32°09′05.28″	15
		何家山	中眉心	E118°58′10.20″	N32°08′39.54″	1
		乌龙山	乌龙山炮台西南	E118°52′01.02″	N32°09′42.48″	3
04	雨花区	铁心桥街道韩府山		E118°45′17.62″	N31°56′34.85″	7
		铁心桥街道韩府山		E118°45′17.62″	N31°56′34.85″	1
		牛首山		E118°44′03.88″	N31°55′10.89″	2
		牛首山		E118°44′09.75″	N31°55′12.16″	3
		牛首山		E118°44′18.00″	N31°55′28.39″	1
		牛首山		E118°44′21.70″	N31°55′25.60″	2
		牛首山		E118°44′22.53″	N31°55′29.01″	2
		普觉寺		E118°44′28.27″	N31°55′18.77″	2
		将军山	将军山	E118°45′02.55″	N31°55′21.68″	5
		牛首山		E118°45′13.12″	N31°55′11.95″	4
		罐子山		E118°43′10.85″	N31°55′55.24″	3
		罐子山		E118°43′15.52″	N31°56′00.99″	4
		西善桥—罐子山		E118°43′22.49″	N31°56′29.65″	10
05	江宁区	汤山林场汤山—郎山		E119°03′20.34″	N32°04′16.29″	1
		汤山林场黄栗墅工区	土地山	E119°01′10.68″	N32°04′16.29″	6
		汤山林场黄栗墅工区	土地山	E119°01′13.38″	N32°04′05.95″	2
		汤山林场长山工区	黄龙山	E118°54′18.53″	N31°58′31.67″	1
		汤山林场长山工区	黄龙山	E118°54′18.53″	N31°58′31.67″	1
		汤山林场长山工区	青龙山	E118°54′05.29″	N31°58′48.85″	11
		汤山林场长山工区	青龙山	E118°54′07.26″	N31°58′51.63″	6
		汤山林场长山工区	青龙山	E118°54′10.80″	N31°58′54.89″	3
		汤山林场佘村工区	青龙山	E118°56′40.70″	N32°00′10.51″	2

（续）

种质资源编号	种质资源归属	林地名称	小地名	样地中心 GPS 坐标	数量（株）
		汤山林场佘村工区	青龙山	E118°55′60.00″　N31°59′59.64″	3
		汤山林场佘村工区	青龙山	E118°56′19.79″　N32°00′05.54″	1
		东山街道林场		E118°56′03.33″　N31°57′50.81″	1
		东山街道林场		E118°55′52.26″　N31°57′47.79″	1
		汤山林场龙泉工区		E118°58′05.04″　N31°59′18.89″	5
		汤山林场龙泉工区		E118°57′43.17″　N31°59′01.10″	2
		汤山林场龙泉工区		E118°57′32.46″　N31°59′06.67″	2
		汤山林场龙泉工区		E118°57′54.02″　N31°59′53.54″	1
		汤山林场龙泉工区		E118°58′14.15″　N32°00′12.64″	1
		汤山林场龙泉工区		E118°58′18.73″　N32°00′11.84″	1
		汤山地质公园		E119°02′50.82″　N32°03′17.08″	2
		汤山地质公园		E119°02′40.10″　N32°03′07.10″	9
		汤山地质公园		E119°02′04.68″　N32°02′57.00″	1
		汤山地质公园		E119°01′57.91″　N32°02′52.42″	1
		孟塘社区	射乌山	E119°03′31.36″　N32°06′08.14″	6
05	江宁区	孟塘社区	射乌山	E119°03′08.53″　N32°05′52.37″	1
		孟塘社区	射乌山	E119°02′56.77″　N32°05′44.84″	1
		孟塘社区	培山	E119°03′00.94″　N32°04′50.44″	1
		孟塘社区	培山	E119°03′08.21″　N32°04′44.50″	2
		青林社区	白露头	E119°05′23.21″　N32°04′43.06″	12
		青林社区	白露头	E119°05′41.22″　N32°05′18.96″	6
		青林社区	白露头	E119°05′30.30″　N32°05′15.17″	8
		青林社区	白露头	E119°15′20.59″　N32°04′59.61″	3
		青林社区	女儿山	E119°04′37.17″　N32°04′21.65″	5
		青林社区	小石浪山	E119°04′50.57″　N32°04′32.13″	1
		青林社区	小石浪山	E119°04′40.75″　N32°04′43.29″	1
		青林社区	文山	E119°04′10.68″　N32°05′12.67″	5
		青林社区	文山	E119°04′34.18″　N32°05′14.24″	6
		青林社区	文山	E119°04′54.97″　N32°05′20.41″	14
		青林社区	文山	E119°04′47.28″　N32°05′16.77″	2
		青林社区	孤山堰	E119°04′20.66″　N32°04′38.90″	1

（续）

种质资源编号	种质资源归属	林地名称	小地名	样地中心 GPS 坐标	数量（株）
		青林社区	孤山堰	E119°04′55.18″ N32°05′02.10″	3
		古泉社区	连山	E119°00′37.94″ N32°03′31.04″	13
		古泉社区	连山	E119°00′41.50″ N32°03′45.13″	5
		古泉社区		E119°01′29.37″ N32°02′49.72″	4
		古泉社区		E119°01′27.51″ N32°02′48.14″	22
		古泉社区		E119°01′33.39″ N32°02′47.62″	1
		古泉社区		E119°01′33.68″ N32°22′44.31″	4
		古泉社区		E119°01′35.52″ N32°02′42.85″	2
		东善桥林场东稔工区		E118°42′15.15″ N31°44′07.34″	1
		东善桥林场云台分场	太平山	E118°42′01.24″ N31°41′56.23″	1
		东善桥林场横山分场		E118°48′45.31″ N31°28′06.43″	1
		东善桥林场横山工区		E118°47′25.39″ N31°38′23.59″	1
		横溪街道	枣山	E118°42′32.57″ N31°46′41.87″	4
		横溪街道	蒋门山	E118°40′26.15″ N31°47′16.76″	1
		汤山街道		E118°57′00.07″ N31°58′30.90″	1
05	江宁区	牛首山		E118°44′20.55″ N31°54′44.01″	1
		牛首山		E118°44′20.00″ N31°54′47.62″	1
		牛首山		E118°44′24.22″ N31°54′50.01″	1
		牛首山		E118°44′35.69″ N31°53′54.66″	2
		牛首山		E118°44′34.64″ N31°53′23.65″	1
		牛首山		E118°44′25.29″ N31°53′42.86″	1
		牛首山		E118°44′33.93″ N31°53′41.36″	1
		南山湖		E118°32′58.89″ N31°46′08.24″	1
		洪幕社区	洪幕山	E118°32′49.64″ N31°45′38.28″	1
		洪幕社区	洪幕山	E118°32′58.01″ N31°45′31.69″	2
		洪幕社区		E118°34′48.09″ N31°44′56.03″	2
		洪幕社区		E118°34′42.50″ N31°44′52.90″	2
		洪幕社区		E118°34′39.49″ N31°45′04.61″	1
		洪幕社区		E118°34′19.10″ N31°45′59.13″	7
		洪幕社区		E118°34′48.96″ N31°46′19.86″	5
		洪幕社区		E118°34′55.84″ N31°46′14.18″	5

（续）

种质资源编号	种质资源归属	林地名称	小地名	样地中心 GPS 坐标	数量（株）
05	江宁区	洪幕社区		E118°35′35.75″　N31°46′20.80″	8
		西宁社区		E118°36′05.45″　N31°47′05.25″	1
		西宁社区		E118°35′47.81″　N31°46′51.82″	8
		秣陵街道将军山		E118°46′40.87″　N31°55′47.16″	3
06	高淳区	游子山林场	花山游山道上段路旁	E118°57′47.58″　N31°16′10.28″	1
		游子山林场	花山游山道上部道旁	E118°57′46.76″　N31°16′11.91″	2
07	主城	紫金山	茅一峰北防火卫下方	E118°50′27.00″　N32°04′25.00″	1
		紫金山		E118°50′33.00″　N32°04′08.00″	3
		紫金山		E118°51′13.00″　N32°04′04.00″	2
		紫金山		E118°52′12.00″　N32°03′48.00″	3
		紫金山		E118°52′05.00″　N32°03′45.00″	1
		紫金山		E118°52′05.00″　N32°03′46.00″	2
		紫金山		E118°51′21.00″　N32°04′03.00″	7
		紫金山		E118°51′22.00″　N32°04′02.00″	4
		紫金山		E118°51′35.00″　N32°03′58.00″	6
		紫金山	中马腰与猴子头间	E118°50′35.00″　N32°04′11.00″	2
		紫金山		E118°50′24.00″　N32°04′09.84″	1
		紫金山		E118°50′24.00″　N32°03′56.00″	3
		紫金山		E118°50′35.00″　N32°04′29.00″	1
		紫金山	山北坡小卖铺	E118°14′42.00″　N32°04′22.00″	2
		紫金山	山北坡小卖铺	E118°50′43.00″　N32°04′22.00″	3
		九华山	弥勒佛坡上	E118°48′15.00″　N32°03′41.00″	2
		九华山	三藏塔下坡	E118°48′08.00″　N32°03′44.00″	11
		狮子山	阅江楼坡下	E118°44′31.00″　N32°05′40.00″	8
		狮子山	石玩店坡下	E118°44′34.00″　N32°05′41.00″	2
		狮子山	江南第一楼牌坊上坡处	E118°44′33.00″　N32°05′41.00″	3
		幕府山	窑上村入口左上方	E118°47′43.00″　N32°07′38.00″	3
		幕府山		E118°47′25.00″　N32°07′45.00″	6
		幕府山		E118°47′25.00″　N32°07′46.00″	1
		幕府山		E118°47′13.00″　N32°07′48.00″	3

（续）

种质资源编号	种质资源归属	林地名称	小地名	样地中心 GPS 坐标	数量（株）
07	主城区	幕府山	达摩洞上坡	E118°47′17.00″ N32°07′47.00″	17
		幕府山	达摩洞上坡	E118°47′55.00″ N32°07′57.00″	21
		幕府山	达摩洞下坡	E118°47′54.00″ N32°07′58.00″	21
		幕府山	半山禅院上	E118°47′58.00″ N32°08′01.00″	2
		幕府山	仙人对弈左上坡	E118°48′05.00″ N32°08′10.00″	8
		幕府山	仙人对弈左中坡	E118°48′06.00″ N32°08′16.00″	14
		幕府山	仙人对弈下坡	E118°48′05.00″ N32°08′16.00″	14
		幕府山	三台洞	E118°01′00.00″ N31°21′00.02″	24

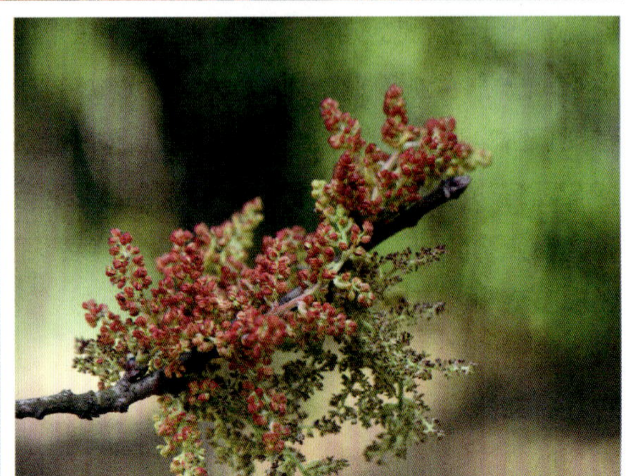

盐肤木 *Rhus chinensis* Mill.

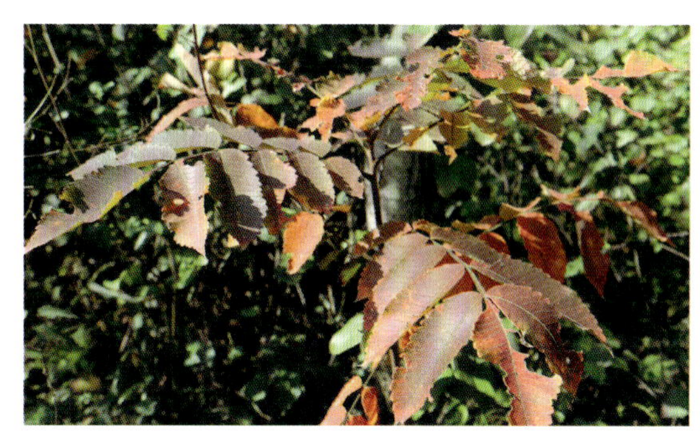

【别名】肤连泡、盐麸木、盐酸白、盐肤子、肤杨树、角倍、倍子柴、红盐果、酸酱头、土椿树、盐树根、红叶桃、乌酸桃、乌烟桃、乌盐泡、乌桃叶、木五倍子、山梧桐、五倍子、五倍柴、五倍子树

【科属】漆树科（Anacardiaceae）盐麸木属（*Rhus*）

【树种简介】落叶小乔木或灌木，高 2~10 米。奇数羽状复叶有小叶 2~6 对，纸质，边缘具粗钝锯齿，背面密被灰褐色毛，叶轴具宽的叶状翅，小叶自下而上逐渐增大，叶轴和叶柄密被锈色柔毛；小叶卵形或椭圆状卵形或长圆形，先端急尖，基部圆形；小叶无柄。圆锥花序宽大，多分枝，雄花序长 30~40 厘米，雌花序较短，密被锈色柔毛，花乳白色，花梗被微柔毛。核果球形，略压扁，被具节柔毛和腺毛，成熟时红色。花期 7~9 月，果期 10~11 月。除东北、内蒙古和新疆外，其余省份均有分布，印度、印度尼西亚、日本、朝鲜及中南半岛国家亦有分布。生于海拔 170~2700 米的向阳山坡、沟谷、溪边的疏林或灌丛中。喜光、喜温暖湿润气候，但耐寒能力强。在酸性、中性及石灰性土壤乃至干旱瘠薄的土壤上均能生长。秋叶呈鲜红色，核果橘红色，色彩绚丽，颇为美观。根系发达粗壮，适应性很强、生长快、耐干旱瘠薄、根蘖力强，是废弃地恢复的先锋植物。鲜嫩茎叶中富含氮、磷酸、氧化钾等，每年可割青多次且茎叶柔软多汁易腐烂分解，是一种很好的绿肥；嫩茎叶可作为野生蔬菜食用，在豫西山区是群众养猪的主要野生饲料；花是初秋的优质蜜粉源。

【种质资源】南京市盐肤木野生种质资源共 7 份，分别归属于浦口区、栖霞区、雨花区、江宁区、溧水区、高淳区和主城区。具体种质资源信息见表 95。

01：浦口区

集中分布在老山林场的平坦分场、西山分场和七佛寺分场，星甸杜仲林场有少量分布。在

198 个样地中，12 个样地有分布，共 75 株，其中 64 株株高小于 1.3 米，占总数的 85%；胸径 1~10 厘米的 12 株；胸径 12 厘米的 1 株。种群较大，分布较广。

02：栖霞区

分布在兴卫山、栖霞山、大普塘水库、灵山、仙鹤山、太平山公园、北象山和何家山。在 44 个样地中，15 个样地有分布，共 164 株，其中 129 株株高小于 1.3 米，胸径 1~10 厘米的 33 株，胸径 11~20 厘米的 2 株，最大胸径 14 厘米。种群大，分布广。

03：雨花区

分布在铁心桥街道、牛首山、普觉寺和罐子山。在 24 个样地中，5 个样地有分布，共 9 株，其中 4 株株高小于 1.3 米，胸径 1~10 厘米的 5 株，平均胸径 3 厘米。种群小，分布较分散。

04：江宁区

分布在东山汤山林场、街道林场、汤山地质公园、孟塘社区、青林社区、古泉社区、东善桥林场、青山社区、汤山街道、牛首山、南山湖、洪幕社区、西宁社区、天台山、横溪街道和秣陵街道，其中牛首山分布最多。在 223 个样地中，76 个样地有分布，共 178 株，其中 39 株株高小于 1.3 米；胸径 1~10 厘米的 138 株，平均胸径 4 厘米；最大 1 株胸径为 12 厘米。种群大，分布广。

05：溧水区

分布在溧水区林场的芳山分场、平山分场和洪蓝街道、晶桥街道。在 115 个样地中，13 个样地有 62 株分布，其中 50 株株高小于 1.3 米，胸径 1~10 厘米的 12 株，最大胸径 9 厘米。种群较大，分布广。

06：高淳区

分布在大荆山林场、游子山林场和青山林场。在 53 个样地中，9 个样地有分布，共 63 株，其中 51 株株高小于 1.3 米，占总数的 81%；胸径 1~10 厘米的 12 株。种群较大，分布广。

07：主城区

分布在紫金山、狮子山和幕府山。在 69 个样地中，11 个样地有分布，共 21 株，大多分布在幕府山。在 21 株中，7 株株高小于 1.3 米，其他 14 株为大灌木或小乔木，最大胸径 38 厘米。种群小，分布广。

表 95　盐肤木野生种质资源信息

种质资源编号	种质资源归属	林地名称	小地名	样地中心 GPS 坐标		数量（株）
01	浦口区	老山林场平坦分场	横山沟旁	E118°31′14.43″	N32°04′19.78″	2
		老山林场平坦分场	枣核山	E118°30′26.25″	N32°04′05.79″	30
		老山林场平坦分场	埋娃山	E118°30′11.78″	N32°03′34.64″	1
		老山林场平坦分场	小马腰与大马腰间	E118°30′06.71″	N32°03′30.01″	2
		老山林场平坦分场	匪集场道旁	E118°31′58.93″	N32°04′11.24″	20
		老山林场平坦分场	匪集场山后	E118°31′58.93″	N32°04′11.24″	7

（续）

种质资源编号	种质资源归属	林地名称	小地名	样地中心 GPS 坐标		数量（株）
01	浦口区	老山林场西山分场	罗汉寺—迎面山	E118°26′22.73″	N32°02′48.40″	3
		老山林场七佛寺分场	黄山岭	E118°35′32.83″	N32°05′46.91″	2
		老山林场七佛寺分场	老山中学	E118°35′10.03″	N32°06′43.61″	5
		老山林场七佛寺分场	景观平台	E118°37′42.17″	N32°06′13.78″	1
		星甸杜仲林场	大槽洼	E118°23′55.09″	N32°02′33.68″	1
		星甸杜仲林场	大槽洼	E118°23′57.72″	N32°02′33.24″	1
02	栖霞区	兴卫山	兴卫山东南坡	E118°50′40.74″	N32°05′57.12″	1
		兴卫山		E118°50′40.74″	N32°05′57.13″	6
		兴卫山		E118°50′44.28″	N32°05′58.56″	1
		兴卫山		E118°50′46.04″	N32°05′59.39″	12
		栖霞山		E118°57′30.72″	N32°09′18.94″	4
		栖霞山	陆羽茶庄东坡	E118°57′34.27″	N32°09′06.65″	13
		栖霞山		E118°57′16.98″	N32°09′29.50″	42
		栖霞山		E118°57′37.69″	N32°09′15.78″	1
		大普塘水库		E118°55′24.02″	N32°05′03.29″	14
		灵山		E118°56′05.85″	N32°05′24.51″	9
		灵山		E118°55′54.70″	N32°05′14.54″	2
		仙鹤山		E118°53′34.52″	N32°06′17.19″	29
		太平山公园		E118°52′10.66″	N32°07′56.81″	1
		北象山		E118°56′25.62″	N32°09′05.28″	14
		何家山		E118°57′22.38″	N32°08′45.96″	15
03	雨花区	铁心桥街道韩府山		E118°45′29.12″	N31°56′56.46″	3
		牛首山		E118°44′03.88″	N31°55′10.89″	3
		普觉寺		E118°44′29.02″	N31°55′22.11″	1
		普觉寺		E118°44′28.27″	N31°55′18.77″	1
		罐子山	西善桥	E118°43′22.49″	N31°56′29.65″	1
04	江宁区	汤山林场汤山—郎山		E119°03′20.34″	N32°04′16.29″	1
		汤山林场黄栗墅工区	土地山	E119°01′10.68″	N32°04′16.29″	1
		汤山林场黄栗墅工区	土地山	E119°01′02.54″	N32°03′44.17″	1
		汤山林场佘村工区	青龙山	E118°56′42.46″	N32°00′47.76″	4
		汤山林场佘村工区	青龙山	E118°56′26.21″	N32°00′09.95″	1
		汤山林场佘村工区	青龙山	E118°55′60.00″	N31°59′59.64″	1
		东山街道林场		E118°56′03.33″	N31°57′50.81″	1
		汤山林场龙泉工区		E118°57′32.46″	N31°59′06.67″	2

（续）

种质资源编号	种质资源归属	林地名称	小地名	样地中心 GPS 坐标	数量（株）
04	江宁区	汤山林场龙泉工区		E118°57′54.02″ N31°59′53.54″	4
		汤山林场龙泉工区		E118°58′14.15″ N32°00′12.64″	1
		汤山林场龙泉工区		E118°58′18.73″ N32°00′11.84″	2
		汤山地质公园		E119°02′04.68″ N32°02′57.00″	1
		孟塘社区	射乌山	E119°03′31.36″ N32°06′08.14″	1
		孟塘社区	射乌山	E119°03′27.54″ N32°06′08.04″	5
		孟塘社区	射乌山	E119°03′05.35″ N32°05′57.62″	1
		孟塘社区	射乌山	E119°03′08.53″ N32°05′52.37″	1
		孟塘社区	射乌山	E119°02′56.77″ N32°05′44.84″	4
		孟塘社区	培山	E119°03′00.94″ N32°04′50.44″	1
		孟塘社区		E119°02′38.10″ N32°04′50.16″	1
		孟塘社区		E119°02′40.74″ N32°04′48.07″	3
		青林社区	白露头	E119°25′33.41″ N32°04′52.23″	1
		青林社区	白露头	E119°05′43.69″ N32°05′05.74″	2
		青林社区	白露头	E119°05′30.30″ N32°05′15.17″	5
		青林社区	白露头	E119°15′20.59″ N32°04′59.61″	2
		青林社区	女儿山	E119°04′37.17″ N32°04′21.65″	9
		青林社区	文山	E119°04′54.97″ N32°05′20.41″	1
		青林社区	文山	E119°04′47.28″ N32°05′16.77″	1
		古泉社区	连山	E119°00′41.50″ N32°03′45.13″	3
		古泉社区		E119°01′29.37″ N32°02′49.72″	1
		古泉社区		E119°01′33.39″ N32°02′47.62″	3
		东善桥林场云台分场		E118°43′04.99″ N31°43′00.56″	1
		东善桥林场云台分场	大平山	E118°42′33.23″ N31°42′09.75″	1
		东善桥林场云台分场	大平山	E118°42′19.43″ N31°42′28.84″	1
		东善桥林场横山分场		E118°48′45.31″ N31°28′06.43″	1
		东善桥林场横山分场		E118°48′53.79″ N31°37′15.38″	1
		东善桥林场横山分场		E118°48′12.38″ N31°37′10.30″	1
		东善桥林场横山分场		E118°48′13.76″ N31°37′39.48″	1
		东善桥林场横山分场		E118°48′35.83″ N31°37′55.96″	1
		东善桥林场横山分场		E118°48′16.46″ N31°37′22.44″	1
		东善桥林场横山分场		E118°47′31.34″ N31°38′33.17″	1
		东善桥林场横山分场		E118°52′34.94″ N31°42′12.60″	1
		东善桥林场横山分场		E118°49′41.13″ N31°38′00.37″	1

（续）

种质资源编号	种质资源归属	林地名称	小地名	样地中心 GPS 坐标	数量（株）
04	江宁区	东善桥林场铜山分场		E118°50′45.52″　N31°39′10.50″	1
		东善桥林场铜山分场		E118°50′36.13″　N31°38′56.67″	1
		东善桥林场铜山分场		E118°56′30.33″　N31°37′13.04″	2
		东善桥林场铜山分场		E118°52′44.03″　N31°39′26.42″	1
		东善桥林场铜山分场		E118°52′27.84″　N31°39′18.32″	1
		东善桥林场铜山分场		E118°52′18.33″　N31°39′18.52″	1
		东善桥林场铜山分场		E118°52′18.08″　N31°39′27.82″	3
		东善桥林场铜山分场		E118°52′01.25″　N31°39′01.29″	1
		青山社区青山社区		E118°56′59.76″　N31°57′50.98″	3
		汤山街道西猪咀凹		E118°57′02.58″　N31°58′12.96″	9
		汤山街道汤山街道		E118°57′02.46″　N31°58′40.10″	7
		汤山街道汤山街道		E118°56′53.37″　N31°57′57.29″	1
		汤山街道汤山街道		E118°56′56.89″　N31°58′24.51″	1
		牛首山		E118°44′43.64″　N31°53′23.64″	1
		牛首山		E118°44′47.99″　N31°53′30.49″	1
		牛首山		E118°44′57.33″　N31°53′46.05″	1
		牛首山		E118°44′20.55″　N31°54′44.01″	1
		牛首山		E118°44′21.50″　N31°54′46.66″	1
		牛首山		E118°44′24.22″　N31°54′50.01″	30
		南山湖		E118°32′58.89″　N31°46′08.24″	1
		洪幕社区		E118°33′10.13″　N31°45′49.22″	1
		洪幕社区		E118°32′52.77″　N31°45′49.17″	4
		洪幕社区		E118°34′42.50″　N31°44′52.90″	1
		西宁社区		E118°36′05.45″　N31°47′05.25″	1
		天台山		E118°41′51.13″　N31°43′06.23″	1
		横溪街道	横溪石塘附近	E118°42′02.91″　N31°42′52.53″	1
		横溪街道	横溪	E118°40′58.66″　N31°44′04.32″	1
		横溪街道	横溪	E118°41′24.71″　N31°44′06.08″	1
		横溪街道	横溪	E118°41′18.22″　N31°45′41.33″	1
		横溪街道	横溪	E118°40′53.86″　N31°42′07.02″	3
		横溪街道	横溪	E118°40′39.18″　N31°41′48.42″	1
		横溪街道	横溪	E118°40′39.10″　N31°41′53.59″	1
		横溪街道	横溪	E118°40′42.81″　N31°41′55.10″	1
		秣陵街道将军山		E118°46′40.87″　N31°55′47.16″	6

（续）

种质资源编号	种质资源归属	林地名称	小地名	样地中心 GPS 坐标		数量（株）
		溧水区林场芳山分场	芳山	E119°08′11.68″	N31°29′42.91″	7
		溧水区林场芳山分场	芳山	E119°08′35.81″	N31°30′12.30″	10
		溧水区林场芳山分场	杨树山	E119°08′30.40″	N31°30′23.68″	5
		溧水区林场芳山分场	杨树山	E119°09′39.22″	N31°30′29.04″	6
		溧水区林场平山分场	龙冠子	E119°01′07.00″	N31°36′36.00″	6
		溧水区林场平山分场	大燕子口	E118°49′34.00″	N31°38′22.00″	3
05	溧水区	溧水区林场平山分场	龙冠子	E118°50′36.98″	N31°38′16.00″	4
		洪蓝街道无想寺社区	顶公山	E119°00′10.01″	N31°35′53.85″	2
		晶桥街道笪村社区	枫香岭	E119°04′27.79″	N31°30′52.41″	6
		溧水区林场平山分场	朱山岗	E118°56′18.76″	N31°39′07.42″	5
		溧水区林场平山分场	小茅山东面	E118°51′14.00″	N31°38′38.00″	1
		溧水区林场平山分场	尚书塘	E118°56′26.82″	N31°38′16.40″	3
		溧水区林场平山分场	尚书塘	E118°55′58.59″	N31°38′18.15″	4
		大荆山林场		E118°08′37.20″	N32°26′15.03″	1
		大荆山林场		E118°08′32.18″	N32°26′15.83″	13
		大荆山林场		E118°08′09.71″	N32°26′15.11″	1
		游子山林场		E119°01′04.10″	N31°21′36.51″	2
06	高淳区	游子山林场		E118°57′51.60″	N31°16′09.00″	1
		游子山林场		E119°00′28.21″	N31°20′46.36″	30
		青山林场		E119°03′50.46″	N31°22′07.26″	7
		青山林场		E119°03′42.58″	N31°22′16.38″	6
		青山林场		E119°03′32.34″	N31°20′33.71″	2
		紫金山		E118°51′13.00″	N32°04′04.00″	2
		狮子山		E118°44′37.00″	N32°05′51.00″	1
		幕府山	窑上村入口处左上	E118°47′43.00″	N32°07′38.00″	1
		幕府山		E118°47′25.00″	N32°07′43.00″	1
		幕府山		E118°47′13.00″	N32°07′48.00″	1
07	主城区	幕府山	达摩洞景区下坡	E118°47′54.00″	N32°07′58.00″	3
		幕府山	半山禅院上中	E118°48′04.00″	N32°08′14.00″	1
		幕府山	半山禅院上	E118°47′58.00″	N32°08′01.00″	2
		幕府山	仙人对弈左坡	E118°48′05.00″	N32°08′10.00″	4
		幕府山	仙人对弈下坡	E118°48′05.00″	N32°08′16.00″	1
		幕府山	三台洞	E118°01′00.00″	N31°21′00.02″	4

木蜡树　*Toxicodendron sylvestre*（Siebold & Zucc.）Kuntze

【别名】七月倍（湖南）、山漆树（广西、安徽）、野毛漆（浙江）、野漆疮树（安微）

【科属】漆树科（Anacardiaceae）漆属（*Toxicodendron*）

【树种简介】落叶乔木或小乔木，高达 10 米。树皮灰褐色，幼枝和芽被黄褐色茸毛。奇数羽状复叶互生，有小叶 3~6 对，稀 7 对，叶轴和叶柄圆柱形，密被黄褐色茸毛；叶柄长 4~8 厘米；小叶对生，纸质，卵形或卵状椭圆形或长圆形，长 4~10 厘米，宽 2~4 厘米，先端渐尖或急尖，基部不对称，圆形或阔楔形，全缘；小叶无柄或具短柄。圆锥花序长 8~15 厘米，密被锈色茸毛，总梗长 1.5~3 厘米；花黄色，花梗长 1.5 毫米，被卷曲微柔毛；花萼无毛，裂片卵形，长约 0.8 毫米，先端钝；花瓣长圆形，长约 1.6 毫米，具暗褐色脉纹，无毛；雄蕊伸出，花丝线形，长约 1.5 毫米，花药卵形，长约 0.5 毫米，无毛，在雌花中雄蕊较短，花丝钻形；花盘无毛；子房球形，径约 1 毫米，无毛。核果极偏斜，压扁，先端偏于一侧，长约 8 毫米，宽 6~7 毫米，外果皮薄，具光泽，无毛，成熟时不裂，中果皮蜡质，果核坚硬。长江以南各省份均产，朝鲜和日本亦有分布。常生于海拔 140~800（2300）米的林中。入秋叶色深红鲜艳可爱，可种植观赏。树干可割漆液，可作涂料或防腐剂；木材可作电线杆、家具及装饰品用材；种子油可制肥皂、油墨及油漆；茎、叶均可入药，有通调龙路、破血通经、消积杀虫等功效，主要用于治疗钩虫病、创伤出血、咳血、跌打损伤、毒蛇咬伤等症。

【种质资源】南京市木蜡树野生种质资源共 4 份，分别归属于栖霞区、雨花区、江宁区和主城区。具体种质资源信息见表 96。

01：栖霞区

分布在北象山、何家山、乌龙山和南象山。在 44 个样地中，4 个样地有分布，共 11 株，其中株高小于 1.3 米的 6 株，胸径 1~5 厘米的 5 株，最大胸径 5 厘米。种群小，分布较广。

02：雨花区

分布在铁心桥街道、将军山、龙泉古寺、牛首山和普觉寺。在 24 个样地中，12 个样地有分布，总数量 67 株，其中株高小于 1.3 米的 3 株，胸径 1~10 厘米的 64 株，最大胸径 10 厘米。种群较大，分布广。

03：江宁区

分布在汤山林场、东山街道林场、孟塘社区、青林社区、东善桥林场、谷里、汤山街道、牛首山、南山湖、洪幕社区、横溪街道和秣陵街道。在 223 个样地中，36 个样地有分布，总数量 66 株，其中株高小于 1.3 米的 22 株，胸径 1~10 厘米的有 44 株，最大胸径 7 厘米。种群较大，分布广。

04：主城区

仅分布在紫金山。在 69 个样地中，2 个样地有分布，共 3 株，均为小乔木，最大胸径 3.5 厘米。种群极小，分布集中。

表 96　木蜡树野生种质资源信息

种质资源编号	种质资源归属	林地名称	小地名	样地中心 GPS 坐标	数量（株）
01	六合区	北象山		E118°56′25.62″　N32°09′05.28″	1
		何家山	中眉心	E118°58′10.20″　N32°08′39.54″	8
		乌龙山	乌龙山炮台西南	E118°52′01.02″　N32°09′42.48″	1
		南象山	南象山衡阳寺	E118°56′07.44″　N32°08′16.38″	1
02	雨花区	铁心桥街道韩府山		E118°45′29.12″　N31°56′56.46″	1
		铁心桥街道韩府山		E118°45′30.33″　N31°56′48.60″	12
		铁心桥街道韩府山		E118°45′17.62″　N31°56′34.85″	1
		铁心桥街道韩府山		E118°45′17.62″　N31°56′34.85″	7
		铁心桥街道韩府山		E118°45′06.12″　N31°56′02.61″	8
		将军山		E118°45′09.45″　N31°56′08.89″	9
		龙泉古寺		E118°45′41.51″　N31°55′44.22″	1
		龙泉古寺		E118°45′39.80″　N31°55′43.36″	5
		将军山		E118°45′51.79″　N31°55′16.54″	1

（续）

种质资源编号	种质资源归属	林地名称	小地名	样地中心 GPS 坐标	数量（株）
02	雨花区	将军山		E118°45′50.09″ N31°55′23.41″	19
		牛首山		E118°44′18.00″ N31°55′28.39″	2
		普觉寺		E118°44′29.02″ N31°55′22.11″	1
03	江宁区	汤山林场汤山一郎山		E119°03′20.34″ N32°04′16.29″	1
		汤山林场黄栗墅工区	土地山	E119°01′10.68″ N32°04′16.29″	1
		汤山林场黄栗墅工区	土地山	E119°01′13.38″ N32°04′05.95″	1
		东山街道林场		E118°55′56.56″ N31°57′55.99″	2
		东山街道林场		E118°56′01.27″ N31°57′51.20″	1
		汤山林场龙泉工区		E118°57′43.17″ N31°59′01.10″	2
		汤山林场龙泉工区		E118°57′32.46″ N31°59′06.67″	2
		汤山林场龙泉工区		E118°58′14.15″ N32°00′12.64″	4
		孟塘社区	射乌山	E119°03′31.36″ N32°06′08.14″	1
		孟塘社区	射乌山	E119°03′08.53″ N32°05′52.37″	2
		孟塘社区	射乌山	E119°02′56.77″ N32°05′44.84″	1
		青林社区	白露头	E119°05′23.21″ N32°04′43.06″	2
		青林社区	白露头	E119°25′33.41″ N32°04′52.23″	3
		东善桥林场横山分场		E118°48′13.76″ N31°37′39.48″	1
		东善桥林场横山分场		E118°48′35.83″ N31°37′55.96″	1
		东善桥林场东善分场		E118°46′50.46″ N31°51′25.78″	1
		东善桥林场横山分场		E118°48′13.9″ N31°37′61.2″	1
		谷里	东塘水库附近	E118°42′50.90″ N31°47′20.37″	3
		汤山街道	西猪咀凹	E118°57′02.58″ N31°58′12.96″	3
		牛首山		E118°44′43.64″ N31°53′23.64″	1
		牛首山		E118°44′36.41″ N31°53′30.44″	1
		牛首山		E118°44′47.99″ N31°53′30.49″	1
		牛首山		E118°44′24.22″ N31°54′50.01″	1
		牛首山		E118°45′12.86″ N31°53′45.91″	1
		牛首山		E118°44′53.71″ N31°54′07.74″	1
		牛首山		E118°44′33.93″ N31°53′41.36″	1

（续）

种质资源编号	种质资源归属	林地名称	小地名	样地中心 GPS 坐标	数量（株）
03	江宁区	南山湖		E118°32′58.89″　N31°46′08.24″	3
		洪幕社区	洪幕山	E118°33′10.13″　N31°45′49.22″	1
		洪幕社区	洪幕山	E118°32′49.64″　N31°45′38.28″	5
		洪幕社区	洪幕山	E118°34′48.09″　N31°44′56.03″	3
		洪幕社区	洪幕山	E118°34′19.10″　N31°45′59.13″	1
		横溪街道	横溪石塘附近	E118°42′02.91″　N31°42′52.53″	5
		横溪街道	横溪	E118°40′42.81″　N31°41′55.10″	1
		横溪街道	横溪	E118°40′45.93″　N31°41′24.77″	1
		秣陵街道将军山		E118°46′50.72″　N31°55′57.10″	1
		秣陵街道将军山		E118°46′13.43″　N31°56′12.86″	5
04	主城区	紫金山		E118°50′24.00″　N32°04′09.84″	1
		紫金山		E118°50′25.00″　N32°04′12.00″	2

野漆 *Toxicodendron succedaneum*（L.）Kuntze

【别名】大木漆（湖北），山漆树（安徽），痒漆树（广西、四川、河南），漆木（广西），檫仔漆、山贼子（台湾）

【科属】漆树科（Anacardiaceae）漆属（*Toxicodendron*）

【树种简介】落叶乔木或小乔木，高达 10 米。小枝粗壮，无毛。顶芽大，紫褐色，外面近无毛。奇数羽状复叶互生，常集生小枝顶端，无毛，有小叶 4~7 对，对生或近对生，坚纸质至薄革质，长圆状椭圆形、阔披针形或卵状披针形，长 5~16 厘米，宽 2~5.5 厘米，先端渐尖或长渐尖，基部多少偏斜，圆形或阔楔形，全缘，两面无毛，叶背常具白粉，侧脉 15~22 对，弧形上升，两面略突。圆锥花序长 7~15 厘米，花黄绿色，径约 2 毫米；花瓣长圆形，先端钝。核果大，偏斜，径 7~10 毫米，压扁，先端偏离中心，外果皮薄，淡黄色，无毛，中果皮厚，蜡质，白色，果核坚硬，扁压形。花期 5~6 月，果期 10 月。分布于长江以南各省份，朝鲜和日本也有分布。生于海拔（150）300~1500（2500）米的林中。喜光，喜温暖的气候，耐干旱、耐贫瘠，不耐寒且忌水湿。根、叶及果入药，有清热解毒、散瘀生肌、止血、杀虫的功效，治跌打骨折、湿疹疮毒、毒蛇咬伤，又可治尿血、血崩、白带、外伤出血、子宫下垂等症；种子油可制皂或掺和干性油作油漆；中果皮之漆蜡可制蜡烛、膏药和发蜡等；树皮可提取栲胶。树干乳液可代生漆用；木材坚硬致密，可作细木工用材。

【种质资源】南京市野漆野生种质资源共 3 份，分别归属于栖霞区、溧水区和江宁区。具体种质资源信息见表 97。

01：栖霞区

分布在南象山。在 44 个样地中，仅一个样地有分布，共 6 株，其中株高小于 1.3 米的 2 株，其余有 4 株最大胸径 1 厘米。种群极小，分布集中。

02：溧水区

分布在溧水区林场芳山分场。在 115 个样地中，1 个样地有分布，总株数 10 株，其中胸径 1~10 厘米的 8 株，胸径 11 厘米和胸径 12 厘米各 1 株。种群小，分布相对集中。

03：江宁区

分布在汤山林场、东善桥林场、横溪街道、牛首山和洪幕社区，其中汤山林场分布最多。在 223 个样地中，11 个样地有分布，共 15 株，其中株高小于 1.3 米的 11 株，占 85%；胸径 1~5 厘米的 4 株，平均胸径 1.6 厘米。种群小，分布分散。

表 97　野漆野生种质资源信息

种质资源编号	种质资源归属	林地名称	小地名	样地中心 GPS 坐标	数量（株）
01	栖霞区	南象山	南象山衡阳寺	E118°56′7.44″　N32°8′16.38″	6
02	溧水区	溧水区林场芳山分场	杨树山	E119°9′30.04″　N31°30′12.7″	10
03	江宁区	汤山林场黄栗墅工区	土地山	E119°1′10.68″　N32°4′16.29″	1
		汤山林场黄栗墅工区	土地山	E119°1′2.54″　N32°3′44.17″	1
		汤山林场黄栗墅工区	土地山	E119°1′13.38″　N32°4′5.95″	1
		汤山林场黄栗墅工区	土地山	E119°1′25.51″　N32°4′10.33″	1
		汤山林场长山工区	黄龙山	E118°54′16.82″　N31°58′29.38″	3
		汤山林场龙泉工区		E118°58′18.73″　N32°0′11.84″	1
		东善桥林场横山工区		E118°48′13.76″　N31°37′39.48″	1
		东善桥林场东善分场		E118°46′30.41″　N31°51′23.82″	
		横溪街道	横溪枣山	E118°42′18.24″　N31°46′38.03″	1
		牛首山		E118°44′43.64″　N31°53′23.64″	1
		洪幕社区		E118°33′10.13″　N31°45′49.22″	1
		横溪街道云台山		E118°40′48.91″　N31°42′13.9″	1

臭椿　*Ailanthus altissima*（Mill.）Swingle

【别名】樗、皮黑樗、黑皮樗、黑皮互叶臭椿、南方椿树、椿树、黑皮椿树、灰黑皮椿树、灰黑皮樗

【科属】苦木科（Simaroubaceae）臭椿属（*Ailanthus*）

【树种简介】落叶乔木，高达20余米。树皮平滑而有直纹。叶为奇数羽状复叶，小叶对生或近对生，纸质，卵状披针形，先端长渐尖，基部偏斜，截形或稍圆，基部有1~2对腺齿，柔碎后具臭味。圆锥花序，花淡绿色，翅果长椭圆形，未熟时嫩黄色，熟时淡褐黄色或淡红褐色。种子位于翅的中间，扁圆形。花期4~5月，果期8~10月。原产我国东北部、中部和台湾，主产亚洲东南部，世界各地分布广泛。喜光，生长较快，适应性强，耐干旱、瘠薄，但不耐水湿；树皮、根皮、果实可入药，有清热燥湿、止血、杀虫的功效，可治多种疾病；叶净化空气的能力强，可作观赏树种和庭荫树种；叶可饲养樗蚕。

【种质资源】南京市臭椿野生种质资源共6份，分别归属于六合区、浦口区、栖霞区、雨花区、江宁区和高淳区。具体种质资源信息见表98。

01：六合区

分布在平山林场和灵岩山。在 81 个样地中，5 个样地有分布，总数量 29 株，其中株高小于 1.3 米的 8 株；胸径 1~10 厘米的 4 株，平均胸径 6 厘米；胸径 11~20 厘米的 4 株，平均胸径 15 厘米；胸径 21~30 厘米的 8 株，平均胸径 27 厘米；胸径 31~40 厘米的 2 株，平均胸径 36 厘米；胸径 41~50 厘米的 2 株，平均胸径 41 厘米；胸径 51 厘米的 1 株。种群较小，分布相对集中。

02：浦口区

分布在老山林场的平坦分场、西山分场、狮子岭分场、七佛寺分场、东山分场、铁路林分场和星甸杜仲林场、定山林场、大桥林场，其中老山林场分布最多。在 198 个样地中，40 个样地有分布，总数量 276 株，其中株高小于 1.3 米的 212 株，占总数的 76%；胸径 1~10 厘米的 23 株，占总数的 8%；胸径 11~20 厘米的 18 株，占总数的 7%；胸径 21~30 厘米的 18 株，占总数的 7%；胸径 31~40 厘米的 4 株；胸径 45 厘米的 1 株。种群大，分布广。

03：栖霞区

分布在兴卫山、栖霞山和太平山公园。在 44 个样地中，7 个样地有分布，共 98 株，其中株高小于 1.3 米的 77 株，胸径 1~10 厘米的 6 株，胸径 11~20 厘米的 12 株，胸径 21~30 厘米的 2 株，胸径 40 厘米的 1 株。种群大，分布广。

04：雨花区

仅分布在普觉寺。在 24 个样地中，1 个样地有分布，且仅有 1 株，胸径 15 厘米。

05：江宁区

分布在汤山林场、孟塘社区、青林社区、古泉社区、东善桥林场、汤山街道、牛首山、横溪街道和秣陵街道。在 223 个样地中，17 个样地有分布，总数量 33 株，其中株高小于 1.3 米的 2 株；胸径 1~10 厘米的 23 株，平均胸径 6 厘米；胸径 11~20 厘米的 6 株，平均胸径 13 厘米；胸径 21~30 厘米的 2 株，平均胸径 25 厘米。种群较大，分布广。

06：高淳区

分布在游子山林场和青山林场。在 53 个样地中，2 个样地有分布，总数量 3 株，其中胸径 8 厘米的 1 株，胸径 26 厘米的 1 株。种群极小。

表 98 臭椿野生种质资源信息

种质资源编号	种质资源归属	林地名称	小地名	样地中心 GPS 坐标	数量（株）
01	六合区	平山林场		E118°51′40.01″ N32°27′58.79″	4
		平山林场		E118°51′27.97″ N32°28′15.88″	10
		平山林场		E118°50′38.00″ N32°27′34.00″	4
		灵岩山		E118°53′00.23″ N32°18′35.40″	10
		灵岩山		E118°53′20.85″ N32°18′52.36″	1
02	浦口区	老山林场平坦分场	横山沟旁	E118°31′14.43″ N32°04′19.78″	1

（续）

种质资源编号	种质资源归属	林地名称	小地名	样地中心 GPS 坐标	数量（株）
		老山林场平坦分场	凤凰山后	E118°30′32.38″　N32°04′18.20″	6
		老山林场平坦分场	枣核山	E118°30′26.25″　N32°04′05.79″	29
		老山林场平坦分场	小马腰下	E118°30′53.15″　N32°03′25.44″	1
		老山林场平坦分场	小马腰与大马腰间	E118°30′06.71″　N32°03′30.01″	2
		老山林场平坦分场	小马腰与大马腰间	E118°31′07.79″　N32°03′30.56″	4
		老山林场平坦分场	匪集场道旁	E118°31′58.93″　N32°04′11.24″	1
		老山林场平坦分场	虎洼九龙山	E118°32′58.06″　N32°04′31.75″	9
		老山林场西山分场	西山—杨喷后	E118°26′05.77″　N32°04′18.59″	1
		老山林场西山分场	西山—牯牛棚	E118°27′13.88″　N32°04′09.50″	1
		老山林场西山分场	罗汉寺—迎面山	E118°26′22.73″　N32°02′48.40″	18
		老山林场狮子岭分场	小洼口—平滩子	E118°33′49.37″　N32°03′19.50″	2
		老山林场狮子岭分场	狮子岭分场背后山	E118°33′00.83″　N32°03′51.44″	1
		老山林场七佛寺分场	黄山岭	E118°35′32.83″　N32°05′46.91″	6
		老山林场七佛寺分场	老山林场中学	E118°35′10.03″　N32°06′43.61″	3
		老山林场七佛寺分场	老鹰山	E118°36′40.25″　N32°06′24.70″	2
		老山林场七佛寺分场	老鹰山	E118°35′39.86″　N32°06′12.48″	2
02	浦口区	老山林场七佛寺分场	景观平台	E118°37′42.17″　N32°06′13.78″	50
		老山林场东山分场	小庙南坡	E118°48′12.00″　N32°06′38.27″	3
		老山林场东山分场	椅子山	E118°37′30.87″　N32°06′45.48″	30
		老山林场东山分场	椅子山顶	E118°37′49.14″　N32°06′44.10″	3
		老山林场东山分场	老母猪沟	E118°37′01.71″　N32°06′34.48″	1
		老山林场东山分场	浦口路	E118°37′24.65″　N32°06′54.44″	2
		老山林场东山分场	文家洼	E118°38′20.18″　N32°07′25.15″	13
		老山林场东山分场	岔虎路中断路旁	E118°37′06.63″　N32°07′34.91″	1
		老山林场铁路林分场	实验林旁	E118°40′51.19″　N32°08′58.53″	10
		老山林场铁路林分场	采石场旁	E118°39′22.55″　N32°08′19.15″	16
		老山林场铁路林分场	河东	E118°41′32.52″　N32°09′16.70″	2
		星甸杜仲林场	观音洞下	E118°23′35.70″　N32°03′15.64″	2
		星甸杜仲林场	山喷码子	E118°24′30.16″　N32°03′09.77″	3
		星甸杜仲林场	山喷码字上	E118°24′31.92″　N32°03′10.74″	2
		星甸杜仲林场	山喷码字上	E118°24′32.34″　N32°03′09.20″	20
		星甸杜仲林场	水井山	E118°24′59.68″　N32°03′17.16″	3
		星甸杜仲林场	宝塔洼子	E118°24′39.44″　N32°03′43.16″	1

（续）

种质资源编号	种质资源归属	林地名称	小地名	样地中心 GPS 坐标	数量（株）
02	浦口区	星甸杜仲林场	宝塔洼子	E118°24′40.22″ N32°03′48.26″	8
		星甸杜仲林场	宝塔洼子	E118°24′40.92″ N32°02′48.95″	1
		星甸杜仲林场	林场后面	E118°24′15.84″ N32°03′20.78″	2
		定山林场	定山林场	E118°39′02.67″ N32°07′42.66″	6
		定山林场	定山林场	E118°39′34.97″ N32°07′51.60″	4
		大桥林场	老虎洞	E118°41′13.35″ N32°09′24.49″	4
03	栖霞区	兴卫山		E118°50′46.04″ N32°05′59.39″	6
		兴卫山	兴卫山北坡	E118°50′24.34″ N32°06′00.26″	13
		栖霞山		E118°57′34.38″ N32°09′15.58″	1
		栖霞山	陆羽茶庄东坡	E118°57′34.27″ N32°09′06.65″	3
		栖霞山	天开岩上方亭子附近	E118°57′35.04″ N32°09′28.42″	7
		栖霞山		E118°57′16.98″ N32°09′29.50″	1
04	雨花区	太平山公园		E118°52′10.66″ N32°07′56.81″	67
		普觉寺		E118°44′29.02″ N31°55′22.11″	1
05	江宁区	汤山林场佘村工区	青龙山	E118°56′42.46″ N32°00′47.76″	1
		汤山林场佘村工区	青龙山	E118°55′60.00″ N31°59′59.64″	1
		孟塘社区		E119°02′38.10″ N32°04′50.16″	1
		青林社区	白露头	E119°05′41.22″ N32°05′18.96″	6
		青林社区	白露头	E119°05′30.30″ N32°05′15.17″	3
		青林社区	孤山堰	E119°04′55.18″ N32°05′02.10″	1
		古泉社区		E119°01′29.37″ N32°02′49.72″	2
		古泉社区		E119°01′33.39″ N32°02′47.62″	1
		古泉社区		E119°01′35.52″ N32°02′42.85″	1
		东善桥林场云台分场	鸡笼山	E118°41′59.67″ N31°41′55.00″	1
		东善桥林场横山工区		E118°48′28.72″ N31°37′13.83″	2
		东善桥林场东善分场	静龙山	E118°46′52.37″ N31°51′20.88″	1
		东善桥林场横山分场		E118°49′26.98″ N31°38′06.85″	7
		汤山街道		E118°57′02.46″ N31°58′40.10″	2
		牛首山		E118°44′20.55″ N31°54′44.01″	1
		横溪街道	横溪	E118°40′58.66″ N31°44′04.32″	1
		秣陵街道将军山		E118°46′13.43″ N31°56′12.86″	1
06	高淳区	游子山林场	真武庙前	E119°00′36.53″ N31°20′47.45″	1
		青山林场	林业队	E119°03′42.58″ N31°22′16.38″	2

苦树　*Picrasma quassioides*（D. Don）Benn.

【别名】熊胆树、黄楝树、苦皮树、苦檀木、苦楝树、苦树

【科属】苦木科（Simaroubaceae）苦树属（*Picrasma*）

【树种简介】落叶乔木，高达 10 余米。树皮紫褐色，平滑，有灰色斑纹，全株有苦味。叶互生，奇数羽状复叶，小叶 9~15，卵状披针形或广卵形，边缘具不整齐粗锯齿，先端渐尖，基部楔形，除顶生叶外，其余小叶基部均不对称。花雌雄异株，组成腋生复聚伞花序，花序轴密被黄褐色微柔毛；萼片小，通常 5，偶 4；花瓣与萼片同数；雄花中雄蕊长为花瓣的 2 倍，与萼片对生，雌花中雄蕊短于花瓣。核果成熟后呈蓝绿色，长 6~8 毫米，宽 5~7 毫米。花期 4~5 月，果期 6~9 月。产黄河流域及以南各省份，印度北部、不丹、尼泊尔、朝鲜和日本也有分布。秋叶红黄，是优良色叶树种。木材纹理直，易干燥，易切削，切面光滑，不劈裂，适作家具、农具、器具以及各种建筑用材；茎皮纤维可制人造棉，作高级文化用纸；树皮有祛风除湿、消炎抗菌、杀虫的功效，也可作农药；树皮提取物可作染料。

【种质资源】南京市苦树野生种质资源共 3 份，分别归属于浦口区、江宁区和主城区。具体种质资源信息见表 99。

01：浦口区

分布在老山林场的平坦分场、狮子岭分场和星甸杜仲林场。在 198 个样地中，14 个样地有分布，总株数 178 株，其中株高小于 1.3 米的 66 株，占总数的 37%；胸径 1~10 厘米的 95 株，

平均胸径 3 厘米，占总数的 53%；胸径 11~20 厘米的 16 株，平均胸径 16 厘米，占总数的 9%；胸径 22 厘米的 1 株，占总数的 1%。种群大，分布相对集中。

02：江宁区

仅分布在东善桥林场。在 223 个样地中，1 个样地有分布，且仅有 1 株，株高小于 1.3 米。种群小。

03：主城区

分布在紫金山，主要集中在中马腰与猴子头之间。在 69 个样地中，15 个样地有分布，共 317 株，其中株高小于 1.3 米的 51 株，占总数的 16%；胸径 1~10 厘米的 193 株，占总数的 61%；胸径 11~20 厘米的 58 株，占总数的 18%；胸径 21~30 厘米的 14 株，占总数的 4%；最大 1 株胸径为 33 厘米。种群大，分布广。

表 99　苦树野生种质资源信息

种质资源编号	种质资源归属	林地名称	小地名	样地中心 GPS 坐标		数量（株）
01	浦口区	老山林场平坦分场	横山沟旁	E118°31′14.43″	N32°04′19.78″	10
		老山林场平坦分场	杨船山	E118°31′55.15″	N32°04′32.56″	1
		老山林场平坦分场	门坎里山	E118°32′23.84″	N32°03′54.86″	2
		老山林场平坦分场	蛇地	E118°33′59.25″	N32°05′39.57″	3
		老山林场平坦分场	虎洼二号洞口	E118°33′32.28″	N32°04′55.29″	2
		老山林场平坦分场	虎洼山脊	E118°33′47.06″	N32°03′58.29″	3
		老山林场平坦分场	虎洼山脊	E118°33′21.49″	N32°03′48.09″	1
		老山林场狮子岭分场	响铃庵	E118°34′08.04″	N32°05′02.84″	5
		星甸杜仲林场	大槽洼	E118°23′55.09″	N32°02′33.68″	1
		星甸杜仲林场	亭子山	E118°24′01.49″	N32°03′00.46″	141
		星甸杜仲林场	亭子山	E118°24′58.38″	N32°03′02.74″	2
		星甸杜仲林场	西山沟	E118°24′17.42″	N32°03′33.86″	1
		星甸杜仲林场	东常山	E118°24′17.24″	N32°03′28.39″	4
		星甸杜仲林场	林场后面	E118°24′15.84″	N32°03′20.78″	2
02	江宁区	东善桥林场东善分场		E118°47′31.34″	N31°38′33.17″	1
03	主城区	紫金山	头陀岭处	E118°50′25.00″	N32°04′22.00″	45
		紫金山	茅一峰北防火卫下方	E118°50′27.00″	N32°04′25.00″	2
		紫金山		E118°50′33.00″	N32°04′23.00″	54
		紫金山		E118°52′05.00″	N32°03′45.00″	8
		紫金山	中马腰与猴子头之间	E118°50′35.00″	N32°04′11.00″	66
		紫金山		E118°50′39.00″	N32°48′18.00″	6
		紫金山	小水闸南	E118°50′35.00″	N32°04′26.00″	44

（续）

种质资源编号	种质资源归属	林地名称	小地名	样地中心 GPS 坐标	数量（株）
03	主城区	紫金山		E118°50′33.00″ N32°04′42.00″	1
		紫金山	山北坡中上段	E118°50′39.00″ N32°04′23.00″	9
		紫金山	山北坡中上段	E118°50′38.00″ N32°04′23.00″	24
		紫金山	山北坡中上段	E118°50′40.00″ N32°04′24.00″	6
		紫金山	山北坡中上段	E118°50′37.00″ N32°04′26.00″	7
		紫金山	山北坡中上段	E118°50′36.00″ N32°04′27.00″	29
		紫金山	山北坡中上段	E118°50′36.00″ N32°04′26.00″	15
		紫金山	山北坡中上段	E118°50′40.00″ N32°04′26.00″	1

楝 *Melia azedarach* L.

【别名】金铃子、川楝子、森树、紫花树、楝树、川楝

【科属】楝科（Meliaceae）楝属（*Melia*）

【树种简介】落叶乔木，高达 10 余米。树皮灰褐色，纵裂。叶为二至三回奇数羽状复叶，长 20~40 厘米；小叶对生，卵形、椭圆形至披针形，顶生一片通常略大，先端短渐尖，基部楔形或宽楔形，多少偏斜，边缘有钝锯齿。圆锥花序约与叶等长，无毛或幼时被鳞片状短柔毛；花芳香；花萼 5 深裂，裂片卵形或长圆状卵形，先端急尖；花瓣淡紫色，倒卵状匙形，长约 1 厘米；雄蕊管紫色，无毛或近无毛，长 7~8 毫米，有纵细脉，管口有钻形、2~3 齿裂的狭裂片 10 枚。核果球形至椭圆形，长 1~2 厘米，成熟时黄色。种子椭圆形。花期 4~5 月，果期 10~12 月。产我国黄河以南各省份。生于低海拔旷野、路旁或疏林中。对土壤要求不严，在酸性土、中性土与石灰岩地区均能生长，而且有较强的耐盐性，在湿润的沃土上生长迅速，是平原、低海拔丘陵区和沿海滩涂的良好造林树种。根皮可驱蛔虫和钩虫，但有毒；根皮粉调醋可治疥癣；苦楝子做成油膏可治头癣；鲜叶可灭钉螺和作农药；用果核仁油可供制油漆、润滑油和肥皂；边材黄白色，心材黄色至红褐色，纹理粗而美，质轻软，有光泽，易施工，是家具、建筑、农具、舟车、乐器等良好用材。

【种质资源】南京市楝野生种质资源共 7 份，分别归属于六合区、浦口区、雨花区、江宁区、溧水区、高淳区和主城区。具体种质资源信息见表 100。

01：六合区

分布在平山林场、盘山、竹镇、冶山、方山、瓜埠果园、瓜埠林场和灵岩山。在调查的 81

个样地中，14 个样地有分布，且各样地分布数量相当，总数量 118 株，其中株高小于 1.3 米的 86 株，占总数的 73%；胸径 1~10 厘米的 18 株；胸径 11~20 厘米的 11 株；胸径 21~30 厘米的 3 株，最大胸径为 23 厘米。种群大，分布较广。

02：浦口区

分布在老山林场的平坦分场、西山分场、狮子岭分场、七佛寺分场和星甸杜仲林场，定山林场也有少量分布。在 198 个样地中，9 个样地有分布，总数量 21 株，其中株高小于 1.3 米的 6 株；胸径 1~10 厘米的 4 株，平均胸径 6 厘米；胸径 11~20 厘米的 10 株，平均胸径 16 厘米；最大 1 株胸径 32 厘米。种群小，零散分布。

03：栖霞区

分布在兴卫山、栖霞山、大普塘水库、灵山、仙鹤山、羊山、北象山、何家山和南象山。在 44 个样地中，16 个样地有分布，共 115 株，其中株高小于 1.3 米的 61 株，胸径 1~10 厘米的 31 株，胸径 11~20 厘米的 18 株，胸径 21~30 厘米的 5 株，最大胸径 27 厘米。种群大，分布广。

04：雨花区

分布在铁心桥街道、将军山、牛首山、普觉寺和罐子山。在 24 个样地中，10 个样地有分布，总数量 43 株，其中株高小于 1.3 米的 15 株；胸径 1~10 厘米的 11 株，平均胸径 6 厘米；胸径 11~20 厘米的 11 株，平均胸径 14 厘米；胸径 21~30 厘米的 2 株，平均胸径 25 厘米；胸径 31~40 厘米的 4 株，平均胸径 34 厘米。种群较大，分布广。

05：江宁区

分布在汤山林场、东山街道林场、孟塘社区、青林社区、古泉社区、东善桥林场、谷里、青山社区、汤山街道、牛首山、南山湖、洪幕社区、横溪街道和秣陵街道。在所调查的 223 个样地中，49 个样地有分布，总数量 129 株，其中株高小于 1.3 米的 14 株；胸径 1~10 厘米的 54 株，平均胸径 6 厘米；胸径 11~20 厘米的 47 株，平均胸径 14 厘米；胸径 21~30 厘米的 10 株，平均胸径 25 厘米；胸径 31~40 厘米的 4 株，平均胸径 34 厘米。种群大，分布广。

06：溧水区

分布在溧水区林场的东庐分场、平山分场和秋湖分场。在 115 个样地中，5 个样地有分布，总株数 27 株，株高小于 1.3 米的 3 株，胸径 1~10 厘米的 17 株，胸径 11~20 厘米的 5 株，胸径 21~30 厘米的 2 株，最大胸径为 21 厘米。种群小，分布相对集中。

07：高淳区

分布在大山林场、大荆山林场、游子山林场和青山林场。在 53 个样地中，9 个样地有分布，共计 28 株，株高小于 1.3 米的 1 株，胸径 1~10 厘米的 16 株，胸径 11~20 厘米的 9 株，胸径 21~30 厘米的 2 株。种群较小，分布较集中。

08：主城区

分布在紫金山、九华山和幕府山。在 69 个样地中，7 个样地有分布，共 22 株，其中株高小于 1.3 米的 9 株，胸径 1~5 厘米的 10 株，胸径 10~15 厘米的 3 株。种群小。

表 100 楝野生种质资源信息

种质资源编号	种质资源归属	林地名称	小地名	样地中心 GPS 坐标	数量（株）
01	六合区	平山林场		E118°49′41.80″ N32°27′39.75″	1
		平山林场	骡子山	E118°49′44.00″ N32°29′10.00″	12
		平山林场	骡子山	E118°50′14.00″ N32°28′52.00″	16
		盘山		E118°36′13.94″ N32°28′44.47″	3
		竹镇		E118°34′26.51″ N32°33′26.51″	2
		冶山		E118°56′21.80″ N32°30′35.68″	3
		冶山		E118°56′49.13″ N32°29′55.03″	33
		冶山		E118°56′49.13″ N32°29′55.03″	3
		方山		E118°58′55.00″ N32°19′11.00″	3
		方山		E118°59′20.21″ N32°18′37.63″	5
		瓜埠果园		E118°54′04.00″ N32°15′18.00″	13
		瓜埠林场		E118°53′33.60″ N32°16′25.00″	8
		灵岩山		E118°53′00.23″ N32°18′35.40″	5
		灵岩山		E118°53′20.85″ N32°18′52.36″	11
02	浦口区	老山林场平坦分场	小马腰	E118°30′32.68″ N32°03′27.68″	1
		老山林场西山分场	铁路桥下	E118°26′47.85″ N32°03′05.63″	1
		老山林场西山分场	万隆护林点后	E118°26′48.01″ N32°02′59.19″	2
		老山林场狮子岭分场	狮子岭分场背后山	E118°33′00.83″ N32°03′51.44″	2
		老山林场七佛寺分场	四道桥	E118°37′36.45″ N32°06′06.56″	2
		星甸杜仲林场	宝塔洼子	E118°24′39.44″ N32°03′43.16″	6
		星甸杜仲林场	宝塔洼子	E118°24′40.22″ N32°03′48.26″	5
		星甸杜仲林场	宝塔洼子	E118°24′40.92″ N32°02′48.95″	1
		定山林场	定山寺旁	E118°39′03.81″ N32°07′51.05″	1
03	栖霞区	兴卫山		E118°50′40.74″ N32°05′57.13″	1
		栖霞山		E118°50′46.04″ N32°05′59.39″	1
		栖霞山	对面山头	E118°55′09.24″ N32°05′00.34″	3
		栖霞山		E118°55′22.60″ N32°04′59.64″	1
		大普塘水库		E118°55′24.02″ N32°05′03.29″	8
		大普塘水库		E118°56′05.85″ N32°05′24.51″	9
		大普塘水库		E118°53′34.52″ N32°06′17.19″	16
		灵山		E118°55′56.24″ N32°06′47.59″	6
		仙鹤山	南象山衡阳寺	E118°56′07.44″ N32°08′16.38″	1
		羊山	南象山衡阳寺	E118°55′50.16″ N32°08′08.70″	6

（续）

种质资源编号	种质资源归属	林地名称	小地名	样地中心 GPS 坐标		数量（株）
03	栖霞区	北象山	陆羽茶庄东坡	E118°57′34.27″	N32°09′06.65″	1
		北象山	天开岩上方亭子附近	E118°57′35.04″	N32°09′28.42″	2
		何家山		E118°57′16.98″	N32°09′29.50″	1
		兴卫山		E118°56′31.92″	N32°09′16.62″	18
		南象山		E118°56′25.62″	N32°09′05.28″	14
		南象山		E118°57′22.38″	N32°08′45.96″	27
04	雨花区	铁心桥街道	韩府山	E118°45′06.12″	N31°56′02.61″	3
		高家库—将军山		E118°45′09.45″	N31°56′08.89″	1
		牛首山		E118°44′03.88″	N31°55′10.89″	2
		牛首山		E118°44′09.75″	N31°55′12.16″	3
		牛首山		E118°44′18.00″	N31°55′28.39″	3
		普觉寺		E118°44′29.02″	N31°55′22.11″	1
		普觉寺		E118°44′28.27″	N31°55′18.77″	1
		将军山		E118°45′02.55″	N31°55′21.68″	10
		牛首山		E118°45′13.12″	N31°55′11.95″	17
		罐子山		E118°43′15.52″	N31°56′00.99″	2
05	江宁区	汤山林场黄栗墅工区	土地山	E119°01′02.54″	N32°03′44.17″	1
		汤山林场长山工区	黄龙山	E118°54′18.53″	N31°58′31.67″	1
		汤山林场长山工区	青龙山	E118°54′10.80″	N31°58′54.89″	1
		汤山林场佘村工区	青龙山	E118°56′26.21″	N32°00′09.95″	7
		汤山林场佘村工区	青龙山	E118°56′19.79″	N32°00′05.54″	3
		东山街道林场		E118°56′03.33″	N31°57′50.81″	3
		汤山林场龙泉工区		E118°57′43.17″	N31°59′01.10″	3
		汤山林场龙泉工区		E118°57′32.46″	N31°59′06.67″	1
		汤山林场龙泉工区		E118°57′54.02″	N31°59′53.54″	1
		汤山林场龙泉工区		E118°58′14.15″	N32°00′12.64″	1
		孟塘社区	射乌山	E119°03′31.36″	N32°06′08.14″	4
		孟塘社区	射乌山	E119°03′27.54″	N32°06′08.04″	1
		孟塘社区	射乌山	E119°03′05.35″	N32°05′57.62″	2
		孟塘社区	射乌山	E119°03′08.53″	N32°05′52.37″	1
		孟塘社区	培山	E119°03′00.94″	N32°04′50.44″	1
		孟塘社区		E119°02′38.10″	N32°04′50.16″	1
		青林社区	白露头	E119°05′23.21″	N32°04′43.06″	1
		青林社区	白露头	E119°25′33.41″	N32°04′52.23″	1

（续）

种质资源编号	种质资源归属	林地名称	小地名	样地中心 GPS 坐标	数量（株）
		青林社区	女儿山	E119°04′37.17″ N32°04′21.65″	5
		青林社区	小石浪山	E119°04′40.75″ N32°04′43.29″	8
		青林社区	文山	E119°04′10.68″ N32°05′12.67″	2
		古泉社区	连山	E119°00′37.94″ N32°03′31.04″	3
		古泉社区		E119°01′35.52″ N32°02′42.85″	1
		东善桥林场横山分场		E118°48′13.76″ N31°37′39.48″	1
		东善桥林场横山分场		E118°47′25.39″ N31°38′23.59″	3
		东善桥林场东善分场	静龙山	E118°47′37.61″ N31°51′02.50″	18
		东善桥林场东善分场		E118°46′36.60″ N31°51′47.19″	1
		东善桥林场东善分场		E118°46′37.35″ N31°51′54.43″	1
		东善桥林场东善分场		E118°46′47.10″ N31°51′54.58″	1
		东善桥林场东善分场		E118°46′50.46″ N31°51′25.78″	1
		谷里	东塘水库附近	E118°42′46.69″ N31°46′46.42″	1
		青山社区		E118°56′59.76″ N31°57′50.98″	1
		汤山街道	西猪咀凹	E118°57′02.58″ N31°58′12.96″	1
05	江宁区	汤山街道		E118°57′02.46″ N31°58′40.10″	10
		牛首山		E118°44′43.64″ N31°53′23.64″	1
		牛首山		E118°44′36.41″ N31°53′30.44″	1
		牛首山		E118°44′57.33″ N31°53′46.05″	3
		牛首山		E118°45′12.86″ N31°53′45.91″	1
		牛首山		E118°44′53.71″ N31°54′07.74″	3
		南山湖		E118°32′58.89″ N31°46′08.24″	6
		洪幕社区洪幕山		E118°33′10.13″ N31°45′49.22″	2
		洪幕社区洪幕山		E118°33′10.13″ N31°45′49.22″	5
		洪幕社区洪幕山		E118°32′52.77″ N31°45′49.17″	3
		洪幕社区		E118°34′48.09″ N31°44′56.03″	1
		洪幕社区		E118°34′19.10″ N31°45′59.13″	2
		洪幕社区		E118°34′55.84″ N31°46′14.18″	2
		横溪街道	横溪	E118°41′15.45″ N31°45′08.48″	1
		秣陵街道将军山		E118°46′50.72″ N31°55′57.10″	4
		秣陵街道将军山		E118°46′45.53″ N31°55′28.55″	2
		溧水区林场东庐分场	杨树洼	E119°07′35.39″ N31°37′32.46″	3
06	溧水区	溧水区林场东庐分场	朝山	E119°06′35.00″ N31°39′20.00″	1
		溧水区林场平山分场	平安山	E119°00′15.36″ N31°36′23.71″	3

（续）

种质资源编号	种质资源归属	林地名称	小地名	样地中心 GPS 坐标		数量（株）
06	溧水区	溧水区林场秋湖分场	官塘坝	E119°01′20.00″	N31°34′42.00″	4
		溧水区林场秋湖分场	斗面山	E119°02′16.00″	N31°32′58.00″	16
07	高淳区	大山林场	大山寺旁	E119°05′06.77″	N31°25′05.43″	16
		大荆山林场	四凹	E118°08′37.20″	N32°26′15.03″	1
		大荆山林场	黄家塞	E118°08′32.18″	N32°26′15.83″	1
		游子山林场	真武庙前	E119°00′36.53″	N31°20′47.45″	1
		游子山林场	花山游山上段路旁	E118°57′47.58″	N31°16′10.28″	1
		青山林场	林业队	E119°03′50.46″	N31°22′07.26″	1
		青山林场	林业队	E119°03′42.58″	N31°22′16.38″	3
		青山林场	林业队	E119°03′50.46″	N31°22′07.26″	1
		青山林场	林业队	E119°03′42.58″	N31°22′16.38″	3
08	主城区	紫金山		E118°52′12.00″	N32°03′52.00″	1
		紫金山		E118°51′21.00″	N32°04′03.00″	1
		九华山	弥勒佛坡上	E118°48′15.00″	N32°03′41.00″	14
		幕府山	窑上村入口处左上	E118°47′43.00″	N32°07′38.00″	1
		幕府山	半山禅院上	E118°47′58.00″	N32°08′01.00″	3
		幕府山	三台洞	E118°47′58.00″	N32°08′01.00″	1
		幕府山	三台洞	E118°01′00.00″	N32°21′00.02″	1

竹叶花椒 *Zanthoxylum armatum* DC.

【别名】蜀椒、秦椒、崖椒、野花椒、山花椒、竹叶总管、白总管、万花针、土花椒、狗花椒、竹叶椒

【科属】芸香科（Rutaceae）花椒属（*Zanthoxylum*）

【树种简介】小乔木或灌木，高 3~5 米。叶有小叶 3~9，稀 11 片，翼叶明显，稀仅有痕迹；小叶对生，通常披针形，两端尖，有时基部宽楔形，干后叶缘略向背卷，叶面稍粗皱；或为椭圆形，顶端中央一片最大，基部一对最小；有时为卵形，叶缘有甚小且疏离的裂齿，或近于全缘，仅在齿缝处或沿小叶边缘有油点；小叶柄甚短或无柄。花序近腋生或同时生于侧枝顶部。果紫红色，有微凸起少数油点。种子褐黑色。花期 4~5 月，果期 8~10 月。主要分布在山东以南，南至海南，东南至台湾，西南至西藏东南部，日本、朝鲜等地也有分布。喜光，喜较温暖的气候，有一定的耐寒性、耐旱性，对土壤适应性强，喜深厚、肥沃的沙质壤土。根、茎、叶、果及种子均入药，治风湿性关节炎、牙痛、跌打肿痛，又用作驱虫及醉鱼剂；果亦用作食物的调味料及防腐剂；含有挥发性香味物质，可以作芳香性防腐剂。

【种质资源】南京市竹叶花椒野生种质资源共 3 份，分别归属于江宁区、溧水区和主城区。具体种质资源信息见表 101。

01：江宁区

分布在汤山林场、东山街道林场、汤山地质公园、青林社区、古泉社区、东善桥林场、青山社区、牛首山和秣陵街道。在 223 个样地中，23 个样地有分布，共 23 株，其中 20 株株高小于 1.3 米，3 株胸径在 1~5 厘米，平均胸径 2 厘米。种群小，分布广。

02：溧水区

分布在溧水区林场秋湖分场和东庐分场。在 115 个样地中，2 个样地有分布，共 6 株，其中 5 株株高小于 1.3 米，最大 1 株胸径 23 厘米。种群小。

03：主城区

分布在紫金山、九华山和幕府山。在 69 个样地中，22 个样地有分布，共 232 株，其中

196 株株高小于 1.3 米，占总数的 84.5%，36 株胸径在 1~5 厘米，最大胸径 5 厘米。种群大，分布较广。

表 101 竹叶花椒野生种质资源信息

种质资源编号	种质资源归属	林地名称	小地名	样地中心 GPS 坐标	数量（株）
01	江宁区	汤山林场汤山一郎山		E119°03′20.34″ N32°04′16.29″	1
		汤山林场黄栗墅工区	土地山	E119°01′10.68″ N32°04′16.29″	1
		汤山林场黄栗墅工区	土地山	E119°01′13.38″ N32°04′05.95″	1
		汤山林场长山工区	青龙山	E118°54′07.26″ N31°58′51.63″	1
		汤山林场长山工区	青龙山	E118°54′10.80″ N31°58′54.89″	1
		汤山林场佘村工区	青龙山	E118°56′46.14″ N32°00′53.25″	1
		汤山林场佘村工区	青龙山	E118°56′42.46″ N32°00′47.76″	1
		东山街道林场		E118°55′52.26″ N31°57′47.79″	1
		汤山林场龙泉工区		E118°58′05.04″ N31°59′18.89″	1
		汤山林场龙泉工区		E118°57′43.17″ N31°59′01.10″	1
		汤山林场龙泉工区		E118°57′54.02″ N31°59′53.54″	1
		汤山林场龙泉工区		E118°58′09.72″ N32°00′12.98″	1
		汤山地质公园		E119°01′57.91″ N32°02′52.42″	1
		青林社区	白露头	E119°05′30.30″ N32°05′15.17″	1
		青林社区	白露头	E119°15′20.59″ N32°04′59.61″	1
		青林社区	女儿山	E119°04′37.17″ N32°04′21.65″	1
		古泉社区		E119°01′29.37″ N32°02′49.72″	1
		东善桥林场云台分场		E118°43′04.99″ N31°43′00.56″	1
		东善桥林场横山工区		E118°48′13.76″ N31°37′39.48″	1
		青山社区		E118°56′59.76″ N31°57′50.98″	1
		牛首山		E118°44′24.22″ N31°54′50.01″	1
		牛首山		E118°45′12.86″ N31°53′45.91″	1
		秣陵街道将军山		E118°46′50.72″ N31°55′57.10″	1
02	溧水区	溧水区林场秋湖分场	双尖山	E119°02′38.00″ N31°34′41.40″	1
		溧水区林场东庐分场	禅国寺	E119°07′26.00″ N31°38′18.00″	5
03	主城区	紫金山		E118°52′05.00″ N32°03′45.00″	4
		紫金山		E118°52′05.00″ N32°03′46.00″	3
		紫金山		E118°52′01.00″ N32°03′46.00″	2
		九华山		E118°48′08.00″ N32°03′44.00″	1
		幕府山	窑上村入口处左上方	E118°47′43.00″ N32°07′38.00″	1
		幕府山		E118°47′25.00″ N32°07′45.00″	5

（续）

种质资源编号	种质资源归属	林地名称	小地名	样地中心 GPS 坐标	数量（株）
03	主城区	幕府山		E118°47′25.00″　N32°07′43.00″	3
		幕府山		E118°47′25.00″　N32°07′46.00″	1
		幕府山		E118°47′23.00″　N32°07′45.00″	3
		幕府山		E118°47′13.00″　N32°07′48.00″	1
		幕府山	达摩洞景区上坡	E118°47′17.00″　N32°07′47.00″	6
		幕府山	达摩洞景区上坡	E118°47′55.00″　N32°07′57.00″	39
		幕府山	达摩洞景区下坡	E118°47′54.00″　N32°07′58.00″	36
		幕府山	仙人对弈	E118°48′04.00″　N32°08′19.00″	17
		幕府山	半山禅院上中	E118°48′04.00″　N32°08′14.00″	17
		幕府山	半山禅院上	E118°47′58.00″　N32°08′01.00″	19
		幕府山	仙人对弈左坡	E118°48′05.00″　N32°08′10.00″	7
		幕府山	仙人对弈左中坡	E118°48′06.00″　N32°08′16.00″	30
		幕府山	仙人对弈下坡	E118°48′05.00″　N32°08′16.00″	17
		幕府山	三台洞	E118°01′00.00″　N31°21′00.02″	6
		幕府山	仙人台下坡	E118°48′00.04″　N32°08′00.28″	13
		幕府山	仙人台	E118°48′00.05″　N32°07′60.00″	1

野花椒 *Zanthoxylum simulans* Hance

【别名】香椒、黄总管、天角椒、大花椒、黄椒、刺椒

【科属】芸香科（Rutaceae）花椒属（*Zanthoxylum*）

【树种简介】灌木或小乔木。叶有小叶5~15片；叶轴有狭窄的叶质边缘，腹面呈沟状凹陷；小叶对生，无柄或位于叶轴基部的有甚短的小叶柄，卵形、卵状椭圆形或披针形，两侧略不对称，顶部急尖或短尖，常有凹口，油点多，干后半透明且常微凸起，间有窝状凹陷，叶面常有刚毛状细刺，中脉凹陷，叶缘有疏离而浅的钝裂齿。花序顶生；花被片5~8片，狭披针形、宽卵形或近于三角形，淡黄绿色。花期3~5月，果期7~9月。产青海、甘肃、山东、河南、安徽、江苏、浙江、湖北、江西、台湾、福建、湖南及贵州东北部。生于平地、低丘陵或略高的山地疏林或密林下。喜光，耐干旱。果作草药，味辛辣，麻舌，温中除湿、祛风逐寒，有止痛、健胃、抗菌、驱蛔虫的功效。台湾及江西民间有用其根治胃病的传统。

【种质资源】南京市野花椒野生种质资源共6份，分别归属于六合区、浦口区、栖霞区、江宁区、高淳区和主城区。具体种质资源信息见表102。

01：六合区

集中分布在平山林场，盘山、冶山和灵岩山有少量分布。在81个样地中，12个样地有分布，共134株，其中133株株高小于1.3米，占总数的99%，最大1株胸径为6厘米。种群大，分布集中，处于发育初期阶段。

02：浦口区

46%分布在星甸杜仲林场，54%分布在老山林场的平坦分场、西山分场和狮子岭分场。在198个样地中，14个样地有分布，共129株，株高均小于1.3米。种群较大，分布相对集中，处于发育初期阶段。

03：栖霞区

分布在大普塘水库和羊山。在44个样地中，3个样地有分布，共18株，株高均小于1.3米。种群小，分布较集中。

04：江宁区

分布在孟塘社区、青林社区、东善桥林场、洪幕社区、西宁社区和横溪街道。在223个样地中，8个样地有分布，共64株，株高均小于1.3米。种群较大，分布较集中。

05：高淳区

在53个样地中，9个样地有分布，共44株，其中50%分布在大山林场，25%分布在游子山林场，9%分布在傅家坛林场，9%分布在大荆山林场，7%分布在青山林场。在44株中，41株株高小于1.3米，占总数的93%，3株胸径在1~5厘米。种群较大，分布相对集中。

06：主城区

分布在九华山、狮子山和幕府山。在69个样地中，13个样地有分布，共119株，其中株高在小于 1.3 米的灌木 49 株，其余为小乔木，最大胸径 4 厘米。种群较大，分布较广，处于发育初期阶段。

表 102　野花椒野生种质资源信息

种质资源编号	种质资源归属	林地名称	小地名	样地中心 GPS 坐标		数量（株）
01	六合区	平山林场	袁家洼	E118°49′48.00″	N32°30′08.00″	12
		平山林场	平山梅花鹿养殖场	E118°50′09.00″	N32°30′10.00″	15
		平山林场	骡子山	E118°50′14.00″	N32°28′52.00″	40
		平山林场	骡子山	E118°50′14.00″	N32°28′52.00″	22
		盘山		E118°35′25.99″	N32°28′54.20″	3
		盘山		E118°36′13.94″	N32°28′44.47″	4
		盘山		E118°35′33.52″	N32°29′14.16″	8
		盘山	竹镇林场	E118°34′26.51″	N32°33′26.51″	13
		冶山		E118°56′54.00″	N32°30′30.00″	3
		冶山		E118°56′21.00″	N32°29′58.00″	6
		冶山		E118°56′40.57″	N32°30′20.79″	6
		灵岩山		E118°53′13.00″	N32°18′20.00″	2
02	浦口区	老山林场平坦分场	小马腰与大马腰间	E118°30′06.71″	N32°03′30.01″	2
		老山林场平坦分场	小马腰与大马腰间	E118°31′07.79″	N32°03′30.56″	10
		老山林场西山分场	西山—杨喷后	E118°26′05.77″	N32°04′18.59″	50
		老山林场狮子岭分场	石门	E118°34′48.44″	N32°04′05.02″	5
		老山林场狮子岭分场	暗沟护林点	E118°30′49.74″	N32°02′34.47″	3
		星甸杜仲林场	大槽洼	E118°23′55.09″	N32°02′33.68″	1
		星甸杜仲林场	华济山	E118°23′47.84″	N32°03′13.33″	1
		星甸杜仲林场	山喷码子	E118°24′30.16″	N32°03′09.77″	5
		星甸杜仲林场	山喷码字上	E118°24′31.92″	N32°03′10.74″	3
		星甸杜仲林场	山喷码字上	E118°24′32.34″	N32°03′09.20″	6
		星甸杜仲林场	宝塔洼子	E118°24′39.44″	N32°03′43.16″	1
		星甸杜仲林场	宝塔洼子	E118°24′40.92″	N32°02′48.95″	10
		星甸杜仲林场	独山西	E118°24′38.81″	N32°03′48.84″	30
		星甸杜仲林场	蒋家坝堰	E118°24′35.87″	N32°02′30.14″	2
03	栖霞区	大普塘水库	对面山头	E118°55′07.60″	N32°04′59.58″	1
		大普塘水库		E118°55′24.02″	N32°05′03.29″	16
		羊山		E118°55′56.24″	N32°06′47.59″	1

（续）

种质资源编号	种质资源归属	林地名称	小地名	样地中心 GPS 坐标	数量（株）
04	江宁区	孟塘社区	射乌山	E119°03′08.53″ N32°05′52.37″	1
		青林社区	孤山堰	E119°04′20.66″ N32°04′38.90″	1
		东善桥林场铜山分场		E118°51′19.43″ N31°39′58.42″	1
		洪幕社区		E118°34′48.09″ N31°44′56.03″	1
		洪幕社区		E118°34′48.96″ N31°46′19.86″	28
		西宁社区		E118°36′05.45″ N31°47′05.25″	3
		西宁社区		E118°35′47.81″ N31°46′51.82″	27
		横溪街道	横溪	E118°41′24.71″ N31°44′06.08″	1
05	高淳区	傅家坛林场	林科站	E119°04′46.94″ N31°14′34.05″	4
		大山林场	大山游行道旁中段	E119°05′04.84″ N31°25′06.95″	2
		大山林场	大山寺旁	E119°05′06.77″ N31°25′05.43″	20
		大荆山林场	黄家塞	E118°08′32.18″ N32°26′15.83″	2
		大荆山林场	四凹	E118°08′09.71″ N32°26′15.11″	2
		游子山林场	青阳殿对面	E119°00′36.83″ N31°20′32.92″	1
		游子山林场	花山游山上段路旁	E118°57′47.58″ N31°16′10.28″	3
		游子山林场	花山山顶	E118°57′46.51″ N31°16′14.56″	7
		青山林场	林业队（青山林场）	E119°03′50.46″ N31°22′07.26″	3
06	主城区	九华山	弥勒佛坡下	E118°48′12.00″ N32°03′45.00″	6
		狮子山	铜鼎坡下	E118°44′37.00″ N32°05′51.00″	8
		狮子山	阅江楼坡下	E118°44′31.00″ N32°05′40.00″	2
		狮子山	石玩店坡下	E118°44′34.00″ N32°05′41.00″	5
		狮子山	江南第一楼牌坊上坡处	E118°44′33.00″ N32°05′41.00″	9
		幕府山		E118°47′25.00″ N32°07′43.00″	7
		幕府山		E118°47′13.00″ N32°07′48.00″	2
		幕府山	达摩洞景区上坡	E118°47′17.00″ N32°07′47.00″	68
		幕府山	达摩洞景区上坡	E118°47′55.00″ N32°07′57.00″	1
		幕府山	达摩洞景区下坡	E118°47′54.00″ N32°07′58.00″	3
		幕府山	半山禅院上	E118°47′58.00″ N32°08′01.00″	1
		幕府山	仙人对弈左坡	E118°48′05.00″ N32°08′10.00″	4
		幕府山	仙人对弈下坡	E118°48′05.00″ N32°08′16.00″	3

吴茱萸 *Tetradium ruticarpum*（A. Juss.）T. G. Hartley

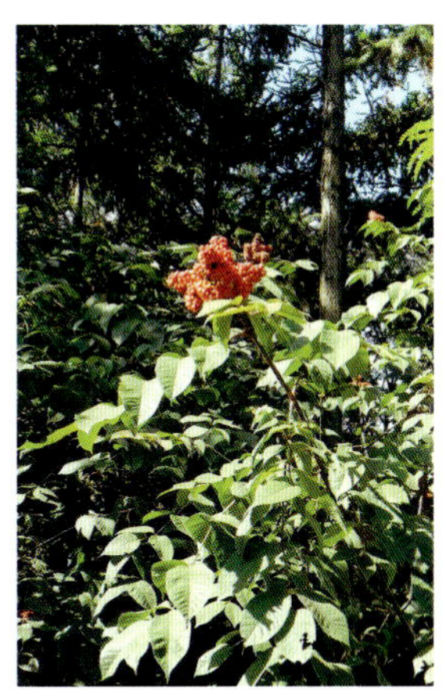

【别名】野茶辣、野吴萸

【科属】芸香科（Rutaceae）吴茱萸属（*Tetradium*）

【树种简介】小乔木或灌木，高 3~5 米。叶有小叶 5~11 片，小叶薄至厚纸质，卵形、椭圆形或披针形，叶轴下部的较小，两侧对称或一侧的基部稍偏斜，边全缘或浅波浪状，小叶两面及叶轴被长柔毛，毛密如毡状，或仅中脉两侧被短毛，油点大且多。花序顶生；雄花序的花彼此疏离，雌花序的花密集或疏离；雌花花瓣腹面被毛，退化雄蕊鳞片状或短线状或兼有细小的不育花药，子房及花柱下部疏被长毛。果序密集或疏离，暗紫红色，有大油点，每分果瓣有 1 种子。种子近圆球形，一端钝尖，腹面略平坦，褐黑色，有光泽。花期 4~6 月，果期 8~11 月。分布于秦岭以南各地，但海南未见有自然分布，日本也有分布。生于平地至海拔 1500 米的山地疏林或灌丛中，多见于向阳坡地。嫩果味苦，是健胃剂和镇痛剂，也可作驱蛔虫药。

【种质资源】南京市吴茱萸野生种质资源共 2 份，归属江宁区。具体种质资源信息见表 103。

01：江宁区

只分布在天台山。在 223 个样地中，仅 1 个样地有 7 株，线路踏查时也发现 1 株，其中胸径 1~5 厘米的 7 株，平均胸径 2.8 厘米。种群小，且分布集中。

表 103　吴茱萸野生种质资源信息

种质资源编号	种质资源归属	林地名称	小地名	样地中心 GPS 坐标	数量（株）
01	江宁区	天台山	石塘	E118°41′43.03″　N31°43′8.60″	7
	江宁区	天台山		起点：E118°41′41.18″　N31°43′10.11″ 终点：E118°41′25.96″　N31°42′49.48″	1

臭常山 *Orixa japonica* Thunb.

【别名】大山羊、大素药、白胡椒、和常山、臭山羊、臭苗、臭药、日本常山

【科属】芸香科（Rutaceae）臭常山属（*Orixa*）

【树种简介】灌木或小乔木，高 1~3 米。树皮灰或淡褐灰色，幼嫩部分常被短柔毛，枝、叶有腥臭气味，嫩枝暗紫红色或灰绿色，髓部大，常中空。叶薄纸质，全缘或上半段有细钝裂齿，下半段全缘，大小差异较大，同一枝条上有长达 15 厘米，宽 6 厘米，也有长约 4 厘米，宽 2 厘米，倒卵形或椭圆形，中部或中部以上最宽，两端急尖或基部渐狭尖，嫩叶背面被疏或密长柔毛，叶面中脉及侧脉被短毛，中脉在叶面略凹陷，散生半透明的细油点；叶柄长 3~8 毫米。雄花序长 2~5 厘米；花序轴纤细，初时被毛；花梗基部有苞片 1 片，苞片阔卵形，两端急尖，内拱，膜质，有中脉，散生油点，长 2~3 毫米；萼片甚细小；花瓣比苞片小，狭长圆形，上部较宽，有 3（5）脉；雄蕊比花瓣短，与花瓣互生，插生于明显的花盘基部四周，花盘近于正方形，花丝线状，花药广椭圆形；雌花的萼片及花瓣形状与大小均与雄花近似，4 个靠合的心皮圆球形，花柱短，黏合，柱头头状。成熟分果瓣阔椭圆形，干后暗褐色，径 6~8 毫米，每分果瓣由顶端起沿腹及背缝线开裂，内有近圆形的种子 1 粒。花期 4~5 月，果期 9~11 月。分布于河南（伏牛山、大别山、桐柏山以南）、安徽、江苏、浙江、江西、湖北、湖南、贵州、四川、云南（丽江）。常见于海拔 500~1300 米山地密林或疏林向阳坡地。根、茎用作草药。味辛，性寒。据载有小毒。有清热利湿、调气镇咳、镇痛、催吐等功效，可治胃气痛、风湿关节痛等。

【种质资源】南京市臭常山野生种质资源共 1 份，归属于主城区。具体种质资源信息见表 104。

01：主城区

分布在紫金山北麓。在调查的 69 个样地中仅 1 个样地有分布，共 46 株，多呈灌木状。种群大，分布集中。

表 104　臭常山野生种质资源信息

种质资源编号	种质资源归属	林地名称	小地名	样地中心 GPS 坐标	数量（株）
01	主城区	紫金山	常遇春墓旁	E118°49′37.19″　N32°4′2.43″	46

楝叶吴萸 *Tetradium glabrifolium*（Champ. ex Benth.）T. G. Hartley

【别名】假装辣、鹤木、贼仔树、檫树、山苦楝、山漆、野茶辣、臭桐子树、野吴萸、臭吴萸、臭辣树、楝叶吴茱萸、云南吴萸

【科属】芸香科（Rutaceae）吴茱萸属（*Tetradium*）

【树种简介】乔木，高达 17 米。树皮平滑，暗灰色，嫩枝紫褐色，散生小皮孔。叶有小叶 5~9 片，稀 11 片，小叶斜卵形至斜披针形，油点稀少且细小，叶缘波纹状或有细钝齿，叶轴及小叶柄均无毛。花序顶生，花甚多；5 基数；萼片卵形，边缘被短毛；雄花的退化雌蕊呈短棒状，花丝中部以下被长柔毛，雌花的退化雄蕊呈鳞片状；分果瓣淡紫红色，干后暗灰带紫色。种子褐黑色。花期 6~8 月，果期 8~10 月。产安徽、浙江、湖北、湖南、江西、福建、广东北部（乳源）、广西、贵州、四川、云南。喜土层深厚、疏松排水良好，湿度适中的沙壤或红壤土。叶、根味苦，性平，入心经，有通经活络、活血止痛等功效，可用于治疗牛脚风痛、痹痛、走路不便等症状；种子脂肪油含量高，可用于生产肥皂、润滑油或其他工业用油；材有酸辣气味；板材平滑，可作天花板、楼板、门窗装饰及文具等用材。

【种质资源】南京市楝叶吴萸（臭辣树）野生种质资源共 1 份，归属于栖霞区。具体种质资源信息见表 105。

01：栖霞区

分布在兴卫山。在 44 个样地中，仅 1 个样地有分布，共 6 株，株高小于 1.3 米的 5 株，胸径 2 厘米的 1 株。种群极小，分布集中。

表 105 楝叶吴萸（臭辣树）野生种质资源信息

种质资源编号	种质资源归属	林地名称	小地名	样地中心 GPS 坐标	数量（株）
01	栖霞区	兴卫山		E118°50′50.99″ N32°05′58.33″	6

枳 *Citrus trifoliata* L.

【别名】铁篱寨、雀不站、臭杞、臭橘、枸橘

【科属】芸香科（Rutaceae）柑橘属（*Citrus*）

【树种简介】小乔木，株高 1~5 米。树冠伞形或圆头形。枝绿色，嫩枝扁，有纵棱，刺长达 4 厘米，刺尖干枯状，红褐色，基部扁平。叶柄有狭长的翼叶，通常指状三出叶，很少 4~5 小叶，或杂交种的则除 3 小叶外尚有 2 小叶或单小叶同时存在，小叶等长或中间的一片较大，对称或两侧不对称，叶缘有细钝裂齿或全缘。花单朵或成对腋生，一般先叶开放，也有先叶后花的，有完全花及不完全花，花有大、小二型；花瓣白色，匙形。果近圆球形或梨形，果顶微凹，有环圈，果皮暗黄色，粗糙，也有无环圈、果皮平滑的，油胞小而密，果心充实，瓢囊 6~8 瓣，汁胞有短柄，果肉含黏液，微有香橼气味，甚酸且苦，带涩味。有种子 20~50 粒。花期 5~6 月，果期 10~11 月。分布于山东、河南、山西、陕西、甘肃、安徽、江苏、浙江、湖北、湖南、江西、广东、广西、贵州、云南等省份。喜光、温暖湿润环境，怕积水，适生光照充足处；喜微酸性土壤，中性土壤也可生长良好。性温，味苦，辛，无毒，可舒肝止痛、破气散结、消食化滞及除痰镇咳；枳壳制剂的静脉注射对感染性中毒、过敏性及药物中毒引致的休克都有一定疗效。

【种质资源】南京市枳野生种质资源共 2 份，分别归属于江宁区和主城区。具体种质资源信息见表 106。

01：江宁区

分布在汤山林场。在 223 个样地中，1 个样地有分布，共 1 株，株高小于 1.3 米。

02：主城区

仅分布在紫金山。在 69 个样地中，1 个样地有分布，且仅有 1 株，胸径为 1.1 厘米。

表 106 枳野生种质资源信息

种质资源编号	种质资源归属	林地名称	小地名	样地中心 GPS 坐标	数量（株）
01	江宁区	汤山林场佘村工区	青龙山	E118°55′60.00″ N31°59′59.64″	1
02	主城区	紫金山		E118°52′00.00″ N32°03′43.00″	1

刺楸　*Kalopanax septemlobus*（Thunb.）Koidz.

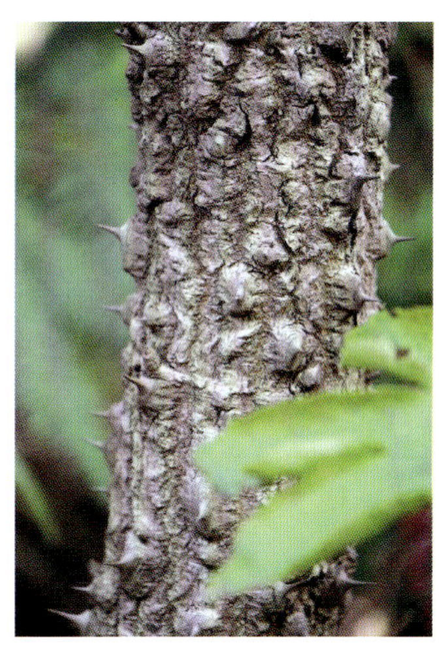

【别名】鼓钉刺、刺枫树、刺桐

【科属】五加科（Araliaceae）刺楸属（*Kalopanax*）

【树种简介】落叶乔木，高约 10 米，最高可达 30 米。树皮暗灰棕色。小枝淡黄棕色或灰棕色，散生粗刺；刺基部宽阔且扁平，在茁壮枝上长达 1 厘米以上，宽 1.5 厘米以上。叶片纸质，在长枝上互生，在短枝上簇生，掌状 5~7 浅裂，裂片阔三角状卵形至长圆状卵形，长不及全叶片的 1/2，茁壮枝上的叶片分裂较深，裂片长超过全叶片的 1/2，先端渐尖，基部心形。圆锥花序大，长 15~25 厘米，直径 20~30 厘米；伞形花序直径 1~2.5 厘米，有花多数；花白色或淡绿黄色。果实球形，蓝黑色。花期 7~10 月，果期 9~12 月。分布北自东北，南至广东、广西、云南，西自四川西部，东至海滨的广大区域，朝鲜、俄罗斯和日本也有分布。喜光稍耐阴，喜土层深厚、湿润的酸性土和中性土，耐寒抗旱，抗病虫害能力强。树干耸直，叶大枝疏，是花叶俱佳的观赏树种；枝叶不易引火，能用于油库绿化及营造防火林带；材耐朽，易于加工，可供建筑、造船和装饰用材；种子可榨油，作为制皂原料；药用可散血、清热、除风湿，治疗肠风下血、跌打损伤及风湿骨痛等症。

【种质资源】南京市刺楸野生种质资源共 6 份，分别归属于栖霞区、雨花区、江宁区、溧水区、高淳区和主城区。具体种质资源信息见表 107。

01：栖霞区

分布在兴卫山、栖霞山、西岗街道和何家山。在 44 个样地中，14 个样地有分布，共 219

株，其中株高小于 1.3 米的 91 株，胸径 1~10 厘米的 98 株，胸径 11~20 厘米的 23 株，胸径 21~30 厘米的 6 株，胸径 44 厘米的 1 株。种群大，分布相对集中。

02：雨花区

分布在铁心桥街道、牛首山和罐子山。在 24 个样地中，5 个样地有分布，总数量 70 株，其中株高小于 1.3 米的 66 株；胸径 1~10 厘米的 3 株，平均胸径 6 厘米；胸径 12 厘米的 1 株。种群较大，分布相对集中。

03：江宁区

分布在方山、汤山林场、东山街道林场、汤山地质公园、孟塘社区、青林社区、古泉社区、东善桥林场、横溪街道、汤山街道和牛首山。在 223 个样地中 46 个样地有分布，总数量 165 株，其中株高小于 1.3 米的 21 株，胸径 1~10 厘米的 92 株，平均胸径 6 厘米；胸径 11~20 厘米的 35 株，平均胸径 12 厘米；胸径 21~30 厘米的 12 株，平均胸径 24 厘米；胸径 32 厘米的 1 株。种群大，分布广。

04：溧水区

分布在溧水区林场的东庐分场、芳山分场、秋湖分场及晶桥街道和洪蓝街道。在 115 个样地中，18 个样地有分布，总数量 104 株，其中株高小于 1.3 米的 47 株，胸径 1~10 厘米的 40 株，胸径 11~20 厘米的 16 株，胸径 22 厘米的 1 株。种群较大，分布广。

05：高淳区

主要分布在大荆山林场，大山林场有少量分布。在 53 个样地中，3 个样地有分布，总数量 15 株，其中株高小于 1.3 米的 2 株，胸径 1~10 厘米的 13 株。种群小，分布集中。

06：主城区

分布在紫金山和幕府山。在 69 个样地中，2 个样地有分布，共 2 株，胸径分别为 8 厘米和 14 厘米。种群极小。

表 107　刺楸野生种质资源信息

种质资源编号	种质资源归属	林地名称	小地名	样地中心 GPS 坐标	数量（株）
01	栖霞区	兴卫山		E118°50′32.47″　N32°05′59.03″	69
		栖霞山		E118°57′30.72″　N32°09′18.94″	9
		栖霞山		E118°57′29.02″　N32°09′17.68″	4
		栖霞山		E118°57′26.93″　N32°09′18.98″	1
		栖霞山		E118°57′29.21″　N32°09′14.10″	13
		栖霞山	陆羽茶庄东坡	E118°57′34.27″　N32°09′06.65″	63
		栖霞山		E118°57′43.25″　N32°09′18.53″	28
		栖霞山	小硬盘娱乐场	E118°57′44.15″　N32°09′18.30″	5
		栖霞山	天开岩上方亭子附近	E118°57′35.04″　N32°09′28.42″	7

（续）

种质资源编号	种质资源归属	林地名称	小地名	样地中心 GPS 坐标	数量（株）
01	栖霞区	栖霞山		E118°57′19.16″ N32°09′23.65″	1
		栖霞山		E118°57′16.98″ N32°09′29.50″	4
		栖霞山		E118°57′37.69″ N32°09′15.78″	7
		西岗街道	西岗果牧场对面山头南坡	E118°58′45.05″ N32°05′46.39″	1
		何家山	何家山	E118°57′20.22″ N32°08′41.82″	7
02	雨花区	铁心桥街道韩府山		E118°45′29.12″ N31°56′56.46″	25
		铁心桥街道韩府山		E118°45′30.33″ N31°56′48.60″	7
		铁心桥街道韩府山		E118°45′17.62″ N31°56′34.85″	36
		牛首山		E118°44′18.00″ N31°55′28.39″	1
		西善桥—罐子山		E118°43′22.49″ N31°56′29.65″	1
03	江宁区	方山		E118°52′18.57″ N31°53′50.53″	1
		汤山林场汤山—郎山		E119°03′20.34″ N32°04′16.29″	2
		汤山林场黄栗墅工区		E119°01′10.68″ N32°04′16.29″	1
		汤山林场黄栗墅工区		E119°01′13.38″ N32°04′05.95″	1
		汤山林场长山工区		E118°54′16.82″ N31°58′29.38″	1
		汤山林场长山工区		E118°54′20.80″ N31°58′33.81″	5
		汤山林场佘村工区		E118°56′42.46″ N32°00′47.76″	1
		东山街道林场		E118°55′56.56″ N31°57′55.99″	4
		东山街道林场		E118°56′03.33″ N31°57′50.81″	2
		东山街道林场		E118°55′52.26″ N31°57′47.79″	2
		东山街道林场		E118°55′58.48″ N31°57′44.99″	2
		东山街道林场		E118°55′52.80″ N31°57′55.47″	1
		汤山林场龙泉工区		E118°58′05.04″ N31°59′18.89″	1
		汤山林场龙泉工区		E118°57′43.17″ N31°59′01.10″	9
		汤山林场龙泉工区		E118°57′32.46″ N31°59′06.67″	9
		汤山林场龙泉工区		E118°57′54.02″ N31°59′53.54″	1
		汤山林场龙泉工区		E118°58′09.72″ N32°00′12.98″	5
		汤山林场龙泉工区		E118°58′14.15″ N32°00′12.64″	30
		汤山林场龙泉工区		E118°58′18.73″ N32°00′11.84″	21
		汤山地质公园		E119°02′50.82″ N32°03′17.08″	1
		汤山地质公园		E119°02′40.10″ N32°03′07.10″	1
		孟塘社区	射乌山	E119°03′31.36″ N32°06′08.14″	2

（续）

种质资源编号	种质资源归属	林地名称	小地名	样地中心 GPS 坐标	数量（株）
03	江宁区	孟塘社区	射乌山	E119°03′05.35″ N32°05′57.62″	1
		孟塘社区	培山	E119°03′00.94″ N32°04′50.44″	14
		青林社区	白露头	E119°05′23.21″ N32°04′43.06″	1
		青林社区	白露头	E119°25′33.41″ N32°04′52.23″	2
		青林社区	白露头	E119°15′20.59″ N32°04′59.61″	3
		青林社区	孤山堰	E119°04′20.66″ N32°04′38.90″	1
		古泉社区		E119°01′29.37″ N32°02′49.72″	1
		古泉社区		E119°01′33.39″ N32°02′47.62″	8
		古泉社区		E119°01′33.68″ N32°22′44.31″	3
		东善桥林场横山工区		E118°48′13.76″ N31°37′39.48″	1
		东善桥林场东善分场	静龙山	E118°47′36.60″ N31°50′56.61″	1
		东善桥林场东善分场		E118°46′36.60″ N31°51′47.19″	1
		东善桥林场东善分场		E118°46′47.10″ N31°51′54.58″	1
		东善桥林场横山分场		E118°49′26.97″ N31°38′12.31″	6
		东善桥林场横山分场		E118°49′41.13″ N31°38′00.37″	1
		东善桥林场横山分场		E118°49′51.91″ N31°38′35.46″	3
		横溪街道	横溪枣山	E118°42′18.24″ N31°46′38.03″	2
		横溪街道	横溪枣山	E118°42′19.89″ N31°46′38.04″	2
		汤山街道	西猪咀凹	E118°57′02.58″ N31°58′12.96″	1
		牛首山		E118°44′43.64″ N31°53′23.64″	1
		牛首山		E118°44′21.50″ N31°54′46.66″	1
		牛首山		E118°44′20.00″ N31°54′47.62″	1
		牛首山		E118°44′24.22″ N31°54′50.01″	1
		牛首山		E118°44′53.71″ N31°54′07.74″	1
04	溧水区	溧水区林场东庐分场	东庐山中部	E119°07′34.00″ N31°38′41.00″	1
		溧水区林场东庐分场	东庐山中部	E119°07′26.00″ N31°38′50.00″	3
		溧水区林场东庐分场	山棚子	E119°06′60.00″ N31°39′30.00″	4
		溧水区林场芳山分场	芳山	E119°08′11.68″ N31°29′42.91″	1
		溧水区林场芳山分场	芳山	E119°08′25.53″ N31°29′37.54″	21
		溧水区林场芳山分场	芳山	E119°08′21.22″ N31°29′05.52″	14

（续）

种质资源编号	种质资源归属	林地名称	小地名	样地中心 GPS 坐标		数量（株）
04	溧水区	晶桥街道枫香岭社区	芳山山脚	E119°07′59.50″	N31°29′07.68″	2
		洪蓝街道无想寺社区	顶公山	E119°00′27.23″	N31°35′10.51″	20
		洪蓝街道无想寺社区	顶公山	E119°00′38.84″	N31°35′56.51″	8
		洪蓝街道无想寺社区	顶公山	E119°01′12.76″	N31°35′35.98″	4
		洪蓝街道无想寺社区	顶公山	E119°01′36.82″	N31°35′12.19″	3
		溧水区林场秋湖分场	桃花凹	E119°02′09.74″	N31°34′05.73″	5
		溧水区林场秋湖分场	龙吟湾	E119°02′36.00″	N31°33′44.00″	2
		溧水区林场秋湖分场	官塘坝	E119°01′57.00″	N31°34′58.00″	2
		溧水区林场秋湖分场	双尖山	E119°02′27.00″	N31°35′11.00″	1
		溧水区林场秋湖分场	双尖山	E119°03′33.00″	N31°34′46.00″	8
		溧水区林场秋湖分场	龙吟湾	E119°02′45.00″	N31°33′47.00″	1
		溧水区林场秋湖分场	斗面山	E119°02′16.00″	N31°32′58.00″	4
05	高淳区	大山林场	大山路旁南到北 2 千米处	E119°06′56.00″	N31°24′14.98″	1
		大荆山林场	四凹	E118°08′37.20″	N32°26′15.03″	12
		大荆山林场	四凹	E118°08′06.12″	N32°26′16.62″	2
06	主城区	紫金山		E118°50′33.00″	N32°04′42.00″	1
		幕府山	仙人对弈左中坡	E118°48′06.00″	N32°08′16.00″	1

湖北楤木 *Aralia hupehensis* G. Hoo

【别名】鹊不踏、虎阳刺、海桐皮、刺嫩芽、通刺、黄龙苞、刺龙柏、刺树椿

【科属】五加科（Araliaceae）楤木属（*Aralia*）

【树种简介】灌木或乔木，高 2~5 米。树皮灰色，疏生粗壮直刺。小枝通常淡灰棕色。叶为二回或三回羽状复叶，叶柄粗壮；托叶与叶柄基部合生。圆锥花序大，密生淡黄棕色或灰色短柔毛；伞形花序，有花多数；总花梗密生短柔毛；苞片锥形，膜质，外面有毛；花白色，芳香。果实球形，黑色，有 5 棱；宿存花柱离生或合生至中部。花期 7~9 月，果期 9~12 月。分布于北自甘肃南部（天水）、陕西南部（秦岭南坡）、山西南部（垣曲、阳城）、河北中部（小五台山、阜平）起，南至云南西北部（宾川）、中部（昆明、嵩明），广西西北部（凌云）、东北部（兴安），广东北部（新丰）和福建西南部（龙岩）、东部（福州），西起云南西北部（贡山）。主要生于向阳和温暖湿润的环境。嫩芽中含有多种维生素和矿物质，营养价值和保健功能极高，是传统的药食同源山野菜，有除湿活血、安神祛风、滋阴补气、强壮筋骨、健胃利尿等功效，可用于治疗风湿性关节炎、阳痿和糖尿病等疾病。

【种质资源】南京市湖北楤木野生种质资源共 3 份，分别归属于浦口区、江宁区和溧水区。具体种质资源信息见表 108。

01：浦口区

分布在老山林场的平坦分场和狮子岭分场，其他林场未见。在 198 个样地中，5 个样地有分布，总数量 163 株，其中株高小于 1.3 米的 133 株，占总数的 81%，胸径 1~10 厘米的 29 株；胸径 11 厘米的 1 株。种群较大，分布相对集中。

02：江宁区

分布在汤山林场、东善桥林场、谷里、横溪街道、汤山街道、牛首山、南山湖、富贵山公墓、洪幕社区和天台山，常生长在杉木林下。在223个样地中，35个样地有分布，总数量184株，其中株高小于1.3米的31株；胸径1~10厘米的137株，平均胸径6厘米；胸径11~20厘米的10株，平均胸径14厘米；胸径21~30厘米的6株，平均胸径24厘米。种群较大，分布广。

03：溧水区

分布在溧水区林场平山分场和东庐分场。在115个样地中，4个样地有分布，总数量14株，其中株高小于1.3米的5株，胸径在1~10厘米的7株，胸径11厘米的2株。种群小，分布较集中。

表108 湖北楤木野生种质资源信息

种质资源编号	种质资源归属	林地名称	小地名	样地中心GPS坐标	数量（株）
01	浦口区	老山林场平坦分场	匪集场道旁	E100°00′00.00″ N32°04′19.78″	100
		老山林场平坦分场	匪集场山后	E10°00′00.00″ N32°04′13.89″	10
		老山林场狮子岭分场	兜率寺内	E3°00′00.00″ N32°04′32.56″	3
		老山林场狮子岭分场	兜率寺后山	E25°00′00.00″ N32°04′18.20″	25
		老山林场平坦分场	匪集场道旁	E25°00′00.00″ N32°04′05.79″	25
02	江宁区	汤山林场佘村工区	青龙山	E118°56′42.46″ N32°00′47.76″	1
		汤山林场佘村工区		E118°56′43.52″ N32°00′41.96″	19
		汤山林场佘村工区	青龙山	E118°56′26.21″ N32°00′09.95″	1
		东善桥林场云台分场	大平山	E118°42′33.23″ N31°42′09.75″	2
		东善桥林场云台分场	大平山	E118°42′19.43″ N31°42′28.84″	1
		东善桥林场云台分场	太平山	E118°42′01.24″ N31°41′56.23″	1
		东善桥林场横山工区		E118°48′53.79″ N31°37′15.38″	1
		东善桥林场横山工区		E118°48′28.72″ N31°37′13.83″	2
		东善桥林场横山工区		E118°48′12.38″ N31°37′10.30″	1
		东善桥林场横山工区		E118°48′13.76″ N31°37′39.48″	1
		东善桥林场横山工区		E118°48′14.69″ N31°37′17.87″	1
		东善桥林场横山分场	山下坡溪水处	E118°52′34.94″ N31°42′12.60″	19
		东善桥林场横山分场		E118°49′41.13″ N31°38′00.37″	1
		东善桥林场横山分场		E118°49′26.98″ N31°38′06.85″	2
		东善桥林场横山分场		E118°49′19.78″ N31°38′14.00″	1
		东善桥林场横山分场		E118°50′36.88″ N31°39′17.79″	1
		东善桥林场铜山		E118°52′18.08″ N31°39′27.82″	1
		东善桥林场铜山		E118°51′47.70″ N31°39′00.59″	2
		谷里	东塘水库附近	E118°42′50.90″ N31°47′20.37″	1
		横溪街道	横溪枣山	E118°42′18.24″ N31°46′38.03″	1

（续）

种质资源编号	种质资源归属	林地名称	小地名	样地中心 GPS 坐标	数量（株）
02	江宁区	汤山街道	天龙山	E118°58′25.06″ N32°00′23.31″	1
		牛首山		E118°45′12.86″ N31°53′45.91″	19
		南山湖		E118°32′58.89″ N31°46′08.24″	1
		富贵山公墓		E118°32′28.22″ N31°45′46.73″	2
		洪幕社区		E118°34′48.09″ N31°44′56.03″	1
		洪幕社区		E118°34′42.50″ N31°44′52.90″	1
		天台山	石塘	E118°41′43.03″ N31°43′08.60″	1
		天台山		E118°41′25.94″ N31°42′49.41″	2
		天台山		E118°42′02.91″ N31°42′52.53″	1
		横溪街道云台山		E118°40′54.91″ N31°42′06.43″	1
		横溪街道云台山		E118°40′48.91″ N31°42′13.90″	1
		横溪街道		E118°40′53.86″ N31°42′07.02″	1
		横溪街道		E118°40′53.86″ N31°42′07.02″	23
		横溪街道		E118°40′39.18″ N31°41′48.42″	1
		横溪街道		E118°40′42.81″ N31°41′55.10″	10
03	溧水区	溧水区林场平山分场	桃花凹	E119°02′09.74″ N31°34′05.73″	3
		溧水区林场平山分场	官塘坝	E119°01′20.00″ N31°34′42.00″	6
		溧水区林场平山分场	双尖山	E119°02′47.00″ N31°34′59.00″	4
		溧水区林场东庐分场	狮子山	E119°01′20.00″ N31°40′09.00″	1

厚壳树 *Ehretia acuminata* R. Br.

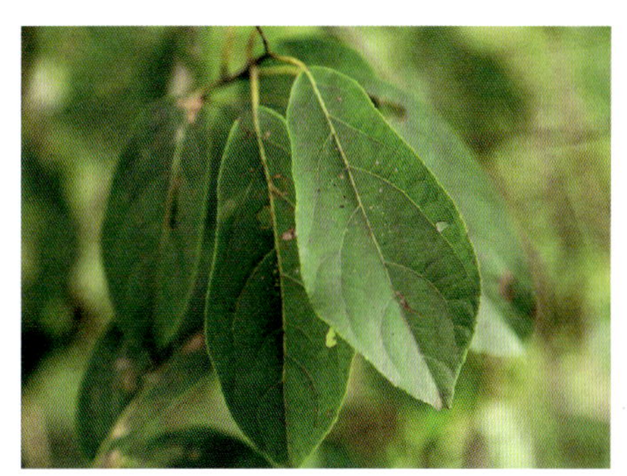

【别名】大岗茶、松杨

【科属】紫草科（Boraginaceae）厚壳树属（*Ehretia*）

【树种简介】落叶乔木，高达15米。树皮黑灰色，具条裂。叶椭圆形、倒卵形或长圆状倒卵形，长5~13厘米，宽4~6厘米，先端尖，基部宽楔形，稀圆形，边缘有整齐的锯齿，齿端向上而内弯，无毛或被稀疏柔毛。聚伞花序圆锥状，长8~15厘米，宽5~8厘米，被短毛或近无毛；花多数，密集，小型，芳香；花冠钟状，白色，长3~4毫米，裂片长圆形，开展，长2~2.5毫米，较筒部长。核果黄色或橘黄色，直径3~4毫米；核具皱折，成熟时分裂为2个具2粒种子的分核。分布于华南、华东及台湾、河南等省份，日本、越南有分布。生于海拔100~1700米的丘陵、平原疏林、山坡灌丛及山谷密林。可作行道树、庭院树；木材供建筑及家具用；树皮作染料；嫩芽可供食用；叶、心材、树枝可入药。

【种质资源】南京市厚壳树野生种质资源共5份，分别归属于浦口区、栖霞区、江宁区、溧水区和主城区。具体种质资源信息见表109。

01：浦口区

仅在星甸杜仲林场有发现。在198个样地中，2个样地有分布，共2株，胸径分别为5厘米和3厘米。种群极小，分布集中。

02：栖霞区

分布在栖霞山、兴卫山、大普塘水库和灵山。在44个样地中，4个样地有分布，共6株，株高均小于 1.3 米。种群极小，分布广。

03：江宁区

仅汤山林场长山工区发现 1 株。

04：溧水区

分布在溧水区林场东庐分场。在 115 个样地中，仅 1 个样地有分布，总数量 2 株，胸径均为 3 厘米，种群极小。

05：主城区

仅紫金山的 1 个样地里发现 1 株小苗，其他地方没有发现，种群极小。

表 109　厚壳树野生种质资源信息

种质资源编号	种质资源归属	林地名称	小地名	样地中心 GPS 坐标	数量（株）
01	浦口区	星甸杜仲林场	亭子山	E118°24′01.73″　N32°03′00.04″	1
		星甸杜仲林场	亭子山	E118°24′00.36″　N32°03′02.43″	1
02	栖霞区	栖霞山	陆羽茶庄东坡	E118°57′34.27″　N32°09′06.65″	1
		兴卫山		E118°50′40.74″　N32°05′57.12″	1
		大普塘水库		E118°55′24.02″　N32°05′03.29″	3
		灵山		E118°55′42.67″　N32°05′24.80″	1
03	江宁区	汤山林场长山工区		起点：E118°54′8.364″　N31°58′31.345″ 终点：E118°54′17.717″　N31°58′29.758″	1
04	溧水区	溧水区林场东庐分场	山棚子	E119°06′60.00″　N31°39′30.00″	2
05	主城区	紫金山		E118°50′24.00″　N32°04′09.84″	1

黄荆　*Vitex negundo* L.

【别名】五指柑、五指风、布荆

【科属】马鞭草科（Verbenaceae）牡荆属（*Vitex*）

【树种简介】灌木或小乔木。小枝四棱形，密生灰白色茸毛。掌状复叶，小叶 5，少有 3；小叶片长圆状披针形至披针形，顶端渐尖，基部楔形，全缘或每边有少数粗锯齿，表面绿色，背面密生灰白色茸毛；中间小叶长 4~13 厘米，宽 1~4 厘米，两侧小叶依次变小，若具 5 小叶时，中间 3 片小叶有柄，最外侧的 2 片小叶无柄或近于无柄。聚伞花序排成圆锥花序式，顶生，长 10~27 厘米，花序梗密生灰白色茸毛；花萼钟状，顶端有 5 裂齿，外有灰白色茸毛；花冠淡紫色，外有微柔毛，顶端 5 裂，二唇形；雄蕊伸出花冠管外；子房近无毛。核果近球形，径约 2 毫米；宿存萼片接近果实的长度。花期 4~6 月，果期 7~10 月。主要产长江以南各省份，北达秦岭淮河，非洲东部经马达加斯加、亚洲东南部及南美洲的玻利维亚也有分布。生于山坡路旁或灌丛中。茎皮可造纸及制人造棉；茎叶治久痢；种子可作清凉性镇静、镇痛药；根可以驱蛲虫；花和枝叶可提取芳香油。

【种质资源】南京市黄荆野生种质资源共 6 份，分别归属于浦口区、栖霞区、雨花区、江宁区、溧水区和主城区。具体种质资源信息见表 110。

01：浦口区

分布在老山林场西山分场和平坦分场，其他林场未见。在 198 个样地中，3 个样地有分布，总数量 12 株，其中株高小于 1.3 米的 3 株，胸径 1~10 厘米的 9 株。种群小，分布较集中。

02：栖霞区

分布在兴卫山、栖霞山、南象山、北象山、何家山和乌龙山。在 44 个样地中，10 个样地有分布，总数量 121 株，其中株高小于 1.3 米的 51 株，胸径 1~10 厘米的 70 株。种群大，分布广。

03：雨花区

分布在普觉寺。在 24 个样地中，仅 1 个样地有分布，且仅有 1 株，胸径 9 厘米。

04：江宁区

分布在方山、汤山林场、东山街道林场、汤山地质公园、孟塘社区、青林社区、古泉社区、横溪街道和秣陵街道。在 223 个样地中，22 个样地有分布，总数量 101 株，其中株高均小于 1.3 米的 6 株，胸径 1~10 厘米的 96 株。种群大，分布广。

05：溧水区

分布在溧水区林场平山分场。在 115 个样地中，2 个样地有分布，总数量 8 株，其中 2 株株高小于 1.3 米，胸径 1~10 厘米的 4 株，胸径 11~15 厘米的 2 株，最大胸径为 13 厘米。种群小，分布较集中。

06：主城区

分布在紫金山和幕府山。在 69 个样地中，仅 2 个样地有分布，共 19 株，其中 2 株是株高小于 1.3 米的小灌木，其他 17 株胸径均在 1~3 厘米，最大胸径为 3 厘米。种群小，主要集中分布在幕府山。

表 110　黄荆野生种质资源信息

种质资源编号	种质资源归属	林地名称	小地名	样地中心 GPS 坐标		数量（株）
01	浦口区	老山林场西山分场	万隆护林点后	E118°26′48.01″	N32°02′59.19″	6
		老山林场西山分场	牯牛棚	E118°27′15.09″	N32°04′09.35″	3
		老山林场平坦分场	虎洼山脊	E118°33′28.27″	N32°03′49.26″	3
02	栖霞区	兴卫山		E118°50′40.74″	N32°05′57.12″	2
		栖霞山		E118°57′29.02″	N32°09′17.68″	3
		栖霞山		E118°57′34.38″	N32°09′15.58″	4
		南象山	衡阳寺	E118°55′50.16″	N32°08′08.70″	8
		南象山	南象山	E118°56′03.42″	N32°08′25.20″	10
		北象山		E118°56′31.92″	N32°09′16.62″	9
		北象山		E118°56′25.62″	N32°09′05.28″	11

（续）

种质资源编号	种质资源归属	林地名称	小地名	样地中心 GPS 坐标	数量（株）
		何家山		E118°57′22.38″　N32°08′45.96″	2
02	栖霞区	何家山	中眉心	E118°58′10.20″　N32°08′39.54″	18
		乌龙山	乌龙山炮台西南	E118°52′01.02″　N32°09′42.48″	54
03	雨花区	普觉寺		E118°44′29.02″　N31°55′22.11″	1
		方山	栎树林	E118°51′52.28″　N31°53′53.91″	2
		方山	朴树林	E118°52′00.76″　N31°53′35.37″	19
		方山		E118°33′58.37″　N31°54′10.02″	1
		汤山林场佘村工区	青龙山	E118°56′26.21″　N32°00′09.95″	1
		汤山林场佘村工区	青龙山	E118°55′60.00″　N31°59′59.64″	33
		汤山林场佘村工区	青龙山	E118°56′19.79″　N32°00′05.54″	1
		东山街道林场		E118°56′03.33″　N31°57′50.81″	1
		东山街道林场		E118°55′52.26″　N31°57′47.79″	4
		汤山林场龙泉工区		E118°57′32.46″　N31°59′06.67″	3
		汤山地质公园		E119°02′50.82″　N32°03′17.08″	1
04	江宁区	汤山地质公园		E119°02′40.10″　N32°03′07.10″	2
		孟塘社区	射乌山	E119°03′05.35″　N32°05′57.62″	1
		青林社区	白露头	E119°05′23.21″　N32°04′43.06″	4
		青林社区	白露头	E119°05′41.22″　N32°05′18.96″	8
		青林社区	孤山堰	E119°04′55.18″　N32°05′02.10″	4
		古泉社区		E119°01′27.51″　N32°02′48.14″	2
		古泉社区		E119°01′33.68″　N32°22′44.31″	1
		横溪街道	横溪	E118°41′18.01″　N31°45′45.49″	1
		横溪街道云台山	横溪	E118°40′48.91″　N31°42′13.90″	8
		秣陵街道将军山		E118°46′40.87″　N31°55′47.16″	1
		秣陵街道将军山		E118°46′13.43″　N31°56′12.86″	3
05	溧水区	溧水区林场平山分场	雨山	E118°52′59.00″　N31°38′37.00″	4
		溧水区林场平山分场	马鞍山	E119°00′58.09″　N31°36′36.58″	4
06	主城区	紫金山		E118°52′05.00″　N32°03′46.00″	1
		幕府山	三台洞	E118°01′00.00″　N31°21′00.02″	18

牡荆 *Vitex negundo* var. *cannabifolia*（Siebold et Zucc.）Hand.-Mazz.

【科属】马鞭草科（Verbenaceae）牡荆属（*Vitex*）

【树种简介】落叶灌木或小乔木。掌状复叶，叶对生；小叶片披针形或椭圆状披针形，顶端渐尖，基部楔形，边缘有粗锯齿，表面绿色，背面淡绿色，通常被柔毛。圆锥花序顶生；花序梗密生灰白色茸毛；花冠淡紫色，外有微柔毛，顶端 5 裂，二唇形。果实近球形，黑色。花期 6~7 月，果期 8~11 月。分布于我国华东各省份及河北、湖南、湖北、广东、广西、四川、贵州、云南，日本也有分布。喜光，耐寒、耐旱、耐瘠薄土壤，适应性强，多生于低山山坡灌丛中、山脚、路旁及村舍附近向阳干燥的地方。树姿优美，老桩苍古奇特，是杂木类树桩盆景和木雕、根艺等上等材料。新鲜叶入药，有祛风解表、除湿杀虫、止痛除菌的功效，对风寒感冒、痧气腹痛吐泻、痢疾、风湿痛、脚气、流火、痈肿、足癣等症有治疗作用。

【种质资源】南京市牡荆野生种质资源共 8 份，分别归属于六合区、浦口区、栖霞区、雨花区、江宁区、溧水区、高淳区和主城区。具体种质资源信息见表 111。

01：六合区

分布在平山林场和冶山。在 81 个样地中，3 个样地有分布，共 18 株，其中 8 株株高小于 1.3 米，10 株胸径在 1~10 厘米。种群极小，零散分布。

02：浦口区

主要分布在老山林场的平坦分场、西山分场、狮子岭分场、铁路林分场和星甸杜仲林场，龙王山林场也有零星分布。在 198 个样地中，19 个样地有分布，共 168 株，其中 137 株株高小于 1.3 米，占总数的 82%；胸径 1~10 厘米的 29 株，平均胸径 3 厘米；胸径 16 厘米的 1 株；胸径 31 厘米的 1 株。种群大，分布相对集中，种群发育处于上升阶段。

03：栖霞区

主要分布在兴卫山，栖霞山、西岗街道、大普塘水库、灵山、仙鹤山、羊山、太平山公园、北象山和乌龙山等也有分布。在 44 个样地中，24 个样地有分布，共 405 株，其中 161 株株高小于 1.3 米，占总数的 39%；胸径 1~10 厘米的 243 株，占总数的 60%；胸径 23 厘米的 1 株。种群大，分布广。

04：雨花区

分布在铁心桥街道、牛首山、普觉寺、将军山和罐子山。在 24 个样地中，10 个样地有分布，共 32 株，其中 15 株株高小于 1.3 米，胸径 1~10 厘米的 17 株。种群较大，分布广。

05：江宁区

分布在方山、汤山林场、东山街道林场、汤山地质公园、孟塘社区、青林社区、古泉社区、东善桥林场、谷里、横溪街道、青山社区、汤山街道、牛首山、富贵山公墓、洪幕社区、西宁社区、公塘水库和秣陵街道。在 223 个样地中，7 个样地有分布，共 350 株，其中 54 株株高小于 1.3 米；胸径 1~10 厘米的 284 株，平均胸径 5 厘米；胸径 11~20 厘米的 12 株，平均胸径 11 厘米。种群大，分布广。

06：溧水区

分布在溧水区林场的东庐分场、芳山分场、平山分场和秋湖分场。在 115 个样地中，16 个样地有分布，共 72 株，其中 26 株株高小于 1.3 米，其余 46 株胸径在 1~10 厘米，最大胸径为 8 厘米。种群较大，分布广。

07：高淳区

分布在大山林场、大荆山林场和游子山林场，其中大荆山林场分布最多。在 53 个样地中，4 个样地有分布，共 15 株，其中 14 株株高小于 1.3 米，占总数的 93%，胸径 1 厘米的 1 株。种群小，分布比较集中。

08：主城区

分布在九华山和狮子山。在 69 个样地中，7 个样地有分布，共 160 株，其中 16 株株高度小于 1.3 米，其余为小乔木，最大胸径为 20 厘米。种群较大，呈均匀分布。

表 111　牡荆野生种质资源信息

种质资源编号	种质资源归属	林地名称	小地名	样地中心 GPS 坐标	数量（株）
01	六合区	平山林场		E118°49′47.18″　N32°26′59.47″	6
		冶山		E118°56′21.8″　N32°30′35.68″	8
		冶山		E118°56′49.13″　N32°29′55.03″	4
02	浦口区	老山林场平坦分场	埋娃山	E118°30′11.78″　N32°03′34.64″	2
		老山林场平坦分场	小马腰	E118°30′32.68″　N32°03′27.68″	15
		老山林场平坦分场	小马腰与大马腰间	E118°30′06.71″　N32°03′30.01″	1

（续）

种质资源编号	种质资源归属	林地名称	小地名	样地中心 GPS 坐标	数量（株）
02	浦口区	老山林场平坦分场	平阳山	E118°33′37.72″ N32°04′60.00″	20
		老山林场平坦分场	蛇地	E118°33′59.25″ N32°05′39.57″	1
		老山林场西山分场	西山—牯牛棚	E118°27′13.88″ N32°04′09.50″	1
		老山林场西山分场	西山—铁路桥下	E118°26′47.85″ N32°03′05.63″	10
		老山林场西山分场	万隆护林点后	E118°26′48.01″ N32°02′59.19″	32
		老山林场狮子岭分场	兴隆寺旁	E118°31′36.08″ N32°03′05.09″	18
		老山林场狮子岭分场	暗沟护林点	E118°30′49.74″ N32°02′34.47″	40
		老山林场铁路林分场	丁家硇水库北侧路旁	E118°39′31.64″ N32°08′30.85″	1
		老山林场铁路林分场	河东	E118°41′32.52″ N32°09′16.70″	1
		星甸杜仲林场	大槽洼	E118°23′55.09″ N32°02′33.68″	1
		星甸杜仲林场	华济山	E118°23′47.84″ N32°03′13.33″	1
		星甸杜仲林场	水井山	E118°24′59.68″ N32°03′17.16″	1
		星甸杜仲林场	亭子山	E118°24′58.38″ N32°03′02.74″	2
		星甸杜仲林场	林业队	E118°24′45.57″ N32°03′52.98″	1
		星甸杜仲林场	宝塔洼子	E118°24′39.80″ N32°03′47.15″	19
		龙王山林场	龙王山	E118°42′43.66″ N32°11′52.70″	1
03	栖霞区	兴卫山		E118°50′40.74″ N32°05′57.12″	18
		兴卫山	兴卫山东南坡	E118°50′40.74″ N32°05′57.12″	13
		兴卫山		E118°50′40.74″ N32°05′57.13″	4
		兴卫山		E118°50′44.28″ N32°05′58.56″	28
		兴卫山		E118°50′46.04″ N32°05′59.39″	6
		兴卫山		E118°50′50.99″ N32°05′58.33″	8
		兴卫山		E118°50′32.47″ N32°05′59.03″	4
		兴卫山	兴卫山北坡	E118°50′24.34″ N32°06′00.26″	3
		栖霞山		E118°57′19.63″ N32°09′23.78″	5
		栖霞山		E118°57′19.16″ N32°09′23.65″	3
		栖霞山		E118°57′16.98″ N32°09′29.50″	5
		西岗街道	果牧场对面山头南	E118°58′45.05″ N32°05′46.39″	3
		大普塘水库	对面山头	E118°55′09.24″ N32°05′00.34″	26
		大普塘水库	对面山头	E118°55′07.60″ N32°04′59.58″	14
		大普塘水库		E118°55′22.60″ N32°04′59.64″	33
		大普塘水库		E118°55′24.02″ N32°05′03.29″	9
		灵山		E118°56′05.85″ N32°05′24.51″	20
		灵山		E118°55′42.67″ N32°05′24.80″	15

（续）

种质资源编号	种质资源归属	林地名称	小地名	样地中心 GPS 坐标	数量（株）
03	栖霞区	灵山		E118°55′53.71″　N32°05′14.85″	8
		仙鹤山		E118°53′34.52″　N32°06′17.19″	63
		羊山		E118°55′56.24″　N32°06′47.59″	28
		太平山公园		E118°52′10.66″　N32°07′56.81″	43
		北象山		E118°56′25.62″　N32°09′05.28″	3
		乌龙山	乌龙山炮台西南	E118°52′01.02″　N32°09′42.48″	43
04	雨花区	铁心桥街道韩府山		E118°45′30.33″　N31°56′48.60″	1
		铁心桥街道韩府山		E118°45′06.12″　N31°56′02.61″	2
		铁心桥街道韩府山		E118°45′39.80″　N31°55′43.36″	1
		牛首山		E118°44′09.75″　N31°55′12.16″	2
		牛首山		E118°44′22.53″　N31°55′29.01″	5
		普觉寺		E118°44′28.27″　N31°55′18.77″	2
		将军山		E118°45′02.55″　N31°55′21.68″	1
		牛首山		E118°45′13.12″　N31°55′11.95″	14
		罐子山		E118°43′10.85″　N31°55′55.24″	3
		西善桥—罐子山		E118°43′22.49″　N31°56′29.65″	1
05	江宁区	方山	栎树林	E118°51′52.28″　N31°53′53.91″	9
		方山	朴树林	E118°52′00.76″　N31°53′35.37″	26
		汤山林场黄栗墅工区	土地山	E119°01′02.54″　N32°03′44.17″	1
		汤山林场佘村工区	青龙山	E118°56′40.70″　N32°00′10.51″	6
		汤山林场佘村工区	青龙山	E118°56′46.14″　N32°00′53.25″	3
		汤山林场佘村工区	青龙山	E118°56′26.21″　N32°00′09.95″	1
		东山街道林场		E118°56′03.33″　N31°57′50.81″	5
		汤山林场龙泉工区		E118°57′32.46″　N31°59′06.67″	2
		汤山地质公园		E119°02′40.10″　N32°03′07.10″	6
		汤山地质公园		E119°02′04.68″　N32°02′57.00″	2
		孟塘社区	射乌山	E119°03′05.35″　N32°05′57.62″	2
		孟塘社区	射乌山	E119°03′08.53″　N32°05′52.37″	3
		孟塘社区	培山	E119°03′00.94″　N32°04′50.44″	2
		孟塘社区	培山	E119°03′08.21″　N32°04′44.50″	2
		孟塘社区		E119°02′38.10″　N32°04′50.16″	3
		青林社区	白露头	E119°05′41.22″　N32°05′18.96″	6
		青林社区	白露头	E119°05′30.30″　N32°05′15.17″	1
		青林社区	白露头	E119°15′20.59″　N32°04′59.61″	1

（续）

种质资源编号	种质资源归属	林地名称	小地名	样地中心 GPS 坐标	数量（株）
05	江宁区	青林社区	女儿山	E119°04′37.17″ N32°04′21.65″	1
		青林社区	小石浪山	E119°04′50.57″ N32°04′32.13″	1
		青林社区	文山	E119°04′10.68″ N32°05′12.67″	3
		青林社区	文山	E119°04′34.18″ N32°05′14.24″	2
		青林社区	文山	E119°04′54.97″ N32°05′20.41″	1
		青林社区	文山	E119°04′47.28″ N32°05′16.77″	5
		古泉社区	连山	E119°00′37.94″ N32°03′31.04″	1
		古泉社区	连山	E119°00′41.50″ N32°03′45.13″	1
		古泉社区		E119°01′29.37″ N32°02′49.72″	5
		古泉社区		E119°01′27.51″ N32°02′48.14″	5
		古泉社区		E119°01′33.68″ N32°22′44.31″	10
		古泉社区		E119°01′35.52″ N32°02′42.85″	2
		东善桥林场云台分场	大平山	E118°42′30.63″ N31°42′28.36″	2
		东善桥林场云台分场	大平山	E118°42′19.43″ N31°42′28.84″	1
		东善桥林场云台分场	鸡笼山	E118°41′59.67″ N31°41′55.00″	1
		东善桥林场云台分场		E118°48′13.76″ N31°37′39.48″	1
		东善桥林场云台分场		E118°48′14.69″ N31°37′17.87″	1
		东善桥林场云台分场		E118°47′25.39″ N31°38′23.59″	5
		东善桥林场云台分场		E118°47′31.34″ N31°38′33.17″	1
		东善桥林场东善分场	静龙山	E118°47′37.61″ N31°51′02.50″	2
		东善桥林场东善分场		E118°46′37.35″ N31°51′54.43″	5
		东善桥林场东善分场		E118°46′41.81″ N31°52′03.20″	7
		东善桥林场东善分场		E118°46′47.10″ N31°51′54.58″	1
		东善桥林场横山分场	山下坡溪水处	E118°52′34.94″ N31°42′12.60″	1
		东善桥林场横山分场		E118°52′35.06″ N31°41′02.18″	1
		东善桥林场铜山分场		E118°52′44.03″ N31°39′26.42″	1
		东善桥林场铜山分场		E118°52′18.33″ N31°39′18.52″	1
		东善桥林场铜山分场		E118°51′47.70″ N31°39′00.59″	1
		东善桥林场铜山分场		E118°51′05.98″ N31°39′01.58″	1
		谷里	东塘水库附近	E118°42′46.69″ N31°46′46.42″	1
		横溪街道	横溪枣山	E118°42′32.57″ N31°46′41.87″	1
		横溪街道	横溪蒋门山	E118°40′26.15″ N31°47′16.76″	13
		青山社区	汤山街道	E118°56′59.76″ N31°57′50.98″	1
		汤山街道		E118°56′56.89″ N31°58′24.51″	1

（续）

种质资源编号	种质资源归属	林地名称	小地名	样地中心 GPS 坐标		数量（株）
		汤山街道	天龙山	E118°58′25.06″	N32°00′23.31″	1
		牛首山		E118°44′43.64″	N31°53′23.64″	2
		牛首山		E118°44′35.69″	N31°53′54.66″	5
		牛首山		E118°44′25.29″	N31°53′42.86″	5
		富贵山公墓		E118°32′28.22″	N31°45′46.73″	2
		洪幕社区洪幕山		E118°33′10.13″	N31°45′49.22″	1
		洪幕社区洪幕山		E118°32′52.77″	N31°45′49.17″	17
		洪幕社区		E118°34′48.09″	N31°44′56.03″	9
		洪幕社区		E118°34′19.10″	N31°45′59.13″	16
		洪幕社区		E118°34′55.84″	N31°46′14.18″	50
		洪幕社区		E118°35′35.75″	N31°46′20.80″	1
		西宁社区		E118°36′05.45″	N31°47′05.25″	4
05	江宁区	西宁社区		E118°35′47.81″	N31°46′51.82″	24
		公塘水库		E118°41′34.48″	N31°47′45.96″	9
		横溪街道	横溪	E118°40′58.66″	N31°44′04.32″	2
		横溪街道	横溪	E118°41′24.71″	N31°44′06.08″	1
		横溪街道	横溪	E118°41′15.45″	N31°45′08.48″	7
		横溪街道	横溪	E118°41′18.22″	N31°45′41.33″	1
		横溪街道云台山	横溪	E118°40′48.91″	N31°42′13.90″	1
		横溪街道	横溪	E118°40′53.86″	N31°42′07.02″	6
		横溪街道	横溪	E118°41′08.44″	N31°41′26.92″	15
		秣陵街道将军山		E118°46′40.87″	N31°55′47.16″	1
		秣陵街道将军山		E118°46′50.72″	N31°55′57.10″	1
		秣陵街道将军山		E118°46′50.72″	N31°55′57.10″	1
		秣陵街道将军山		E118°46′13.43″	N31°56′12.86″	5
		溧水区林场东庐分场	禅国寺	E119°07′26.00″	N31°38′18.00″	6
		溧水区林场东庐分场	东庐山中部	E119°07′35.00″	N31°38′33.00″	7
		溧水区林场东庐分场	黄牛墩	E119°07′24.30″	N31°37′51.16″	1
		溧水区林场东庐分场	上山脚底	E119°07′20.30″	N31°38′02.09″	1
06	溧水区	溧水区林场东庐分场	山边上	E119°06′45.00″	N31°38′59.00″	3
		溧水区林场东庐分场	山棚子	E119°06′60.00″	N31°39′30.00″	2
		溧水区林场东庐分场	陈山	E119°07′21.13″	N31°35′00.45″	5
		溧水区林场芳山分场	芳山	E119°08′11.68″	N31°29′42.91″	3
		溧水区林场平山分场	雨山	E118°53′05.00″	N31°38′57.00″	6

（续）

种质资源编号	种质资源归属	林地名称	小地名	样地中心 GPS 坐标		数量（株）
06	溧水区	溧水区林场平山分场	乌王山	E119°01′36.00″	N31°36′13.00″	24
		溧水区林场秋湖分场	桃花凹	E119°02′14.00″	N31°34′17.00″	1
		溧水区林场秋湖分场	桃花凹	E119°02′21.00″	N31°34′04.00″	2
		溧水区林场秋湖分场	官塘坝	E119°01′20.00″	N31°34′42.00″	2
		溧水区林场秋湖分场	官塘坝	E119°01′20.00″	N31°34′42.00″	4
		溧水区林场秋湖分场	斗面山	E119°02′16.00″	N31°32′58.00″	1
		溧水区林场平山分场	尚书塘	E118°56′26.82″	N31°38′16.40″	4
07	高淳区	大山林场	大山寺旁	E119°05′06.77″	N31°25′05.43″	1
		大荆山林场	皇家塞	E118°08′32.27″	N32°26′14.77″	12
		游子山林场	真武庙前	E119°00′36.53″	N31°20′47.45″	1
		游子山林场	青阳殿对面	E119°00′36.83″	N31°20′32.92″	1
08	主城区	九华山	弥勒佛坡上	E118°48′15.00″	N32°03′41.00″	53
		九华山	弥勒佛坡下	E118°48′12.00″	N32°03′45.00″	25
		九华山	三藏塔下坡	E118°48′08.00″	N32°03′44.00″	2
		狮子山	铜鼎坡下	E118°44′37.00″	N32°05′51.00″	9
		狮子山	阅江楼坡下	E118°44′31.00″	N32°05′40.00″	10
		狮子山	石玩店坡下	E118°44′34.00″	N32°05′41.00″	30
		狮子山	江南第一楼牌坊上坡处	E118°44′33.00″	N32°05′41.00″	31

大青 *Clerodendrum cyrtophyllum* Turcz.

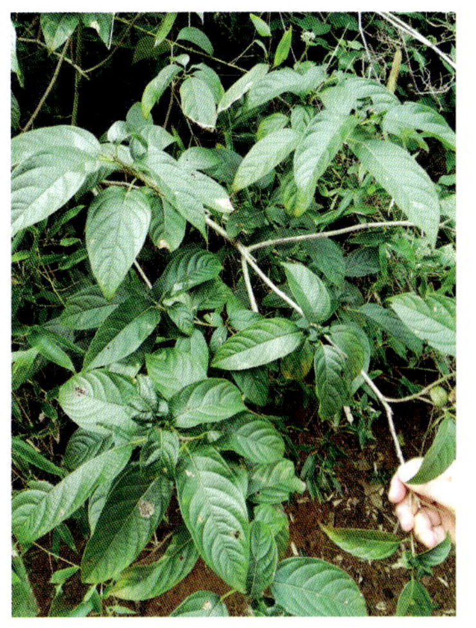

【别名】鸡屎青、猪屎青、臭叶树、野靛青、牛耳青、山漆、山尾花、淡婆婆、青心草、臭冲柴、鸭公青、山靛青、土地骨皮、路边青

【科属】马鞭草科（Verbenaceae）大青属（*Clerodendrum*）

【树种简介】落叶灌木或小乔木，高1~10米。叶片纸质，椭圆形、卵状椭圆形、长圆形或长圆状披针形，通常全缘。伞房状聚伞花序，生于枝顶或叶腋；花小，有橘香味；花冠白色，外面疏生细毛和腺点，花冠管细长，长约1厘米。果实球形或倒卵形，径5~10毫米，绿色，成熟时蓝紫色，为红色的宿萼所托。花果期6月至翌年2月。主要产我国华东、中南、西南（四川除外）各省份，朝鲜、越南和马来西亚也有分布。常生于海拔1700米以下的平原、丘陵、山地林下或溪谷旁。根、叶有清热、泻火、利尿、凉血、解毒的功效；在贵州省黔东南苗族侗族自治

州，苗医采用大青水煎液内服治疗小儿感冒发烧及口疮、带状疱疹等疱疹病毒感染。

【种质资源】南京市大青野生种质资源共 3 份，分别归属于六合区、江宁区和高淳区。具体种质资源信息见表 112。

01：六合区

仅分布在瓜埠林场。在六合区 81 个样地中，仅 1 个样地有分布，共 8 株，高度均小于 1.3 米。种群极小，分布集中。

02：江宁区

分布在秣陵街道、横溪街道和牛首山。在江宁区 223 个样地中，7 个样地有分布，共 16 株，其中 5 株高度小于 1.3 米，11 株胸径在 0~5 厘米，平均胸径 3 厘米。种群极小，分布分散。

03：高淳区

仅分布在大荆山林场和游子山林场。在高淳区 53 个样地中，2 个样地有分布，共 3 株，其中 2 株高度小于 1.3 米。种群极小。

表 112　大青野生种群种质资源信息

种质资源编号	种质资源归属	林地名称	小地名	样地中心 GPS 坐标	数量（株）
01	六合区	瓜埠林场		E118°53′33.6″ N32°16′25″	8
02	江宁区	秣陵街道		E118°45′9.45″ N31°56′8.89″	1
		横溪街道	横溪	E118°42′18.24″ N31°46′38.03″	1
		牛首山		E118°44′43.64″ N31°53′23.64″	10
		牛首山		E118°44′36.41″ N31°53′30.44″	1
		牛首山		E118°44′23.62″ N31°54′46.98″	1
		牛首山		E118°44′35.69″ N31°53′54.66″	1
		牛首山		E118°44′53.71″ N31°54′7.74″	1
		牛首山		E118°44′33.93″ N31°53′41.36	1
03	高淳区	大荆山林场	黄家塞	E118°8′32.18″ N32°26′15.83″	2
		游子山林场	烈士陵园旁	E119°0′48.86″ N31°20′38.83″	1

海州常山　*Clerodendrum trichotomum* Thunb.

【别名】臭梧桐（群芳谱），泡火桐（四川），臭梧、追骨风（江苏），后庭花（江苏、福建），香楸（山东）

【科属】马鞭草科（Verbenaceae）大青属（*Clerodendrum*）

【树种简介】灌木或小乔木，高 1.5~10 米。幼枝、叶柄、花序轴等多少被黄褐色柔毛或近于无毛，老枝灰白色，具皮孔，髓白色。叶片纸质，卵形、卵状椭圆形或三角状卵形，长 5~16 厘米，宽 2~13 厘米，顶端渐尖，基部宽楔形至截形，偶有心形，全缘或有时边缘具波状齿。伞房状聚伞花序顶生或腋生，通常二歧分枝，疏散，末次分枝着花 3 朵，花序长 8~18 厘米，花序梗长 3~6 厘米，多少被黄褐色柔毛或无毛；花萼在花蕾时呈绿白色，后紫红色，基部合生，中部略膨大；花香，花冠白色或带粉红色，花冠管细。核果近球形，径 6~8 毫米，包藏于增大的宿存萼片内，成熟时外果皮蓝紫色。花果期 6~11 月。产辽宁、甘肃、陕西以及华北、华东、中南、西南各地，朝鲜、日本以至菲律宾北部也有分布。生于海拔 2400 米以下的山坡灌丛中。花果共存树上，白、红、蓝多色共存，色泽亮丽，花果期长，植株繁茂，为良好的观赏花木。根、茎、叶、花均可入药，其味辛、苦、甘，性凉，归肝经、祛风湿。

【种质资源】南京市海州常山野生种质资源共 5 份，分别归属于六合区、浦口区、江宁区、溧水区和主城区。具体种质资源信息见表 113。

01：六合区

仅分布在方山林场。在 81 个样地中，1 个样地有分布，共 9 株，株高均小于 1.3 米。种群小，分布集中。

02：浦口区

仅在老山林场七佛寺分场有分布。在 198 个样地中，3 个样地有分布，总数量大于 257 株，其中株高小于 1.3 米的 200 余株，胸径 1~10 厘米的 57 株。种群大，分布集中。

03：江宁区

分布在东善桥林场和横溪街道。在 223 个样地中，4 个样地有分布，总数量 4 株，株高均小于 1.3 米。全面勘查发现，海州常山在林内呈零星分布，样地内数量虽少，但林地内数量较多。

04：溧水区

分布在溧水区林场秋湖分场。在 115 个样地中，仅 1 个样地有分布，且仅有 1 株，胸径为 4 厘米。

05：高淳区

分布在游子山林场和砖墙镇，总数量 22 株，株高均小于 1.3 米。种群小，分布较集中。

06：主城区

分布在紫金山。在 69 个样地中，仅 2 个样地有分布，共 2 株，1 株株高小于 1.3 米，另外 1 株胸径仅为 0.9 厘米。种群极小。因紫金山有人工栽培，其野生种质资源可能被污染。

表 113　海州常山野生种质资源信息

种质资源编号	种质资源归属	林地名称	小地名	样地中心 GPS 坐标		数量（株）
01	六合区	方山	大姑山	E118°59′01.76″	N32°18′53.00″	9
02	浦口区	老山林场七佛寺分场	老鹰山	E118°35′39.86″	N32°06′12.48″	＞100
		老山林场七佛寺分场	景观平台	E118°37′42.17″	N32°06′13.78″	100
		老山林场七佛寺分场	老母猪沟	E118°36′30.89″	N32°06′17.52″	57
03	江宁区	东善桥林场横山分场		E118°48′28.72″	N31°37′13.83″	1
		东善桥林场横山分场		E118°49′26.97″	N31°38′12.31″	1
		东善桥林场横山分场		E118°48′20.9″	N32°27′51.2″	1
		横溪街道	横溪	E118°40′42.81″	N31°41′55.10″	1
04	溧水区	溧水区林场秋湖分场	桃花凹	E119°02′09.74″	N31°34′05.73″	1
05	高淳区	游子山林场	花山游山道中部道旁	E118°57′46.76″	N31°16′11.91″	2
		砖墙镇		E118°57′53.43″	N31°16′08.17″	20
06	主城区	紫金山		E118°52′05.00″	N32°03′46.00″	1
		紫金山		E118°52′00.00″	N32°03′43.00″	1

雪柳 *Fontanesia philliraeoides* var. *fortunei*（Carrière）Koehne

【别名】五谷树、挂梁青

【科属】木樨科（Oleaceae）雪柳属（*Fontanesia*）

【树种简介】落叶灌木或小乔木，高达 8 米。树皮灰褐色。枝灰白色，圆柱形，小枝淡黄色或淡绿色，四棱形或具棱角，无毛。叶片纸质，披针形、卵状披针形或狭卵形，长 3~12 厘米，宽 0.8~2.6 厘米。圆锥花序顶生或腋生。顶生花序长 2~6 厘米，腋生花序较短，长 1.5~4 厘米。果黄棕色，倒卵形至倒卵状椭圆形，扁平。种子长约 3 毫米，具三棱。花期 4~6 月，果期 6~10 月。分布于河北、陕西、山东、江苏、安徽、浙江、河南及湖北东部。生于海拔 800 米以下的水沟、溪边或林中。嫩叶可代茶；枝条可编筐；茎皮可制人造棉；根可治脚气；对二氧化硫、氯气、氯化氢等有害气体有较强的抗性和吸附功能。

【种质资源】南京市雪柳野生种质资源共 1 份，归属于浦口区。具体种质资源信息见表 114。

01：浦口区

在 198 个样地中，3 个样地有分布，共 19 株，其中株高小于 1.3 米的 10 株，占总数的 53%；胸径 1~10 厘米的 8 株，占总数的 42%；胸径 16 厘米的 1 株，占总数的 5%。53% 分布在老山林场的平坦分场，47% 分布在星甸杜仲林场。种群小，分布相对集中。

表 114　雪柳野生种质资源信息

种质资源编号	种质资源归属	林地名称	小地名	样地中心 GPS 坐标	数量（株）
01	浦口区	星甸杜仲林场	大槽洼	E118°23′55.09″　N32°2′33.68″	1
		星甸杜仲林场	水井山	E118°24′59.68″　N32°3′17.16″	8
		老山林场平坦分场	虎洼山脊	E118°33′53.6″　N32°4′6.64″	10

白蜡树 *Fraxinus chinensis* Roxb.

【别名】白蜡杆、小叶白蜡、速生白蜡、新疆小叶白蜡、云南梣、尖叶梣、川梣、茸毛梣

【科属】木犀科（Oleaceae）梣属（*Fraxinus*）

【树种简介】落叶乔木。树皮灰褐色，纵裂。羽状复叶长15~25厘米；叶柄长4~6厘米，基部不增厚；叶轴挺直，上面具浅沟；小叶5~7枚，硬纸质，卵形、倒卵状长圆形至披针形，长3~10厘米，宽2~4厘米，顶生小叶与侧生小叶近等大或稍大，先端锐尖至渐尖，基部钝圆或楔形，叶缘具整齐锯齿，上面无毛，下面无毛或有时沿中脉两侧被白色长柔毛；小叶柄长3~5毫米。圆锥花序顶生或腋生枝梢，长8~10厘米；花序梗长2~4厘米，无毛或被细柔毛，光滑，无皮孔；花雌雄异株；雄花密集，花萼小，钟状，无花冠，花药与花丝近等长；雌花疏离，花萼大，筒状，长2~3毫米。翅果匙形，长3~4厘米，宽4~6毫米，上中部最宽，先端锐尖，常呈犁头状，基部渐狭，翅平展，下延至坚果中部。花期4~5月，果期7~9月。产我国南北各省份，越南、朝鲜也有分布。喜光，萌发力强，生长迅速，对土壤的适应性较强，耐轻度盐碱。材柔软坚韧，供编制各种用具；树皮也作药用，有生肌止血、定痛续筋等功效；可放养白蜡虫生产白蜡。

【种质资源】南京市白蜡树野生种质资源共2份，分别归属于江宁区和主城区。具体种质资源信息见表115。

01：江宁区

分布在汤山林场。在 223 个样地中，仅 1 个样地有 2 株分布，株高均小于 1.3 米。种群极小，分布集中。

02：主城区

分布在紫金山和幕府山。在 69 个样地中，仅 2 个样地有分布，共 3 株，株高小于 1.3 米以下的 1 株，其余 2 株为乔木，最大胸径 7 厘米。种群极小，分布集中。

表 115　白蜡树野生种质资源信息

种质资源编号	种质资源归属	林地名称	小地名	样地中心 GPS 坐标	数量（株）
01	江宁区	汤山林场黄栗墅工区	土地山	E119°01′02.54″ N32°03′44.17″	2
02	主城区	紫金山		E118°52′05.00″ N32°03′46.00″	1
		幕府山	仙人对弈左坡	E118°48′05.00″ N32°08′10.00″	2

庐山梣 *Fraxinus sieboldiana* Blume

【别名】小蜡树、小萼白蜡树

【科属】木樨科（Oleaceae）梣属（*Fraxinus*）

【树种简介】落叶小乔木，高 5~8 米。树冠圆形。树皮褐色。冬芽卵形，尖头，灰色，密被黄色茸毛或糠秕状毛，后变黑。枝条细柔，小枝灰色，疏生细小皮孔，被细柔毛和糠秕状毛。羽状复叶长 7~15 厘米；叶柄长 2~3 厘米，紫色，基部稍增厚，深紫色；叶轴细，稍曲折，上面具窄沟，被微细柔毛和糠秕状毛；小叶 3~5 枚，纸质至薄革质，卵形或阔卵形，长 2.5~8 厘米，宽 1.5~4.5 厘米，顶生小叶大，最下方 1 对小叶明显较小，先端锐尖或渐尖，基部钝圆或渐狭至短柄，近全缘或中下部以上具锯齿，叶缘略反卷，两面无毛，有时沿下面中脉两侧密被白色柔毛；小叶近无柄或叶柄长约 5 毫米。圆锥花序顶生或腋生枝梢，长 7~12 厘米，分枝挺直，多花，密集；杂性花；花冠白色至淡黄色，裂片线状披针形，长 3~5 毫米，宽 1~1.5 毫米，先端急尖；两性花的花冠裂片短，花药尖头，花丝长约 3 毫米，花柱长约 2 毫米，柱头长圆形，2 裂。翅果线形或线状匙形，长约 2.5 厘米，宽约 4 毫米，近中部最宽，先端钝或微凹，常被红色腺点和糠秕状毛，紫色，甚美丽，翅下延至坚果中部，坚果长约 1 厘米，隆起；宿存萼小，齿裂几达基部。花期 5~6 月，果期 9 月。产于安徽、江苏、浙江、江西、福建等省份。生于海拔 500~1200 米山坡林中及沟谷溪边。生长缓慢，树姿与花果美丽，适宜小型庭园观赏。

【种质资源】南京市庐山梣野生种质资源共 1 份，归属于江宁区。具体种质资源信息见表 120。

01：江宁区

主要分布在湖山社区。在调查的 69 个样地中 1 个样地有分布，共 3 株，其中胸径 2 厘米 1 株，3 厘米 1 株，5 厘米 1 株。种群较小，且分布集中。

表 120　庐山梣野生种质资源信息

种质资源编号	种质资源归属	林地名称	小地名	样地中心 GPS 坐标	数量（株）
01	江宁区	湖山社区	孔山	E119°1'39.77″N　32°04'43.41″	3

流苏树 *Chionanthus retusus* Lindl. & Paxton

【别名】炭栗树（植物名实图考），晚皮树（福建），铁黄荆（安徽），牛金茨果树（云南），糯米花（安徽），如密花、四月雪、油公子（江苏），白花菜（陕西）

【科属】木樨科（Oleaceae）流苏树属（*Chionanthus*）

【树种简介】落叶灌木或乔木，高可达 20 米。小枝灰褐色或黑灰色，圆柱形，开展，无毛，幼枝淡黄色或褐色。叶片革质或薄革质，长圆形、椭圆形或圆形，有时卵形或倒卵形至倒卵状披针形，先端圆钝，有时凹入或锐尖，基部圆形或宽楔形至楔形，稀浅心形，全缘或有小锯齿，叶缘稍反卷。聚伞状圆锥花序，长 3~12 厘米，顶生于枝端，花长 1.2~2.5 厘米，单性而雌雄异株或为两性花；花冠白色，4 深裂，裂片线状倒披针形，长（1）1.5~2.5 厘米，宽 0.5~3.5 毫米，花冠管短，长 1.5~4 毫米；雄蕊藏于管内或稍伸出。果椭圆形，被白粉，长 1~1.5 厘米，径 6~10 毫米，呈蓝黑色或黑色。花期 3~6 月，果期 6~11 月。产甘肃、陕西、山西、河北、河南以南至云南、四川、广东、福建、台湾，朝鲜、日本也有分布。生于海拔 3000 米以下的稀疏混交林中或灌丛中，或山坡、河边。株高大优美、枝叶繁茂，花如雪压树，且花形纤细，秀丽可爱，气味芳香，是优良园林观赏树种，也可作桂花的砧木。花、嫩叶晒干可代茶；果可榨芳香油；木材可制器具。

【种质资源】南京市流苏树野生种质资源共 2 份，分别归属于浦口区和主城区。具体种质资源信息见表 116。

01：浦口区

仅分布在星甸杜仲林场。在浦口区所调查的 198 个样地中，1 个样地有分布，共 16 株，其中胸径 1~10 厘米的 2 株，平均胸径 7 厘米；胸径 11~20 厘米的 8 株，平均胸径 14 厘米；胸径 21~30 厘米的 5 株，平均胸径 27 厘米；最大 1 株胸径 33 厘米。种群小，分布高度集中。

02：主城区

仅分布在紫金山。

表 116　流苏树野生种质资源信息

种质资源编号	种质资源归属	林地名称	小地名	样地中心 GPS 坐标	数量（株）
01	浦口区	星甸杜仲林场	东常山	E118°24′17.24″　N32°03′28.39″	16
02	主城区	紫金山			1

女贞 *Ligustrum lucidum* W. T. Aiton

【别名】青蜡树（江苏）、大叶蜡树（江西）、白蜡树（广西）、蜡树（湖南）

【科属】木樨科（Oleaceae）女贞属（*Ligustrum*）

【树种简介】常绿灌木或乔木，高可达 25 米。树皮灰褐色。叶革质，卵形、长卵形或椭圆形至宽椭圆形，先端锐尖至渐尖或钝，基部圆形或近圆形，有时宽楔形或渐狭，叶缘平坦，上面光亮，两面无毛。圆锥花序顶生，长 8~20 厘米，宽 8~25 厘米；花无梗或近无梗，长不超过 1 毫米；花冠长 4~5 毫米，花冠管长 1.5~3 毫米，裂片长 2~2.5 毫米，反折。果肾形或近肾形，长 7~10 毫米，径 4~6 毫米，深蓝黑色，成熟时呈红黑色，被白粉。花期 5~7 月，果期 7 月至翌年 5 月。产长江以南至华南、西南各省份，向西北分布至陕西、甘肃，朝鲜、印度、尼泊尔也有分布。生于海拔 2900 米以下的疏林、密林中。四季婆娑，枝叶茂密，树形整齐，可作园林中常用的观赏树种，亦作为行道树。果实可药用，为保健食品，性凉，味甘、苦，有滋养肝肾、强腰膝、乌须明目的功效。

【种质资源】南京市女贞野生种质资源共 5 份，分别归属于栖霞区、雨花区、江宁区、溧水区和主城区。具体种质资源信息见表 117。

01：栖霞区

主要分布在栖霞山，在兴卫山、西岗街道、大普塘水库、灵山、仙鹤山、羊山、太平山公园、北象山、何家山和乌龙山也有分布。在调查的 44 个样地中，31 个样地有分布，总数量 337 株，其中高度小于 1.3 米的 183 株，占总数的 54%；胸径 1~10 厘米的 126 株，占总数的 38%；胸径 11~20 厘米的 28 株，占总数的 8%。种群大，传播速度快，分布较广。

02：雨花区

分布在铁心桥街道、牛首山、普觉寺和将军山。在调查的 24 个样地中，7 个样地有分布，总数量 106 株，其中胸径 1~10 厘米的 98 株，平均胸径 6 厘米；胸径 11~20 厘米的 8 株，平均胸径 12 厘米。种群较大，分布集中。

03：江宁区

分布在方山、汤山林场、东山街道林场、汤山地质公园、孟塘社区、青林社区、古泉社区、东善桥林场、牛首山和洪幕社区。在调查的 223 个样地中，35 个样地有分布，总数量 134 株，其中株高小于 1.3 米的 7 株；胸径 1~10 厘米的 105 株，平均胸径 6 厘米；胸径 11~20 厘米的 21 株，平均胸径 13 厘米；1 株胸径 21 厘米。种群大，分布广泛。

04：溧水区

分布在溧水区林场东庐分场和平山分场。在 115 个样地中，2 个样地有分布，总数量 19 株，其中胸径在 1~10 厘米的 6 株，胸径 11~20 厘米的 13 株，最大胸径 20 厘米。种群较小，分布较集中。

05：主城区

分布在紫金山、九华山、狮子山和幕府山。在调查的 69 个样地中，42 个样地有分布，总数量 820 株，其中株高小于 1.3 米的 89 株，占总数的 11%；胸径 1~10 厘米、11~20 厘米和 21~30 厘米的分别有 666 株、61 株、4 株，最大胸径 26.5 厘米。种群极大，分布较广泛。

表 117　女贞野生种质资源信息

种质资源编号	种质资源归属	林地名称	小地名	样地中心 GPS 坐标	数量（株）
		兴卫山		E118°57′30.72″　N32°09′18.94″	2
		兴卫山	兴卫山东南坡	E118°57′29.02″　N32°09′17.68″	1
		兴卫山		E118°57′34.38″　N32°09′15.58″	4
		兴卫山		E118°50′40.74″　N32°05′57.12″	3
		兴卫山	兴卫山北坡	E118°50′40.74″　N32°05′57.12″	7
		栖霞山		E118°50′44.28″　N32°05′58.56″	3
		栖霞山		E118°50′50.99″　N32°05′58.33″	4
		栖霞山		E118°50′24.34″　N32°06′00.26″	2
01	栖霞区	栖霞山		E118°57′30.72″　N32°09′18.94″	2
		栖霞山		E118°57′29.02″　N32°09′17.68″	30
		栖霞山	陆羽茶庄东坡	E118°57′26.93″　N32°09′18.98″	30
		栖霞山		E118°57′29.21″　N32°09′14.10″	22
		栖霞山	小硬盘娱乐场	E118°57′34.38″　N32°09′15.58″	26
		栖霞山	天开岩亭子附近	E118°57′34.27″　N32°09′06.65″	4
		栖霞山		E118°57′43.25″　N32°09′18.53″	8
		栖霞山		E118°57′44.15″　N32°09′18.30″	2
		栖霞山		E118°57′35.04″　N32°09′28.42″	65

（续）

种质资源编号	种质资源归属	林地名称	小地名	样地中心 GPS 坐标	数量（株）
01	栖霞区	西岗街道	岗果牧场对面山头南	E118°57′19.16″　N32°09′23.65″	2
		大普塘水库		E118°57′16.98″　N32°09′29.50″	22
		灵山		E118°57′37.69″　N32°09′15.78″	7
		灵山		E118°58′45.05″　N32°05′46.39″	9
		灵山		E118°55′24.02″　N32°05′03.29″	3
		灵山		E118°56′05.85″　N32°05′24.51″	1
		仙鹤山		E118°55′42.67″　N32°05′24.80″	2
		羊山		E118°55′53.71″　N32°05′14.85″	19
		太平山公园		E118°55′54.70″　N32°05′14.54″	6
		北象山		E118°53′34.52″　N32°06′17.19″	9
		何家山		E118°55′56.24″　N32°06′47.59″	7
		何家山	何家山	E118°52′10.66″　N32°07′56.81″	3
		何家山	中眉心	E118°56′25.62″　N32°09′05.28″	23
		乌龙山	乌龙山炮台西南	E118°57′22.38″　N32°08′45.96″	9
02	雨花区	铁心桥街道韩府山		E118°45′29.12″　N31°56′56.46″	69
		铁心桥街道韩府山		E118°45′30.33″　N31°56′48.60″	6
		铁心桥街道韩府山		E118°45′17.62″　N31°56′34.85″	1
		牛首山		E118°44′18.00″　N31°55′28.39″	7
		牛首山		E118°44′22.53″　N31°55′29.01″	3
		普觉寺		E118°44′29.02″　N31°55′22.11″	18
		将军山		E118°45′02.55″　N31°55′21.68″	2
03	江宁区	方山		E118°51′52.28″　N31°53′53.91″	1
		方山		E118°52′00.76″　N31°53′35.37″	3
		汤山林场长山工区		E118°54′16.82″　N31°58′29.38″	17
		汤山林场长山工区		E118°54′18.53″　N31°58′31.67″	13
		汤山林场长山工区		E118°54′20.80″　N31°58′33.81″	1
		汤山林场长山工区		E118°54′10.80″　N31°58′54.89″	2
		汤山林场佘村工区		E118°56′40.70″　N32°00′10.51″	3
		汤山林场佘村工区		E118°56′26.21″　N32°00′09.95″	1
		汤山林场佘村工区		E118°56′19.79″　N32°00′05.54″	6
		东山街道林场		E118°55′52.80″　N31°57′55.47″	1
		汤山林场龙泉工区		E118°58′05.04″　N31°59′18.89″	1
		汤山林场龙泉工区		E118°58′09.72″　N32°00′12.98″	1
		汤山地质公园		E119°02′50.82″　N32°03′17.08″	1
		汤山地质公园		E119°02′04.68″　N32°02′57.00″	1

（续）

种质资源编号	种质资源归属	林地名称	小地名	样地中心 GPS 坐标	数量（株）
03	江宁区	汤山地质公园		E119°01′57.91″ N32°02′52.42″	1
		孟塘社区		E119°03′31.36″ N32°06′08.14″	4
		孟塘社区		E119°03′00.94″ N32°04′50.44″	3
		孟塘社区		E119°03′08.21″ N32°04′44.50″	1
		青林社区		E119°04′54.97″ N32°05′20.41″	1
		青林社区		E119°04′47.28″ N32°05′16.77″	2
		古泉社区		E119°01′29.37″ N32°02′49.72″	2
		古泉社区		E119°01′33.68″ N32°22′44.31″	1
		东善桥林场云台分场		E118°43′12.78″ N31°42′57.15″	1
		东善桥林场横山工区		E118°47′25.39″ N31°38′23.59″	11
		东善桥林场东善分场		E118°46′36.60″ N31°51′47.19″	5
		东善桥林场东善分场		E118°46′37.35″ N31°51′54.43″	9
		东善桥林场东善分场		E118°46′41.81″ N31°52′03.20″	2
		东善桥林场横山分场		E118°49′26.97″ N31°38′12.31″	3
		东善桥林场铜山分场		E118°52′18.33″ N31°39′18.52″	1
		东善桥林场铜山分场		E118°51′47.70″ N31°39′00.59″	20
		牛首山		E118°44′34.64″ N31°53′23.65″	10
		牛首山		E118°44′25.29″ N31°53′42.86″	1
		牛首山		E118°44′33.93″ N31°53′41.36″	1
		汤山林场龙泉工区		E118°58′09.72″ N32°00′12.98″	1
04	溧水区	洪幕社区	洪幕山	E118°32′52.77″ N31°45′49.17″	2
		溧水区林场东庐分场	黄牛墩	E119°07′44.44″ N31°37′44.17″	10
		溧水区林场平山分场	平安山	E119°00′15.36″ N31°36′23.71″	9
05	主城区	紫金山		E118°51′35.00″ N32°03′58.00″	6
		紫金山		E118°50′24.00″ N32°04′09.84″	1
		紫金山		E118°50′25.00″ N32°04′12.00″	2
		紫金山		E118°50′39.00″ N32°48′18.00″	2
		紫金山		E118°50′38.00″ N32°03′25.00″	1
		紫金山	山北坡小卖铺处	E118°50′43.00″ N32°04′22.00″	10
		紫金山	山北坡中上段	E118°50′40.00″ N32°04′24.00″	14
		紫金山	山北坡中上段	E118°50′39.00″ N32°04′25.00″	1
		紫金山	山北坡中上段	E118°50′40.00″ N32°04′26.00″	2
		九华山	弥勒佛坡上	E118°48′15.00″ N32°03′41.00″	95
		九华山	弥勒佛坡下	E118°48′12.00″ N32°03′45.00″	33
		九华山	景区东门入口坡下	E118°48′13.00″ N32°03′44.00″	38

（续）

种质资源编号	种质资源归属	林地名称	小地名	样地中心 GPS 坐标	数量（株）
05	主城区	九华山	三藏塔下坡	E118°48′08.00″　N32°03′44.00″	50
		狮子山	阅江楼坡下	E118°44′31.00″　N32°05′40.00″	2
		狮子山	石玩店坡下	E118°44′34.00″　N32°05′41.00″	99
		狮子山	江南第一楼牌坊上坡处	E118°44′33.00″　N32°05′41.00″	74
		幕府山	窑上村入口处左上方	E118°47′43.00″　N32°07′38.00″	21
		幕府山		E118°47′25.00″　N32°07′45.00″	3
		幕府山		E118°47′13.00″　N32°07′48.00″	4
		幕府山	达摩洞景区上坡	E118°47′17.00″　N32°07′47.00″	1
		幕府山	达摩洞景区上坡	E118°47′55.00″　N32°07′57.00″	4
		幕府山	达摩洞景区下坡	E118°47′54.00″　N32°07′58.00″	3
		幕府山	仙人对弈	E118°48′04.00″　N32°08′19.00″	3
		幕府山	半山禅院上中	E118°48′04.00″　N32°08′14.00″	18
		幕府山	半山禅院上	E118°47′58.00″　N32°08′01.00″	82
		幕府山	仙人对弈左坡	E118°48′05.00″　N32°08′10.00″	5
		幕府山	仙人对弈左中坡	E118°48′06.00″　N32°08′16.00″	3
		幕府山	三台洞	E118°01′00.00″　N31°21′00.02″	6
		幕府山	仙人台下坡	E118°48′00.04″　N32°08′00.28″	8
		幕府山	仙人台	E118°48′00.05″　N32°07′60.00″	1

落叶女贞 *Ligustrum lucidum* f. *latifolium*（W. C. Cheng）P. S. Hsu

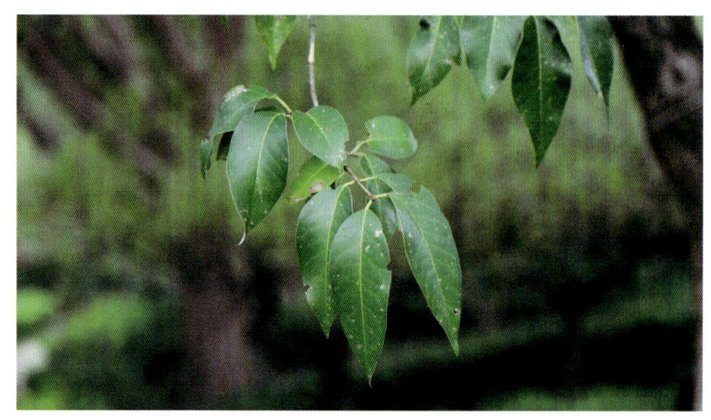

【别名】大叶女贞、冬青、女贞

【科属】木樨科（Oleaceae）女贞属（*Ligustrum*）

【树种简介】灌木或乔木，高可达25米。树皮灰褐色。叶片常绿，革质，卵形、长卵形或椭圆形至宽椭圆形，先端锐尖至渐尖或钝，基部圆形或近圆形，有时宽楔形或渐狭。圆锥花序顶生，花序轴及分枝轴无毛，紫色或黄棕色，果时具棱。果肾形或近肾形，长7~10毫米，径4~6毫米，深蓝黑色，成熟时呈红黑色，被白粉。花期5~7月，果期7月至翌年5月。产江苏。生于低海拔的丘陵林中。种子油可制肥皂；花可提取芳香油；果含淀粉，可供酿酒或制酱油；枝、叶上放养白蜡虫，能生产白蜡，蜡可供工业及医药用；果入药称女贞子，为强壮剂；叶药用，有解热镇痛的功效；植株可作丁香、桂花的砧木或行道树。

【种质资源】南京市落叶女贞野生种质资源共2份，分别归属于浦口区和主城区。具体种质资源信息见表118。

01：浦口区

仅分布在老山林场的西山分场。在198个样地中，1个样地有分布，共9株，其中胸径1~10厘米的6株，平均胸径3厘米；胸径11~20厘米的3株，平均胸径13厘米。种群小，分布集中。

02：主城区

分布在紫金山。在69个样地中，5个样地有分布，共20株，其中株高小于1.3米的灌木4株，其余16株为小乔木，最大胸径12厘米。种群小，分布集中。

表118　落叶女贞野生种质资源信息

种质资源编号	种质资源归属	林地名称	小地名	样地中心GPS坐标	数量（株）
01	浦口区	老山林场西山分场	西山—铁路桥下	E118°26′47.85″　N32°3′5.63″	9
02	主城区	紫金山	永慕庐两边	E118°5′2″　N32°4′5″	4
		紫金山		E118°51′13″　N32°4′4″	6
		紫金山		E118°52′5″　N32°3′45″	3
		紫金山		E118°51′35″　N32°3′58″	1
		紫金山		E118°50′24″　N32°3′56″	6

小蜡　*Ligustrum sinense* Lour.

【别名】山指甲、花叶女贞

【科属】木樨科（Oleaceae）女贞属（*Ligustrum*）

【树种简介】落叶灌木或小乔木，高 2~7 米。叶片纸质或薄革质，卵形、椭圆状卵形、长圆形、长圆状椭圆形至披针形，或近圆形，先端锐尖、短渐尖至渐尖，或钝而微凹，基部宽楔形至近圆形，或为楔形，上面深绿色，疏被短柔毛或无毛，或仅沿中脉被短柔毛，下面淡绿色，疏被短柔毛或无毛，常沿中脉被短柔毛。圆锥花序顶生或腋生，塔形；花序轴被较密淡黄色短柔毛或柔毛以至近无毛；花白色，花梗被短柔毛或无毛。果近球形。花期 3~6 月，果期 9~12 月。产江苏、浙江、安徽、江西、福建、台湾、湖北、湖南、广东、广西、贵州、四川、云南，越南也有分布。生于海拔 200~2600 米的山坡、山谷、溪边、河旁、路边的密林、疏林或混交林中。喜光，喜温暖或高温湿润气候，生活力强，全日照或半日照均能正常生长；耐寒，较耐瘠薄，耐修剪，不耐水湿，土质以肥沃的沙质壤土为佳。树皮和叶入药，具清热降火、抑菌抗菌、去腐生肌等功效；果可酿酒；种子油供制肥皂；枝叶稠密，耐修剪整形，最适宜作绿篱。盛花期满树白雪皑皑，是优美的木本花卉和园林风景树。

【种质资源】南京市小蜡野生种质资源共3份，分布归属于六合区、江宁区和溧水区。具体种质资源信息见表119。

01：六合区

分布在平山林场和竹镇。在81个样地中，5个样地有分布，共58株，其中81%分布在平山林场。58株中，有54株株高小于1.3米，胸径1~10厘米的4株，最大胸径8厘米。种群较大，分布集中。

02：江宁区

分布在东山街道林场、孟塘社区、古泉社区和东善桥林场。在223个样地中，6个样地有分布，共10株，其中7株株高小于1.3米，胸径1~10厘米的3株，平均胸径3.7厘米。种群极小，分布集中。

03：溧水区

分布在溧水区林场东庐分场。在115个样地中，仅1个样地有分布，共6株，株高均小于1.3米，种群极小，分布集中。

表119　小蜡野生种质资源信息

种质资源编号	种质资源归属	林地名称	小地名	样地中心GPS坐标	数量（株）
01	六合区	平山林场		E118°50′38.35″ N32°27′45.97″	2
		平山林场		E118°49′07.00″ N32°30′28.00″	30
		平山林场		E118°50′14.00″ N32°28′52.00″	15
		竹镇		E118°34′22.88″ N32°34′08.57″	6
		竹镇		E118°34′02.43″ N32°33′44.10″	5
02	江宁区	东山街道林场		E118°56′03.33″ N31°57′50.81″	3
		孟塘社区	培山	E119°03′00.94″ N32°04′50.44″	3
		孟塘社区	培山	E119°03′08.21″ N32°04′44.50″	1
		古泉社区		E119°01′33.68″ N32°22′44.31″	1
		东善桥林场云台分场	大平山	E118°42′30.63″ N31°42′28.36″	1
		东善桥林场东善分场	静龙山	E118°46′52.37″ N31°51′20.88″	1
03	溧水区	溧水区林场东庐分场	东庐山中部	E119°7′26.00″ N31°38′50.00″	6

梓树　*Catalpa ovata* G. Don

【别名】楸、花楸、水桐

【科属】紫葳科（Bignoniaceae）梓属（*Catalpa*）

【树种简介】乔木，高达 15 米。树冠伞形。主干通直。嫩枝具稀疏柔毛。叶对生或近于对生，有时轮生，阔卵形，长宽近相等，长约 25 厘米，顶端渐尖，基部心形，全缘或浅波状，常 3 浅裂，叶片上面及下面均粗糙，微被柔毛或近于无毛，侧脉 4~6 对，基部掌状脉 5~7 条；叶柄长 6~18 厘米。顶生圆锥花序；花序梗长 12~28 厘米。花萼在花蕾时圆球形，花冠钟状，淡黄色，内面具 2 条黄色条纹及紫色斑点。蒴果线形，下垂，长 20~30 厘米，粗 5~7 毫米。种子长椭圆形，长 6~8 毫米，宽约 3 毫米，两端具有平展的长毛。产长江流域及以北地区，日本也有。多栽培于村庄附近及公路两旁，野生者已不可见。树姿优美，叶片浓密，有较强的消声、滞尘功能，能抗二氧化硫、氯气、烟尘等，宜作行道树、庭荫树和风景林。嫩叶可食；叶或树皮可入药。

【种质资源】南京市梓树野生种质资源共 1 份，归属于浦口区。具体种质资源信息见表 121。

01：浦口区

仅分布在老山林场的东山分场。在 198 个样地中，1 个样地有分布，总共 26 株，其中胸径 1~10 厘米的 3 株，胸径 11~20 厘米的 6 株，胸径 21~30 厘米的 17 株。种群小，分布集中。

表 121　梓树野生种质资源信息

种质资源编号	种质资源归属	林地名称	小地名	样地中心 GPS 坐标	数量（株）
01	浦口区	老山林场东山分场	望火楼南	E118°37'55.29"　N32°6'58.55"	26

鸡仔木 *Sinoadina racemosa*（Siebold & Zucc.）Ridsdale

【别名】水冬瓜

【科属】茜草科（Rubiaceae）鸡仔木属（*Sinoadina*）

【树种简介】半常绿或落叶乔木，高 4~12 米。树皮灰色，粗糙。小枝无毛。未成熟的顶芽金字塔形或圆锥形。叶对生，薄革质，宽卵形、卵状长圆形或椭圆形，顶端短尖至渐尖，基部心形或钝，有时偏斜，上面无毛，间或有稀疏的毛，下面无毛或有白色短柔毛。头状花序不计花冠直径 4~7 毫米，常约 10 个排成聚伞状圆锥花序式；花具小苞片；花萼管密被苍白色长柔毛；花冠淡黄色，长 7 毫米，花冠裂片三角状。果序直径 11~15 毫米；小蒴果倒卵状楔形，长 5 毫米，有稀疏的毛。花果期 5~12 月。产四川、云南、贵州、湖南、广东、广西、台湾、浙江、江西、江苏和安徽，日本、泰国和缅甸也有分布。喜生于向阳处，多生于海拔 330~950 米（云南可达 1300~1500 米）处的山林中或水边。速生的用材树种，其主干明显，通直、饱满；材褐色，可供制家具、农具、火柴杆、乐器等；树皮纤维可制麻袋、绳索及人造棉等。

【种质资源】南京市鸡仔木野生种质资源共 4 份，分别归属于江宁区、浦口区、栖霞区和主城区。具体种质资源信息见表 122。

01：江宁区

分布在古泉社区。在 223 个样地中，1 个样地有分布，总数量 12 株，其中胸径 1~10 厘米的 11 株，平均胸径 8 厘米；最大 1 株胸径 13 厘米。种群极小，分布集中。

02：浦口区

分布在老山林场的狮子岭分场，其他林地未见。在调查的 198 个样地中，1 个样地有分布，总数量 157 株，其中株高小于 1.3 米的 50 株，占总数的 32%；胸径 1~5 厘米的 94 株，平均胸径 2 厘米，占总数的 60%；胸径 11~20 厘米的 10 株，平均胸径 13 厘米，占总数的 6%；胸径 21~25 厘米的 3 株，平均胸径 21 厘米，占总数的 2%。种群大，分布高度集中。

03：栖霞区

仅分布在栖霞山的 5 个样地中，总数量 22 株，其中株高小于 1.3 米的 12 株，占总数的 55%；胸径 1~10 厘米的有 5 株，占总数的 23%；胸径 11~20 厘米的 3 株，占总数的 14%；胸径 21~30 的有 3 株，占总数的 8%。种群较小，分布集中。

04：主城区

仅在紫金山有分布。在 69 个样地中，仅 1 个样地有分布，共 66 株，多数胸径分布在 1~20 厘米，约占总数的 89.89%，最大 1 株胸径为 66.8 厘米。种群较大，分布集中。

表 122 鸡仔木野生种质资源信息

种质资源编号	种质资源归属	林地名称	小地名	样地中心 GPS 坐标	数量（株）
01	江宁区	古泉社区		E119°01′27.51″ N32°02′48.14″	12
02	浦口区	老山林场狮子岭分场	响铃庵	E118°34′29.00″ N32°03′28.41″	157
03	栖霞区	栖霞山		E118°57′29.21″ N32°09′14.10″	1
		栖霞山		E118°57′34.38″ N32°09′15.58″	1
		栖霞山	天开岩上方亭子附近	E118°57′35.04″ N32°09′28.42″	1
		栖霞山		E118°57′16.98″ N32°09′29.50″	16
		栖霞山		E118°57′37.69″ N32°09′15.78″	3
04	主城区	紫金山		E118°51′35.00″ N32°03′58.00″	66

中文名索引

学名索引